산업안전지도사 수험서 특보!

건설·기계
전기·화공
공통필수

기술사
이상훈

산업
안전
일반

Han Jin

★ 불법복사는 지적재산을 훔치는 범죄행위입니다.
저작권법 제97조의 5(권리의 침해죄)에 따라 위반자는 5년 이하의 징역 또는 5천만원 이하의 벌금에 처하거나 이를 병과할 수 있습니다.

머리말

건설 사업장의 산업재해 감소를 위하여 정부에서는 안전관리 제도의 획기적인 전환과 효율화를 위하여 안전전문가를 활용한 발주자 및 원청 사업자의 안전기술향상과 기술지도 등 지원 사업 등을 포함한 다양한 정책을 추진하고 있습니다.

따라서 사업장의 안전관리 업무를 담당하고 있는 관리자에게 안전관리에 대한 관심을 더욱 확대하고 건설안전 기술력을 향상시켜 안전한 사업장으로 가는 것이 필수 요건이 되었습니다.

특히, 대형 건설 사업장부터 건설안전기술사 또는 산업안전지도사가 상주 의무화와 재해예방전문기관 및 안전진단기관은 개인 사업을 인가하기로 하였습니다. 이러한 개인 사업 인가 요건에 따라 산업안전지도사를 포함함으로써 건설안전 분야 자격관리 및 안전관리 실무지식에 대한 관심이 더욱 높아지고 있습니다.

이 책은 바로 직전에 합격한 필자의 필기시험 요령과 오랫동안 현직에서의 실무경험 노하우를 몽땅 쏟아부었습니다. 특히나 초심의 응시생들에게는 핵심정리를 출제범위 키워드에 부합되도록 낱낱이 뽑아내어 바쁜 시간에 소기의 목적을 달성할 수 있도록 편성하였습니다. 당부의 말씀은 합격 이후에도 틈틈이 현장의 재해 예방 범용서로 활용해도 손색은 없을 것입니다.

이 책을 공부하다 보면 만족치 못한 곳이 보일 때 조언과 지적을 주신다면 겸허히 수용하여 차기 발행도서에 반영토록 하겠습니다. 이 책이 세상에 빛을 보기까지 다양한 팁을 주신 여러 선후배님들께 고마움을 전하며 졸고를 흔쾌히 출판을 허락하신 「도서출판 한진」의 병설회사 (주)골든벨 대표이사 김길현님께도 감사를 드립니다.

SH 기술사 지도사 사무소 **이 상 훈**

차례 Contents

제1장 산업안전교육론

1. 안전교육의 목적 및 일반 개념 —————— 10
2. 안전교육의 진행 4단계·8원칙 —————— 13
3. 안전교육의 실시 방법 ————————— 15
4. OJT와 OFF JT의 특징 ————————— 18
5. 안전교육 계층별 훈련 방법 ——————— 19
6. 안전교육의 일반원칙 ————————— 22
7. 안전교육의 효과적 지도 방법 —————— 24
8. 학습방법의 종류별 개념과 특징 ————— 26
9. 건설 안전교육의 활성화 방안 —————— 28
10. 사업장 안전보건 교육의 종류, 시간, 내용 — 30
11. 건설업 기초안전·보건교육 ——————— 33
12. 안전보건교육 규정에서 정하는
    강사 자격 요건 ——————————— 34
13. 산업안전보건교육제도 개선 —————— 35
14. 보호구 —————————————— 36
15. 안전보건표지 ———————————— 48
❋ **예상문제** ——————————————— 57

제2장 산업안전심리

1. 산업조직심리 및 스트레스 ——————— 66
2. 사고빈발 경향 이론과 특성 ——————— 69
3. 인간의 불안전한 행동요인 및 대책 ———— 71
4. 근로자와 경영자에게 나타나는 안전행동을
   저해하는 장해요인 —————————— 78
5. 고령근로자 산업재해 특성 및
   안전보건관리 방안 —————————— 80
6. 모럴 서베이 (Morale Survey) —————— 82
7. 무사고자와 사고자의 특성 ——————— 83
8. 주의와 부주의 ———————————— 84
9. 레윈(K.Lewin)의 행동법칙 ——————— 85
10. 교육심리 —————————————— 87

11. 호손(Hawthorne)공장의 실험 ━━━━━━ 91
12. 매슬로우(Maslow)의 욕구 5단계 ━━━━ 94
13. 알더퍼(Alderfer)의 ERG 이론 ━━━━━ 98
14. 맥그리거(McGregor)의 X·Y 이론 ━━━ 100
15. 허츠버그(Herzberg)의 동기-위생 2요인설 - 104
16. 작업동기부여 이론 (과정이론) ━━━━━ 106
17. 리더십 경영격자 이론 ━━━━━━━━ 110
❋ **예상문제** ━━━━━━━━━━━━━110

제3장 인간공학

1. 인간공학과 안전 ━━━━━━━━━━ 122
2. 바이오리듬과 안전 ━━━━━━━━━ 124
3. 인간-기계의 체계 ━━━━━━━━━━ 127
4. 인간-기계의 체계의 비교 ━━━━━━ 131
5. 휴먼에러의 예방대책 ━━━━━━━━ 132
6. 인간의 의식수준 ━━━━━━━━━━ 136
7. 동작경제의 3원칙 ━━━━━━━━━━ 137
8. 작업환경 관리 ━━━━━━━━━━━ 139
9. 작업환경에 따른 근로자의 행동장해 ━━ 148
10. 소음기준 /소음노출한계 ━━━━━━ 150
11. 피로방지 대책 ━━━━━━━━━━━151
12. RMR (에너지 대사율) ━━━━━━━ 153
13. 정보입력 표시 ━━━━━━━━━━ 155
14. 통제 표시비 (C/D 비) ━━━━━━━ 158
15. 인간계측 및 작업공간 ━━━━━━━ 160
16. 작업 공간 및 작업 자세 ━━━━━━ 165
17. 운반 하역작업 ━━━━━━━━━━ 168
18. 근골격계부담작업의 범위 및
    유해요인조사 방법 ━━━━━━━━ 173
19. 들기작업 ━━━━━━━━━━━━ 182
❋ **예상문제** ━━━━━━━━━━━━ 187

제4장 시스템 안전

1. 위험성 예측·평가 기법 —————————— 204
2. 결함수분석(Fault Tree Analysis, FTA) ——— 208
3. 시스템 위험 분석 ——————————————— 213
4. 기계·설비의 안전설계기법 ——————————— 216
5. 안전성 평가 —————————————————— 218
6. 유해·위험방지계획서 —————————————— 220
❀ 예상문제 ———————————————————— 225

제5장 신뢰성공학

1. 용어정리 ——————————————————— 234
2. 성능 신뢰도 ————————————————— 237
3. 설비의 운전 및 유지관리 ————————————— 238
4. 제조물책임 —————————————————— 241
❀ 예상문제 ———————————————————— 244

제6장 안전관리 및 손실방지론

1. 안전보건관리 조직의 유형 ————————————— 248
2. 안전보건관리 체계 ——————————————— 250
3. 안전보건 조직의 안전직무 ———————————— 252
4. 안전보건 조정자 ——————————————— 254
5. 사업주 및 근로자의 의무 ————————————— 255
6. 안전관리 조직의 문제점 및 개선대책 ——— 257
7. 안전인증 심사 ————————————————— 258
8. 무재해운동 및 소집단 활동 ———————————— 259
9. 하인리히 연쇄성 이론/버드 신도미노 이론 —— 262
10. 하인리히 재해예방 4원칙/사고예방 5원리 – 266
11. 하인리히와 버드의 이론 비교 ——————————— 267
12. 등치성 이론 (산업재해 발생 3형태) ——— 268
13. 위험예지훈련 ————————————————— 269
14. TBM (Tool Box Meeting) ——————————— 272

15. 작업현장에서의 TBM 실시 사례 —— 274
16. 비정상작업의 특징과 안전대책 —— 275
17. 위험성 평가 —— 277
✸ **예상문제** —— 286

제7장 산업재해조사 및 원인분석

1. 재해조사 —— 308
2. 재해통계 분류방법 —— 311
3. 재해 기본원인 (4M) / 대책 (3E) —— 313
4. 산업재해의 직·간접원인과 재해 예방의 4원칙 —— 314
5. 작업환경 4요인/개선대책 —— 316
6. 재해율 평가방법 —— 317
7. 재해손실비용 —— 320
✸ **예상문제** —— 322

제8장 산업안전일반 기출문제

- 2012년 산업안전일반 기출문제 —— 326
- 2013년 산업안전일반 기출문제 —— 335
- 2014년 산업안전일반 기출문제 —— 345
- 2015년 산업안전일반 기출문제 —— 355
- 2016년산업안전일반 기출문제 —— 365
- 2017년 산업안전일반 기출문제 —— 375
- 2018년 산업안전일반 기출문제 —— 384
- 2019년 산업안전일반 기출문제 —— 393
- 사업장 위험성평가에 관한 지침 —— 403
- 건설공사 안전보건대장 작성 —— 413

CHAPTER 1 산업안전교육론

1. 안전교육의 목적 및 일반 개념
2. 안전교육의 진행 4단계 · 8원칙
3. 안전교육의 실시 방법
4. OJT와 OFF JT의 특징
5. 안전교육 계층별 훈련 방법
6. 안전교육의 일반원칙
7. 안전교육의 효과적 지도 방법
8. 학습방법의 종류별 개념과 특징
9. 건설 안전교육의 활성화 방안
10. 사업장 안전보건 교육의 종류, 시간, 내용
11. 건설업 기초안전·보건교육
12. 안전보건교육 규정에서 정하는 강사 자격 요건
13. 산업안전보건교육제도 개선
14. 보호구
15. 안전보건표지

CHAPTER 1 산업안전교육론

1 안전교육의 목적 및 일반 개념

1. 안전교육의 목적 (불안전한 상태와 불안전한 행동을 없애는 것)

① 근로자를 산업재해로부터 보호하고 재해의 발생으로 직·간접적인 경제적 손실을 예방
② 지식, 기능, 태도의 향상으로 생산방법 개선
③ 안심감, 기업에 대한 신뢰감 부여
④ 생산성 및 품질향상에 기여
⑤ 근로자 안전의식 고취를 위한 인간 정신의 안전화
⑥ 안전작업표준, 안전한 재해조치 능력을 체득케 함으로써 행동의 안전화 도모

2. 교육의 3요소

(1) 주체
① 형식적 교육: 강사 (교육자)
② 비형식적 교육: 부모, 형, 선배, 사회적 지식인 등

(2) 객체
① 형식적 교육: 수강자 (학생)
② 비형식적 교육: 자녀, 미성숙자 등

(3) 매개체
① 형식적 교육: 교재
② 비형식적 교육: 교육환경, 인간관계 등

3. 학습지도의 원리

(1) 개별화의 원리
학습자가 가지고 있는 능력에 맞게 학습활동의 기회 제공해야 한다는 원리

(2) 자발성의 원리
학습자가 자발적으로 참여하는데 중점을 두는 원리

(3) 직관의 원리
구체적인 사물을 직접 제시하거나 경험하게 함으로써 큰 효과를 거둘 수 있다는 원리

(4) 사회화의 원리
사회에서 경험한 것을 교류시켜 우호적인 학습을 진행하는 원리

(5) 통합의 원리:
학습을 종합적으로 지도하여 통합을 이루는 원리

4. 안전교육의 3단계 (지식, 기능, 태도)

(1) 1단계: 지식교육

1) 지식 교육의 목표
① 안전의식 제고   ② 안전의 감수성 향상   ③ 기능지식의 주입

2) 지식 교육의 내용
① 재해 발생의 원리 이해
② 법규, 규정, 기준, 수칙의 습득
③ 잠재 위험요소의 이해
④ 강의, 시청각 교육을 통한 지식의 전달과 이해
⑤ 안전의식 고취 및 안전규정 숙지, 안전 책임감 부여

3) 지식 교육의 4단계
① 도입   ② 제시   ③ 적용   ④ 확인

4) 지식 교육 (강의식)의 특징
① 단편적 교육 치중 우려   ② 이해도 측정 곤란
③ 교사 학습방법에 따라 차이가 나타남

(2) 2단계: 기능 교육

1) 기능 교육의 목표
① 안전작업 기능부여　　② 위험예측 및 응급처치 기능부여
③ 표준작업 기능부여

2) 기능 교육의 내용
① 작업방법, 취급 및 조작행위를 몸으로 숙달시킨다.
② 시범, 현장실습교육, 견학을 통한 경험과 적응
③ 안전기술 기능 및 전문적 기술 교육
④ 점검, 검사 정비기능 및 방호장치 관리 기능

3) 기능 교육의 4단계
① 학습준비　　② 작업설명　　③ 실습　　④ 결과시찰

4) 기능 교육의 3원칙
① 준비　　② 위험 작업의 규제
③ 공구 보호구 취급 태도의 안전화

(3) 3단계: 태도교육

1) 태도교육의 목표
① 점검 태도의 정확화　　② 언어 태도의 안전화
③ 작업 동작의 정확화　　④ 공구보호구 취급 태도의 안전화

2) 태도교육의 내용
① 표준작업 방법의 이해　　② 안전수칙 및 규칙의 실행
③ 동기부여　　　　　　　　④ 생활지도, 작업 동작지도 등을 통한 안전의 습관화
⑤ 안전 작업지시 전달확인 등 언어태도 습관화 및 정확화
⑥ 작업 전·후의 점검, 검사요령의 정확화, 습관화
⑦ 공구 보호구 취급과 관리 자세의 확립

3) 태도교육의 기본과정(순서)
① 청취한다.　　　　② 이해, 납득시킨다.
③ 모범을 보인다.　　④ 권장한다.
⑤ 칭찬한다.　　　　⑥ 상·벌을 준다

2. 안전교육의 진행 4단계 · 8원칙

1. 안전교육 3 과정
① 지식　　② 기능　　③ 태도

2. 안전교육 진행 4단계

(1) 1단계: 도입 (5~10분)
   - 피교육자에게 배우고자 하는 마음가짐을 일으키도록 도입하는 단계
   ① 마음을 안정시킨다.
   ② 무슨 작업을 할 것인가를 말해 준다.
   ③ 그 작업에 대해 알고 있는 정도를 확인한다.
   ④ 작업을 배우고 싶은 의욕을 갖게 한다.
   ⑤ 정확한 위치에 자리 잡게 한다.

(2) 2단계: 제시(30분)
   ① 주요 단계를 하나씩 설명해 주고 시험해 보인다.
   ② 급소를 강조한다
   ③ 확실하게, 빠짐없이, 끈기 있게 지도한다.
   ④ 이해할 수 있는 능력 이상으로 강요하지 않는다.

(3) 3단계: 적용(15분)
   ① 작업을 시켜보고 질문에 응답해 준다.
   ② 작업을 시키면서 설명하게 한다.　　③ 다시 한 번 시키면서 급소를 말하게 한다.
   ④ 확실히 알았다고 할 때까지 확인한다.
   ⑤ 이해할 수 있는 능력 이상으로 강요하지 않는다.

(4) 4단계: 확인(3~5분)
   ① 일에 임하도록 한다.
   ② 모르는 것이 있을 때는 물어 볼 사람을 정해준다.
   ③ 점차 지도 횟수를 줄여간다.

3. 안전교육의 지도원칙(8원칙)

(1) 피교육자 중심의 교육을 한다.

(2) 학습의욕을 고취시키기 위해 동기를 유발한다.

(3) 쉬운 부분에서 어려운 부분으로 진행한다.

(4) 무의식적 행동까 지 반복교육을 실시한다.

(5) 순서대로 한 번에 하나씩 교육한다.

(6) 인상의 강화

① 사진제시, 견학, 보조자료 활용, 사고사례

② 중점 재강조, 그룹토의, 의견청취, 속담, 격언연결

구분	시각	청각	촉각	미각	후각
활용도	60%	20%	15%	3%	2%

(7) 오감의 활용

(8) 기능적 이해

효과 - 강한기억, 자기중심, 자기만족 억제, 일에 적극성, 응급능력.

4. 안전교육의 7형태(교육실시 방법)

(1) **강의법:** 많은 인원의 수강자(40~50명)를 단기간의 교육시간에 비교적 많은 교육내용을 전수하는 방식이다.

(2) **시범법:** 어떤 기능이나 작업과정을 학습시키기 위하여 필요로 하는 분명한 동작을 제시하는 교육방법이다.

(3) **반복법:** 이미 학습한 내용이나 기능을 반복해서 실연토록 하는 교육 방법이다.

(4) **토의법**

① 교육대상자: 10~20인 정도

② 안전 지식과 안전 관리에 대한 경험을 갖고 있는 자를 교육한다.

(5) **실연법:** 학습자가 이미 설명을 듣거나 시범을 보고 알게 된 지식 및 기능을 교사의

지휘감독 아래 직접적으로 연습/적용해 보게 하는 교육방법이다.

(6) **프로그램 학습법:** 수업 프로그램이 학습의 원리에 따라 만들어지고, 학생의 자기학습 속도에 맞게 학습이 허용되어 있는 상태에서 학습자가 프로그램 자료를 가지고 단독으로 학습토록 하는 교육방법이다.

(7) **모의법:** 실제의 장면이나 상태와 극히 유사한 상황을 인위적으로 만들어 그 속에서 학습토록 하는 교육방식이다.

3 안전교육의 실시 방법

1. 교육훈련 기법

(1) 강의법

초보적 단계에서 극히 효과가 큰 교육 방법으로 수강자가 많을 경우 단시간에 많은 내용을 교육하기 좋은 방법이다.

1) 장점
  ① 수강자의 다소에 영향을 받지 않는다.
  ② 태도, 정서 학습에 효과적이다.
  ③ 사실이나 사상을 장소, 시간에 관계없이 어느 곳이든 제시할 수 있다.
  ④ 여러 가지 다양한 매개체 활용이 가능하다.

2) 단점
  ① 수강자의 참여와 흥미를 지속하기 위한 기회가 없다.
  ② 한정된 학습과제에 대한 제한이 있다.
  ③ 일방통행의 지식 배달 형식이다.
  ④ 개개인의 학습 진도에 알맞는 수업이 불가능하다.

(2) 토의법

상대방에 대한 의사전달 방식에 따른 교육방법으로 지도성, 협동성, 적극성을 높이는데 유효한 방법이다.

1) 장점
① 특정 분야 교육에 효과적이다.
② 다양한 접근방법, 해석을 요구하는 경우에 가능하다.
③ 수업의 중간이나 마지막 단계 적용 시 유용하다.
④ 팀워크가 필요한 경우 유용하다.

2) 단점
① 수강자 인원수에 제약을 받는다.   ② 시간 소비량이 너무 많다.

3) 종류
① 심포지엄(Symposium): 소수의 전문가가 견해를 발표하고, 참가자로 하여금 의견이나 질문을 하게 하는 토의 방식이다.
② 포럼(Forum): 새로운 자료나 교재를 제시하고, 그에 따른 문제점을 피교육자가 여러 가지 방법으로 의견을 발표하게 하여 깊이 있게 토의하는 방법이다.
③ 버즈세션(Buzz Session): 6.6회의라고도 하며, 참가자가 다수인 경우에 전원을 토의에 참가시키기 위한 방법으로 소집단을 구성하여 회의를 진행시키는 것이다.
④ 패널 디스커션(Panel Discussion): 패널 4~5명이 피교육자 앞에서 자유로이 토의를 한 후 피교육자 전원이 참가하여 사회자의 진행에 따라 토의하는 방법이다.
⑤ 사례연구(Case Study): 먼저 사례를 제시하고 제시한 내용에 대한 문제점을 피교육자로 부터 제기하게 하거나 여러 가지 방법으로 의견을 발표하게 하여 대책을 토의하는 방법이다.

4) 토의식 교육 시 유의사항
① 교육생이 토의될 주제를 충분히 파악해야 한다.
② 진행자는 토의될 구체적인 문제나 이유를 말로 설명한다.
③ 진행자는 교육생들이 토의 결과에 대하여 명료화, 요약하도록 한다.
④ 진행자는 주제를 이해하지 못하는 교육생을 배려한다.
⑤ 진행자는 진행에 충실하고 강의나 설명을 가급적 하지 않는다.

(3) 실연법

학습자가 이미 학습된 지식이나 기능을 교사의 지휘나 감독 아래 직접 실습하는 교육 방법이다.

(4) 프로그램 학습법

수업프로그램이 학습의 원리에 따라 만들어지고, 학생의 자기학습 속도에 따른 학습이 허용되어 있는 상태에서 학습자가 프로그램 자료를 단독으로 학습토록 하는 교육 방법이다.

(5) 모의법

실제의 장면이나 상태와 극히 유사한 상황을 인위적으로 만들어 그속에서 학습토록 하는 교육방식이다.

(6) 시범법

필요한 동작을 제시하는 교육 방법으로 운동기능, 외국어 학습, 직업훈련 등 표준 동작을 요하는 교육에 효과적이다.

(7) 반복법

학습한 내용을 반복해서 이야기하거나 실연하는 방법이다.

2. 안전보건교육 방법

(1) 하버드학파의 5단계 교수법

① 1단계: 준비시킨다.
② 2단계: 교시한다.
③ 3단계: 연합한다.
④ 4단계: 총괄시킨다.
⑤ 5단계: 응용시킨다.

(2) 교수법의 4단계

① 1단계: 준비단계
② 2단계: 일을 하여 보이는 단계
③ 3단계: 일을 시켜 보이는 단계
④ 4단계: 보습지도의 단계

(3) 수업단계별 최적의 수업방법

① 전개, 정리단계: 반복법, 토의법, 실연법
② 정리단계: 자율학습법
③ 도입, 전개, 정리단계: 프로그램 학습법, 학생 상호 학습법, 모의 학습법

4. OJT와 OFF JT의 특징

1. OJT (On The Job Training)

직속 상사가 부하직원에게 일상 업무를 통하여 지식, 기능, 문제 해결능력 및 태도 등을 교육하는 방법으로 개별교육에 적합

2. OFF JT (Off The Job Training)

외부 강사를 초빙하여 근로자를 일정한 장소에 집합시켜 실시하는 교육 형태로 집합교육에 적합

3. 특징

구분	OJT (on the job training)	Off JT (off the job training)
개념	이는 직속 상사나 선임자에 의하여 이루어지는 직무상의 훈련으로써, 라인이 주가 되고 스텝은 보조적 역할을 수행하게 된다.	이는 교육 훈련을 전문적으로 담당하는 전문 스텝의 책임하에 이루어지는 집합적 교육 훈련으로써, 라인은 보조적 역할을 수행하게 된다. 통상 종업원이 처음 입사 했을 때 이루어지는 도입교육과 기초 교육훈련이 업무조직 밖에서 이루어지게 된다.
장점	종업원이 실제로 수행하게 될 직무와 직접 관련성이 높은 교육을 받게 되며, 작업현장에서 교육 훈련이 실시되므로 결과에 대한 피드백이 즉각 주어지고, 동기부여 효과가 크다. 상사 및 동료 간의 이해와 협조정신이 발휘될 수 있으며, 상대적으로 비용이 적게 들어 효율적이다. 또한 별도의 교육 기간이 필요 없으며, 종업원의 능력과 수준에 따라 맞춤형 교육이 가능하다.	전문강사에 의한 지도로 교육 훈련의 성과가 좋으며, 직장을 벗어나 이루어지는 교육으로 집중도가 높다. 또한 다수의 종업원을 대상으로 동시교육이 가능하며, 고도의 지식과 기능을 전수할 수 있다.
단점	직무수행 능력이 탁월한 상사라 해도 교육 훈련에 있어 유능한 교육자가 아니라면 교육훈련의 성과가 떨어질 수 있다. 또한 일과 교육이 동시 진행하여 집중도가 저하될 수 있어서 다수의 종업원에 대한 동시 교육이 어렵다. 또한 매우 전문적인 고도의 지식과 기능의 교육에는 상대적으로 부적합하다는 단점도 있다.	교육내용이 직무와 직접 관련성이 떨어질 수 있다. 또한 교육 성과에 대한 피드백을 받기까지 상대적으로 오랜 시간이 걸리며, 별도의 교육 장소가 필요하여 비용이 많이 든다. 그리고 대규모로 교육이 이루어져 종업원 개인별 니즈를 반영하기가 어렵다.

4. OJT의 문제점

직장의 관리감독자 중에서 일은 능숙한 반면 가르치는 요령이 미숙하여 효과적인 교육이 이루어지지 않을 가능성이 있다. 교육의 전사적 견지에서 중점적, 계획적, 체계적 교육이 아닌 단편적이고 형식적인 교육이 될 가능성도 있고, 직장 내의 개인적인 직무수행이나 판단력 범위 내의 교육밖에 할 수 없어서 내용의 고도화 달성이 어렵다.

5. 특성 정리

OJT	OFF JT
① 개개인에게 적절한 훈련 가능 ② 직장의 실정에 맞는 훈련 가능 ③ 효과가 즉시 업무에 연결 ④ 업무의 계속성 유지 ⑤ 신뢰 이해도 높음 ⑥ 동기부여가 쉬움 ⑦ 교육에 따른 업무중단. 손실방지 ⑧ 교육 경비 절감	① 다수의 근로자들에게 일괄적, 조직적 훈련 가능 ② 훈련에만 전념 가능 ③ 특별 설비기구 이용 가능 ④ 많은 지식이나 경험을 교류 ⑤ 집단적 노력이 흐트러질 수 있음 ⑥ 우수한 전문가 활용

안전교육 계층별 훈련 방법

1. MTP (Mamagement Training Program, 관리자 교육훈련)

관리자(TWI보다 약간 높은 관리자)로 하여금 계획적 방식을 통해 능력 향상과 자기계발을 추구하도록 계획된 관리자 대상 교육훈련으로 보통 한 그룹에 10~15명씩, 2시간씩 20회에 걸쳐 실시하고, 40시간 정도 교육훈련 한다.

(1) 교육내용

① 관리의 기능 ② 조직의 원칙
③ 조직의 운영 ④ 시간 관리
⑤ 학습의 원칙에 대하여 교육을 실시한다.

2. TWI (Training with industry, 기업, 산업내 훈련, 관리감독자 교육훈련)

(1) 감독자의 직위에 있는 사람을 대상으로 하는 훈련으로 지도·통솔력의 향상과 더불어 관리에 대한 기초적인 지식의 배양이나 능력의 향상을 목적으로 한다.
1일 2시간씩 5일간 총 10시간 실시하며, 토의식과 실연법을 중심으로 교육한다.

(2) TWI (관리감독자 교육훈련)의 내용
① JST(Job Safety, 작업안전 훈련)
② JMT(Job Method, 작업방법 훈련)
③ JRT(Job Relation, 인간관계 훈련)
④ JIT(Job Instruction, 작업지도 훈련)

(3) 구비요건
① 직무 관련 지식
② 책임 관련 지식
③ 작업을 가르치는 능력
④ 작업의 방법을 개선하는 기능
⑤ 사람을 다스리는 기량

3. ATT(American Telephone Telegram Co)

대상 계층이 한정되어 있지 않다. 교육훈련을 먼저 수료한 관리자가 부하 감독자에게 2주간, 1일 8시간씩 교육훈련을 실시하며, 토의식 방식으로 진행한다.

(1) 교육내용
① 계획적인 감독   ② 인원배치 및 작업의 계획   ③ 작업의 감독
④ 공구, 자료 등 보고 및 기록   ⑤ 개인작업의 개선
⑥ 인사 관계   ⑦ 종업원의 기술향상   ⑧ 훈련
⑨ 안전 등

(2) 교육시간
① 1차 과정 – 1일 8시간씩 2주간   ② 2차 과정 – 문제가 발생할 때마다

(3) 진행방법
· 토의식: 지도자가 의견을 제시하여 결론을 이끌어 내는 방식

4. ATP(Administration Training program), CCS(Civil Communication Section)

최고층 관리감독자 대상 교육으로 매주 4일, 4시간씩 8주간 총 128시간 실시하며, 강의법에 토의법이 가미된 방식으로 진행한다.

(1) 교육내용
① 정책의 수립
② 조직(조직형태, 경영부분, 구조 등)
③ 통제(품질관리, 조직통제적용, 원가통제적용 등) 및 운영(운영 조직, 협조에 의한 회사 운영)

5. 안전보건 교육 방법

(1) 하버드 학파의 5단계 교수법
① 1단계: 준비시킨다
② 2단계: 교시한다.
③ 3단계: 연합한다.
④ 4단계: 총괄시킨다.
⑤ 5단계: 응용시킨다.

(2) 교시법의 4단계
① 1단계: 준비 단계
② 2단계: 일을 하여 보이는 단계
③ 3단계: 일을 시켜 보이는 단계
④ 4단계: 보습지도의 단계

(3) 수업단계별 최적의 수업방법
① 도입단계: 강의법, 시범법
② 전개, 정리단계: 반복법, 토의법, 실연법
③ 정리단계: 자율 학습법
④ 도입, 전개, 정리단계: 프로그램학습법, 학생상호 학습법, 모의학습법

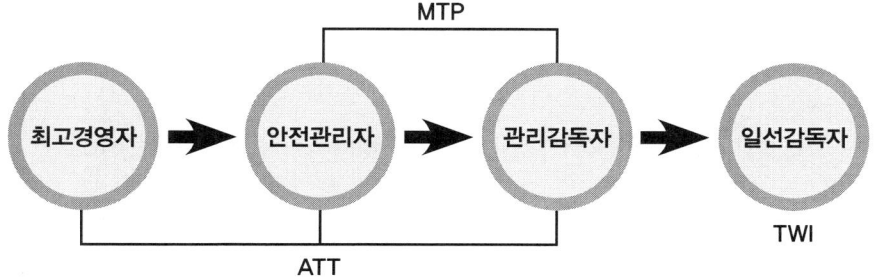

6 안전교육의 일반 원칙

1. 상대방의 입장에서
교육훈련은 상대가 이해하고 배움으로써 목적을 다하는 것이므로 교육을 받는 사람의 학력, 지식, 경험 등을 충분히 배려하여 쉽게 이해할 수 있고, 납득할 수 있는 교육이 되도록 실시한다.

2. 동기부여
스스로 배우고자 하는 마음이 없으면 효과적인 교육이 될 수 없다. 교육의 필요성에 대한 의식, 교육목적, 효과, 중요성을 잘 이해하여 스스로 배우고자 하는 마음이 생기도록 동기를 유발해야 한다.

3. 쉬운 것에서 어려운 것으로
이미 습득한 지식이나 기능을 기초로 하여 상대가 이해하고 습득할 수 있는 정도에 맞추어 교육내용의 수준을 서서히 높힌 그렇게 함으로써 습득된 기쁨이나 성취감이 생겨 자신을 갖게 되며, 학습에 대한 의욕이 생긴다.

4. 반복 교육 실시
반복하여 듣게 하고, 시켜보고, 보여주게 되면 상대는 잘 배우게 된다. 반복에 따른 지식, 기능이나 태도에 큰 영향을 미치게 하여 습관화할 때까지 계속 교육하는 것이 중요하다.

5. 한 번에 하나씩 교육
순서에 따라 한 번에 한 가지씩 교육하여, 교육에 대한 이해의 폭을 넓히도록 한다.

6. 인상의 강화
교육 내용과 밀접한 관계가 있는 사실이나 사물에 따라 구체적으로 실제에 맞는 설명을 하는 것이 중요하다. 예제나 사례를 들 필요가 있을 때에는 교육하고자 하는 의도나 내용에 적합한 것만을 피교육자의 생활주변에서 선정하여 제시하는 것이 효과적이다.

7. 오감의 활용

구 분	시각	청각	촉각	미각	후각
활용도	60%	20%	15%	3%	2%

오감 가운데 시각, 청각에 의한 지각은 전체의 80% 이상이 되나, 교육함에 있어 시청각 매체와 교재강의는 그 효과가 크게 다르게 나타난다. 기능교육의 경우에는 시각뿐 아니라 청각이나 촉각을 반복적으로 활용하면 더욱더 좋은 결과를 얻을 수 있다.

8. 기능적인 이해

교육자가 교육 전에 작업분석을 통하여 주된 작업순서와 요점을 정하여 왜 그렇게 해야 하는 것인가를 기능적으로 이해하게 한다.

(1) 기능적인 이해를 위한 조건
- 그렇게 하지 않으면 작업이 잘 되지 않는다.
- 그렇게 하는 쪽이 안전하다
- 그렇게 하는 것이 하기 쉽고 피로하지 않다.

9. 교육효과를 높이기 위한 유의사항

(1) 운동 교육
신체 운동에 의해 기능을 습득하는 교육은 반복연습이 중요하다. 정확한 작업방법이 몸에 베이도록 하기 위해서는 반복교육이 불가피하고, 이때 동작은 최소한의 에너지로 수행될 수 있도록 신체를 활용하는 원칙이 지켜져야 한다.

(2) 기억 교육
인간은 비교적 많은 양의 정보를 기억하고, 기억된 정보는 정확하게 재생하기 쉽다는 특성을 가지고 있다. 피교육자가 가지고 있는 연상 작용을 충분히 활용하여 암기와 기억을 활용한 교육도 효과적인 방법이다.

(3) 이해 교육
작업자에게 효과적인 교육을 하려면 문제의 성질을 명확하게 하고, 자세히 설명하여 납득이 가도록 해야 한다.

(4) 태도 교육

태도는 개인의 가치관 또는 가치체계의 반영으로, 가치판단을 포함하는 행동의 경향이며 행동의 마음가짐이다. 인간은 소속 집단이 갖는 규범에 크게 영향을 받으므로 개인의 태도를 바꾸기 위해서는 그가 속한 집단을 대상으로 교육을 하고 집단규범을 개선시키는 것이 효과적이다.

7 안전교육의 효과적 지도방법

1. 안전교육의 3요소

(1) 교육의 주체(강사)

형식적 교육에 있어서 교육의 주체는 강사(교수)이나 비형식적 교육에 있어서는 부모, 형, 선배, 사회인사 등이 될 수 있다.

(2) 교육의 객체(피교육자)

형식적인 교육에 있어서 교육의 객체는 학생이나, 비형식적인 교육은 자녀, 미성숙자 등이 될 수 있다.

(3) 교육의 매개체(교재 등)

교육의 매개체를 활용한 교육의 내용은 교재 또는 전달매개체로 피교육자의 교육 목적을 달성할 수 있다. 사업장과 연계된 효율적인 매개체로 타당한 것이 선정, 조직, 표현되어야 한다.

2. 안전교육 진행 4단계

(1) 제1단계(도입, 동기부여) – 마음의 준비를 시킨다.

① 안정된 위치에 자리를 잡게 한다.
② 작업자들의 기분을 안정시켜 침착하게 만든다.
③ 어떠한 일을 할 것인가를 이해하기 쉽게 가르친다.
④ 작업에 대한 능력을 질문 등으로 확인한다.
⑤ 안전작업을 배우고 싶은 의욕을 갖게 한다.

(2) 제2단계(제시) - 설명하고, 반복해서 보여 준다
① 내용을 단계별로 나누어 설명하고, 시범해 보이고, 기록하여 교육한다.
② 단계별 주요 부분을 쉽게 설명하고, 이유도 설명하여 이해하기 쉽게 교육한다.
③ 작업 수행자가 이해할 때까지 반복한다.
④ 학습능력 이상의 것을 가르치지 않는다.
⑤ 가능한 시청각 교재를 활용하여 효과를 높인다.
⑥ 대화할 때는 상대방에게 불쾌감을 주지 않도록 한다.

(3) 제3단계(적용)
이해시킨 내용을 실질적 문제에 활용하도록 실습을 시켜보고, 교육내용이 확실하게 습득되도록 알 때까지 반복적으로 확인한다.
① 시켜봄으로써 잘 습득시킨다.
② 시켜보고 질문을 하여 틀리는 것을 바로잡아 준다.
③ 다시 한 번 시키면서 작업 수행상의 주요점을 말하게 한다.
④ 알고 있는 것이 확실히 몸에 베였는지 확인한다.

(4) 제4단계(확인)
① 가르친 일에 적용하는 방법을 본다.
② 모르는 것이 있을 때 물어볼 사람을 정해둔다.
③ 혼자서도 안전할 때까지 자주 살피고 확인한다.
④ 자유롭게 질문하도록 분위기를 조성한다.
⑤ 점차적으로 지도를 줄여간다.

8. 학습방법의 종류별 개념과 특징

1. 집중법

(1) **개념**: 학습내용을 쉬지 않고 계속해서 반복하는 학습방법(초보자에 유리)이다.

(2) **적용**

① 학습과제가 유의성이 있으며, 통찰학습이 가능한 경우

② 학습하기 전에 준비운동 등이 필요한 경우

③ 학습하는 자료가 의미 있고 생산적인 경우

④ 과거 학습효과로 적극적인 전이가 용이한 경우

⑤ 잘 알려진 지식과 기능을 숙달하기 위한 필요성이 있을 경우

2. 분산법

(1) **개념**: 충분한 휴식기간을 사이에 두어 몇 회로 나누어서 학습하는 방법이다.

(2) **적용**

① 학습하는 내용이 매우 복잡하고 학습자의 수준에 어려운 경우

② 학습의 초기단계일 경우

③ 학습하는 과제가 유익성이 없는 경우

④ 학습자의 준비가 없고 많은 노력이 필요한 경우

⑤ 학습해야 할 과제나 작업량이 많을 경우

3. 전습법

(1) **개념**: 학습해야 할 과제를 하나로 묶어 반복하여 일괄 학습하는 방법이다.

(2) **적용**

① 경험이 많고 지적으로 우수한 학습자

② 한 과정의 학습이 어느 정도 경과한 경우

③ 학습내용이 의미 있는 내용일 경우(종합적인 학습내용으로 통일성이 있는 경우)

(3) 효과

① 반복과 망각이 적어서 노력과 시간이 적게 든다.

② 연합이 잘 이루어진다.

4. 분습법

(1) 개념: 학습과제를 여러 부분으로 분할하여 따로 학습한 후 종합하는 방법이다.

(2) 적용

① 경험이 적고, 지적으로 부진한 학습자

② 학습의 초기단계일 경우

③ 집중학습이 필요한 경우

④ 학습내용이 무의미한 내용일 경우(상호 관련성이 적은 내용)

(3) 효과

① 학습의 질을 높일 수 있다.

② 학습범위가 적으며, 복잡하고 긴 학습을 능률적으로 할 수 있다.

9. 건설 안전교육의 활성화 방안

1. 개요

건설현장의 재해율, 특히 중대 재해 발생이 감소되지 않는 상황에서 건설재해의 추세와 경제적·제도적인 환경에서의 위축된 건설 안전교육에 대한 활성화 방안을 도출하여 건설재해의 예방과 감소를 도모해야 한다.

2. 건설 안전교육의 환경과 과제

(1) 건설 안전교육의 과제(문제점)
① 기업규제 완화에 따른 문제점과 형식적인 안전 관련 정책의 시행
② 안전교육에 대한 기업체의 수동적 태도
③ 교육기관의 행정적 경직성과 권위적 태도
④ 지도 조건의 한계안전보건교육의

(2) 기존 활성화 대책의 한계
① 의무규정 준수가 미흡하므로 임의규정 준수 정도는 실효성이 더욱 낮을 것으로 예상
② 안전보건교육의 지원을 받을 의사나 필요성이 없을 경우 기업에서 회피

3. 건설 안전교육 활성화 방안

(1) 건설 안전교육 활성화 방안
① 체험교육 등 교육 프로그램에 대한 선호도 변화를 수용
② 규제가 아닌 유도를 통한 활성화
③ 안전 관리 체제의 강화에 따른 안전 전담강사의 위상 제고
④ 실용적이고 실질적인 안전교육을 지향
⑤ 교육대상의 우선순위: 안전전문가 > 사업주 > 관리감독자 > 노동자
⑥ 안전전문가의 수준 향상

(2) 건설 안전 프로그램 및 교육 방법의 다양화
    ① 다양한 교육과정 개발
    ② 교육 실시 방법을 수요자 편의 중심으로 전환
    ③ 교육 이수 관리 방식의 개선
    ④ 발주자, 감리분야의 안전책임 강화 및 안전교육 확대

(3) 다양한 건설 안전교육 자료의 개발 및 보급
    ① 교육대상에 따른 적절한 교재의 개발과 지속적인 교육자료 개발
    ② 교육 자료의 부단한 갱신을 통한 참신성 유지
    ③ 연구개발 기능의 강화 및 활용

(4) 건설 안전 전문가 과정의 육성

(5) 경제적 유인책 확대
    ① 건설 안전 교육기금 확보
    ② 안전교육 전문기관의 재정 지원 및 육성

(6) 효과적인 안전교육의 실시
    ① 총체적 안전관리, 실습위주의 구체적 교육, 사고 사례교육, 적절한 교재개발 등
    ② 전문교육과정의 개발 및 교육과정의 다양성과 효율성 제고
    ③ 안전교육에서 인간관계의 중요성 및 학습자의 흥미를 유발하는 교육내용

(7) 공사금액별 안전교육 자격자의 자격 부여
    ① 기술사(지도사) 등 적극 활동
    ② 기술등급별 내실 있는 안전강사 교육체계 확립

# 10 사업장 안전보건 교육의 종류, 시간, 내용

1. 산업안전·보건 관련 교육과정별 교육시간

(1) 근로자 안전·보건교육

교육과정	교육대상		교육시간
정기 교육	사무직 종사 근로자		매분기 3시간 이상
	사무직 종사 근로자 외의 근로자	판매업무에 직접 종사하는 근로자	매분기 3시간 이상
		판매업무에 직접 종사하는 근로자 외의 근로자	매분기 6시간 이상
	관리감독자의 지위에 있는 사람		연간 16시간 이상
채용 시 교육	일용근로자		1시간 이상
	일용근로자를 제외한 근로자		8시간 이상
작업 내용변경 시의 교육	일용근로자		1시간 이상
	일용근로자를 제외한 근로자		2시간 이상
특별 교육	별표 8의2 제1호라목 각 호(제40호는 제외한다)의 어느 하나에 해당하는 작업에 종사하는 일용근로자		2시간 이상
	타워크레인 신호작업에 종사하는 일용근로자		8시간 이상
	별표 8의2 제1호라목 각 호의 어느 하나에 해당하는 작업에 종사하는 일용근로자를 제외한 근로자		- 16시간 이상 (최초 작업에 종사하기 전 4시간 이상 실시하고, 12시간은 3개월 이내에서 분할하여 실시가능) - 단기간 작업 또는 간헐적 작업인 경우에는 2시간 이상
건설업 기초안전·보건교육	건설 일용근로자		4시간

(2) 안전보건관리 책임자 등에 대한 교육

교육대상	교육시간	
	신규교육	보수교육
① 안전보건관리 책임자	6시간 이상	6시간 이상
② 안전관리자, 안전관리전문기관의 종사자	34시간 이상	24시간 이상
③ 보건관리자, 보건관리전문기관의 종사자	34시간 이상	24시간 이상
④ 재해예방 전문 지도기관의 종사자	34시간 이상	24시간 이상
⑤ 석면조사기관의 종사자	34시간 이상	24시간 이상
⑥ 안전보건관리 담당자	-	8시간 이상

(3) 검사원 양성교육

교육과정	교육대상	교육시간
양성교육	-	28시간 이상

2. 교육내용

(1) 근로자 안전·보건교육

1) 근로자 정기 안전·보건교육

① 산업안전 및 사고 예방에 관한 사항

② 산업보건 및 직업병 예방에 관한 사항

③ 건강증진 및 질병 예방에 관한 사항

④ 유해·위험 작업환경 관리에 관한 사항

⑤ 「산업안전보건법」 및 일반관리에 관한 사항

⑥ 산업재해보상보험 제도에 관한 사항

2) 관리감독자 정기 안전·보건교육

① 작업공정의 유해·위험과 재해 예방대책에 관한 사항

② 표준 안전작업 방법 및 지도 요령에 관한 사항

③ 관리감독자의 역할과 임무에 관한 사항

④ 산업보건 및 직업병 예방에 관한 사항

⑤ 유해·위험 작업환경 관리에 관한 사항

⑥ 「산업안전보건법」 및 일반관리에 관한 사항

3) 채용 및 작업내용 변경 시의 교육
① 기계·기구의 위험성과 작업의 순서 및 동선에 관한 사항
② 작업 개시 전 점검에 관한 사항
③ 정리정돈 및 청소에 관한 사항
④ 사고 발생 시 긴급조치에 관한 사항
⑤ 산업보건 및 직업병 예방에 관한 사항
⑥ 물질안전보건자료에 관한 사항
⑦ 「산업안전보건법」 및 일반관리에 관한 사항

(2) 건설업 기초안전·보건교육에 대한 내용 및 시간

구분	교육 내용	시간
공통	산업안전보건법 주요 내용(건설 일용근로자 관련 부분)	1시간
	안전의식 제고에 관한 사항	
교육 대상별	작업별 위험요인과 안전작업 방법(재해사례 및 예방대책)	2시간
	건설 직종별 건강장해 위험요인과 건강관리	1시간

* 산업안전보건법상 교육일지 및 양식에 대한 특별한 규정이 없으며, 사업장에서는 교육실시 여부를 서류나 전산 등으로 증빙할 수 있으면 된다.
* 노동부에서는 교육실적 확인 방법을 변경하여 기존 서류 위주 확인을 근로자 인터뷰를 통한 성과측정을 변경하여 감독을 실시한다.
* 법적 사항은 아니지만 현장에서 근로자 신규교육을 실시하는 이유는 현장적응(오리엔테이션)과 현장의 특수성 때문이다.
* 단기간 작업: 2개월 이내 종료되는 1회성 작업
* 간헐적 작업: 연간 총 작업 일수가 60일을 초과하지 않는 작업

11 건설업 기초안전·보건교육

1. 개요
① 건설 일용근로자가 타 현장으로 이동할 때마다 받아야 하는 건설현장 단위의 「채용 시 교육」대체
② 반복적으로 실시하는 낭비적 요소 제거
③ 등록한 전문교육기관에서 교육 이수

2. 의무주체
① 일용근로자를 채용한 건설업 사업주
② 교육 소요비용은 사업주가 부담: 안전보건관리비 사용(교육비, 출장비, 참여 수당)
③ 채용 전 다른 현장에서 기초안전보건 교육을 이수한 경우는 제외

3. 교육시간 및 내용

구분	교 육 내 용	시간
공통	산업안전보건법 주요 내용(건설 일용근로자 관련 부분)	1시간
	안전의식 제고에 관한 사항	
교육 대상별	작업별 위험 요인과 안전작업 방법(재해사례 및 예방대책)	2시간
	건설 직종별 건강장해 위험 요인과 건강관리	1시간

12 안전보건 교육 규정에서 정하는 강사 자격 요건

1. 시행규칙
① 안전보건관리 책임자
② 관리감독자, 안전관리자, 보건관리자, 안전보건관리담당자, 산업보건의
③ 공단이 실시하는 강사요원 교육과정 이수자
④ 산업안전지도사, 산업보건지도사
⑤ 산업안전보건에 관하여 학식과 경험이 있는 사람으로서 노동부 장관이 정하는 기준에 해당하는 사람

2. 산업안전보건교육 규정(제6조): 상기 ⑤항 관련
① 안전보건교육 위탁 기관 및 직무교육 위탁 기관의 강사와 같은 등급 이상의 자격을 가진 사람
② 사업장 내 관리감독자 또는 안전(보건) 관리자 등 안전(보건) 관계자의 지위에 있는 사람 또는 교육대상 작업에 3년 이상 근무한 경력이 있는 사람으로 사업주가 강사로서 적정하다고 인정하는 사람
③ 다음 각 호의 어느 하나에 해당하는 사람으로서 실무 경험을 보유한자(강의는 유관 분야에 한함)
   가. 안전 관리 전문기관·보건 관리 전문기관·재해예방 전문 지도기관·석면조사기관의 종사자로서 실무경력이 3년 이상인 사람
   나. 소방공무원 또는 응급구조사 국가자격 취득자로서 실무경력이 3년 이상인 사람
   다. 근골격계 질환 예방 전문가(물리치료사 또는 작업치료사 국가면허 취득자, 1급 생활스포츠지도사 국가자격 취득자) 또는 직무스트레스 예방 전문가(임상심리사, 정신보건임상심리사 등 정신보건 관련 국가면허 또는 국가자격·학위 취득자)
   라. 「의료법」에 따른 의사·간호사
   마. 공인노무사, 변호사

13 산업안전보건교육제도 개선

1. 문제점

(1) 교육대상별 명확한 교육목표 미흡(시간, 내용)하다.

(2) 사업주 및 안전보건관리 책임자 교육이 미비하다.

① 사업주 교육

② 안전보건관리 책임자: 인터넷 교육(6HR) → 집체교육 전환 필요(인터넷교육 2시간, 집체교육 4시간으로 조정)

③ 건설업 기초안전보건교육: 최초 1회 → 보수교육 필요

④ 관리감독자 교육: 사업 내 교육 기능 → 직무교육기관 집체교육 필요

2. 활성화 유도

(1) 사업장 안전보건교육 시스템 인증제 도입

(2) 안전보건교육에 대한 감독을 교육 일지 등으로 문서 확인 → 교육성과 측정 방식으로 개선, 근로자 면담 등

(3) 관리 책임자 등에 대한 교육의무 주체를 선임된 개인에서 사업주로 변경

* 안전보건교육 전문기관을 통하여 교육을 받을 경우 최신 안전보건 동향 및 안전기술 습득에 도움이 많이 되고, 관리감독자가 자체 교육을 하기 때문에 안전기술 전달이 유리하다.

* 노동부에서 교육실적 확인 방법 변경 추진

  서류 확인 → 근로자 인터뷰를 통한 성과측정

  (교육내용의 50% 이상 인지 여부)

* 산업안전보건교육 규정 개정(2018-73호)

  인터넷 원격교육을 실시할 경우 관리감독자의 정기교육은 해당 연도 총 교육시간의 2분의 1범위 이상, 특별 교육은 총 교육시간의 3분의2범위 이상을 집체교육 또는 현장 교육으로 하여야 한다.

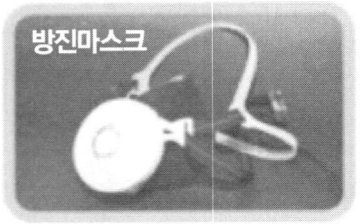

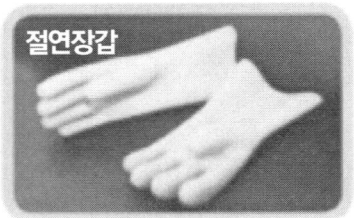

1. 개인보호구

(1) 종류

(2) 구비조건

① 사용목적에 적합하고, 착용이 간편해야 한다.

② 작업에 방해되지 않아야 하고, 유해·위험에 대한 방호가 완전해야 한다.

③ 구조, 끝마무리가 양호해야 하고, 품질이 우수해야 한다.

④ 금속성 재료는 내식성이어야 하고, 겉모양이 보기가 좋아야 한다.

2. 안전모

(1) 안전모의 종류

보호구의 종류	구분	적용 작업 및 작업장
호흡용 보호구	방진마스크	분체작업, 연마작업, 광택작업, 배합작업
	방독마스크	유기용제, 유해가스, 미스트, 흄발생 작업장
	송기마스크, 산소호흡기, 공기호흡기	저장소, 하수구 등 청소 및 산소결핍위험 작업장
청력 보호구	귀마개, 귀덮개	소음발생 작업장
안구 및 시력보호구	전안면 보호구	강력한 분진비산작업과 유행광선 발생작업
	시력보호 안경	유해광선 발생 작업보호의와 장갑, 장화
안전화, 안전장갑	장갑	피부로 침입하는 화학물질 또는 강산성물질을 취급하는 작업
	장화	피부로 침입하는 화학물질 또는 강산성물질을 취급하는 작업
보호복	방열복, 방열면	고열발생 작업장
	전신보호복	강산 또는 맹독유해물질이 강력하게 비산되는 작업
	부분보호복	상기물질이 심하게 비산되지 않는 작업
피부보호크림		피부염증 또는 홍반을 일으키는 물질에 노출되는 작업장

종류	사용구분	비고
AB	물체의 낙하 또는 비래 및 추락에 의한 위험을 방지, 경감시키기 위한 것	
AE	물체의 낙하 또는 비래에 의한 위험을 방지 또는 경감하고, 머리부위 감전에 의한 위험을 방지하기 위한 것	내전압성
ABE	물체의 낙하 또는 비래 및 추락에 의한 위험을 방지 또는 경감하고, 머리부위 감전에 의한 위험을 방지하기 위한 것	내전압성

내전압성이란? 7,000V 이하의 전압에 견디는 것이다.

(2) 안전모의 성능시험

항 목	시험성능 기준
내관통성 시험	AE, ABE종 안전모는 관통거리가 9.5mm 이하이고, AB종 안전모는 관통거리가 11.1mm 이하이어야 한다.
충격 흡수성 시험	최고전달 충격력이 4,450N을 초과해서는 안 되며, 모체와 착장제의 기능이 상실되지 않아야 한다.
내전압성 시험	AE, ABE종 안전모는 교류 20kV에서 1분간 절연 파괴 없이 견뎌야 하며, 이때 누설되는 충전전류는 10mA 이하이어야 한다.
내수성 시험	AE, ABE종 안전모는 질량증가율이 1% 미만이어야 한다.
난연성 시험	모체가 불꽃을 내며 5초 이상 연소되지 않아야 한다.
턱끈 풀림 시험	150N 이상 250N 이하에서 턱끈이 풀려야 한다.

(3) 안전모 사용 및 관리 방법

① 작업내용에 적합한 안전모 종류 지급 및 착용한다.
② 옥외 작업자에게는 흰색의 FRP 또는 PC 수지로 된 것을 지급한다.
③ 디자인과 색상이 미려한 것을 지급한다.
④ 중량이 가벼운 것을 지급한다.
⑤ 안전모 착용 시 반드시 턱끈을 바르게 하고, 위반자에 대한 지도 감독을 철저히 한다.
⑥ 자신의 머리 크기에 맞도록 착장제의 머리 고정대를 조절한다.
⑦ 충격을 받은 안전모나 변형된 것은 폐기한다.
⑧ 모체에 구멍을 내지 않도록 한다.
⑨ 착장제는 최소한 1개월에 한번 60℃의 물에 비누나 세척제를 사용하여 세탁하여야 하며, 합성수지 안전모는 스팀과 뜨거운 물을 사용해서는 안된다.
⑩ 모체가 페인트, 기름 등으로 오염된 경우는 유기용제를 사용해야 하지만 강도에 영향이 없어야 한다.
⑪ 플라스틱 등 합성수지는 자외선 등에 균열 및 강도저하 등 노화가 진행되므로 안전모의 탄성감소, 색상변화, 균열 발생 시 교체해 주어야 한다. 또한 노화를 방지하기 위하여 자동차 뒤 창문 등에 보관을 피하여야 한다.

3. 안전화

(1) 안전화 등급

등급	정의
중 작업용	1,000mm 낙하높이에서 시험했을 때 충격과 (15±0.1)KN의 압축하중에서 시험했을 때 압박에 대하여 보호해 줄 수 있는 선심을 부착하여, 착용자를 보호하기 위한 안전화.
보통 작업용	500mm 낙하높이에서 시험했을 때 충격과 (10±0.1)KN의 압축하중에서 시험했을 때 압박에 대하여 보호해 줄 수 있는 선심을 부착하여, 착용자를 보호하기 위한 안전화.
경 작업용	250mm 낙하높이에서 시험했을 때 충격과 (4.4±0.1)KN의 압축하중에서 시험했을 때 압박에 대하여 보호해 줄 수 있는 선심을 부착하여, 착용자를 보호하기 위한 안전화.

(2) 가죽제 안전화 성능시험

① 내충격성 시험 ② 내압박성 시험 ③ 내답발성 시험
④ 박리저항 시험 ⑤ 내유성 시험 ⑥ 인장강도 시험 및 신장율 시험
⑦ 내부식성 시험 ⑧ 인열강도 시험 ⑨ 은면결렬 시험

(3) 사용 및 관리방법

① 작업내용이나 목적에 적합한 것 ② 가벼운 것
③ 땀 발산 효과가 있는 것 ④ 디자인이나 색상이 좋은 것
⑤ 목이 긴 안전화는 신고 벗는데 편한 것(예: 지퍼 등)
⑥ 바닥이 미끄러운 곳에는 창의 마찰력이 큰 것.
⑦ 우레탄 소재(Pu) 안전화는 고무에 비해 열과 기름에 약하므로 기름을 취급하거나 고열 등 화기취급 작업자에서는 사용을 피할 것
⑧ 정전화를 신고 충전부에 접촉 금지 ⑨ 끈을 단단히 매고 꺾어 신지 말 것
⑩ 발에 맞는 것을 착용

4. 방진마스크(분진, 흄 및 미스트용)

(1) 착용대상

석탄, 용접흄, 납, 카드뮴과 같은 금속산화물의 흄과 분진 등이 발생되는 작업장에서만 착용이 가능하며, 산소결핍의 위험이 있거나 가스 상태의 유해물질이 존재하는 장소에서는 절대 착용 불가한다.

(2) 방진마스크 종류
① 전면형 방진마스크: 안면부 전체(입, 코, 눈)를 덮을 수 있는 구조의 마스크
② 반면형 방진마스크: 안면부의 입과 코를 덮을 수 있는 구조의 방진마스크

(3) 방진마스크의 등급

등급	특급	1급	2급
사용장소	· 베릴륨등과 같이 독성이 강한 물질들을 함유한 분진 등 발생 장소 · 석면 취급 장소	· 특급마스크 착용장소를 제외한 분진 등 발생 장소 · 금속흄 등과 같이 열적으로 생기는 분진 등 발생 장소 · 기계적으로 생기는 분진 등 발생 장소 (규소 등과 같이 2급 방진마스크를 착용하여도 무방한 경우는 제외)	· 특급 및 1급 마스크 착용 장소를 제외한 분진 등 발생장소

배기 밸브가 없는 안면부여과식 마스크는 특급 및 1급 장소에 사용해서는 안된다.

(4) 방진마스크 형태
① 격리식 전면형 ② 직결식 전면형
③ 격리식 반면형 ④ 직결식 반면형
⑤ 안면부여과식

(5) 방진마스크의 일반구조
① 착용 시 압박감이나 고통을 주지 않아야 한다.
② 전면형: 호흡 시에 투시부가 흐려지지 않아야 한다.
③ 분리식 마스크: 여과재, 흡기밸브, 배기밸브 및 머리끈을 쉽게 교환할 수 있고, 착용자 자신이 안면부와 밀착성 여부를 수시로 확인할 수 있어야 한다.
④ 안면부 여과식: 여과재로 된 안면부가 사용 중 심하게 변형되지 않고, 여과재를 안면에 밀착시킬 수 있어야 한다.

(6) 방진마스크의 재료 조건
① 안면에 밀착하는 부분은 피부에 장해를 주지 않아야 한다.
② 여과재는 여과성능이 우수하고 인체에 장해를 주지 않아야 한다.
③ 방진마스크에 사용하는 금속부품은 내식성을 갖거나 부식방지를 위한 조치가 되어 있어야 한다.

④ 전면형의 경우 사용할 때 충격을 받을 수 있는 부품은 충격 시에 마찰 스파크를 발생되어 가연성의 가스 혼합물을 점화시킬 수 있는 알루미늄, 마그네슘, 티타늄 또는 이의 합금을 사용하지 않아야 한다.

⑤ 반면형의 경우 사용할 때 충격을 받을 수 있는 부품은 충격 시에 마찰 스파크를 발생하여 가연성의 가스혼합물을 점화시킬 수 있는 알루미늄, 마그네슘, 티타늄 또는 이의 합금을 최소한 사용하여야 한다.

(7) 선정기준(구비조건)

① 분진포집효율(여과효율)이 좋을 것
② 흡기, 배기저항이 낮을 것
③ 사용적면적이 적을 것
④ 중량이 가벼울 것
⑤ 시야가 넓을 것
⑥ 안면밀착성이 좋을 것

(8) 성능시험

① 흡기저항시험
② 배기저항시험
③ 분진포집효율시험
④ 흡기저항 상승시험
⑤ 배기변의 작동기밀시험

5. 방독마스크

(1) 방독마스크 등급

등급	사용장소
고농도	가스, 증기 농도가 2/100 (암모니아 3/100) 이하의 대기 중 사용
중농도	가스, 증기농도가 1/100 (암모니아 1.5/100) 이하의 대기 중 사용
저농도및 최저농도	가스, 증기 농도가 0.1/100 이하의 대기 중 사용하는 것으로 긴급용이 아닌 것

(2) 방독마스크 관련 용어

① 파과: 정화통 내부의 흡착제가 포화상태가 되어 흡착능력을 상실한 상태
② 파과시간: 일정 농도의 유해물질 등을 포함한 공기를 일정 유량으로 정화통에 통과하기 시작부터 파과가 보일 때까지의 시간

$$파과시간 = \frac{시험가스농도 \times 표준\ 유효시간}{작업장\ 공기\ 중\ 유해가스\ 농도} (분)$$

(3) 방독마스크의 등급 및 사용 장소

방독마스크는 산소농도가 18% 이상인 장소에서 사용하여야 하고, 고농도와 중농도에서 사용하는 방독마스크는 전면형(격리식, 직결식)을 사용해야 한다.

① 격리식: 유독 가스 2%(암모니아 3%) 이하
② 직결식: 유독 가스 1%(암모니아 1.5%) 이하
③ 직결식 소형: 유독 가스 1% 이하로 긴급용이 아닌 것

(4) 방독마스크의 일반구조 조건

① 착용 시 이상한 압박감이나 고통을 주지 않을 것
② 착용자의 얼굴과 방독마스크의 내면 사이의 공간이 너무 크지 않을 것
③ 전면형은 호흡 시에 투시부가 흐려지지 않을 것
④ 격리식 및 직결식 방독마스크에 있어서는 정화통·흡기밸브·배기밸브 및 머리끈을 쉽게 교환할 수 있고, 착용자 자신이 스스로 안면과 방독마스크 안면부와의 밀착성 여부를 수시로 확인할 수 있을 것

(5) 방독마스크의 재료조건

① 안면에 밀착하는 부분은 피부에 장해를 주지 않을 것
② 흡착제는 흡착성능이 우수하고 인체에 장해를 주지 않을 것
③ 방독마스크에 사용하는 금속부품은 부식되지 않을 것
④ 방독마스크를 사용할 때 충격을 받을 수 있는 부품은 충격 시에 마찰 스파크가 발생하여 가연성의 가스혼합물을 점화시킬 수 있는 알루미늄, 마그네슘, 티타늄 또는 이의 합금으로 만들지 말 것

(6) 방독마스크 표시사항 안전인증 방독마스크에는 다음 각목의 내용을 표시해야 한다.

① 파과곡선도　　　　　　　　② 사용시간 기록카드
③ 정화통의 외부측면의 표시 색　④ 사용상의 주의사항

(7) 방독마스크 성능시험 방법

① 기밀시험　　　　　② 흡기저항시험
③ 배기저항시험　　　④ 배기밸브의 작동기밀시험

(8) 정화통의 성능시험

① 기밀시험　　　② 통기저항시험　　　③ 제독능력시험

6. 안전대

(1) 종류

1) 벨트 식: U자 걸이 전용, 1개 걸이전용

2) 안전그네 식: 안전 블럭, 추락 방지대

(2) 안전블록이 부착된 안전대 구조

1) 안전블록을 부착하여 사용하는 안전대는 안전그네만을 사용

2) 안전블록은 정격 사용 길이가 명시될 것

3) 안전블록의 줄은 합성섬유로프, 웨빙, 와이어로프이어야 하며, 와이어로프인 경우 최소지름이 4mm 이상일 것

(3) 착용 대상 작업

1) 높이 2m 이상의 추락 위험이 있는 장소

2) 추락 위험장소

① 작업 발판 위 안전난간이 없는 장소

② 작업발판이 없는 장소

③ 난간대로 상체를 내밀어 작업을 하는 장소

(4) 안전대 폐기기준

1) Rope

① 소선에 손상이 있는 것　　② 비틀림이 있는 것　　③ 횡마 부분이 헐거워 진 것

2) Belt

① 1mm 이상 손상. 변형　　② 재봉 부분의 손상. 변형　　③ 마모가 심한 것

3) D링

① 깊이 1mm 이상 손상　　② 변형 및 녹슨 것

4) 후크, 버클

① 1mm이상 손상.변형　　② 이탈방지 장치의 손상

③ 버클의 체결상태가 나쁜 것

(5) **최하사점**: 추락방지용 보호구로서 1개 걸이 안전대 사용 시 적정길이를 사용하여야 추락 시 근로자의 안전을 확보할 수 있다는 이론이다.

* 안전대는 추락할 때 나를 공중에 떠 있게 해야 하고, 나를 공중에 떠 있게 하는 안전대의 길이를 최하사점이라고 한다.

$H > h$ H: Hook에서 바닥거리
  h: Hook에서 신체의 최하사점거리
  h = 로프길이 + 로프신장길이 + 작업자 키의 1/2

(6) **사용 및 관리 방법**

① 안전대를 설치할 수 있도록 안전대 걸이 설비를 설치하여야 하며, 안전대 죔줄과 동등 이상의 강도를 유지
② 걸이 설비의 위치는 가능한 한 높은 지점에 설치
③ 로프 등 죔줄의 길이는 2.5m 이내로 가능한 짧게 하여 사용
④ 죔줄의 마모, 금속제의 변형 여부 등을 점검하여 훼손 시 교체

종류	등급	기호	성능	비고
귀마개	1종	EP-1	저음부터 고음까지 차음하는 것	귀마개의 경우 재사용 여부를 제조 특성으로 표기
	2종	EP-2	주로 고음을 차음하고 저음(회화음영역)은 차음하지 않는 것	
귀덮개	–	EM		

7. 귀 보호구(방음보호구)

(1) **착용대상**

소음이 심한 작업장에서 귀를 보호하기 위하여 착용하는 귀마개 및 귀 덮개 등을 귀보호구(방음보호구)라 하는데, 일반적으로 80 dB(A) 이상의 소음작업장이나 해머작업과 같은 충격음을 유발하는 곳에서는 반드시 방음 보호구를 착용해야만 소음폭로에 따른 건강장해를 예방할 수 있다.

(2) **귀보호구의 종류**

소음작업장에서 청력보호를 위해 최종적으로 선택할 수 있는 방법이 귀마개나 귀덮개의 착용이다. 통상적으로 양질의 보호구일 경우 귀마개는 고주파에서 25–35dB(A)

정도, 귀 덮개는 35-45dB(A) 정도의 차음효과가 있으며, 두개를 동시에 착용하면 추가로 3-5dB(A)까지의 감음효과를 얻을 수 있다.

① 귀마개: 외이도(귀속)에 직접 삽입하여 소음을 차단해 주는 것으로 40dB 이상의 차음효과가 있어야 한다.

귀마개를 끼면 사람들과의 대화가 방해되므로 사람의 회화영역인 1,000Hz 이하의 주파수 영역에서는 25dB 이상의 차음효과만 있어도 충분한 방음효과가 있는 것으로 인정되고 있다.

또한 제품에 따라서 고음만을 차단해 주는 귀마개(EP-2)와 저음부터 고음까지를 차단해 주는 것(EP-1)이 있으므로 작업도중 작업자 간의 대화가 반드시 필요한 곳에서는 고음은 차단하고 저음은 통과해 주는 귀마개(EP-2)를 선택해야 한다.

이러한 귀마개는 부피가 작아서 휴대하기가 쉽고 착용하기가 간편하며 안경과 안전모 등에 방해가 되지 않는다는 장점이 있지만, 귀에 질병이 있는 사람은 착용이 불가능하고 여름에 땀이 많이 날 때는 외이도 등에 염증을 유발할 수 있는 단점이 있다. 또한 부피가 작은 대신 쉽게 분실할 수 있으므로 소음이 발생되는 설비주위에 비상용귀마개를 비치하여 언제든지 착용할 수 있는 배려가 있어야 한다.

② 귀 덮개: 귀 덮개는 귀마개와는 달리 귀속에 직접 삽입하는 것이 아니다. 통신용 헤드폰과 비슷하게 귀 전체를 덮어주는 형태로 되어 있기 때문에 귀마개에 비해서 차음효과가 더 커 충격음과 같은 고음역의 방음에 적당하다.

특히, 귀마개를 착용하고 귀 덮개를 착용하면 훨씬 차음효과가 커지게 되므로 115dB 이상의 고음 작업장에서는 두 가지(귀마개 + 귀덮개)를 동시에 착용할 필요가 있다.

귀 덮개는 귀마개에 비해서 차음효과가 크고 또한 착용감이 적어 편리하다는 장점이 있는 반면 가격이 비싸고 고온 작업장 등에서는 착용하기가 어렵다. 또한 안경이나 헬멧 등을 같이 착용할 때는 사용하기가 불편하다는 단점이 있다.

소음에 대한 귀 덮개의 차음영역은 저음역에서 고음역까지 폭넓게 되어 있는 관계로 귀 덮개를 착용한 상태에서는 작업 중 의사소통이 불가능하다. 만약 신호음이나 기타 중요한 의사소통을 필요로 하는 곳에서는 오히려 안전사고의 원인이 될 수 있으므로 착용에 주의해야 한다.

(3) 착용 및 선택 시 주의사항

① 귀마개는 개인의 외이도에 맞는 것을 사용해야 한다. 처음 사용 시에는 딱딱한 감을 느낄 수 있으므로 깨끗한 손으로 외이도의 형태에 맞게 형태를 갖추어 삽입하여야 한다.

② 귀마개는 가급적이면 일회용을 사용하여 자주 교체해 주어 항상 청결을 유지해야만 귀의 염증을 예방할 수 있다.

③ 귀마개는 부피가 작아 분실의 위험이 크므로 양쪽을 끈으로 묶어 모자나 상의 주머니에 매어 사용하도록 한다.

④ 귀 덮개는 귀 전체가 완전히 덮일 수 있도록 높낮이 조절을 적당히 한 후 착용해야 한다.

⑤ 115dB 이상의 고소음 작업장에서는 귀마개와 귀 덮개를 동시에 착용해서 차음효과를 높여주어야 한다(탱크 내 밀폐된 공간에서의 해머 작업 등).

⑥ 작업 도중 주위의 경고음이나 신호음 등을 들어야 하는 곳에서는 안전사고의 위험이 있을 수 있으므로 귀 덮개 착용에 주의해야 한다.

8. 얼굴 보호구

(1) 착용대상

여러 가지 이물질과 유해광선으로부터 눈을 포함하여 얼굴 전체를 보호해야 할 용접작업장, 외부 파편이나 화학물질이 안면에 튀어 상처를 입힐 염려가 있거나 피부로 흡수될 가능성이 있는 작업장에서 주로 사용한다.

(2) 보호구의 종류

① 일반 보호면: 보안면 전체가 투명하게 되어 있어 주로 일반작업, 스포트 용접 작업 시 생기는 파편으로부터 얼굴을 보호하기 위하여 사용한다. 유해광선 정도가 약하여 차광할 정도가 아니거나 혹은 보안경을 착용했으나 얼굴을 보호해야 할 때 쓰이기도 한다. 가스나 증기상의 물질을 걸러줄 수 있는 방독마스크 중에서 안면 전체를 감싸줄 수 있는 전면형 마스크가 바로 일반보호면의 기능을 동시에 가진 다기능 마스크라 할 수 있다.

② 용접 보안면: 아크용접 또는 절단 작업 시 유해광선이나 파편으로부터 안면을 보호하기 위하여 착용하는 것을 말한다. 머리에 쓰는 헬멧형과 손에 들고서 안면을 가려주는 핸드실형이 있다. 유해광선으로부터 눈을 효과적으로 보호하기 위해서는

적정한 차광번호를 가진 보안면을 착용해야 하는데 작업에 따른 적정한 차광도를 선택하여 사용 해야 한다.

(3) 착용 및 선택 시 주의사항
① 안면의 재질은 외부의 충격에 의해 절대 깨지지 않는 재질이어야 한다.
② 시야 방해가 적고 가벼워야 한다.
③ 연결부분이 견고하여 유해광선 등이 새지 않아야 하고, 내면이 부드러워 피부 손상이 없어야 한다.

9. 피부 보호구

(1) 착용 대상
작업장에서 사용하는 유해물질이 직접 피부에 접촉하거나 혹은 작업자의 작업복에 심한 오염을 일으킬 염려가 있을 때, 또는 고열로부터 몸을 보호하고자 할 때, 신체의 일부 혹은 전체에 착용하는 것을 피부 보호구라 한다. 주로 도장작업, 산세척 작업, 고열작업 등에서 많이 이용되고 있다.

(2) 보호구의 종류
보호구의 종류는 모양과 착용부위에 따라 앞치마, 장갑장화 등과 같이 신체의 특정 부위를 보호할 수 있는 것과, 온몸을 전부 둘러싸 인체를 전면적으로 보호해 주는 형태(일명 보호의라고 함)등이 있다. 고온 작업시의 방열복, 한냉 작업 시의 방한복, 산이나 알칼리, 가스, 강한 산화제 등으로부터의 피부 장해를 막아주는 일반 작업복(위생복) 등이 있다. 최근에는 피부 보호구를 직접 착용하지 않더라도 유해물질이 피부에 닿지 않도록 피부보호용 크림을 사용하기도 한다. 이를 산업용 피부보호제 라고 부르기도 한다. 사용물질에 따라 지용성 물질에 대한 피부 보호제, 수용성 피부 보호제, 광과민성 피부 보호제 등이 있다.

(3) 착용 및 선택 시 주의사항
① 방열복을 선택할 때는 석면재질이 아닌 비석면재질의 방열복을 선택해야 한다.
② 몸 전체를 둘러싸는 보호복의 경우 소매 끝이나 바지 끝을 잘 동여매어 기계에 빨려 들어가지 않도록 주의해야 한다.
③ 피부보호용 크림을 사용할 때는 작업 후 비누로 깨끗이 씻어 주어야 한다.

15 안전·보건표지

1. 안전·보건표지의 개요

작업장에서 작업자가 판단이나 행동의 잘못을 일으키기 쉬운 장소 또는 실수로 중대한 재해를 일으킬 위험이 있는 장소에 근로자의 안전·보건을 확보하기 위해 사용되는 그림·기호·글자 등으로 표시하는 표지를 말한다.

사업주는 사업장의 유해 또는 위험한 시설 및 장소, 위험물질에 대한 경고, 비상시 조치에 대한 안내·지시, 그 밖에 안전의식을 고취함으로써 사고를 미연에 방지하기 위하여 안전·보건 표지를 설치하거나 부착하여야 한다.

이러한 산업안전표지는 재해 방지대책의 보조수단에 불과하다. 산업안전표지는 누구든지 빨리 쉽게 알아볼 수 있어야 하고, 전국적으로 공통된 색채와 도형을 산업안전보건법 시행규칙에서 정하고 있다.

색채는 눈에 잘 띄는 안전색채이며, 안전표지는 사용 목적에 따라 금지·경고·지시·안내 등 4가지로 나눌 수 있다.

(1) **금지표지**: 출입금지, 보행금지, 차량통행금지, 사용금지, 금연·화기금지, 물체이동금지 등

(2) **경고표지**: 인화성물질 경고, 산화성물질 경고, 폭발물 경고, 독극물 경고, 부식성물질 경고, 방사성물질 경고, 고압전기 경고, 매달린 물체 경고, 낙하물 경고, 고온 경고, 저온 경고, 몸균형상실 경고, 위험장소 경고 등

(3) **지시표지**: 보안경 착용, 방독마스크 착용, 방진마스크 착용, 보안면 착용, 안전모 착용, 안전복 착용 등

(4) **안내표지**: 녹십자 표지, 응급구호 표지, 들 것, 세안장치, 비상구, 좌측비상구, 우측비상구 등

2. 관련근거

① 산업안전보건법에서는 사업주는 사업장의 유해하거나 위험한 시설 및 장소에 대한 경고, 비상시 조치에 대한 안내, 그 밖에 안전의식의 고취를 위하여 고용노동부령으로 정하는 바에 따라 안전·보건표지를 설치하거나 부착하여야 한다. 이 경우

「외국인근로자의 고용등에 관한 법률」에 따른 외국인 근로자를 채용한 사업주는 고용노동부장관이 정하는 바에 따라 외국어로 된 안전·보건표지와 작업 안전수칙을 부착하도록 노력한다.

② 안전·보건표지를 설치하거나 부착하지 아니한 자는 500만 원 이하의 과태료를 부과한다.

3. 안전·보건표지의 제작 및 설치 기준

(1) 제작 기준

① 안전·보건표지는 종류별로 기본모형에 따라 제작한다.

② 안전·보건표지는 표시내용을 근로자가 빠르고 쉽게 알아볼 수 있는 크기로 제작한다.

③ 안전·보건표지 속의 그림 또는 부호의 크기는 안전·보건표지의 크기와 비례하여야 하며, 안전·보건표지 전체 규격의 30% 이상이 되어야 한다.

④ 안전·보건표지는 쉽게 파손되거나 변형되지 아니하는 재료로 제작한다.

⑤ 야간에 필요한 안전·보건표지는 야광물질을 사용하는 등 쉽게 알아볼 수 있도록 제작한다.

(2) 설치

① 안전·보건표지의 표시를 명백히 하기 위하여 안전·보건표지의 주위에 표시사항을 글자로 덧붙여 적을 수 있고, 이 경우 글자는 흰색 바탕에 검은색 한글고딕체로 표기한다.

② 안전·보건표지를 설치하거나 부착할 때에는 근로자가 쉽게 알아 볼 수 있는 장소, 시설 또는 물체에 설치하거나 부착한다.

③ 안전·보건표지를 설치하거나 부착할 때에는 흔들리거나 쉽게 파손되지 아니하도록 견고하게 설치하거나 부착한다.

④ 안전·보건표지의 성질상 설치하거나 부착하는 것이 곤란한 경우에는 해당 물체에 직접 도장할 수 있다.

(3) 종류 및 형태

① 금지표지: 위험한 행동을 금지하는데 사용하며, 흰색 바탕에 기본 모형은 빨간색, 관련 부호 및 그림은 검은색이다.

② 경고표지: 직접 위험한 것 및 장소, 상태에 대한 경고표지로써 노란색 바탕에 기본 모형, 관련 부호 및 그림은 검은색이다. 다만, 인화성 물질 경고, 산화성 물질 경고, 폭발성 물질 경고, 급성독성 물질 경고, 부식성 물질 경고 및 발암성·변이원

성·생식독성·전신독성·호흡기 과민성 물질 경고의 경우 바탕은 무색, 기본 모형은 빨간색(검은색도 가능)이다.

③ **지시표지**: 작업에 대한 지시 안전보호구 착용에 관한 표지이며, 파란색 바탕에 관련 그림은 흰색으로 표시한다.

④ **안내표시**: 구명, 구호, 피난의 방향 등을 분명히 표시하는데 사용된다. 흰색 바탕에 기본 모형 및 관련 부호는 녹색, 녹색 바탕에 관련 부호 및 그림은 흰색으로 표시한다.

4. 안전·보건표지의 종류와 형태

1 금지표지	101 출입금지	102 보행금지	103 차량통행금지	104 사용금지	105 탑승금지	106 금연	107 화기금지
108 물체이동금지	2 경고표지	201 인화성물질경고	202 산화성물질경고	203 폭발성물질경고	204 급성독성물질경고	205 부식성물질경고	206 방사성물질경고
207 고압전기경고	208 매달린물체경고	209 낙하물경고	210 고온경고	211 저온경고	212 몸균형상실경고	213 레이저광선경고	214 발암성·변이원성·생식독성·전신독성·호흡기과민성 물질 경고
215 위험장소경고	3 지시표지	301 보안경착용	302 방독마스크착용	303 방진마스크착용	304 보안면착용	305 안전모착용	306 귀마개착용
307 안전화착용	308 안전장갑착용	309 안전복착용	4 안내표지	401 녹십자표지	402 응급구호 표지	403 들것	404 세안장치

405 비상용 기구	406 비상구	407 좌측비상구	408 우측비상구	5 관계자외 출입금지	501 허가대상물질작업장 관계자외 출입금지 (허가물질 명칭) 제조/사용/보관중 보호구/보호복 착용 흡연 및 음식물 섭취 금지	502 석면취급/해체작업중 관계자외 출입금지 석면 취급/해체중 보호구/보호복 착용 흡연 및 음식물 섭취 금지
503 금지대상물질의 취급 실험실 등 관계자외 출입금지 발암물질 취급중 보호구/보호복 착용 흡연 및 음식물 섭취 금지		6 문자 추가시 예시문		• 내 자신의 건강과 복지를 위하여 안전을 늘 생각한다. • 내 가정의 행복과 화목을 위하여 안전을 늘 생각한다. • 내 자신의 실수로써 동료를 해치지 않도록 안전을 늘 생각한다. • 내 자신이 일으킨 사고로 인한 회사의 재산과 손실을 방지하기 위하여 안전을 늘 생각한다. • 내 자신의 방심과 불안전한 행동이 조국의 번영에 장애가 되지 않도록 하기 위하여 안전을 늘 생각한다.		

산업안전보건법		한국산업표준		산업안전보건법		한국산업표준		산업안전보건법		한국산업표준
102		P004		212		W011		402		E003
103		P006		213		W004		403		E013
106		P002		215		W001		404		E011
107		P003		301		M004		406		E001
206		W003 W005 W027		302		M017				E002
				303		M016		407		E001
				304		M019		408		E002
207		W012		305		M014				
208		W015		306		M003				
209		W035		307		M008				
210		W017		308		M009				
211		W010		309		M010				

1. 산업안전교육론

5. 안전·보건표지의 종류별 용도, 사용 장소, 형태 및 색채

분류	종류	용도 및 사용 장소	사용 장소 예시	색 채
금지 표지	1. 출입금지	출입을 통제해야 할 장소	조립·해체 작업장 입구	바탕은 흰색, 기본 모형은 빨간색, 관련 부호 및 그림은 검은색
	2. 보행금지	사람이 걸어 다니면 안 될 장소	중장비 운전작업장	
	3. 차량 통행금지	제반 운반기기 및 차량의 통행을 금지시켜야 할 장소	집단보행 장소	
	4. 사용금지	수리 또는 고장 등으로 만지거나 작동시키는 것을 금지해야 할 기계·기구 및 설비	고장난 기계	
	5. 탑승금지	엘리베이터 등에 타는 것이나 어떤 장소에 올라가는 것을 금지	고장난 엘리베이터	
	6. 금연	담배를 피워서는 안 될 장소	화학물질취급 장소	
	7. 화기금지	화재가 발생할 염려가 있는 장소로 화기취급을 금지하는 장소	절전스위치 옆	
	8. 물체 이동금지	정리 정돈 상태의 물체나 움직이면 안 될 물체를 보존하기 위하여 필요한 장소		
경고 표지	1. 인화물질 경고	휘발유 등 화기의 취급을 극히 주의해야 하는 물질이 있는 장소	휘발유 저장탱크	바탕은 노란색, 기본모형, 관련 부호 및 그림은 검은색 다만, 인화성물질 경고, 산화성물질 경고, 폭발성물질 경고, 급성독성 물질 경고, 부식성물질 경고 및 물질 경고의 경우 바탕은 무색, 기본모형은 빨간색 (검은색도 가능)
	2. 산화성물질 경고	가열·압축하거나 강산·알칼리 등을 첨가하면 강한 산화성을 띠는 물질이 있는 장소	질산 저장탱크	
	3. 폭발성물질 경고	폭발성 물질이 있는 장소	폭발물 저장실	
	4. 급성독성 물질 경고	급성독성 물질이 있는 장소	농약 제조·보관소	
	5. 부식성 물질 경고	신체나 물체를 부식시키는 물질이 있는 장소	황산 저장소	
	6. 방사성 물질 경고	방사능 물질이 있는 장소	방사성동위원소 사용실	

분류	종류	용도 및 사용 장소	사용 장소 예시	색 채
경고 표지	7. 고압전기 경고	발전소나 고전압이 흐르는 장소	감전 우려 지역 입구	바탕은 노란색, 기본모형, 관련 부호 및 그림은 검은색 다만, 인화성물질 경고, 산화성물질 경고, 폭발성물질 경고, 급성독성 물질 경고, 부식성물질 경고 및 물질 경고의 경우 바탕은 무색, 기본모형은 빨간색 (검은색도 가능)
	8. 매달린 물체 경고	머리 위에 크레인 등과 같이 매달린 물체가 있는 장소	크레인이 있는 작업장 입구	
	9. 낙하물체 경고	돌 및 블록 등 떨어질 우려가 있는 물체가 있는 장소	비계 설치 장소 입구	
	10. 고온 경고	고도의 열을 발하는 물체 또는 온도가 아주 높은 장소	주물 작업장 입구	
	11. 저온 경고	아주 차가운 물체 또는 온도가 아주 낮은 장소	냉동 작업장 입구	
	12. 몸균형 상실 경고	미끄러운 장소 등 넘어지기 쉬운 장소	경사진 통로 입구	
	13. 레이저광선 경고	레이저광선에 노출될 우려가 있는 장소	레이저 실험실 입구	
	14. 발암성·변이원성·생식독성·전신독성·호흡기과민성물질 경고	발암성·변이원성·생식독성·전신독성·호흡기과민성 물질이 있는 장소		
	15. 위험 장소 경고	그 밖에 위험한 물체 또는 그 물체가 있는 장소		
지시 표지	1. 보안경 착용	보안경을 착용해야만 작업 또는 출입을 할 수 있는 장소	그라인더 작업장 입구	바탕은 파란색, 관련 그림은 흰색
	2. 방독 마스크 착용	방독 마스크를 착용해야만 작업 또는 출입을 할 수 있는 장소	유해물질 작업장 입구	
	3. 방진 마스크 착용	방진마스크를 착용해야만 작업 또는 출입을 할 수 있는 장소	분진이 많은 곳	
	4. 보안면 착용	보안면을 착용해야만 작업 또는 출입을 할 수 있는 장소	용접실 입구	
	5. 안전모착용	헬멧 등 안전모를 착용해야만 작업 또는 출입을 할 수 있는 장소	갱도의 입구	

분류	종류	용도 및 사용 장소	사용 장소 예시	색채
지시 표지	6. 귀마개착용	소음장소 등 귀마개를 착용해야만 작업 또는 출입을 할 수 있는 장소	판금 작업장 입구	바탕은 파란색, 관련 그림은 흰색
	7. 안전화 착용	안전화를 착용해야만 작업 또는 출입을 할 수 있는 장소	채탄 작업장 입구	
	8. 안전장착용	안전장갑을 착용해야 작업 또는 출입을 할 수 있는 장소	고온 및 저온물 취급작업장 입구	
	9. 안전복착용	방열복 및 방한복 등의 안전복을 착용해야만 작업 또는 출입을 할 수 있는 장소	단조 작업장 입구	
안내 표시	1. 녹십자표지	안전의식을 북돋우기 위하여 필요한 장소	공사장 및 사람들이 많이 볼 수 있는 장소	바탕은 흰색, 기본모형 및 관련 부호는 녹색, 바탕은 녹색, 관련 부호 및 그림은 흰색
	2. 응급구호 표지	응급구호설비가 있는 장소	위생구호실 앞	
	3. 들것	구호를 위한 들것이 있는 장소	위생구호실 앞	
	4. 세안장치	세안장치가 있는 장소	위생구호실 앞	
	5. 비상용기구	비상용 기구가 있는 장소	비상용기구 설치장소 앞	
	6. 비상구	비상출입구	위생구호실 앞	
	7. 좌측비상구	비상구가 좌측에 있음을 알려야 하는 장소	위생구호실 앞	
	8. 우측비상구	비상구가 우측에 있음을 알려야 하는 장소	위생구호실 앞	
출입 금지 표시	1. 허가대상유해물질 취급	허가대상유해물질 제조, 사용 작업장	출입구 (단, 실외 또는 출입구가 없을 시 근로자가 보기 쉬운 장소)	글자는 흰색바탕에 흑색 다음 글자는 적색 -○○○제조/사용/보관 중 - 석면취급/해체 중 - 발암물질 취급 중
	2. 석면취급 및 해체·제거	석면 제조, 사용, 해체·제거 작업장		
	3. 금지유해 물질 취급	금지유해물질 제조·사용설비가 설치된 장소		

6. 안전·보건표지의 종류별 용도, 사용 장소, 형태 및 색채

색 채	색도 기준	용도	사 용 례
빨간색	7.5R 4/14	금지	정지신호, 소화설비 및 그 장소, 유해행위의 금지
		경고	화학물질 취급 장소에서의 유해·위험 경고
노란색	5Y 8.5/12	경고	화학물질 취급 장소에서의 유해·위험경고 이외의 위험경고, 주의표지 또는 기계 방호물
파란색	2.5PB 4/10	지시	특정 행위의 지시 및 사실의 고지
녹색	2.5G 4/10	안내	비상구 및 피난소, 사람 또는 차량의 통행표지
흰색	N9.5		파란색 또는 녹색에 대한 보조색
검은색	N0.5		문자 및 빨간색 또는 노란색에 대한 보조색

7. 안전·보건표지의 기본 모형

번호	기본모형	규격비율(크기)	표시사항
1	(원형에 45° 사선)	$d \geq 0.025L$ $d_1 = 0.8d$ $0.7d < d_2 < 0.8d$ $d_3 = 0.1d$	금지
2	(삼각형) (마름모)	$a \geq 0.034L$ $a_1 = 0.8a$ $0.7a < a_2 < 0.8a$ $a \geq 0.025L$ $a_1 = 0.8a$ $0.7a < a_2 < 0.8a$	경고
3	(원형)	$d \geq 0.025L$ $d_1 = 0.8d$	지시
4	(직사각형)	$b \geq 0.0224L$ $b_2 = 0.8b$	안내
5	(직사각형)	$h < \ell$ $h_2 = 0.8h$ $\ell \times h \geq 0.0005L^2$ $h - h_2 = \ell - \ell_2 = 2e_2$ $\ell / h = 1, 2, 4, 8$ (4종류)	안내
6	A B C 모형 안쪽에는 A, B, C로 3가지 구역으로 구분하여 글씨를 기재한다.	1. 모형크기(가로 40cm, 세로 25cm 이상) 2. 글자크기(A: 가로 4cm, 세로 5cm 이상, B: 가로 2.5cm, 세로 3cm 이상, C: 가로 3cm, 세로 3.5cm 이상)	관계자외 출입금지
7	A B C 모형 안쪽에는 A, B, C로 3가지 구역으로 구분하여 글씨를 기재한다.	1. 모형크기 (가로 70cm, 세로 50cm 이상) 2. 글자크기 (A: 가로 8cm, 세로 10cm 이상, B, C: 가로 6cm, 세로 6cm 이상)	관계자외 출입금지

산업안전 교육론 예상문제

01. OJT(현장교육)과 집체교육(Off-J.T.)특성을 비교한 것 중 전자의 장점만으로 된 것은?

〈보기〉
㉠ 우수한 전문가를 상사로 할수 있다.
㉡ 개개인의 능력 적성에 적합한 자세한 교육 훈련이 가능하다.
㉢ 특별교재·교구, 시설을 유효하게 이용할 수 있다.
㉣ 교육을 통하여 상사와 부하간의 의사소통과 신뢰감이 깊어진다.
㉤ 직장의 실정에 맞는 구체적이고 실질적인 교육이 가능하다.
㉥ 다른 직종, 직장의 사람들과 지식, 경험의 교환이 가능하다.

① ㉠㉡㉣　② ㉣㉢㉥　③ ㉠㉡㉢　④ ㉡㉢㉤　⑤ ㉡㉣㉤

해설 • OJT: ① 직장의 실정에 맞는 구체적이고 실질적인 교육이 가능하다. ② 개개인의 능력 적성에 적합한 자세한 교육 훈련이 가능하다. ③ 교육을 통하여 상사와 부하간의 의사소통과 신뢰감이 깊어진다.
• Off-JT: ① 우수한 전문가를 상사로 할 수 있다. ② 특별교재·교구, 시설을 유효하게 이용할수 있다. ③ 다른 직종, 직장의 사람들과 지식, 경험의 교환이 가능하다.

02. 안전교육의 방법 기업내 정형교육이 아닌 것은?

① TWI　② ATT　③ MTP　④ CSS　⑤ TBM

03. 안전실천행동인 5행 운동은 사고예방, 노사간의 갈등해소 등의 효과가 크고 안전의식전환에 새로운 계기가 되는 운동이다. 5행 운동에 속하지 않는 것은?

① 복장 단정　② 정리 정돈　③ 청소 청결　④ 전심 전력　⑤ 몸의 상태

해설 확인 점검임.

04. 학습지도의 원리와 거리가 먼 것은?

① 학습자 스스로 학습에 참여하는 것이 자기활동의 원리가 있다.
② 학습자 지니고 있는 각자의 요구와 능력에 알맞은 학습활동의 기회를 제공하는 개별화의 원리가 있다.
③ 학습내용의 현실사회문제와 사상을 기반으로 공동학습하는 사회화의 원리가 있다.
④ 학습은 전문적인 지적·정의적·기능적 분야를 단편적으로 지도하는 전문화의 원리가 있다.
⑤ 어떤 사물을 개념을 설명함에 구체적인 사물제시·경험시키는 직관의 원리가 있다.

해설 학습을 총체적인 지적·정의적·기능적 분야 종합적으로 지도하는 통합의 원리가 있다.

정답 01. ⑤　02. ⑤　03. ⑤　04. ④

05. 전습법과 분습법의 이점을 비교한 것 중 전습법의 장점만으로 묶은 것은?

─〈보기〉─
㉠ 어린이는 이 방법을 좋아한다.   ㉡ 길고 복잡한 학습에 알맞다.
㉢ 시간노력이 적다.   ㉣ 망각이다.
㉤ 연합이 생긴다.   ㉥ 학습이 빠르다.

① ㉠㉡㉢   ② ㉡㉤㉥   ③ ㉢㉣㉤   ④ ㉠㉡㉥   ⑤ ㉡㉢㉣

해설
- **전습법**: ① 망각이 적다. ② 반복이 적다. ③ 시간노력이 적다. ④ 연합이 생긴다.
- **분습법**: ① 어린이는 분습법을 좋아한다. ② 학습이 빠르다. ③ 주위 범의가 적어서 적당하다. ④ 길고 복잡한 학습에 알맞다.

06. 다음 설명은 안전교육방법에 관한 내용이다. 잘못 설명된 것은?

① 강의법(Lecture Method)은 많은 인원의 수강자(최적 인원:40~50명)를 단기간의 교육시간에 비교적 많은 교육 내용을 전수하기 위한 방법으로 장점은 사실, 사상을 시간, 장소의 제한 없이 어디서나 제시할 수 있으며 교사가 임의로 시간을 조절할 수 있고 강조할 점을 수시로 강조할 수 있으며 학생의 다소에 제한을 받지 않는 것이다.

② 토의법(Group Discussion Method)은 쌍방적 의사전달 방식에 의한 교육(최적 인원:10~20명)으로 적극성·지도성·협동성을 기르는 데 유효하며 장점은 타인의 의견을 존중하고 스스로의 사고력, 표현력을 길러 주며, 결정사항에 복종한다.

③ 사례 연구법(Case Study)은 먼저 사례를 제시하고 문제가 되는 사실들과 그의 상호관계에 대해서 검토하며, 대책을 토의하는 방식으로 토의법을 응용한 교육기법으로 단점은 적절한 사례의 확보가 곤란하며 원칙과 규정(Rule)의 체계적 습득이 곤란하고 학습의 진보를 측정하기가 어렵다.

④ 반복법(Recitation Method)은 학습자가 이미 설명을 듣거나 시범을 보고 알게 된 지식이나 기능을 교사의 지휘나 감독 아래 직접적으로 연습에 적용을 해보게 하는 교육방법 이다.

⑤ 시범(Demonstration Method)은 어떤 기능이나 작업과정을 학습시키기 위해 필요로 하는 분명한 동작을 제시하는 교육방법이다. 이 방법은 고압가스 취급책임자들에 대한 교육을 실시하기에 적당하다.

해설 • **실연법(Performance Method)** 학습자가 이미 설명을 듣거나 시범을 보고 알게된 지식이나 기능을 교사의 지휘나 감독 아래 직접적으로 연습에 적용을 해보게 하는 교육방법이다.

 정답 **05.** ⑤   **06.** ④

07. 학습지도에 관한 설명으로 잘못된 것은?

① 학습지도란 학습자가 교육목적을 효과적으로 달성할 수 있도록 자극하고 도와주는 교육활동. 즉, 모든 지도·기술의 총체로서의 교육방법을 말하며 핀케빗치(Pinkevich)는 지도란 '교사가 방향을 지시하며, 조직적으로 계도하는 영향하에 새로운 학생으로 하여금 지식·기술·습관에 정통하게 만드는 일'이라고 했다. 로크(Locke)는 교육론에서 '경험을 통한 학습'과 '감각에 의한 학습'을 강조했다.
② 학습지도의 원리 중 학습자 자신이 스스로 자발적으로 학습에 참여하는데에 중점을 둔 원리를 자기활동의 원리(자발성의 원리)라 한다.
③ 학습지도의 원리 중 학습자가 지니고 있는 각자의 요구와 능력 등에 알맞은 학습활동의 기회를 마련해 주어야 한다는 원리를 개별화의 원리라 한다.
④ 학습지도의 원리 중 '학습을 종합적인 전체로서 지도하자'는 원리로, 동시 학습(Concomitant Learning)의 원리와 같다. 학습이란 부분적, 분과적으로 이루어지는 것이 아니고 지적, 정의적, 기능적 분야의 종합적인 전체에서 이루어져야 한다는 것을 사회화의 원리라 한다.
⑤ 학습지도의 원리 중 어떤 사물에 대한 개념을 인식시키는데 있어서 언어로 설명하는 것보다는 구체적인 사물을 직접 제시하거나 경험시킴으로써 큰 효과를 볼 수 있다는 원리를 직관의 원리라 한다.

[해설] 학습지도의 원리 중 '학습을 종합적인 전체로서 지도하자'는 원리로, 동시학습(Concomitant Learning)의 원리와 같다. 학습이란 부분적, 분과적으로 이루어지는 것이 아니고 지적, 정의적, 기능적 분야의 종합적인 전체에서 이루어져야 한다는 것을 통합의 원리라 한다.

08. 안전교육의 목적을 설명한 것으로 잘못된 것은?

① 작업자를 산업재해로부터 미연에 방지
② 재해의 발생으로 직접적 및 간접적 경제적 손실 방지
③ 작업자에게 작업의 안전에 대한 안심감을 부여하고 기업에 대한 신뢰감 높임
④ 생산성향상 및 품질저하
⑤ 안전 확보를 위한 지식·기능 및 태도의 향상을 기할 뿐만 아니라 생산을 위한 작업방법의 개선·향상을 지향

[해설] 안전교육의 목적 ① 단순히 작업자를 산업재해로부터 미연에 방지 ② 재해의 발생으로 직접적 및 간접적 경제적 손실방지 ③ 안전 확보를 위한 지식, 기능 및 태도의 향상을 기할 뿐만 아니라 생산을 위한 작업방법의 개선, 향상을 지향 ④ 작업자에게 작업의 안전에 대한 안심감을 부여하고 기업에 대한 신뢰감을 높임 ⑤ 생산성이나 품질의 향상에 기여

 정답 07. ④ 08. ④

09. 안전보건교육의 개론에 관한 설명으로 잘못 설명한 것은?

① 안전교육의 기본 방향은 사고 사례 중심의 안전교육, 표준 안전작업을 위한 안전교육, 안전의식 향상을 위한 안전교육으로 정하고 있다.
② 안전보건교육의 단계별 교육과정은 1단계 기능교육, 2단계 지식교육, 3단계 태도교육 순서이다.
③ 안전보건교육계획을 수립할 때의 고려할 사항은 필요한 정보를 수집, 현장의 의견을 충분히 반영, 안전교육시행 체계와의 관련을 고려, 법 규정에 의한 교육에만 그치지 않아야 한다.
④ 안전보건교육 계획에 포함해야 할 사항은 교육목표, 교육의 종류 및 교육대상, 교육의 과목 및 교육내용, 교육기간 및 시간, 교육장소, 교육방법, 교육담당자 및 강사, 소요예산 책정이 있다.
⑤ 교육실시 계획에 포함해야 할 사항은 교육목표 설정, 교육대상자의 범위 결정, 교육과정의 결정, 교육방법 및 형태 결정, 교육보조재료 및 강사, 조교의 편성, 교육진행 사항, 필요 예산의 산정이 있다.

해설 안전보건교육의 단계별 교육과정은 1단계 지식교육, 2단계 기능교육, 3단계 태도교육 순서이다.

10. 학습평가 도구의 기준 중 측정의 결과에 대해 누가 보아도 일치된 의견이 나올 수 있는 성질은 어떤 성질을 설명한 것인가?

① 타당성   ② 신뢰성   ③ 객관성
④ 실용성   ⑤ 주관성

해설 **학습평가도구의 기준** ① 타당성: 측정하고자 하는 본래 목적과의 일치 정도를 말한다. ② 신뢰성: 신뢰성은 신용도이다. 즉, 검사도구가 오차 없이 정확하게 측정한 정도를 의미하며, 측정의 오차가 낮을수록 신뢰도가 높다. ③ 객관성: 측정의 결과에 대해 누가보아도 일치된 의견이 나올 수 있는 성질을 의미한다. ④ 실용성: 사용에 편리하고 쉽게 적용시킬 수 있는 평가도구를 말한다.

11. 교육강의안의 작성원칙에 속하지 않는 것은?

① 구체성   ② 논리성   ③ 명확성
④ 객관성   ⑤ 실용성

해설 **교육강의 안의 작성원칙** ① 구체성 ② 논리성 ③ 명확성 ④ 실용성 ⑤ 독창성

정답 09. ②   10. ③   11. ④

12. OJT (on the job training)에 해당하는 것은?

① 세미나 ② 사례연구 ③ 도제식 훈련 ④ 시뮬레이션 ⑤ 역할연기법

해설 OJT는 직속상사나 선임자에 의하여 이루어지는 직무상의 훈련으로서 스승 - 제자 간 관계와 유사한 방식으로 지식과 기술을 전수하는 도제식 훈련과 가장 유사하다.

13. 교육지도의 5단계 중 3단계에 속하는 것은?

① 가설의 설정 ② 관련된 개념의 분석 ③ 원리의 제시 ④ 자료의 평가 ⑤ 결론

해설 교육지도의 5단계 ① 원리의 제시 ② 관련된 개념의 분석 ③ 가설의 설정 ④ 자료의 평가 ⑤ 결론

14. Off JT 와 OJT 에 대한 설명으로 틀린 것은?

① Off JT 는 체계적인 교육프로그램에 따라 진행되는 것이 아니므로 기존에 사용했던 비효율적인 방식이 그대로 전해질수 있다.
② Off JT 를 실시함으로써 다수 종업원의 통일적 교육이 가능하다.
③ OJT는 한꺼번에 많은 사람들의 동시교육이 불가피하다.
④ OJT는 훈련받는 내용을 바로 현장에서 적용할수 있는 장점이 있다.

해설
• OJT(On the Job Training): • 개념 이는 직속상사나 선임자가 진행하는 직무상의 훈련으로써, 라인이 주가 되고 스텝은 보조적 역할을 수행하게 된다. • 장점 종업원이 실제로 수행하게 될 직무와 직접 관련성이 높은 교육을 받게 되며, 작업현장에서 교육훈련이 실시되므로 결과에 대한 피드백이 즉시 주어진다. 따라서 동기부여 효과가 크다. 또한 상사 및 동료간 이해와 협조정신이 발휘될 수 있으며, 상대적으로 비용이 적게들어 효율
• Off JT(Off the Job Training): • 개념 이는 교육훈련을 전문적으로 담당하는 전문 스텝의 책임 아래 이루어지는 집합적 교육훈련으로써, 라인은 보조적 역할을 수행하게 된다. 통상 종업원이 처음 입사했을 때 이루어지는 도입교육과 기초교육 훈련이 업무조직 밖에서 이루어지게 된다. • 장점 전문강사의 지도로 교육훈련의 성과가 좋으며, 직장을 벗어나 이루어지는 교육이므로 집중도가 높다. 또한 다수의 종업원을 대상으로 동시교육이 가능하며, 고도의 지식과 기능을 전수할 수 있다.

15. 다음 중 OJT에 대한 설명으로 옳지 않은 것은?

① 실제 훈련에서 실제로 직무를 수행하면서 이루어지는 현직훈련이다.
② 훈련 내용의 전이정도가 높고 실제 업무와 직결되어 경제적인 장점을 가진다.
③ 실습장훈련, 인턴사원, 경영게임법 등이 이에 속한다.
④ 훈련방식의 역사가 오래되며, 생산직에서 보편화된 교육방식이라 할수 있다.
⑤ 종업원의 개인적 능력에 따른 훈련이 가능하다.

정답 12. ③ 13. ④ 14. ① 15. ③

16. 자극을 받았을 때 과거에 기억했던 것들 중에서 어떤 이미지가 환기되어 나타나는 현상은?

① 기명   ② 재생   ③ 재인   ④ 기억   ⑤ 파지

해설 • 기억의 과정: 기명 → 파지 → 재생 → 재인: ① 기억: 과거의 경험이 어떠한 형태로 미래의 행동에 영향을 주는 작용 ② 기명: 새로운 사상이 중추신경에 기록 되는것 ③ 파지: 학습된 행동이 지속되는것 ④ 재생: 간작된 기록이 다시 의식적으로 떠오르는 것 ⑤ 재인: 과거에 경험했던 것과 같은 비슷한 상태에 부딪혔을 때 떠오르는 것

17. 역할연기(role playing) 교육의 장점이 <u>아닌</u> 것은?

① 사람을 보는 눈이 신중하게 되고 관대하게 되며 자신의 능력을 알게 된다.
② 의견에 자신이 생기고 고찰력이 풍부해 진다.
③ 문제에 적극적으로 참가하여 흥미를 갖게 하며, 타인의 장점과 단점이 잘 나타난다.
④ 매 반응마다 피드백이 주어지기 때문에 학습자가 흥미를 갖는다
⑤ 관찰능력을 높이고 감수성이 향상된다.

해설 • role playing 장점: ① 사람을 보는 눈이 신중하게 되고 관대하게 되며 자신의 능력을 알게 된다. ② 문제에 적극적으로 참가하여 흥미를 갖게 하며, 타인의 장점과 단점이 잘 나타난다. ③ 의견에 자신이 생기고 고찰력이 풍부해 진다. ④ 관찰능력을 높이고 감수성이 향상된다.
• rle playing 단점: ① 목적이 명확하지 않고 계획적으로 실시하지 않으면 학습에 연계 되지 않는다. ② 높은 수준의 의사 결정에 대한 훈련을 하는 데는 효과를 기대할 수 없다.

18. 교육훈련의 목적으로 틀린 것은?

① 재해의 발생으로 파생되는 직접 및 간접적인 경제적 손실을 방지한다.
② 안전보건 확보를 위한 지식, 기능, 태도의 향상을 기하여 생산의 개선. 향상을 목표로 한다.
③ 근로자에게 작업의 안전보건에 대한 안전감을 주어 기업에 대한 신뢰감을 높여 생산성이나 품질에 향상을 기한다.
④ 근로자를 산업재해로부터 미연에 방지하는 것만을 목적으로 한다.
⑤ 인간정신과 환경의 안전화를 위하여 실시한다.

정답 **16.** ②   **17.** ④   **18.** ④

19. 자극반응시간이 가장 빠른 순서대로 나열된 것은?

① 청각 − 통각 − 시각 − 촉각
② 청각 − 시각 − 촉각 − 통각
③ 청각 − 촉각 − 시각 − 통각
④ 시각 − 청각 − 촉각 − 통각
⑤ 시각 − 촉각 − 청각 − 통각

해설 청각 (0.17초), 촉각(0.18초) 시각(0.20초) 미각(0.29초) 통각(0.70초)

20. 토의식 교육방법이 <u>아닌</u> 것은?

① 교육내용을 참가자 전원에게 철저하게 주의시키고 중지를 모아 문제의 대책을 검토할 수 있다.
② 회의의 결론, 결정에 참가자가 납득, 협조하여 목표의 달성 의욕을 높인다.
③ 발언. 질문하기가 쉬우므로 참가의 만족감이 크다.
④ 참가자가 자주적, 적극적이 되고, 상호통행적, 상호개발적이다.
⑤ 생각이나 원리, 법규 등을 단시간에 체계적, 이론적으로 다수인에게 전달할수 있다.

해설 • ④는 강의식 교육의 장점에 해당.

정답 19. ③　20. ④

CHAPTER 2
산업안전심리

1. 산업조직심리 및 스트레스
2. 사고빈발 경향 이론과 특성
3. 인간의 불안전한 행동요인 및 대책
4. 근로자와 경영자에게 나타나는 안전행동을 저해하는 장해요인
5. 고령근로자 산업재해 특성 및 안전보건관리 방안
6. 모럴 서베이(Morale Survey): 근로자 사기조사
7. 무사고자와 사고자의 특성
8. 주의와 부주의
9. 레윈(K.Lewin)의 행동법칙
10. 교육심리
11. 호손(Hawthorne)공장의 실험 (호손실험)
12. 매슬로우(Maslow)의 욕구 5단계
13. 알더퍼(Alderfer)의 ERG 이론
14. 맥그리거(McGregor)의 X·Y 이론
15. 허츠버그(Herzberg)의 동기-위생 2요인설
16. 작업동기부여 이론 (과정이론)
17. 리더십 경영격자 이론

CHAPTER 2 산업안전심리

1 산업조직 심리 및 스트레스

1. 산업조직 심리학의 정의
사람을 적재적소에 배치할 수 있는 과학적 판단과 배치된 사람이 만족하게 자기 책무를 다할 수 있는 여건을 만들어 주는 방법을 연구하는 학문이다.

2. 산업 심리 검사 요건
(1) **타당성**: 측정하려고 하는 성능을 어느 정도 충실히 수행하고 있는가를 나타낸다.
(2) **신뢰성**: 동일한 검사를 동일한 사람에게 시간 간격을 두고 실시할 때 그 결과가 크게 다르지 않아야 한다.
(3) **실용성**: 결과의 해석이나 이용의 방법이 간단하고 비용이 적게 들어야 한다.

3. 산업안전심리의 5대 요소
(1) **동기(Motive)**: 감각에 의한 자극에서 일어나는 사고의 결과로 사람의 마음을 움직이는 원동력으로써 개체의 행동을 일으키고 행동의 방향을 결정한다. 행동을 지속하게 하는 개체의 내적인 요인인동기는 어떤 현상에 대한 긍정적 또는 부정적 방향으로 작용할 수 있으므로 안전교육을 통한 긍정적인 동기부여가 필요하다.
(2) **기질(Temper)**: 개인이나 집단 특유의 성질로 인간의 성격, 능력등 개인적인 특성을 말한다.
(3) **감정(Emotion)**: 어떤 대상이나 상태에 따라 슬픔, 기쁨, 불쾌감 등에 해당하는 마음

의 현상으로 사람의 감정은 안전과 밀접한 관련이 있다. 순간적인 감정이 불안전한 행동을 유발하여 사고와 재해로 연결되므로 안전교육을 통하여 불안전한행동을 유발하는 감정을 통제하여 안전작업을 유도해야 한다.

(4) **습성(Habits)**: 동기, 기질, 감정 등이 밀접한 관계를 형성하여 오랜 습관으로 굳어져 버린 성질을 말하며, 인간의 행동에 영향을 미친다.

(5) **습관(Custom)**: 여러 번 거듭하는 동안 몸에 베어 굳어버린 성질로 자신도 모르게 습관화된 현상으로, 습관에 영향을 미치는 요소는 동기, 기질, 감정, 습성이다.

4. 직무 스트레스

(1) **정의**: 일반적으로 위협적인 환경특성에 대한 개인의 반응으로 환경의 압력, 긴장과 불안에 의해 야기되는 심리적 불안상태를 의미한다. 즉, 환경의 요구가 지나쳐서 개인의 능력 한계를 벗어날 때 발생하는 개인과 환경의 불균형·부적합 상태를 말한다.

(2) **스트레스 요인**
① 힘든 선택
② 고도의 능력과 책임을 요하는 힘든 업무와 과도한 근무시간
③ 복잡한 인간관계
④ 냉혹감
⑤ 압박감: 어떤 행동기준에 맞추기 위하여 자신에게 지나친 부담을 지울 때 느끼는 긴장 상태
⑥ 욕구좌절: 동기 또는 목표추구 활동이 방해를 받았을 때 느끼는 불쾌한 감정 상태
⑦ 갈등: 둘 이상의 목표나 욕구를 동시에 달성할 수 없을 때 발생하는 심리적 혼란 상태
　가. 접근-접근형 갈등: 두 개의 긍정적 목표중 하나를 선택해야 하는 경우
　나. 회피-회피형 갈등: 두 개의 부정적 목표중 하나를 선택해야 하는 경우
　다. 접근-회피형 갈등: 한 가지 목표가 긍정적인 면과 부정적인면을 동시에 가지고 있어 선택이 어려운 경우
⑧ 고립: 개인의 욕구를 만족시킬 수 있는 수단이나 절차들이 부재인 상태
　가. 신체적 고립: 어떤 집단이나 장소로부터 격리되어 혼자인 상태
　나. 정서적 고립: 대중 속에서 정서적 유대가 결여된 경우

다. 사회·직업적 고립: 업무수행 능력이 있음에도 일자리를 얻지 못하는 상태

※ 스트레스에 영향을 미치는 요인들이 발생한다고 하여 반드시 스트레스가 유발되는 것은 아니다. 스트레스는 상황에 따라 발생하지 않을 수도 있고 나타난다 해도 그 정도가 각자에게 달리 나타날 수 있다.

(3) 스트레스 억제 상황 요인(스트레스 강도에 영향을 미치는 요인)

① 예측 가능성: 스트레스 발생에 대한 예측이 가능하며, 스트레스의 강도를 낮출 수 있다.

② 사회·정서적 지원: 사회적·정서적 교류가 원활할 경우 스트레스를 더 잘 이겨 낼 수 있다.

③ 인지적 평가: 동일한 긴장 상황도 사람에 따라 다르게 지각될 수 있다.

④ 대응 기술: 스트레스 대처 능력이 스트레스의 강도를 결정한다, 따라서 이에 대한 적절한 대응기술을 갖추고 있다면 스트레스의 강도를 줄일 수 있다.

⑤ 통제 가능성: 스트레스의 강도에 영향을 미치는 결정적 요소는 통제 가능성이다. 스트레스 상황을 통제할 수 있으면 스트레스는 거의 받지 않을 수 있다.

(4) 스트레스에 의한 건강장해 예방

① 스트레스 요인에 대하여 평가하고, 근로시간 단축, 장·단기 순환작업 등의 개선대책을 마련하여 시행한다.

② 작업계획 수립 시 해당 근로자의 의견을 반영한다.

③ 작업과 휴식을 적절하게 배분하여 근로시간과 관련된 근로조건을 개선한다.

④ 근로시간 외 근로자 활동에 대한 복지 차원의 지원을 실시한다.

⑤ 건강진단결과 등을 참조하여 적절하게 근로자를 배치하고, 직무 스트레스 요인, 건강문제 발생 가능성 및 대비책 등에 대하여 해당 근로자에게 충분히 설명한다.

⑥ 근로자 건강증진 프로그램을 실시한다.

2 사고 빈발 경향 이론과 특성

1. 재해 빈발 경향자의 정의

산업재해 통계자료를 보면 대부분의 사람은 재해를 경험한 일이 없으나 한번 재해를 경험한 사람이 재해를 여러 번 반복하여 경험한 사례가 있다. 이와 같이 재해를 일으키기 쉽고, 몇 번인가 사고를 일으킨 사람을 재해 빈발자 또는 사고 빈발 경향자라고 부른다. 그리고 이러한 재해 발생의 특성을 재해 빈발 성향 또는 재해 빈발 경향이라고 한다. 여기서 '재해 빈발' 혹은 '사고 빈발'이란 일반적으로 어느 일정한 기간 내에 어느 횟수 이상의 재해를 경험한 것을 의미한다.

만약 이러한 경향에서 재해 발생의 특이성을 발견할 수만 있다면, 재해 빈발자를 사전에 발견하여 제거하는 것이 재해를 예방하고 감소시키기 위한 유효한 수단이 될 수도 있다.

2. 재해 빈발 경향 이론

(1) **기회설**: 재해가 다발 하는 것은 개인의 성향이 아니라 그 사람이 종사하는 작업 자체에 위험성이 많고 그 사람이 그 위험한 작업을 담당하고 있기 때문이다. 예를 들어 현장 작업을 담당하고 있는 근무자가 사무실에 근무하는 사무직보다 위험한 작업에 노출될 기회가 많음은 당연하다. 그러므로 이러한 재해 빈발 성향자라면 안전교육을 실시하고 작업환경을 개선함으로써 해결될 수 있다는 이론이다.

(2) **암시설**: 사람은 한 번 재해를 경험하게 되면 그 이후 겁이 많아지거나 신경과민이 되기 때문에 개인적인 대응능력이 감소되어 재해를 빈발하게 된다는 이론이다. '자라보고 놀란 가슴 솥뚜껑 보고도 놀란다'는 속담으로 이러한 이론을 쉽게 이해할 수 있다. 이것은 급작스런 생활환경 변화의 경험으로 스트레스가 어느 일정 한도 이상이 되면 쉽게 발병하거나 재해 사고는 물론 심한 경우 사망까지도 이를 수 있다는 생활 변화 단위 이론과도 일맥상통한다.

(3) **재해 빈발 경향설**: 누구나 잘 알고 있듯이 인간의 능력에는 개인의 차이가 있다. 그러므로 동일한 상황이나 같은 문제를 직면하게 되더라도 그 대응방법이나 능력이 다르며, 이 차이로 재해 빈발 경향이 생긴다는 이론이다.

① 미숙성 빈발자: 작업 중에 요구되는 기능이 미숙하거나 환경에 익숙하지 못하여 사고를 빈발시키는 사람으로 과거의 학습경험이나 축적된 기술이 충분하지 않기 때문에 발생하는 재해 빈발 성향자를 가리킨다. 이러한 재해 빈발자는 교육훈련과 경험이 축적되면 안전한 행동을 할 수 있다.

② 상황성 빈발자: 수행해야 하는 작업 자체가 어렵거나 작업 중에 이용하는 기계설비의 결함 또는 작업 외적 요인으로 주의집중이 곤란해지는데, 작업 자체나 작업환경이 열악하여 다른 사람이 동일한 상황에서 작업한다 하더라도 사고를 경험하게 될 수밖에 없다는 이론이다. 이러한 재해 빈발자는 작업 방법, 기계설비, 환경개선 등 작업 상황이 향상되면 안전행동을 할 수 있다.

③ 습관성 빈발자: 성장과정의 누적적인 영향으로 재해 빈발요인을 습관적으로 창출해 내는 사람을 말한다. 암시설과 같이 누구나 갑작스런 인생 경험 또는 사건에 의해 일시적으로 습관성 빈발자가 될 수도 있다. 일종의 슬럼프 상태에 빠져 있다거나 또는 수용하기 어려운 사건이나 재해의 경험에 의해 겁쟁이가 되거나 신경과민이 되는 경우도 여기에 해당한다.

④ 소질성 빈발자: 주의력의 산만 및 지속 불능, 주의집중 범위의 협소 편중, 지능이 낮음, 치밀하지 못함, 경솔, 정직하지 못함, 침착하지 못함, 비협조성, 소심함, 감각 운동능력의 부적합 등 개인이 가지고 있는 신체적, 성격적 결함 때문에 반복적으로 사고와 재해를 경험하는 사람을 가리킨다. 반면 침착하고 신중하고 매사에 심사숙고형인 사람들은 사고를 잘 내지 않는다고 할 수 있다.

3. 재해 빈발 경향 이론의 문제점

① 개개인에게 적성이 있는 동시에 어느 누구라도 주어진 상황에서 대응 능력에 한계가 있다.

② 감각이나 의식, 동작의 불균형은 재해를 일으킬 가능성이 많다. 여기는 개인적인 차이도 많은데, 대부분의 개인적 차이는 여러 가지 신체적 요소와 정신적 요소의 종합적인 결과에 따라 나타난다. 또 한편으로 이러한 인간의 대응능력은 개인의 심신적 건강상태 또는 환경조건에 의해서도 변화한다.

③ 재해 빈발자에게 공통되는 요인은 인정되나 재해 빈발자를 사전에 발견하는 정확하고 구체적인 방법은 아직 없다.

④ 재해 빈발의 원인 모두를 작업자의 개인적 책임인 것 같이 생각하는 것은 잘못이다.
⑤ 인간의 신체적 정신적 결함이 교정될 수 없는 것도 있으나 대부분의 경우 노력에 의해 교정될 수 있다. 여기에 교육 및 훈련, 작업환경 및 작업 방법의 개선 등이 포함된다.
⑥ 재해 빈발자에게 공통된 시대적 정신적 경향을 발견할 수도 있으나 그러한 경향의 사람이 반드시 재해를 일으킨다고 할 수 없다.

4. 재해 빈발 경향자의 대책

재해 빈발 방지를 위해서는, 재해 빈발 현상에는 그 원인이 있다는 것을 이해하고 사전에 적절한 직무분석을 전제로 하여 선발 과정에서 능력과 적성에 따른 배치, 작업방법 및 작업환경의 개선, 교육 훈련을 통하여 안전한 직무수행을 할 수 있도록 관리하여야 한다.을 전수하는 방식이다.

3 인간의 불안전한 행동 요인 및 대책

1. 재해발생 메커니즘

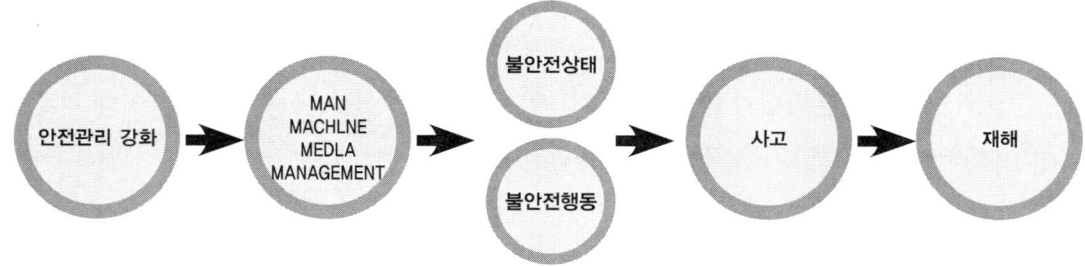

2. 인간의 불안전 행동요인

● 심리적 요인

(1) **주의와 부주의**: 부주의란 일련의 행동을 수행해 나가는 과정에서 목적에서 벗어나는 심리적 신체적 변화의 현상이다.
한 가지 자극에 명료하게 의식을 집중할 수 있는 시간은 불과 수초에 지나지 않고 주의 집중 작업 혹은 각성을 요하는 작업은 30분을 넘어서면 작업성능이 현저하게 저하한다.

(2) 의식 수준의 전철: 인간에게 의식 행동을 수행하는 수준이 정해져 있어 외부 자극의 요구에 따라 처리 수준을 변경하여야만 적절히 대응할 수 있다는 이론이다. 그 대응 수준이 서로 맞지 않을 경우에 불안전 행동이 발생한다.

(3) 작업 중인 인간에게 나타나는 행동특성

① 본능적 행동: 인간의 행동으로 위험 상황에 직면하면 대부분의 경우 작업자의 본능과 체득된 기술만이 위험 회피능력을 좌우한다.

② 동조 행동: 인간은 소속한 집단의 행동기준을 지키고 행동을 하는 경향이 있다. 충동적으로 나타나는 경우에 군중심리라고 한다.

③ 습관적 행동: 한 번 몸에 밴 습관은 좀처럼 노력하지 않으면 아무리 주의를 해도 자연스럽게 그 행동이 반복된다.

④ 위험 감수: 객관적인 위험을 자기 나름대로 판정해서 의지 결정을 하고 행동에 옮기는 것을 말하며, 재해 사고를 예방하기 위해서 이와 같은 행위를 없애는 것이 필수적이다. 지름길 반응이나 생략행위도 이에 해당한다.

(4) 소질: 재해 경향자에 대한 지적 측면, 성격적 측면, 감각 운동적 측면 등의 심리적 특성에 따른 특징은 지능, 성격, 감각 및 운동기능 등이 있다.

(5) 동기 및 의욕: 학습자로 하여금 효과적인 학습활동을 이룩하기 위한 조건으로 생리적, 심리적, 물리적, 사회적 요인들에 의해 원하는 행동을 이끌어 낼 수 있는 어떤 자극을 말한다.

작업동기가 유발되지 않은 사람은 의욕이 없으면, 이것은 곧 근무태만이나 부주의로 이어져 사고요인으로 작용한다. 불안전 행동 중에서 가장 많은 사례로 단순히 태도 불량이라기보다는 안전에 동기 부여가 제대로 이루어지지 않았기 때문이다.

(6) 적성: 작업자의 적성이 작업의 요구사항에 적합하지 않으면 아무리 안전교육을 하여도 재해 위험은 없어지지 않는다. 신경, 정신질환자, 뇌 순환장애자, 정신박약자, 만성 알레르기, 약물 중독자, 신체장애자, 고령자등은 특히 적성을 고려하여야 할 대상이다.

(7) 번민: 작업 중의 번민은 작업에 대한 주의력의 작용을 약화시킨다. 가장 많은 것으로 가족의 질병, 금전문제, 인간관계, 이성문제 등이 있다.

(8) **착각과 착시:** 육체적 활동 중에 조급함이나 생략행위에 해당하는 심리적 활동이다. 최소 에너지에 의해 어느 목적에 도달하도록 하는 간결성의 원리로 나타나는 심리적 현상이다.

● **인간공학적 요인**

상황에 따라서 인간이 아무리 주의를 집중한다 하더라도 불안전 행동을 할 수밖에 없는 경우가 엄연히 존재한다. 인간의 능력이나 특성과 합치하지 않는 주변 작업환경이 불안전 행동을 유발시키기 때문이다. 따라서 재해사고 방지를 인간공학적으로 고려한다는 것은 사고 빈발자의 분석과 도출에 있는 것이 아니라, 인간의 기능이나 여러 특성에 적합하지 않은 기기 혹은 환경조건을 찾아내고 이것을 분석 또는 개선해야 한다.

(1) **정보처리량의 과다:** 방대한 입력정보량에 비해 인간이 단위시간에 처리할 수 있는 정보량은 50bits/sec로 한계가 있는데, 이를 **한계용량**(channel capacity)이라 한다. 다루어야 할 정보량이 지나치게 많으면 이것을 충분히 수용할 수도 없고, 처리한다 하더라도 처리시간이 지연되므로 불안전 행동을 유발할 수 있다.

(2) **인간과오:** 체계의 임무를 수행하는 도중 미리 부과된 기능을 인간이 완수하지 못하기 때문에 발생하는 작업요소로 인간 자신을 포함하는 시스템의 기능을 열화시킬 가능성이 있는 것을 말한다. 그런데 그 속성이 매우 다양하기 때문에 보편적인 성질 및 경향이라고 하는 것을 발견하기는 어렵고, 각각의 구체적인 과오는 각각 개별적인 성격이 강하다.

● **생리적 요인**

(1) **생체리듬:** 생체는 다양한 리듬을 지니고 있다. 하루를 주기로 변화하는 신체리듬을 일주성 리듬이라고 하며, 대뇌의 활동수준이나 체온 맥박 혈압 등이 대표적 예이다. 또한 한 달을 기준으로 지성, 감성, 신체적 상태가 주기적으로 변화한다는 생체리듬 이론도 있다.

(2) **피로:** 인간-기계-환경계의 결함 중 가장 보편적인 표현으로서 그 유발 요인으로 작업내용, 기능수준, 경험정도, 작업환경조건, 근무체제, 생활조건, 개개인의 건강상태 등 여러 가지 모든 요인들을 빠짐 없이 파악한다는 것은 불가능한 일이다.

● 관리적 요인

(1) **지식의 부족**: '몰라서' 불안전 행동을 했다는 것은 대표적인 관리적 요인이다. 신입사원의 입사교육으로부터 중견사원의 보수교육에 이르기까지 작업자는 끊임없이 교육을 필요로 한다. 더욱이 요즘처럼 생산 기술과 생산기기가 첨단화되는 시대적 현상을 따라가기 위해 더욱 그러하다. 또한 인간에게는 학습능력과 동시에 망각의 기능도 있다는 사실을 잊어서는 안 된다.

(2) **기능 미숙**: '알기는 알았지만 제대로 할 수 없어서' 저지르는 불안전 행동도 관리직 사원들의 책임이다. 안전은 생활양식이기 때문에 단순히 교육을 받 았다고 그것이 습득되는 것은 아니다.

(3) **태도 불량**: '알고는 있었지만 하지 않았다'는 태도 불량은 가장 많이 지적되는 불안전 행동이다. 이것은 심리적 형상이라고 말할 수 있으나 '안전 행동만을 하겠다'는 의식이 확립되지 않고, 사업장 분위기가 이를 뒷받침하지 못한다면 이는 명백히 관리상의 문제이다. 동기유발의 가장 큰 요인은 직장의 분위기이다.

3. 불안전 행동에 대한 대책

● 심리적 요인의 대책

(1) **적성배치**: 인간-기계 체계 및 환경조건이 올바로 설계되어 대다수의 사람들은 불안전 행동을 하지 않는 데에도 불구하고 어떤 특정형의 사람은 곧잘 불안전 행동을 하곤 한다. 이것은 적성과 작업의 부적합에 연유한다. 따라서 까다롭고 정교함이 요구되는 작업일수록, 직무내용이 작업자 개인의 자질과 적합한가의 여부를 엄밀히 판단한 연후에 작업에 임하도록 하여야 한다.

(2) **동기유발**: 작업장내에서 불안전 행동을 불식시키기 위해 가장 먼저 확보되어야 하는 것이 작업자 개개인의 '하고자 하는 의욕'으로 작업자 개개인이 안전하게 행동하겠다는 의욕이나 동기를 갖도록 하는 과정을 안전 동기유발이라 한다.

(3) **주의 집중 훈련**: 주의가 지나치게 한 곳에 집중되어 눈앞에 뻔히 보이는 불안전 요소를 간파 한다 거나, 반대로 지나치게 산만하여 집중되지 않는 경우에 작업 수행에 관한 기술이나 지식만을 교육시킬 것이 아니라 긴급 상황을 대비해 놓고 심리적 훈련

과정을 거듭하는 것이 효과적이다.

(4) 카운셀링: 살면서 누구나 겪는 인생의 고민은 전문가에 의한 심리상담 즉 카운셀링이 효과적 이다. 누군가의 조언에 따라 생활의 중심을 찾고 안정된 마음으로 작업에 임하는 것은 작업자 자신을 위해서나 사업장 전체를 위해서 바람직한 일이다.

(5) 배경음악: 작업자들의 심리적인 분위기를 조성하는데 효과적이고 안전작업이나 작업수행의 향상을 위해서 시도해 볼 만한 방법이기는 하나 전문가들에 의한 선곡이 전제되어야 한다.

(6) 색체조절: 색체조절은 작업장의 기계기구나 배경색을 조화 있게 배색하여 작업자의 심리상태를 안정시키고 안전작업을 수행토록 하는데 그 의의가 있다.

● 인간공학적 요인의 대책

(1) 인간공학적 대책: 실수를 해도 안전한(fail-safe, fail-proof) 체계의 설계, 양립성이나 시인성, 피드백 정보의 활용 등 인간공학적 설계원칙이 해당 설비나 작업환경을 설계할 때부터 준수되어야 한다.

(2) 피드백 정보의 활용: 불안전 작업요소의 예측 또는 예기 수준이 높으면 높을수록 불안전 행동을 현저히 줄일 수 있으므로 작업수행 결과 등의 피드백 정보나 경보체계를 잘 활용해야 한다.

● 생리적 요인의 대책

(1) 작업시간의 적정배치: 인간이 갖는 작업특성이나 기능이 시간에 따라 변화한다는 사실을 염두에 두고 작업시점을 결정한다. 따라서 불가피한 경우가 아니면 이른 새벽 대뇌 활동이 부진할 때 작업은 피하는 것이 바람직하다.

(2) 적정 휴식의 제공: 정상적인 피로는 휴식과 하룻밤 정도의 수면으로 회복되는 특성을 가지고 있으나 작업 중의 휴식은 작업 설계상의 중요한 과제로 기능 수준의 회복을 위해서 얼마만큼의 휴식이 필요한가 하는 문제는 동작시간 연구(time and motion study)나 생체부담의 측정 등 여러 가지 방법에 따라 그 해결책을 찾을 수 있다.

기본적으로 어떻게 휴식을 합리적으로 설계하여 작업의 수준을 적절히 유지할 것인가는 작업 능률이나 과오 등의 경과를 관찰 기록하여, 그 저하율 혹은 발생률이 어

떤 수준을 넘지 않도록 휴식을 삽입하는 방법이 주로 이용된다. 작업이 주는 생체부담이 과로하지 않도록 휴식을 설계, 삽입하는 것이다. 한편 작업 방법을 약간 변경함으로써 피로나 단조로움을 감소시키는 방법도 있다.

● 관리적 요인의 대책

(1) **교육 및 훈련:** 교육, 경험, 훈련 등을 통해서 작업 준비의 부족, 작업방법의 부적절 등을 없애는 것이 가장 중요한 과제이다. 이때 특히 강조되어야 하는 것이 OJT(On the job training)이나 작업 모의실험 등을 통한 실무훈련인데, 작업의 난이도가 높을수록 이것은 더욱 가치를 발휘한다.

(2) **안전 분위기 조성:** Heinrich는 작업자 동기유발 요인 중 가장 중요한 것이 분위기 조성이라고 지적한다. 사업장 전체가 '안전제일'을 구호로 무재해 운동에 참여하고 작업집단이 안전에 관심을 갖도록 사업장 분위기를 이끌어 가는 것도 관리적 대책 중의 하나이다.

(3) **소집단 활동의 활용:** 작업반이나 작업 부서를 단위로 위험예지훈련 등 소집단 활동을 늘려 나가는 것도 좋은 방법이다. **호손실험**에서 알 수 있듯이 작업자 개개인의 행동에 소속집단의 비공식적 압력이 매우 크게 작용하기 때문이다.

*호손실험은 작업장의 조명, 휴식시간 등 물리적·육체적 작업 조건과 물질적 보상방법의 변화가 근로자의 동기유발과 노동생산성에 미치는 영향을 분석하기 위해 설계되었으나, 실험의 결과는 종업원의 생산성이 작업조건보다는 비공식집단의 압력 등 사회적 요인에 의해 더 많은 영향을 받는다는 사실을 발견하게 된 실험이다(출처: 사회복지학 사전).

(4) **효과적 관리기법의 적용:** 시각과 청각 그리고 행동을 동시에 요구하는 지적 복창제도나 망각을 방지하기 위한 점검표(check list) 기법 등 좋은 관리기법을 응용하는 것도 불안전 행동을 예방하기 위해 바람직하다.

4. 건설현장의 불안전한 행동 예방

건설업은 타 산업에 비해 재해율이 높은 것으로 알려져 있다. 건설공사는 작업현장의 상황이 계속 변화하기 때문에 하드웨어 대책을 취하기 매우 어려운 상황이 대부분이다. 여러 협력업체의 작업자가 존재하고 작업자가 자주 바뀌기 때문에 안전교육과 지도를 철저히 하기에 어렵다. 따라서 위험이 다수 존재하므로 규칙을 지키는 것만으로 안전을 확보할 수

없는 점은 불안전한 상황을 야기하기 쉽다.

그럼에도 불구하고 현장소장, 안전관리자 등의 안전관계자에 따라 잠재적 위험이 표면화하지 않도록 노력을 통해 큰 성과를 올려왔다고 할 수 있다. 건설현장에서는 기계·설비의 재해보다 작업자의 불안전한 행동이나 인간의 오류가 직접 또는 간접 원인이 되어 발생하는 사고의 비율이 높게 나타난다. 건설현장에서는 작업자의 불안전한 행동에 어려움이 존재한다.

- **(1) 불안전한 행동의 방지:** 산업재해 발생 원인인 불안전한 행동을 유발하는 요인 중 하나가 부주의이다. 부주의는 작업 시 무사안일한 태도로 확인하지 않고 행동하는 데서 비롯된다. 특히 어떠한 작업에 익숙해져 긴장이 느슨해진 상태에서 부주의는 많이 발생한다. 보통 이러한 사례는 당황했을 때나 급박할 때, 공사기간이 부족하거나 종료시간 직전에 자주 나타난다.

  이러한 부주의는 불안전한 행동으로 나타난다. 불안전한 행동의 구체적 내용은 부주의, 착각, 방심, 위험인식의 망각, 안전기술에 대한 정보부족, 공사기간 중시로 인한 편법·생략, 집중력 저하 등 다양한 요인이 있다.

- **(2) 불안전 행동의 유발요인:** 불안전 행동을 유발하는 요인에는 불안전 행동에 대한 위험인식의 낮음, 정리·정돈의 미실시, 원청사의 안전의식 저하, 작업장 기계·설비의 불량, 무리한 작업공정, 노동자의 부주의한 행동, 지식·경험의 부족, 환경요인, 작업방법의 미흡, 등으로 볼 수 있다. 이러한 요인을 크게 분류하면 심리적 요인, 인간공학적 요인, 생리적 요인, 관리적 요인 등이 있다. 실제 현장에서는 이러한 하나하나의 원인으로 불안전한 행동의 발생은 적고, 이들이 복잡하게 얽혀 불안전한 행동으로 나타난다.

- **(3) 불안전한 행동의 방지 대책:** 작업장 각종 안전 시설물의 불안전한 상태가 작업자의 불안전한 행동으로 이어질 우려가 높으므로 작업자의 안전한 작업 및 안전성 확보를 위하여 안전시설물의 실태를 파악하고 필요한 안전장치를 설치하는 것이 불안전한 행동의 방지 대책이라고 할 수 있다. 불안전한 상태와 불안전한 행동을 일으킬 수 있는 요인을 방지할 수 있는 안전 작업계획을 작성하고, 시설물의 미비로 사고가 발생하지 않도록 주의를 기울여야 한다.

(4) **지위 및 직위에 따른 안전의식:** 안전관리자의 의식은 서로 다르게 나타날 수 있다. 건설회사 본사의 안전담당자, 원. 하청의 안전관리자 모두 안전에 관한 의식은 높지만, 지위·직위에 따라 안전관리에 대한 인식의 차이가 존재할 수 있다. 본사에서는 특히 현장의 설비 대책에 힘을 쓰고 있지만, 현장의 원·하청 안전관리자는 작업자의 안전에 대한 의식을 높이는데 중점을 두고 있다. 현장의 관리감독자인 다른 직원들 대부분이 작업공정에 대한 순회 및 지도 등에 주력하고 있는 반면, 안전관리자는 작업자 한 사람의 안전의식 양성 및 안전풍토 만들기에 집중하는 경향이 대부분이다.

(5) **건설현장 불안전 행동에 대한 결론:** 건설업 전체적으로 불안전 행동에 따른 사고가 좀처럼 감소하지 않고 불안전행동도 방지를 위한 안전관리에 집중하고 있다. 불안전 행동 방지의 특별한 방법은 없지만, 지속적인 안전의식 교육과 일하는 사람들 한 사람 한 사람이 자신의 역할을 하고 모두 하나가 되어 안전작업을 위해 노력하는 것이 필요하다.

4 근로자와 경영자에게 나타나는 안전행동을 저해하는 장해요인

1. 자신에게는 사고가 일어나지 않을 것이라는 믿음

"나에게는 일어나지 않겠지"

또는 "이런 방법을 이전에도 천 번을 넘게 해봤지"라는 사고방식이다.

2. "안전은 개인의 의무가 아니다"라는 믿음

자신의 안전에 대한 책임이 다른 누군가에 있다고 여기는 근로자는 자신의 안전보건에 대한 책임감이 덜 하거나 더 안전한 습관을 배우려는 의지가 약하다.

3. 조직에 대한 불신

일자리를 잃게 될지 모른다는 두려움이나, 생산성 증가에 대한 압력은 근로자가 성급하게 작업을 수행하도록 하고, 안전절차를 무시하게 할 뿐만 아니라 스트레스로 인한 부주의와 피로를 양산한다.

4. "최소한의 노력" 지향
일자리를 유지하기 위해서는 필요한 최소한의 작업만 수행하면 된다고 믿는 근로자다.

5. 참여 부족
실질적인 변화가 일어날 수 있도록 충분히 개선 과정에 참여하지 않는 근로자.

6. 서투른 커뮤니케이션
위험한 활동에 참여하는 것에 대해 동료에게 알리지 않는 근로자
"예를 들어 한 기능공이 탱크에 혼자 들어갈 때 동료나 상사에게 알리지 않거나" 안전정책/절차가 바뀐 것이 조직원 전체에 통지되지 않았다면 이것은 팀워크가 부족하거나, 다른 사람에 대한 관심을 보여주는 것을 방해하는 일종의 편견이 존재하여 발생하는 것이다.

7. "과거의 오류"에 의한 혼란
임금이나 수당 삭감 및 임의의 행위를 포함하여 근로자에게 바람직하지 못한 회사 결정이나, 경영자의 결정 등 과거 사건으로 안전보건에 대한 새로운 접근법을 근로자나 경영자가 용기를 내어 시도하 지 못하도록 하는 장해로 작용한다.

8. 유익한 개입 부족
근로자와 관리감독자 또는 경영자는 다른 사람의 위험한 행동을 관찰 할 때 여기에 개입하는 것을 주저한다.

9. 불일치
금주에 감독은 다양한 수단으로 생산성을 높이려는 의도를 가지고 있다. 하지만 지난주 안전미팅에서, 감독은 안전이 회사의 최우선 순위라고 전한 바 있다.

10. 지도력 부족
감독 및 기타 관리자들이 안전수칙을 준수하지 않을 경우 역할모델로서 신뢰도를 상실한다.

11. 잘못된 규칙 및 절차
규칙이 명확하지 않고, 타당하지 않으면 근로자들은 이를 무시하고 규제를 벗어나는 방법을 찾게 된다.

12. "우리" 대 "타인" 사고

현재의 스트레스에 결합된 과거의 풀리지 않는 개인 대 개인, 개인과 조직간의 갈등은 규칙에 따르지 않도록 강력한 영향력을 행사한다.

* 재해 원인의 두 가지를 제거하기 위해서는 인식을 확대하고, 태도를 바꾸고, 행동 변화를 유도하면서 근로자와 경영자에 의해 자행되는 무의식 또는 자동반응의 장벽을 넘어설 수 있다. 즉 의식을 바꾸면, 태도를 바꾸고, 태도를 바꾸면, 행동을 바꿀 수 있다.

5 고령 근로자 산업재해 특성 및 안전보건관리 방안

1. 장년 근로자의 특징

① 신체기능과 기억력 저하, 집중력 감소로 정신적 부담과 상황 대처능력 저하된다.
② 넘어지거나 미끄러짐, 추락, 감김, 끼임 등으로 재해가 많이 발생할 가능성이 있다.
  ⇒ 작업지시는 간결하고 쉽게 하고, 표지판 등 글씨는 크게, 통로의 경사는 완만하게, 계단에는 손잡이(난간)를 설치 한다.

2. 장년 근로자를 위한 작업 환경의 조성

① 시력 저하 - 조명도 및 문자 크기 확대
② 근접거리 증가 - 문자 크기 확대
③ 색각 저하 - 표지 배색 수정
④ 암순응 시간 지연 - 작업장 간 조도 높임
⑤ 청각 저하 - 음압 높이고, 주파수 낮춤
⑥ 촉감 저하 - 요철 기호 도입
⑦ 판단시간 지연 - 기계 응답시간 연장

3. 고령 근로자를 위한 맞춤형 교육

(1) 1:1(Man to Man) 교육실시
① 기존의 집체교육인 안전보건 교육 틀에서 탈피한다.
② 개인의 자질이나 적성을 고려한 교육한다.
③ 작업에 대한 이해와 납득하는 시간을 단축한다.
④ 작업의 이해도 증감에 따른 재해 예방한다.

(2) 맞춤형 안전수칙 제작 및 설치: 문자는 가급적 고령 근로자가 알아보기 쉽도록 크게 표시하고, 그림이나 도해를 많이 사용하여 제작한다.

4. 작업 배치 전 고려사항
① **지구력 부족**: 같은 연령대 사람으로 팀 구성 → 작업 속도를 맞춘다.
② **민첩성 부족**: 복합적인 작업을 배제한다.
③ **순발력 부족**: 순간적인 정보 확인 또는 재빠르고 정확한 동작을 필요로 하는 작업을 배제한다.
④ **근력 부족**: 운반 거리를 가급적 짧게 Lay Out 검토, 운반 작업의 기계화가 필요하다.
⑤ **시력 감소**: 고령자 작업면의 조도를 높이고 즉, 시력을 2배로 높이고자 한다면 조도는 4배를 확보해야 한다.

* 고령화의 심각성은 산업현장에서 장년 근로자의 비중이 증가하고, 장년 근로자의 건강과 체력이 작업 수행 능력에 영향을 미쳐 생산성 감소, 산업재해 발생의 원인이 된다는 점이다.
* 사업장에서는 장년 근로자의 신체적, 인지적, 능력 변화에 대해 관심을 갖고 작업 수행 능력 증진방안을 마련해야 한다.
* 고령 근로자 안전관리 강화 - 작업 배치 시 건강상태, 근로 능력을 고려해야 한다.

6. 모럴 서베이(Morale Survey): 근로자 사기조사

직장에서 근로자의 심리, 요구 등을 파악하여 구성원의 불만을 해소하고, 노동 의욕을 고취, 경영관리 개선 자료에 활용하는 기법이다. 종업원의 근로의욕, 태도 등에 대한 측정, 태도조사, 종업원이 자기의 직무, 직장, 상사, 승진, 대우 등에 대하여 어떻게 생각하고 있는지를 측정·조사하는 것이다.

(1) 모럴 서베이 활용방법

① **통계에 의한 방법**: 사고 상해율, 생산성, 지각, 조퇴 등을 분석하여 통계를 내는 방법으로 다른 조사 방법의 보조 자료로 많이 사용된다.

② **사례 연구법**: 제안제도, 고충처리제도, 카운슬링 등을 통하여 불만 등을 파악하는 방법이다.

③ **관찰법**: 종업원의 근무 실태를 계속 관찰하여 문제점을 찾아내는 방법이다.

④ **실험 연구법**: 실험 그룹과 통제 그룹으로 나누고 자극을 주어 태도 변화의 여부를 조사하는 방법이다.

⑤ **태도 조사법(의견조사)**: 질문지법, 면접법, 집단토의법, 투사법에 의해 의견을 조사하는 방법으로 모럴 서베이에서 가장 많이 사용하는 방법이다.

(2) 모럴 서베이 효과

① 근로자의 불만을 해소하고, 노동의욕을 높인다.
② 경영관리 개선 자료로 활용한다.
③ 종업원의 정화작용을 촉진한다.

7 무사고자와 사고자의 특성

1. 무사고자의 특성
→ 위험한 환경을 잘 극복하고 불안전한 행동을 하지 않는 근로자다.
1) 온순한 성격, 통제할 수 있다.
2) 몸과 마음이 건강하고 절제력이 있다.
3) 의욕이 강하고, 친절하고, 책임감이 강하다.
4) 판단력이 명확하고, 추진력을 가지고 있다.
5) 겸손하고 모든 일을 슬기롭게 극복한다.
6) 법과 규정을 잘 지키고 전체를 이해한다.

2. 사고자의 특성 → 소심한 성격(사고다발)
1) 지능이 낮고, 주의력이 산만, 정신집중력이 부족하다.
2) 괴팍하고, 성급한 성격이다.
3) 공격적이며 본능적인 욕구를 추구한다.
4) 피해망상, 원한의 소유자다.
5) 책임회피, 불평, 불만의 소유한다.
6) 술, 중독성, 약의 빈번한 복용한다.
7) 모든 일에 근심, 걱정, 불안하고 무기력하다.

3. 사고자의 예방대책
1) **교육적 대책**: 안전교육 계획 수립, 교육·훈련 실시한다.
2) **관리적 대책**: 사고 우려자 집중관리, 적성 검사 후 적정작업 배치한다.
3) **기술적 대책**: 위험성 큰 작업 배치의 억제한다.

4. 재해 빈발자의 유형
1) **상황성 빈발자**: 작업의 어려움, 기계설비의 결함
2) **습관성 빈발자**: 신경과민, 슬럼프
3) **미숙성 빈발자**: 기능미숙, 환경 부적응
4) **소질적 빈발자**: 특수성격, 소질적 부적응자

8 주의와 부주의

1. 인간 의식 레벨 분류

단 계	의식의 모드	생리적 상태	의식의 상태	신뢰성
Phase 0	무의식, 실신	수면, 뇌발작	주의 작용	0
Phase I	의식 흐림	피로, 단조로운 일	부주의	낮다. 0.90이하
Phase II	이완 상태	안정기거, 휴식	안정기거, 휴식	다소높다. 0.99~0.99999
Phase III	상쾌	적극적	적극 활동	매우 높다. 0.99999 이상
Phase IV	과긴장 상태	일점집중현상	감정 흥분	낮다. 0.9 이하

* 일점집중현상: 중요한 한 가지 일에만 집중하고 안전 수단은 생략하게 되는 현상이다.

2. 주의의 특성

(1) **선택성**: 사람은 한 번에 여러 종류의 자극을 지각하거나 수용하지 못하며, 소수의 특정한 것에 한정해서 선택하는 기능이 있다.

(2) **방향성**: 주시점만 응시하게 되고, 시선에서 벗어난 부분은 무시되기 쉽다.

(3) **변동성**: 주의는 리듬이 있어 일정한 수준을 지키지 못한다.

(4) **단속성**: 고도의 주의는 장시간 집중이 곤란하다.

(5) **주의력의 중복집중 곤란**: 동시에 두 개 이상의 방향을 잡지 못한다.

3. 부주의 특성

(1) **의식의 단절**: 의식 흐름의 단절(의식수준이 Phase 0 인 상태)이다.

(2) **의식의 우회**: 걱정, 고뇌 등으로 의식이 빗나가는 상태이다.

(3) **의식 수준 저하**: 피로, 단조로운 작업의 연속으로 의식수준이 저하되는 상태이다.

(4) **의식의 과잉**: 긴급상황시 일점집중 현상을 일으키는 상태이다.

(5) **의식 혼란**: 외부 자극의 강·약에 의해 위험 요인에 대응할 수 없을 때 발생한다.

4. 부주의 원인과 대책

① 소질적 문제: 적성배치
② 의식의 우회: 카운슬링
③ 경험. 미경험자: 안전교육, 훈련
④ 작업 환경조건 불량: 환경정비
⑤ 작업 순서의 부적당: 작업순서 정비

9 레윈(K.Lewin)의 행동법칙

1. 레윈(K.Lewin)의 법칙

인간은 환경으로부터 독립해서 존재하는 것이 아니고 항상 환경 속에서 살며 동시에 이것에 적응하고 응용해서 생활하는 것이라 말할 수 있다. 그러므로 인간의 행동은 환경의 자극에 의해서 야기되고, 또 이것에 반응하며 작용하는 까닭에 항상 환경과의 상호관계에서 전개된다. K. Lewin은 이러한 관점에서 인간의 행동을 다음과 같은 식으로 표현한다.

$$B = f(P \cdot E)$$

여기서, B(Behavior): 인간의 행동
f(Function): 함수관계
P(Person): 개체, 연령, 경험, 심신상태, 성격, 지능 등
E(Environment): 심리적 환경, 인간관계, 작업환경 등

을 뜻하며 인간의 행동(B)은 그 사람이 가진 자질 즉, 개체(P)와 심리학적 환경(E)과의 상호 함수관계에 있다는 의미이다.

2. 개체요인 및 환경요인

개체(P)를 구성하는 요인으로는 연령, 경험, 심신 상태, 성격, 지능, 감각 운동기능 등을 들 수 있고, 환경(E)을 구성하는 요인으로는 가정이나 직장 등의 인간관계, 온·습도, 조명, 소음 등 물리적 환경조건을 포함하는 작업환경, 기계·설비 등을 들 수 있다.

3. 수정된 Lewin의 법칙

Lewin은 이 이론에서 한 걸음 더 나아가 개체(P)와 심리학적 환경(E)의 통합체를 심리학적 사태(S)라고 하여 인간의 행동은 심리학적 사태에 긴밀히 의존하고 규정 받는다고 한다.

즉 개체(P)와 환경(E)의 상호작용에 따라 성립되는 심리학적 사태(S)를 심리학적 생활공간(Psychological Life Space, PLS) 또는 생활공간(Life Space)이라고 하였다.

$$B = f(PLS)$$

결국 Lewin의 주장에 따르면, 어떤 순간에 있어서 인간의 행동은 어떤 심리학적 장을 일으키느냐 안 일으키느냐 하는 심리학적 생활공간의 구조에 따라 결정된다는 것이다.

4. 재해사고 요인과 대책

재해는 인간의 행동에 관계되지 않은 것이 하나도 없다고 해도 과언이 아니다. 모든 사고나 재해에는 원인이 있게 마련이고, 유사 재해나 동종 재해의 재발방지를 위해서 그 원인을 분석하는 것이 매우 중요하므로 Lewin의 법칙은 여러 가지로 유용하다.

재해는 인적 요인인 불안전한 행동과 물적 요인인 불안전한 상태의 결합으로 발생한다. 따라서 안전한 행동과 안전한 작업을 위해서는 불안전한 행동을 만들어내는 요인을 제거함으로써 인간의 행동 수준이 일정한 기준 이하로 저하되지 않도록 유지해야 한다.

인간의 행동에 영향을 미치는 요인들 중에서 어느 것이라도 부족하고 부적절한 것이 있으면 사고는 발생할 수 있다. 인간 행동의 위험을 방지하기 위해서는 인간의 요인을 바로잡는 것만 의존하지 말고, 환경 측 요인도 바로 잡아야 한다.

10 교육심리

1. S-R 학습이론(자극-반응 이론)

어떤 자극(S)에 대하여 특정 반응(R)의 결합으로 이루어진다는 학습이론이다.

(1) 조건 반사설 (Pavlov, 자극과 반응 이론: S-R이론)
① 강도의 원리: 최초의 반응보다 후속되는 반응을 점차 더 강화한다.
② 시간의 원리: 일정한 시간에 벨소리를 들려준다.
③ 계속성의 원리: 조건화가 성립될 때까지 꾸준하게 벨소리를 들려준다.
④ 일관성의 원리: 5~30초 간격으로 40~60회 반복한다.

(2) 시행 착오설(Thorndike의 학습법칙)
① 준비성의 법칙: 기초능력을 갖춘 뒤에 학습을 하면 효과가 크다(예습).
② 효과의 법칙: 학습자에게 쾌감을 주면 줄수록 학습의 결과가 크다(즐겁게).
③ 연습 또는 반복의 원칙: 많은 연습과 반복을 할수록 망각이 방지된다(복습).

2. 학습지도의 원리

(1) 자발성의 원리: 학습자 스스로가 능동적으로 학습활동에 의욕을 가지고 참여하도록 하는 원리이다.

(2) 개별화의 원리: 학습자를 존중하고 개개인의 능력, 소질, 성향 등 모든 발달 가능성을 신장시키려는 원리이다.

(3) 목적의 원리: 학습 목표가 분명하게 인식되었을 때 자발적이고 적극적인 학습 활동을 하게 된다.

(4) 사회화의 원리: 학교 교육을 통하여 학생들이 사회화되어 유용한 사회인으로 육성시키고자 하는 교육이다.

(5) 통합화의 원리: 생활 중심의 통합 교육을 원칙으로 하는 원리이다.

(6) 직관의 원리(직접경험의 원리): 구체적 사물을 직접 경험해 봄으로써 효과를 높일 수 있는 원리이다.

3. 동기부여

(1) 내적 동기부여
① 목표의 인식　② 성취의욕의 고취　③ 흥미 등의 방법
④ 지적호기심의 제고　⑤ 학습자의 요구수준에 맞는 적절한 교재의 제시

(2) 외적 동기부여
① 경쟁심을 이용　② 학습의 성공감, 만족감 충족　③ 상과 벌에 의한 의욕 환기

4. 파지와 망각

(1) **파지(Retention)**: 학습된 행동이 지속되어 현재와 미래의 행동에 영향을 주는 작용. 기억이다.

(2) **망각**: 잊어버리는 것. 인간은 망각의 동물 - 파지의 행동이 지속되지 않는 것이다.

(3) **기억의 과정**: 기명 → 파지 → 재생 → 재인
　① 기명: 새로운 사상이 중추신경계에 기억되는 것이다.
　② 파지: 기억이 계속 간직되는 상태이다.
　③ 재생: 간직된 기억이 다시 의식 속으로 떠오르는 상태이다.
　④ 재인: 재생을 실현할 수 있는 상태이다.

5. 에빙하우스의 망각곡선

시간의 경과에 따른 망각의 관계를 측정하는 곡선이다.

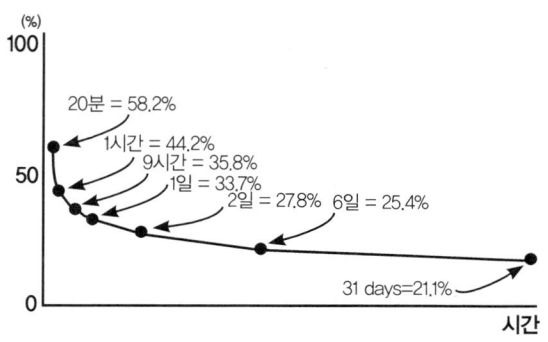

에빙하우스 망각 곡선　출처: Anderson,J,R(2012).

(1) 파지와 망각률
① 1시간 경과: 50% 이상 망각한다.
② 1일 경과: 66% 이상 망각한다.
③ 31일 경과: 80% 이상 망각한다.

(2) 에빙하우스의 연습효과
① 행동이 세련되고 신속해지며 힘과 오류가 떨어진다.
② 의식작용이 생략되어 무의식적으로 수행된다.
③ 운동이 자동적으로 이루어진다.

(3) **고원현상**: 진보가 일시적으로 정체되는 현상으로, 연습곡선이 상승하다가 더 이상 오르거나 줄지 않는 상태이다.

6. 연습의 방법

(1) 전습법
① 학습재료 전체를 하나로 묶어서 학습하는 방법이다.
② 장점
- 시간과 노력이 적게 들고, 망각이 적다.
- 학습에 필요한 반복이 적다.

(2) 분습법
① 학습재료를 작게 나누어서 학습하는 방법이다.
② 장점
- 길고 복잡한 학습에 적당하다.
- 학습효과가 빨리 나타나고, 주의와 집중력의 범위를 좁히는데 적합하다.

(3) 전습법과 분습법의 비교
① 분산학습인 경우 전습법이, 집중학습인 경우 분습법이 유리하다.
② 상호 연관성이 적고 분과적인 것은 분습법으로, 통일성이 있는 종합적인 학습재료는 전습법이 유리하다.
③ 지적으로 우수하거나 연령과 경험이 많은 학생의 경우는 전습법이 유리하다.

7. 적응기제

갈등이나 욕구불만을 합리적으로 해결할 수 없을 때, 욕구충족을 위하여 비합리적인 방법을 취하는 것을 말한다.

(1) **방어적 기제**: 자신의 무능력, 열등감, 약점을 위장하여 유리하게 보호함으로써 안전감을 찾으려는 심리 의식이나 행위를 가르키는 정신분석 용어이다.
① **승화**: 정신적인 역량의 전환을 의미한다.
② **보상**: 자신의 무능과 결함에 따라 발생하는 긴장이나 열등감을 해소시키기 위하여 장점으로 그 결함을 보충하려는 행동이다.

③ 합리화: 자기의 약점이나 실패를 그럴듯한 이유를 들어 남의 비난을 받지 않도록 하는 방어기제이다.

④ 동일시: 자기의 것이 사실은 아님에도 불구하고 자기의 것이나 된 듯이 행동을 하여 승인을 얻고자 하는 정신과정이다.

(2) **도피적 기제**: 욕구불만에 의한 압박이나 긴장에서 벗어나기 위하여 비합리적인 방법으로 공상에 도피하고 현실 세계에서 벗어나 마음의 안정을 얻으려는 방어기제이다.

① 억압: 욕구불만이나 불쾌감 등 갈등으로 생긴 욕구를 의식 밖으로 배제함으로써 얻는 행동이다.

② 고립: 자신이 없을 때 현실을 피하여 곤란한 접촉이나 상황에서 벗어나 자기 내부로 도피하려는 행동이다.

③ 백일몽: 현실적으로는 도저히 만족시킬 수 없는 소원이나 욕구를 공상의 세계에서 취하려는 도피의 한 행동이다.

④ 퇴행: 발전 단계를 역행함으로써 욕구를 충족하려는 행동이다.

(3) **공격적 기제**: 능동적이며 적극적인 입장에서 어떤 욕구불만에 대한 반항으로 자신을 괴롭히는 대상에 대하여 적대시하는 태도나 감정을 취하는 방어기제이다.

① 직접적 공격기제: 싸움, 폭행, 기물 파손 등

② 간접적 공격기제: 중상모략, 욕설, 폭언 등

8. 슈퍼의 역할이론

(1) **역할 연기**: 자아 탐색인 동시에 자아실현의 수단이다.

(2) **역할 기대**: 자신의 역할을 기대하고 감수하는 자는 자기 직업에 충실하다.

(3) **역할 조성**: 여러 가지 역할이 발생될 때 불응, 거부감을 나타내는 역할과 적응하여 실현하기키 위해 발생한다.

(4) **역할 갈등**: 작업 중 서로 상반된 역할이 기대될 경우 갈등이 발생한다.

11 호손(Hawthorne)공장의 실험(호손실험)

1. 인간관계론의 호손(Hawthrone) 실험

인간관계론의 연구는 G.E. Mayo 교수에 의하여 시작되었는데, 최초의 연구목적은 「조직에 있어서 인간행동의 새로운 이해」이다. 실험 및 조사연구는 미국의 서부전기회사(Western Electric Co.)의 호손 공장에서 1924년부터 1932년까지 8년에 걸쳐 조명실험, 전화기 조립실험, 면접실험, 배전기 권선실험의 4가지 단계로 구분하여 실시하였다.

(1) 제1차 실험(조명실험, 1924~1927)

주로 조명도와 작업능률과의 관계를 관찰하기 위하여 실내의 조명도를 순차적으로 변화시킨 테스트 집단과 조명도를 변화시키지 않은 단의 두 집단으로 나누어 비교하여 고찰하였다.

(2) 제2차 실험(계전기 조립실험, 1927~1928년)

전화기에 사용하는 계전기를 조립하는 6명의 여공들을 대상으로 물리적인 작업조건 이외에 작업능률에 큰 영향을 주는 다른 요인이 있다고 가정하여 임금 지급방법, 휴식시간, 다과의 제공, 종업시간 등의 요인이 작업능률에 미치는 영향을 조사하였다.

(3) 제3차 실험(면접실험, 1928~1930)

전체 종업원의 절반이 넘는 약 21,000여 명의 종업원들을 대상으로 회사의 감독실태 및 감독방법, 작업조건, 작업환경 등에 관한 불만과 의견을 면접조사로 파악하였다.

(4) 제4차 실험(배전기 권선실험, 1931~1932)

집단의 사회적 작용을 조사하기 위하여 14명의 종업원이 작업하고 있는 권선 작업장을 대상으로 실시되었다.

2. 호손 실험의 결과

제1차 실험에 의하면 테스트 집단은 조명도의 상승과 더불어 작업능률도 상승하였다. 그런데 조명도를 변화시키지 않았던 집단에서도 작업능률의 향상을 보였고, 더욱이 테스트 집단의 조명도를 거꾸로 낮추었음에도 높은 작업능률이 그대로 지속되었다. 그러므로 조명도 외의 다른 무엇인가가 작업능률에 영향을 주었다는 것을 알 수 있었다.

　제2차 실험에 따르면 작업자들에게 우호적인 조건을 철회하여도 작업능률의 저하는 없고 약간의 상승이 나타났고, 다시 좋은 작업조건을 개선·첨가하면 더욱 현저한 작업능률의 상승이 확인되었다. 이것은 인간적 측면 즉, 인간의 심리적 변화에 기인한 것으로, 여종업원은 그들의 작업이 조사 집단과 관계되고 있다는 것을 의식하였던 것이다. 말하자면 여종업원들은 공장이라는 커다란 기계 속에서 아무도 모르게 돌고 있는 작은 톱니바퀴와 같다는 의식으로부터 벗어나 사회를 돕고 회사가 중요시하고 있는 문제해결에 참가하고 있다는 의식으로 인하여 감정이 달라진 것으로 해석된다.

　제2차 실험을 통하여 작업능률의 향상은 주로 같은 종업원의 태도변화에서 온 것이라는 결론을 얻게 되었다. 이렇게 하여 그때까지 비교적 간과되었던 종업원의 감정·태도 등에 대한 문제가 새로운 연구과제로 드러나게 되었다.

　제3차 실험에 대해 종업원들이 보인 반응은 이제까지 마음속에 눌려 있던 자신들의 의견을 표명할 수 있는 기회라고 반겼으며, 종업원들의 불평불만은 평소 외형적으로는 다른 모습으로 위장되어 있는 일이 많다는 것이 확인되었다.
또한 면접실험은 비지시적 면접의 기법에 관한 중요한 발견을 가져왔으며, 인간의 태도나 감정은 사람들이 생활하고 있는 인간관계의 전체 상황에 관계를 이루어서만 제대로 이해할 수 있다는 것이 명확해졌다.

　감정에는 개인적인 것과 사회적 그룹으로 공통적인 것이 있어, 종업원의 성별, 출신, 경력, 종교, 취미 그리고 작업장의 물리적인 조건과 다른 사회적인 조건이 이들의 태도에 영향을 미친다는 것이 확인된 것이다. 특히 종업원의 작업 의욕은 개인적인 감정에 의하여 영향을 받지만 이 이상으로 그가 속하는 집단의 사회적 조건에 따라서 크게 좌우된다는 것이 밝혀졌다.

　제4차 실험결과, 작업장에는 회사의 공식집단과는 달리 어떤 인연에 의해 발생하는 비공식 조직이 존재하며, 이 집단의 규율이 구성원들에게 어떤 행동기준을 강요하는데 이것에 따르지 않을 때 그 집단으로부터 소외당한다는 제제가 가해짐을 확인하였다.

　이때 집단행동 기준은 너무 열심히 일해서도 안 되고, 너무 일에 태만해서도 안 되며, 동료들에게 해로운 말을 상사에게 고자질해서도 안 된다. 그리고 다른 사람에게 쓸데없는 참견이나 잘난 척을 해서도 안 되었다.

　그러므로 작업능률이나 생산성은 이와 같은 비공식 조직과 밀접한 관계가 있다는 것을 알

수 있게 되었다. 그들은 이러한 형태로 무언중에 노동 강화에 대하여 반항하거나 반대로 자발적인 능률향상을 기하고 있었으며, 비공식조직이 중요시되는 이유가 여기에 있다.

3. 호손 실험의 의의

호소 실험의 결과, 작업시간, 작업방법, 임금, 작업장의 환경 등 작업의 물리적 조건을 개선하면 작업능률이 올라간다고 생각되었던 종래의 관리이론이 근본적으로 뒤집어지고 인간본성의 깊숙한 곳에 숨겨져 있는 무엇인가에 의하여 물리적인 조건에 관계없이 생산성을 증대시킬 수 있다는 사실이 큰 의의가 있다.

작업능률을 좌우하는 것은 근로조건이나 작업환경과 같은 물리적인 조건이라기보다 회사나 경영진·상사에 대한 포용력, 종업원의 감정과 태도라는 보다 인간적인 심리적 요소이다. 종업원의 지속적 고양을 기대하기 위해서는 우선 인간적 요인이 중요하고 이들의 내심의 만족과 안정을 확보함으로써 생산능률도 확보할 수 있다.

종업원의 감정과 태도를 좌우하는 것은 개인적·사회적인 환경, 회사의 세력관계, 그가 속하고 있는 비공식집단의 힘 등이다.

인간은 원리원칙에 의하여 논리적·합리적으로 행동하는 것이 아니고, 감정의 논리에 따라 비합리적으로 행동하기도 한다는 점, 감정의 논리에 영향을 주는 것은 공식조직이 아니고 인간관계에 의하여 형성된 비공식조직이라는 점, 감정의 논리와 비공식조직이 생산성을 결정하는 중요한 원인이 된다는 점이 밝혀진 것이다. 그러므로 종업원의 집단적 작업에 있어서는 인간관계를 깊이 고려하여 종업원의 사기를 높임으로써 자발적 협력을 얻도록 하여야 한다는 결론이다.

12. 매슬로우(Maslow)의 욕구 5단계

1. 동기부여 이론

(1) 정의
동기를 불러 일으키게 하고 일어난 행동을 유지시켜 일정한 목표로 이끌어 나가게 하는 과정을 말한다.

(2) 안전 동기 유발 방법
① 안전 근본 이념을 인식시킬 것   ② 안전목표 설정
③ 결과를 알려 줄 것   ④ 상과 벌 줄 것
⑤ 경쟁과 협동을 유도

구분	Maslow	Alderfer	Macgreger	Herzberg
1 단계	생리적 욕구	생존의 욕구(E)	X 이론	위생요인
2 단계	안전의 요구			
3 단계	사회적 욕구	관계의 욕구(R)	Y 이론	동기부여요인
4 단계	존경의 욕구	성장의 욕구(G)		
5 단계	자아실현의 욕구			

2. 매슬로우 욕구 5단계

매슬로우는 인간의 행동을 결정하는 것은 욕구라고 생각하고 인간의 욕구를 생리적 욕구, 안전의 욕구, 사회적 욕구, 존경의 욕구, 자아실현의 욕구와 같이 다섯 단계로 분류한다. 인간에게 공통적으로 존재하는 낮은 수준의 욕구가 일단 만족되면 한 번에 한 단계씩 상승하여 그 상위 수준의 욕구를 충족시키기 위해서 동기화된다는 욕구단계 이론을 5단계로 분류할 수 있다는 이론의 하나이다.

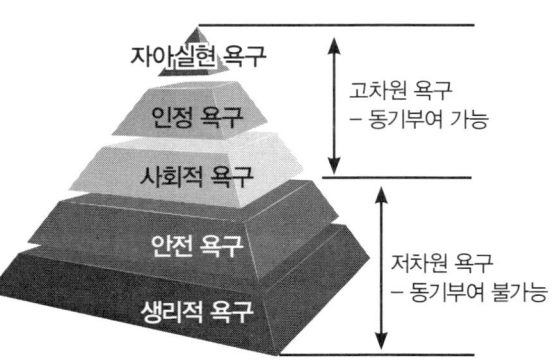

(1) 생리적 욕구

생리적 욕구는 생존을 위하여 기본적으로 필요한 욕구로, 모든 욕구 중에서 가장 하위에 있는 욕구이지만, 또한 가장 강렬하고 우선순위가 높은 욕구이다. 동물의 본능적인 욕구가 이에 해당하는 식욕, 의복, 주거, 성욕, 취침, 동물적인 단순한 움직임 등이 그 예이다. 보다 상위의 욕구가 있다 하더라도 굶주린 상태에서 먹으려는 욕구가 어느 것보다도 지배적이 되며, 인간의 모든 기능은 먹는 행동에 집중될 것이라는 것은 누구나 쉽게 이해가 된다.

그러므로 생리적 욕구의 만족은 인간을 생리적 욕구의 지배로부터 벗어나게 함으로써 이 보다 상위의 사회적 욕구에 따른 목표를 갖게 할 수 있다.

(2) 안전의 욕구

안전의 욕구는 환경으로부터 자신의 신체를 보호하려는 욕구이다. 이것은 생리적 욕구가 어느 정도 충족되면 나타나는데 보호, 불안으로부터 해방, 전쟁의 공포, 사회의 무질서, 강도나 도둑 등으로부터 안전하게 되고자 하는 욕구를 말한다.

현대의 안정된 문명사회라면 맹수, 극단적인 기온, 범죄, 살해, 학대 등의 위협으로부터 어느 정도 보장되어 있기 때문에 안전의 욕구는 적절히 충족된다.

그러나 신경질적인 사람, 극한 경제적 어려움, 전쟁, 질병, 자연재해의 경우에 안전의 욕구가 인간의 행동에 크게 영향을 미치게 된다. 이런 극단적인 경우를 제외하고 안정성 있는 직업에 대한 선호, 저축, 보험에 대한 선호 등으로 나타나는 것이 일반적이다.

(3) 사회적 욕구(애정과 소속의 욕구)

생리적 욕구와 안전의 욕구가 충족된 후에 사람들은 다른 사람들과 친밀한 유대관계를 가지려 하게 되고 친구들과 어울리고자 한다. 즉 사회적 관계를 유지하기 위해 어느 집단에 소속되고 또 어느 집단에 의해 받아들여지기를 원한다. 또한 이성간의 교제 결혼 등도 갈구하게 된다. 다시 말하면 타인들과 교제하고 모임 등에 소속하려는 욕구로서 가족, 애인, 친구, 직장동료 등과 정이 담긴 관계를 유지하고 자기가 원하는 집단에 소속되어 귀속감을 느끼고자 하는 것으로 여기에 사랑을 받으려는 욕구뿐만 아니라 사랑을 주려는 욕구도 포함된다.

사회적 욕구는 직무수행에 중요한 동기적 힘이 될 수 있다. 다시 말하면 종업원들은

동료와의 관계를 통해 소속감이나 연대감을 가질 수 있다. 조직에서 인간관계를 강조하는 이유는 작업조건이 사회적 안정을 제공한다는 것을 인정하고, 이 감정을 북돋움으로써 작업능률의 향상을 꾀할 수 있기 때문이다.

(4) 존경의 욕구

사회적 욕구에 어느 정도 만족하게 되면 집단의 단순한 구성원 그 이상이 되고자 한다. 대부분의 사람들은 사회생활을 통해 계속해서 자신을 높이 평가하고 존중하고 자존심을 지니며 타인으로부터 존경을 받기를 바라는 욕구가 있다. 이것은 명예, 신용, 위신, 지위 등과 관계되는 것으로 자기의 하는 일에 자부심을 느끼며 타인으로부터 존경을 받고자 하는 고차원의 욕구이다.

이런 존경과 긍지에 대한 욕구가 충족되면 자신감, 우월감, 강자라는 느낌을 갖게 되고 그렇지 못하면 열등감, 무력감 등을 유발한다. 자신의 사회적 지위, 재력을 나타내기 위해 상징적 물품을 구입하는 과소비 풍조는 이러한 욕구의 빗나간 형태라고 볼 수 있다.

(5) 자아실현의 욕구

자아실현의 욕구는 가장 높은 수준의 욕구로 자신의 이상을 실현하고 자기발전을 위해 자신의 잠재력을 최대한으로 달성하려는 욕구이다. 즉, 한 인간으로서 실현할 수 있는 자기완성에 대한 갈망을 말한다. 이것은 자기가 하고 싶었던 일을 실현하는 궁극적으로 행복과 연결될 수 있는 욕구이다. 이 욕구의 특징은 다른 욕구들과 달리 최종적으로 충족시키기가 어렵다는 것이다.

자아실현의 욕구가 지배할 정도로 수준이 되어 이 욕구에 한 번 지배되면 어느 정도 욕구가 충족되어도 계속해서 더 큰 욕구의 지배를 받게 된다. 이런 점에서 앞에서 언급한 욕구들은 결여된 것을 채우기 위한 결핍 욕구인 반면, 자아실현의 욕구는 결핍에서 비롯되기보다는 성장하고자 하는 욕구라고 볼 수 있다.

3. 욕구와 동기유발

메슬로우는 이와 같은 욕구의 계층구조를 통해 다음과 같은 주장을 하 였다.
① 욕구 동기는 순차적으로 5단계로 나타난다.
② 5단계 욕구는 서로 상관되어 있으며, 이들은 우선순위로 나열 되어있는데 최하급의 생리적 욕구가 가장 우선이다.

③ 어느 한 단계의 욕구가 만족되고 나면 그 이전 단계의 욕구는 동기부여 요인으로 더 이상 작용할 수 없다.
④ 욕구 순서가 계층성을 이루고 있다고 하나 5가지의 욕구는 부분적으로 밖에 충족시킬 수 없기 때문에 항상 무엇인가를 원하는 동물과 같다고 할 수 있다.
⑤ 어느 한 단계가 완전히 또는 절대적으로 달성되어야 다음 단계가 부각되는 것이 아니고 어느 정도 충족되면 다음 단계가 부각되는 것이 보통이다.

이 이론을 요약하면 다음과 같다.

인간의 욕구는 중요도에 따라서 계층적으로 배열되어 있으며, 인간에게 있는 여러 가지 욕구들이 어떤 행동을 유발시키는 동기가 된다. 즉 욕구들 가운데 충족되지 못한 욕구가 긴장을 유발시키고, 긴장이 유발되면 평형상태를 회복하고자 긴장감소를 위한 행동을 하게 된다.

4. 욕구단계 이론의 의의와 응용

욕구단계 이론은 관리자로 하여금 인간욕구의 계층성을 인식하여 높은 수준의 욕구를 충족시켜 줄 수 있는 조직 환경 조성의 중요성을 일깨워 준다. 또한 직무조건에 따라 조직구성원의 동기관리를 달리해야 할 필요성을 인식한다. 보수와 안전의 측면에서 작업환경이 좋은 경우와 나쁜 경우에 감독자의 역할, 작업 자체의 특성 등을 달리 고려해야 한다. 즉 조직 구성원의 욕구가 하위수준의 욕구라면 관리자는 낮은 욕구의 측면에서 변화를 꽤 하여야 동기유발 효과를 얻을 수 있다.

반면 조직 구성원의 욕구가 상위의 것이라면 관리자는 작업을 통해 자율성 다양성 책임감 등의 상위욕구 충족을 증진시킬 수 있는 기회를 많이 제공함으로써 보다 높은 수준의 욕구충족을 지향하여 작업에 임할 수 있도록 조직풍토를 조성하는 것이 바람직하다.

그러므로 욕구단계 이론을 작업장에 활용하기 위해서 먼저 종업원들의 현재 욕구수준이 과연 어느 상태에 있는지 파악해야 한다. 욕구를 파악하기 위해서 작업자와의 면담을 통해 실제로 그들의 이야기를 듣거나, 설문 조사를 이용하여 의견을 수렴할 수 있다. 어떤 방법이든 작업자들의 욕구파악이 된 후에는 그에 적절한 대처가 필요하다. 즉 작업자들의 욕구 수준에 맞는 것을 충족시켜 줌으로써 그들의 작업동기를 높일 수 있다.

욕구	내용	관리전략
1 단계 생리적 욕구	음식, 휴식, 성적욕구	보수체계의 적정화, 휴양·휴가제도
2 단계 안전의 욕구	경제, 질서, 신체적 안전	고용·신분의 안전성, 인플레이션에 따른 임금 인상, 연금제도, 작업환경의 안전성 등
3 단계 사회적 욕구	인간관계, 타인과의상호관계, 소속감, 우정, 애정, 집단의식 등	의사소통의 활성화, 갈등 제거, 비공식 조직의 안정, 인간화 등
4 단계 존경의 욕구	자아존중, 성취의욕, 명예, 지위, 위신 등	제안제도, 참여촉진, 교육훈련과 평가, 전직, 전보, 승진 등
5 단계 자아실현의 욕구	자기발전, 소명의식, 신념	조직에 대한 사회적 평가의 제고, 직무충실 확대, 사명감고취 등

 **알더퍼(Alderfer)의 ERG 이론**

1. ERG 이론의 개념

매슬로우의 5가지 욕구단계 이론을 실증적 검증이 부족하다고 비판하면서 개인의 욕구를 존재(Existence), 관계(Relatedness), 성장(Growth)의 욕구로 구분한다. 매슬로우 이론보다 덜 경직되어 있고 욕구란 조절될 수 있음을 제시한다.

2. ERG 이론의 가정

(1) 매슬로우의 욕구단계 이론과의 공통점

① 욕구 충족의 과정은 하위단계에서 상위단계로 진행된다. 즉 존재욕구 → 관계욕구 → 성장욕구의 단계로 진행된다.
② 하위욕구가 충족 될수록 상위욕구에 대한 바람은 더욱 커진다.

(2) 매슬로우 욕구단계 이론과의 차이점

① 두 가지 이상의 욕구가 동시에 작용할 수 있다.

② 매슬로우 욕구단계이론은 만족 → 진행 인데 비하여, 알더퍼의 ERG 이론은 욕구 충족이 좌절되었을 때 그보다 하위 욕구에 대한 바람이 증대된다는 "좌절 → 퇴행" 요소가 포함되어 있다. 욕구는 위로만 향하는 것이 아니라 아래로도 향한다는 것을 강조하여 욕구의 신축성을 제시한다.

③ 사람에 따라 존재욕구가 충족되지 않았음에도 관계욕구나 성장욕구로 행동할 수 있다.

④ 개별적 욕구 충족보다는 통합적인 욕구의 자극을 강조한다.

⑤ 매슬로우의 욕구단계보다 신축적이고 탄력적이며, 욕구 구조에 있어 개인적인 차이가 없음을 인정한다.

(3) 알더퍼 욕구 단계

① **존재욕구**(E: existence): 의식주와 같은 모든 형태의 생리적·물질적 요구를 의미한다. 임금이나 쾌적한 환경 등 물리적 작업조건에 대한 욕구도 존재욕구에 해당되며, 매슬로우 욕구단계 이론에서 생리적 욕구, 안전의 욕구가 존재욕구에 해당한다.

② **관계욕구**(R: relatedness): 매슬로우의 인간적인 측면인 사회적 욕구와 일부 존경의 욕구와 유사하다. 조직에서 타인과의 인간관계와 관련 된 것을 포함한다.

③ **성장욕구**(G: growth): 개인적 성장을 위한 개인의 노력과 관련된 욕구를 말한다. 성장욕구는 매슬로우의 자아실현의 욕구와 비슷하다.

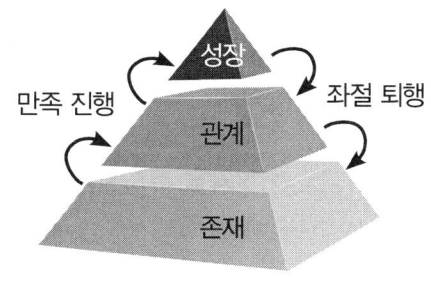

14 맥그리거(McGregor)의 X-Y 이론

1. Macgreger X·Y 이론의 특성

구분	X 이론	Y 이론
특성	① 성악설	① 성선설
	② 인간의 불신감	② 상호 신뢰감
	③ 게으르고 태만, 지배받기 즐긴다	③ 부지런하고 근면·자주적이다
	④ 저차원적 욕구	④ 고차원적 욕구
	⑤ 명령. 통제의 관리	⑤ 자율적 관리
	⑥ 저개발국형	⑥ 선진국형
관리처방	경제적 보상체제 강화, 감독·엄격한 통제	분권화, 권한의 위임

2. 동기유발 방법

1) 안전의 근본이념을 인식시킨다.

2) 안전 목표를 명확히 설정한다.

3) 안전 활동의 결과를 근로자에게 알려준다.

4) 상과 벌을 준다.

5) 경쟁과 협동을 유도한다.

3. X 이론

(1) X 이론 관리방식의 인간 본성에 대한 3가지 가정

① 대부분의 사람들은 천성적으로 일하기 싫어하며, 될 수 있는 대로 일을 회피하려고 한다.

② 조직의 목표를 충족시킬 만큼 열심히 일하도록 만들기 위해서 강요, 통제하고 감독하며 처벌로 위협해야 한다.

③ 대부분의 사람들은 감독 받기를 더 좋아하고 책임을 회피하기 바라며, 비교적 야망이 없고 무엇보다도 안전을 바란다.

X 이론은 인간의 본성에 대해 매우 비호의적인 이미지를 제시하고 있다. 이 견해에 따르면 사람들은 리더가 귀찮게 굴지 않으면 좀처럼 일하려고 하지 않는다는 것이다. 근로자들은 어린애처럼 근본적으로 무책임하고 게으르기 때문에 지도를 받고 꾸중을 듣고 위협을 당하며 처벌을 받아야 한다는 관점이다.

(2) X 이론의 관리방법

① 경제적 보상체제의 강화: 인간의 욕구충족이나 동기유발의 원인 제공을 적절한 보수나 경제적 보상으로 강화시켜야 된다. 능률급제와 작업할당제 등을 적용하여 게으르고 일하지 않으면 경제욕구가 충족되지 못하도록 한다. 작업 실적이 높은 사람에게 더 많은 혜택이 주어질 수 있는 관리 전략이 정당한 수단으로 등장한다.

② 권위주의적 리더십의 확립: 인간의 피동성과 무능력성은 자연히 권위주의를 유발한다. 중요한 결정은 고위층에서 이루어지며 근로자들은 그 결정 내용만 무조건 따르면 된다. 이는 한 마디로 노예근성을 나타내기 때문에 토론이나 권한의 위임은 어렵고 하위 층에게 오로지 집행과정에 대한 내용만 보고하면 된다.

③ 면밀한 감독과 엄격한 통제: 이기적이며 무책임한 조직구성원에게 강제와 위협이 통제수단이며, 적용하며 필요에 따라 처벌제도까지도 요구되고 있다. 따라서 구성원들은 감독자들의 위협과 처벌의 두려움 때문에 경솔한 행동이 발생하지 않는다는 입장이다.

④ 상부책임제도의 강화: 일반 조직구성원들은 책임을 지는 것을 싫어하기 때문에 모든 책임이 상부층에 지워져 있다. 따라서 하부에서 잘하면 상부로 돌아가지만 그렇지 못할 경우에 상부층의 책임도 면할 길이 없다.

⑤ 조직구조의 고층성: X 이론에서는 명령 하달 체계가 발달하기 때문에 계층성을 띠게되고 고층화로 발달된다. 인간은 자발적, 능동적인 경우보다 피동적이기 때문에 외부의 규제를 필요로 한다. 규제의 내용이 많거나 강화될 경우 당연히 관리계층도 늘어나게 된다.

4. Y 이론

(1) Y 이론의 개요와 매슬로우 이론의 비교

X 이론은 대다수의 관리자들이 인간본성에 대해 견지하고 있는 견해를 대변해 주고 있다 이론은 과학적 경영 및 고전적인 조직 형태인 관리제도와 일치한다. 그렇지만 X

이론은 인간의 동기에 대한 최근의 견해인 메슬로우의 욕구단계 이론과 맞지 않는다. 메슬로우는 인간의 궁극적인 목표는 자아실현이라고 주장한다. 인간본성에 대한 개념은 맥그리거의 Y 이론에 나타나 있으며, 그 가정은 다음과 같다.

① 근로에 육체적 정신적 노력을 쏟는 것은 놀이나 휴식만큼 자연스럽다. 대부분의 사람들은 노동에 대한 선천적인 혐오감을 가지고 있지 않다. 뿐만 아니라 노동은 만족의 원천이 될 수도 있다.

② 외적인 통제와 처벌 위협만이 조직 목표에 대한 노력을 유발하는 수단은 아니다. 대부분의 사람들은 자기가 관여하고 있는 목표를 위해 일함에 있어 자기규제를 발휘한다.

③ 목적에 투신하는 것은 성취와 관련된 보상과 함수관계에 있다. 만일 자아실현 욕구가 노동을 통해 충족될 수 있다면 근로자는 높은 동기수준을 유지한다.

④ 대부분의 사람들은 조건만 적당하면 책임을 받아들일 뿐만 아니라 추구할 능력이 있다.

⑤ 조직 내의 문제점을 해결하는데 비교적 높은 정도의 상상력과 천재성 및 창의력을 발휘할 능력은 집단 속에 널리 분포되어 있다.

Y 이론이 제시하고 있는 인간관에 따르면 사람들은 부지런하고 창조적이며 도전과 책임을 추구하고, 노동에 대해 전혀 반감을 갖고 있지 않다는 것이다. X 이론의 주장과 다른 유형의 리더를 원하고, 또 그 리더 밑에서 일을 더 잘한다. Y 이론의 사람들은 독재적인 리더보다 자신들로 하여금 개인 및 조직의 목표를 달성할 수 있게 해 줄 리더를 원한다. Y 이론의 견해는 인간관계 운동과 경영관리 결정에 참여를 주장하는 현대 조직이론에 적용되고 있다.

(2) Y이론의 관리처방

통합의 원리로써 조직구성원들은 조직의 목표를 성취시킴으로 자신을 성장시키고 자신의 목표도 성장한다.

① **민주적 리더십의 확립**: 조직의 중요한 결정은 고위층의 일방적인 결정에 의한 것이 아니라 집단 토론이나 조직구성원들의 참여에서 결정한다. 리더의 중요한 임무란 '하라'고 명령하는 것보다 '하도록 유도하는 것'이다. 따라서 리더의 중요한 역할은 독자적인 결정보다는 조직구성원의 의견을 규합해서 결정한다.

② **분권화와 권한의 위임**: 민주형의 리더십은 자동적으로 분권화와 권한의 위임을 촉진시킨다. 권한이 상부의 한 곳에만 집중되지 않고 분산되기 때문에 구성원들은

자발적으로 노력하고 해결하며, 이를 토대로 스스로의 만족감과 성취감도 느낄 수 있다. 따라서 조직은 활력을 찾아 보다 발전적이며, 생산적인 방향을 유도한다.

③ **목표에 따른 관리**: 목표에 따른 관리(MBO)는 조직구성원 전체가 조직운영에 참여하는 총체적 관리이다. 조직목표의 설정에서부터 집행에 이르기까지 모든 조직구성원이 참여한다. 책임의 한계도 명백히 규정되어 있기 때문에 자발적이며 적극적인 참여를 유도할 수 있다.

④ **직무확장**: 조직 내에서 분업이 너무 세분화 되어 있으면 단조롭고 무력감을 느끼기 때문에 인간이 부품화되어 버린다. 즉 한 사람이 한 가지 일을 하게 하거나, 순환보직제도를 활용하여 시야도 넓히고 지식도 확장 시켜 심리적인 성공감을 갖도록 해야 한다.

⑤ **비공식 조직의 활용**: 비공식 조직은 인간의 사회 심리적 요소를 토대로 자연적으로 발생되었기 때문에 조직 내의 욕구는 충족되고 있다. 따라서 공식적 조직이 인간의 사회 심리적 욕구를 충족시키지 못할 때 비공식적 조직은 이를 보완하여 준다.

⑥ **자체평가제도의 활성화**: 조직구성원의 업적을 상부층의 감독관이나 심사관이 평가하는 것이 아니라 구성원 스스로가 평가하는 것으로 스스로 자기실적을 평가할때 보다 진지해지고 자기역할의 중요성을 더욱 인식하게 된다.

⑦ **조직구조의 평면화**: 조직구조가 계층을 이루고 있으면 상급자와 하급자의 거리는 그 만큼 떨어져 하급자는 늘 심리적 패배감을 느끼며 산다. 그러나 조직구조가 평면화를 이루고 있으면, 계층수가 적어지기 때문에 상급자와 하급자간에는 거리감이 적어지고 심리적 패배감도 적어진다.

관리 처방을 살펴보면 X 이론의 관리 처방은 인간행동의 외재적 통제에 의존하는 반면, Y 이론의 관리 전략은 자율적 행동과 자기 규제에 의존하고 있다.

※ **데이비스의 동기부여 이론**

인간의 성과 × 물적인 성과 = 경영의 성과

1. 지식 × 기능 = 능력
2. 상황 × 태도 = 동기유발
3. 능력 × 동기유발 = 인간의 성과

결과적으로 경영에 있어 인간의 역할은 매우 중요한 부분을 차지하고 있으며, 이러한 인간적인 부분에 중대한 영향을 미치는 요소가 동기유발이다.

15 허츠버그(Herzberg)의 동기-위생 2요인설

1. 허츠버그의 2요인설의 개념

허츠버그는 매슬로우의 욕구단계 이론을 확대하여 동기-위생이론, 2요인 이론을 제시한다. 엄밀히 말하면 직무만족도를 설명하는 이론이라고 할 수 있다.

동기-위생이론에서 중요한 개념은 "만족"과 "불만족"이라는 용어로서 용어 자체는 반대 관계에 있지만 전혀 별개의 개념이라는 사실을 이해하는 것이 중요하다. "만족"의 반대가 "불만"이 아니라 "만족 없음"이고, "불만"의 반대 또한 "불만 없음"이라고 해석해야 한다.

많은 작업자들이 감독자로부터 인정, 성취감 및 발전가능성, 승진, 자유재량권의 인정, 흥미롭고 도전 가치가 있는 작업 등이 직무만족을 일으키는 요인임을 알아낸다.

또한 작업장 내에서 나쁜 인간관계, 열악한 작업조건, 적은 봉급, 낮은 직업안정성 등이 직무불만족을 가져오는 요인임을 밝힌다.

허츠버그는 동기부여 수단으로써 중요한 것은 위생요인이 아니라 동기요인이기 때문에 동기요인 충족에 힘써야 한다고 주장한다. 임금이나 작업조건 같은 위생요인을 충족시켜 불만은 제거할 수 있지만, 동기부여는 되지 않기 때문이다.

2. 위생요인(환경요인)

회사의 정책이나 관리, 감독, 작업조건, 동료관계를 포함하는 대인관계, 급여, 금전, 지위, 안정, 친교, 감독형태, 기업의 정책, 작업조건 등은 작업자의 작업수행과 자신의 직장에 대한 불만족을 야기하는 요인이다. 이것은 대부분 작업의 내적 요인이 아니라 작업이 수행될 때 외적 조건과 관련된 것이다.

허츠버그는 이들을 위생요인이라고 하였는데, 의미는 예방의학적 관점에서 '위생'이라는 용어와 상통한다. 즉 위생요인들은 아무리 개선하여도 근로자들의 인간적 욕구는 충족되지 않으며, 작업이나 직장에 대한 만족도가 향상되지 않는다.

그러나 이러한 요인들을 소홀하면 직장이나 작업에 대한 불만이 팽배하게 된다. 따라서 이것은 인간의 동물적 욕구를 반영하는 것이라 볼 수 있다. 매슬로우의 욕구이론과 비교를 하면 생리적, 안전, 사회적 욕구 등과 상응한다.

3. 동기유발 요인

허츠버그는 작업자들이 작업에 대해 혹은 직장에 대해 만족을 느끼는 것은 일하는 보람, 지식이나 능력을 활용할 여지가 있는 일을 하고 있을 때 경험할 수 있는 성취감, 목표 달성에 대한 인정, 작업 자체의 매력, 책임의 증대, 능력·지식의 신장, 승진 등이라고 주장한다. 이러한 요인들이 직무만족감에 적극적인 영향을 가져오며, 그 결과 많은 경우 작업 의욕을 북돋우고 개인의 생산능력을 증대시킨다는 의미에서 동기요인 또는 동기유발 요인이라고 명명한다. 이것은 메슬로우의 욕구단계 이론에서 자아실현의 욕구와 상응한다.

4. 2 요인설의 응용

작업에서 만족을 일으키는 요인과 불만족을 일으키는 요인은 서로 다르다. 즉 작업에서 불만족 요인들을 해소해도 작업자들이 반드시 만족을 느끼는 것도 아니며, 작업에서 만족 요인이 없다고 해도 반드시 작업자가 불만족을 느끼는 것은 아니다.

매슬로우의 욕구단계 이론과 비교하면 조금 더 쉽게 이해될 수 있을 것이다. 생리적 욕구가 충족되고 안전의 욕구가 충족될수록 존경과 긍지에 대한 욕구라든가 자아실현 욕구는 인간이 성숙됨에 따라 더욱 중요하게 된다. 그러나 생리적 욕구의 충족도가 높고, 아니면 안전의 욕구에 대한 충족도가 높다고 존경 및 긍지의 욕구나 자아실현의 욕구가 일부 충족된다고 볼 수 없다. 이들은 서로 다른 차원에 존재하는 것이기 때문이다.

일에 대한 만족, 불만족에 각각 차원이 다른 두 개의 원인이 있다. 일에 불만을 품고 있는 인간은 환경에 관심을 가지고 있고, 일에 만족을 하고 있는 인간은 일 자체에 깊은 관심을 갖고 있다는 것이다. 따라서 만족요인은 일 그 자체에 관련되고 있지만, 불만요인은 환경조건에 관한 것이 많다.

허츠버그는 일에 만족을 주는 요인을 동기유발 요인이라고 부르고 불만을 일으키는 요인들을 위생요인이라는 이름을 붙인 것이다. 실제로 작업장에 적용하려 한다면 작업자들의 불만족 요인을 제거했다고 반드시 작업자들의 만족을 기대할 수는 없다는 점을 분명히 인식해 한다.

동기유발 요인의 효과가 극대화되는 직무를 통해 작업자가 최대한 만족과 성취감을 얻을 때라는 점에 주의하여 작업과 직무를 설계해야 하며, 관리도 동기유발을 최대한으로 염두에 두고 이루어져야 한다.

요인	위생요인(불만족 요인)	동기요인(만족 요인)
성격	물리적, 환경적, 대인적 요인(근무환경 요인)	사람과 직무와의 관계
예	정책과 관리, 임금, 지위, 안전, 감독, 기술, 작업조건(근무조건), 조직의 방침과 관행, 개인 상호 간의 관계	성취감(자아계발), 도전감, 책임감, 안정감, 인정감, 승진, 직무(일) 그자체에 대한 보람, 직무충실, 성장 및 발전 등 심리적 요인

[출처] 김중규, "7급 선행정학" (서울:에드민, 2009)

 ## 작업동기부여 이론(과정 이론)

1. 아담스의 공정성 이론

공정성 이론에 따르면 자신이 투입한 것과 그로부터 얻은 성과에 대한 비율을 자신과 동일한 작업을 하는 타인의 투입과 그에 대한 성과의 비율과 비교하여 공정성의 원리에 어긋나게 대우 받으면 불공정성을 느껴동기가 유발된다. 즉 자신의 투입 대 성과의 비율이 타인의 투입 대 성과의 비율과 동일하면 공정성을 느끼지만 자신이 투입한 것에 비해 성과가 적거나 혹은 지나치게 성과가 많으면 불공정성을 느낀다는 관점이다.

$$\text{자신} = \frac{\text{성과}}{\text{투입}} \quad > \text{또는} < \quad \frac{\text{성과}}{\text{투입}} = \text{타인}$$

여기서 투입의 요인으로 고려되는 것은 작업자의 교육수준, 경험, 연령, 기술, 근무연한, 노력, 건강, 신체적 조건 등이고, 성과의 요인들은 봉급, 승진, 인정, 작업조건, 경멸, 배척 등이다.

불공정성을 느낄 때 작업자는 노력을 덜하거나 생산량을 줄여서 자신의 투입을 변경시키거나 봉급인상이나 처우개선을 주장함으로써 성과를 변경시킬 수 있다 또한 자신의 투입과 성과를 인지적으로 왜곡시키거나 타인의 투입과 성과를 바꾸도록 압력을 가할 수 있다. 마지막으로 자신의 투입과 성과를 비교함에 있어서 비교 대상을 다른 작업자로 바꾸거나 최악의 경우에 직장을 그만둘 수도 있다.

공정성 이론을 활용하여 작업자들의 근로의욕을 높이고 불만족을 줄이기 위해서는 작업자들이 느끼는 자신의 투입 대 성과의 비율과 동료작업자의 투입 대 성과의 비율이 공평하도록 회사 차원에서 배려해야 한다. 즉 작업자의 투입에 대한 대가가 그와 비슷한 조건을 갖춘 같은 직장 내의 작업자나 다른 직장의 작업자에 비해 공평한지 관심을 가져야 한다.

2. 브롬의 기대 이론

기대-유인가 이론에 따르면 작업 동기는 어떤 성과가 지니는 매력의 정도와 그 성과를 얻을 수 있다는 기대의 정도에 따라 결정된다. 여기서 매력의 정도란 특정한 성과에 대하여 작업자가 부여하고 있는 가치를 말한다.
다시 말하면 작업을 훌륭히 해낸 경우에 얻게 되는 결과들, 예를 들어 특별상여금, 승진 기회, 임금 인상 등을 작업자가 얼마나 가치 있는 것으로 여기는 것을 나타낸다.

각 성과가 지니는 매력의 정도는 작업자의 취향에 따라 다를 수 있다. 예를 들어 어떤 작업자가 무엇보다도 휴가를 간절히 바라는 경우 승진이나 임금 인상보다 특별 휴가가 더 매력의 정도가 높을 수도 있다.

그러므로 특정 성과를 얻을 수 있다는 기대는 노력 → 수행 기대와 수행 → 성과 기대로 나눌 수 있다. 여기서 노력 → 수행 기대는 노력을 통해서 바라는 수행 수준에 도달할 수 있으리라는 가능성을 말하고, 수행 → 성과 기대는 특정 수준의 수행을 했을 때 바라는 성과를 얻을 수 있는 가능성을 의미한다.

기대-유인가 이론에 의하면 직장 내에서 작업자가 얻고자 하는 높은 매력을 지닌 성과가 많고 자신에게 돌아올 가능성이 높은 경우에 작업자들의 작업동기가 높아진다.

(1) 기대이론의 주요변수

① 기대감: 성과기대 0~1
② 수단성: 보상기대 -1 ~ 1
③ 유위성: 보상에 대한 선호의 정도, 매력의 정도 -1 ~ 0 ~ 1

(2) 기대 이론의 공식

동기(M: motivation) = 기대(E) × 수단성(I) × 유의성(V)

기대 이론의 3가지 요인인 기대감, 수단성, 유의성의 값이 각각 최대가 되면 최대의 동기부여가 된다. 그러나, 어느 하나라도 "0"이 되면 전체값이 "0"이 되며, 동기부여는 되지 않는다.

3. 알더퍼의 ERG 이론

(1) 생존 욕구(existence needs)

유기체의 신체적 생존에 관한 욕구이다. 이들은 의식주와 같은 기본적 욕구를 포함하며 또한 이들 요인들을 달성하기 위해 작업조직에 제공되는 수단, 예를 들어 봉급, 부가급부, 안전한 작업조건, 직무안정 등도 이에 속한다.

(2) 관계 욕구(related needs)

직무에 관련되어 있거나 관련이 없거나 타인과의 상호작용을 통해 만족 되는 대인 욕구이다.

(3) 성장 욕구(growth needs)

개인적인 발전과 증진에 관한 욕구로 개인에게 중요한 어떠한 능력이나 잠재력을 발전시킴으로써 충족된다.

① ERG 이론은 욕구의 위계적 순위에 별로 강조를 두고 있지 않다. 그러나 이상의 욕구가 한꺼번에 작용할 수 있으며, 한 가지 욕구의 만족은 다음의 하위 욕구로 진행될 수도 있고 안 될 수도 있다고 본다.

② 상위 욕구의 조절은 메슬로우가 예언한 것처럼 이 좌절된 욕구를 만족하려는 계속적인 노력을 하기보다는 하위 수준 욕구에 대한 관심을 증가시킴으로써 퇴행이 될 수도 있다.

4. 맥클랜드의 성취욕구 이론

맥클랜드는 강한 성취 욕구를 갖는 사람은 합리적인 성공 가능성이 과업에 접근하는 경향이 있으며, 너무 쉽거나 너무 어려운 과업은 피하는 경향이 있다고 주장한다.

(1) 성취동기이론

① 성취 욕구: 도전적 목표(중간 난이도)를 달성하고자 하는 욕구(경제 성장과 관련)이다.

② 권력 욕구: 타인에 대한 영향력과 통제력에 관한 욕구이다.

③ 친교 욕구: 대인관계(우정, 친밀감 등)에 대한 욕구이다.

(2) 성취욕구가 높은 사람의 특징

① 적절한 모험에 기꺼이 도전한다.

② 즉각적인 복원 조치를 강구하며, 자신이 하고 있는 일의 구체적인 진행 상황을 알고자 한다.

③ 성공으로 인한 대가보다는 성취 그 자체에 기쁨을 느낀다.

④ 일에 전념하여 목표가 달성될 때까지 자신의 노력을 경주한다.

이러한 현상은 강한 성취동기를 가진 사람들에게 나타나는 공통적인 현상일 뿐, 강한 성취동기를 유발하는 충분조건은 아니다.

17 리더십 경영격자 이론

블레이크(R. R. Blake)와 무턴(J. S. Mouton)은 리더가 갖는 두 가지의 관점, 생산(과업)에 대한 관심을 X축, 인간(종업원)에 대한 관심을 Y축으로 하고, 그 관심도를 9등급으로 나누어 등급이 높을수록 관심도를 높게 하여 리더십 행동의 관심도를 평가할 수 있도록 관리망을 구성하였는데, 이를 관리 그리드 이론(경영 격자 이론)이라고 한다.

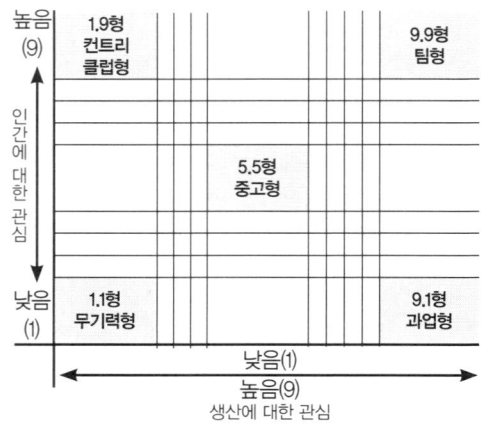

• 관리격자이론에 따른 지도자 유형

(1) 무관심형(무기력형, 1·1형)

리더는 생산(과업)과 인간에 대한 관심이 모두 낮은 유형으로 자기 자신의 직분 유지에 필요한 최소한의 노력만을 투입하는 무기력한 리더십 유형이다.

(2) 컨트리클럽형(인기형, 1·9형)

리더는 인간에 대한 관심은 매우 높으나 생산에 대한 관심은 매우 낮은 유형으로, 구성원끼리의 원만한 관계 및 친밀한 분위기 조성에 주력한다.

(3) 과업형(권위-복종형, 9·1형)

리더는 생산에 대한 관심은 매우 높으나 인간에 대한 관심은 매우 낮은 유형으로 일의 효율성을 높이기 위해 인간적 요소를 최소화 하도록 작업조건을 정비하고, 과업 수행 능력을 가장 중요하게 생각한다.

(4) 중도형(중용형, 타협형, 조직-인간 경영형, 5·5형)

리더는 생산과 인간에 대해 적당히 관심을 갖는 유형으로 과업의 능률과 인간적 요소를 절충하여 적당한 수준에서 성과를 추구한다.

(5) 팀형(팀경영형, 이상형, 9·9형)

리더는 인간과 생산에 대한 관심이 모두 높은 유형으로 구성원과 조직의 공동 목표 및 상호의존 관계를 강조하고, 상호 신뢰적이고 존경인 관계와 구성원의 몰입을 통하여 과업을 달성하는 가장 이상적인 리더십 유형이다.

01. 사실상 리더십과 명목상 리더십(헤드십)의 차이로 틀린 것은?

	항 목	리더쉽	헤드쉽
①	권한 부여 및 행사	밑으로부터 동의 선출된 리더	위에서 임명된 리더
②	권한 근거	개인능력	위임 공식적 또는 법적
③	구성원과의 사회적 간격	넓음	좁음
④	지휘형태	민주주의적	권위주의적
⑤	책임의 귀속	리더와 구성원	헤드

해설 • 구성원과의 사회적 간격이 서로 반대로 됨

02. 성격 형성에 관하여 주장하는 학자의 설명과 거리가 먼 것은?

	주장학자/학설	내 용 설 명
①	올 포 트	성격이란 환경에 대한 개체의 독특한 적응 형태를 결정하는 심리, 심리적 체계내의 역동적 체재이다
②	히포크라테스 (체액기지설)	다혈질, 우울질, 답즙질, 점액질
③	칼 슈미트 (향상성)	리비도(생명력, 정적충동, 본능, 우정) 내향성, 외향성
④	크레츠 키머 (체격기질설)	비만형, 수신형 분류
⑤	스퍼랭커 (생활양식유행)	이론형, 경제형, 심리형, 사회형, 권력형, 종교형

해설 ① 성격형성(올포트): 성격이란 환경에 대한 개체의 독특한 적응 형태를 결정하는 심리, 심리적 체계내의 역동적 체재 ②체액기지설(히포크라테스): 다혈질, 우울질, 답즙질, 점액질 ③ 향상성(칼 융): 리비도(생명력, 정적충동, 본능, 우정) 내향성, 외향성 ④ 체격기질설(크레츠 키머): 비만형, 수신형 분류 ⑤생활양식유행(스퍼랭커): 이론형, 경제형, 심리형, 사회형, 권력형, 종교형

 정답 01. ③ 02. ③

03. A.H. Maslow(마슬로) [Motive and Personality, 동기부여와 인간성]가 1954 발표이후 1970년 다시 인간 욕구 단계설을 제안한 것은 몇 단계인가?

① 2 단계 ② 3 단계 ③ 4-2단계 ④ 5-2단계 ⑤ 6 단계

해설 제 6 단계로 자아초월욕구(self transcendence) 또는 이타정신욕구가 추가되었음.

04. 안전용어의 설명으로 알맞지 않은 것은?

① 사고(Accident)는 시스템의 전부 또는 일부의 손실, 작업의 상해, 관련 설비 또는 소프트웨어의 재산적 피해를 이미 동반된 결과를 말한다.
② 안전(Safety)은 사망, 부상, 직업성 질병, 장비나 재산의 파손이나 유실, 환경의 파손등을 가져올 수 있는 조건에서 벗어난 상태이다.
③ 시스템안전은 어떤 정해진 환경 중에서 인원과 장치가 조화되어 작용하고, 인원이나 장치에 상해 또는 파손을 초래할 가능성이 있는 부주의에 기인한 또는 예기할 수 없는 사상이 생기지 않을 것을 보증하기 위하여 논리 및 지식에 의하여 사실을 연구하는 과학이다.
④ 리스크(Risk)는 3가지로 사고 발생의 가능성 또는 불확실성, 사고 그 자체이며, 사고 발생의 조건, 상황, 요인, 환경이라는 것이다.
⑤ J. Stephenson(스테픈슨)은 Risk를 위험의 심각도와 확률을 모두 고려해 평가되는 위험의 크기라고 정의하였다

해설 재해(mishap)는 시스템의 전부 또는 일부의 손실, 작업의 상해, 관련 설비 또는 하드웨어의 재산적 피해를 이미 동반된 결과를 말한다.

05. 어떤 자극이라도 단번에 효과가 나타나는 것이 아니고, 자극과 반응과의 결합은 그것이 반복되는 횟수가 많아 거듭될수록 조건화가 잘 형성된다는 것은 조건 반사설에 의한 학습원리 중 어떤 원리를 설명한 것인가?

① 시간의 원리 ② 강도의 원리 ③ 일관성의 원리
④ 계속성의 원리 ⑤ 효과의 법칙

해설 • 조건반사설에 의한 학습원리: ① 시간의 원리: 조건자극(종소리)이 무조건자극(음식물)과 시간적으로 동시에 혹은 조금 앞서서 주어져야 한다. ② 강도의 원리: 조건반사적인 행동이 이루어지려면 먼저 준 자극의 정도에 비해 적어도 같거나 보다 강한 자극을 주어야 바람직한 반응을 일으키는데 효과적이다. ③ 일관성의 원리: 조건자극은 일관된 자극물을 사용하여야 한다. 즉 자극이질적으로 같은 것일 때에 효과적이다. ④ 계속성의 원리: 어떤 자극이라도 단번에 효과가 나타나는 것이 아니고, 자극과 반응과의 결합은 그것이 반복되는 횟수가 많이 거듭될수록 조건화가 잘 형성 된다는 것이다.

 정답 **03.** ⑤ **04.** ① **05.** ④

06. 합리화 유형 중 자기의 실패나 결함을 다른 대상에게 책임을 전가 시키는 유형으로 자기의 잘못이 조상탓 이라거나 축구선수가 공을 잘못 차고 신발을 쳐다보는 따위는 어느 유형에 속하는가?

① 달콤한 레몬형 ② 투사형
③ 망상형 ④ 신포도형
⑤ 합리화형

해설 •**합리화 유형:** ① **신포도형:** 이솝의 우화에서 철조망 저편에 있는 포도 따기를 실패한 여우가 "저쪽 포도는 시어서 먹지 않겠다"고 했다는 식으로 변명을 하는 유형이다. ② **달콤한 레몬형:** 못생긴 부인을 둔 남편이 팔자소관이라고 한다든가 "현재의 고통이나 불행은 내일의 안식을 위한 시련이다" 따위의 변명 유형이다. ③ **투사형:** 자기의 실패나 결함을 다른 대상에게 책임을 전가시키는 유형으로 자기의 잘못이 조상 탓이라거나 축구선수가 공을 잘못차고 신발을 쳐다보는 따위이다. ④ **망상형:** 합리화가 지나치게 발전한 형태로써, 예를 들면 장래에 위대한 과학자가 되겠다고 꿈꾸는 학생이 학교성적이 불량할 때 흔히 자신은 위대한 과학자의 자질은 충분히 갖추고 있는데 선생님이 미래에 자신의 눈부신 업적을 두려워하여 성적을 나쁘게 준다고 믿는다. 원하는 일이 마음대로 되지 않을 때 허구적인 방법으로 자신을 합리화시키는 유형이다.

07. 사고의 용어 중 "Near accident"란 무슨 뜻인가?

① 사고가 일어나더라도 손실을 수반하지 않은 경우
② 사고가 일어날 경우, 인적 재해가 발생하는 경우
③ 사고가 일어날 경우, 물적 재해가 발생하는 경우
④ 사고가 일어나더라도 약간의 손실만 수반하는 경우
⑤ 사고가 일어날 경우 인적, 물적 재해가 발생하는 경우

08. 재해의 경험으로 겁쟁이가 되거나, 신경과민이 되어 재해를 누발하는 자와 일종의 슬럼프 상태에 빠져서 재해를 누발하는 자의 유형은?

① 상황성 누발자 ② 습관성 누발자
③ 소질성 누발자 ④ 미숙성 누발자
⑤ 기회성누발자

해설 •**사고경향성자(재해 누발자, 재해 다발자)의 유형:** ① **상황성 누발자:** 작업의 어려움, 기계설비의 결함, 환경상 주의력의 집중 혼란, 심신의 근심 등 때문에 재해를 누발하는 자이다. ② **습관성 누발자:** 재해의 경험으로 겁쟁이가 되거나 신경과민이 되어 재해를 누발하는자와 일종의 슬럼프 상태에 빠져서 재해를 누발하는 자이다. ③ **소질성 누발자:** 재해의 소질적 요인을 가지고 있기 때문에 재해를 누발하는자 이다. ④ **미숙성 누발자:** 기능미숙이나 환경에 익숙하지 못하기 때문에 재해를 누발하는자 이다.

 정답 **06.** ② **07.** ① **08.** ②

09. 적정 배치 시 고려되어야 할 기본사항을 설명한 내용 중 틀린 것은?

① 적성검사를 실시하여 개인의 능력을 파악할 것
② 직무평가를 통하여 자격수준을 정할 것
③ 객관적인 감정요소를 배제할 것
④ 인사관리의 기준에 원칙을 고수할 것
⑤ 직무에 영향을 줄 수 있는 환경적 여러 요인을 검토한다.

해설 • **적성배치 시 고려되어야 할 기본사항:** ① 적성검사를 실시하여 개인의 능력을 파악하고 ② 직무평가를 통하여 자격수준을 정할 것이며 ③ 주관적인 감정요소를 배제하며 ④ 인사관리의 기준에 원칙을 고수하고 ⑤ 직무에 영향을 줄 수 있는 환경적 제 요인을 검토한다.

10. 다음 중 메이요의 호손 실험에 대한 설명으로 알맞지 않은 것은?

① 사고가 일어나더라도 손실을 수반하지 않은 경우
② 사고가 일어날 경우, 인적 재해가 발생하는 경우
③ 사고가 일어날 경우, 물적 재해가 발생하는 경우
④ 사고가 일어나더라도 약간의 손실만 수반하는 경우
⑤ 사고가 일어날 경우 인적, 물적 재해가 발생하는 경우

해설 인간관계론은 메이요와 뢰슬리스버거를 중심으로 형성되었다. 메이요는 호손실험에서 작업능률이 반드시 작업조건이나 임금등의 요소와연동되지 않을수도 있음을 밝혔고, 뢰슬리스버그는 그의 『경영관리와 모델』이라는 저서에서 호손실험의 결과를 "근로자는 감정을 지니는 사회적 동물이며, 따라서 인간관계는 인간적 해결을 요구한다"고 주장함으로써 인간의 심리·사회적 측면이 가지는 중요성을 강조하였다. 하지만 지나치게 인간관계를 강조하였기 때문에 "조직이 없는 인간"이라는 비판을 받기도 한다.

11. 맥그리그(D. Mcgregor)의 X, Y 이론에 관한 설명으로 옳은 것은?

① 조직의 감시, 감독 및 통제가 필요하다는 주장은 Y이론이다.
② 쌍방의 의사결정은 X이론에서 주로 발생한다.
③ 자기통제가 많은 것은 X이론 이다.
④ 순자의 성악설은 X이론과 Y이론 모두에 해당된다.
⑤ 개인의 목적과 조직의 목적이 부합하는 조직에서는 Y이론에 근거해서 운영된다.

해설 • **맥거리그의 X이론과 Y이론의 내용을 정리하면**

내 용	X 이론	Y 이론
인간에 대한 근본가정	• 인간은 일하기를 싫어한다. • 인간은 책임을 회피하고 안정을 추구한다.	• 인간은 일을 즐길수 있다. • 인간은 적정한 수준의 책임이 주어지면 더욱 더 열심히 노력하게 된다.

 정답 09. ③　10. ③　11. ③

내 용	X 이론	Y 이론
인간에 대한 근본가정	• 인간은 야망이나 조직차원의 목적달성에 관심이 없다. • 인간은 변화를 싫어한다. • 인간은 이기적 욕구충족만을 중시한다. • 인간은 생리적·경제적 욕구에 의해 동기부여 된다.	• 인간은 주어진 환경에 따라 의욕과 자질을 개발할수 있는 잠재력을 갖고 있다. • 인간은 일이 주는 만족감에 따라 조직의 목적에 몰입할수 있다. • 인간은 저차원적 욕구뿐만 아니라 자아실현의 욕구에 따라서도 동기부여 될수 있다.
경영관	• 수동적인 인간을 조직의 목적에 따라 일하도록 만들어야 한다. • 경영자의 적극적 개입이 필요하다. • 성과에 대한 보상과 처벌이 반드시 필요하다. • 강화를 통한 외제적 자극 이 필요하다.	• 개인의 목적과 조직의 목적이 통합될수 있도록 경영자가 노력을 해야 한다. • 구성원이 스스로 노력할수 있는 환경을 조성해줄 필요가 있다.
인사관리의 특성	• 인적자원은 생산의 도구이다. • 능률과 생산성 향상을 위한 직무관리, 임금관리, 복지후생관리 등이 요청된다. • 라인(LINE)이 중심이 되는 인사관리가 필요하다. • 인사부서는 대개 조직의 중하위층에 속한다. • 관리전문가로서의 역할이 강조된다.	• 인적자원은 가치창출의 수단이자 기업 그 자체이다. • 구성원의 자아실현을 위한 경력관리가 필요하다. • 라인(line)과 스텝(staff)간의 긴밀한 협조가 중요하다. • 전략적 동반자와 변화촉진자 로서의 역할이 강조된다.

12. 욕구단계 이론에서 매슬로우(Maslow)가 주장하는 인간의 욕구를 하위부터 상위단계 순으로 바르게 나열한 것은?

> a. 일상의 안전, 보호, 안정 등에 대한 욕구
> b. 물과 음식, 물질적 풍요 등에 대한 욕구
> c. 다른 사람과의 관계속에서 사랑, 관심, 소속감 등에 대한 욕구
> d. 창조적인 능력을 향상시키고 활용하여 자아를 실현하고자 하는 욕구
> e. 타인으로부터 존경, 권위, 위엄 등에 대한 욕구

① a-b-c-d-e ② b-a-c-e-d ③ b-a-e-c-d
④ b-c-a-e-d ⑤ e-c-a-d-b

정답 12. ②

13. 매슬로우가 제시한 다섯 단계의 인간 욕구에 해당하지 <u>않는</u> 것은?

① 자아실현의 욕구
② 사회적 욕구
③ 안전 욕구
④ 경쟁 욕구
⑤ 생리적 욕구

해설 매슬로우의 욕구단계는 순차적으로 생리적 욕구, 안전 욕구, 사회적 욕구, 존경 욕구, 자아실현 욕구 등으로 구성된다.

14. 여러 학자들이 제시한 동기부여의 내용이론을 고차욕구와 저차욕구로 나누어 볼 때 적절 하지 <u>않은</u> 것은?

		고차욕구	저차욕구
①	매슬로우	자아실현의 욕구	생리적 욕구
②	앨더프	성장욕구	존재욕구
③	맥클리랜드	성취욕구	권력욕구
④	허쯔버그	동기요인	위생요인

해설 맥클리랜드는 인간의 욕구가 성취욕구, 친교욕구(관계욕구), 권력욕구 등으로 구성 된다고 보았지만, 이들간의 위계 서열을 상정하지는 않았다.

15. 허쯔버그의 2요인 이론에서 동기요인에 해당되는 것은?

① 감독   ② 성취감   ③ 복리후생   ④ 작업환경   ⑤ 임금

해설 허쯔버그의 연구에 의하면 직무동기를 유발하고 만족도를 증진시키는 업무상 요인(동기요인, motivator)으로 성취감, 상사나 동료의 인정, 일 그 자체, 직무에 대한 책임, 성장과 발전 등이 있고, 직무 불만족을 유발하는 요인(위생요인, Hygiene Factor)으로는 회사의 정책이나 관리규정, 감독행위, 임금, 물리적 작업조건, 동료와의 관계, 지위 등이 있다고 한다.

16. 매슬로우의 욕구 단계설에 대한 내용으로 <u>틀린</u> 것은?

① 하나의 욕구가 충족되면 그 다음 상위 단계의 욕구를 충족시키고자 한다.
② 안전의 욕구는 성장 욕구로서, 충족될수록 욕구의 크기는 점차 커진다.
③ 매슬로우의 욕구는 생리적 욕구, 안전의 욕구, 사회적 욕구, 존경의 욕구, 자아실현의 욕구로 분류된다.
④ 매슬로우의 욕구 단계설은 인간의 욕구를 계층별로 5단계로 분류하였다.

정답 13. ④   14. ③   15. ②   16. ②

17. 허쯔버그의 2요인 이론에 관한 설명으로 옳지 <u>않은</u> 것은?

① 하위단계의 욕구가 충족되면, 더 이상 이 단계의 욕구는 동기부여 역할을 하지 못하고 그보다 상위단계의 욕구가 동기를 유발한다.
② 사람들의 욕구는 불만족 해소차원과 만족 증진 차원으로 이루어져 있다.
③ 위생요인은 단지 불만족의 감소만을 가져 온다.
④ 동기요인은 보다 나은 만족을 가져오도록 동기를 부여한다.
⑤ 경영자는 종업원을 동기부여 하기 위해 칭찬, 격려 등의 내재적 보상수단을 사용해야 한다.

해설 ①은 매슬로우의 욕구단계 이론에 관한 설명이다.

18. 다음 중 동기부여 이론에 대한 설명으로 알맞지 <u>않은</u> 것은?

① 알더프의 ERG이론은 직무충실화의 이론적 기초를 제공하였다.
② 브룸의 기대이론을 통해 동기부여는 기대성, 유의성, 수단성의 기대의 곱으로 주장하였다.
③ 알더프의 ERG이론은 욕구가 퇴행할 수도 있다고 하였다.
④ 매슬로우의 욕구단계 이론은 특정욕구가 만족되면 그 욕구는 더 이상 동기유발 요인이 되지 못한다고 주장하였다.

해설 기존에는 종업원의 낮은 직무몰입이나 불만족의 원인을 개인적 특징(예, 성격, 태도, 정서)에 귀인하였지만, 2요인 이론의 영향으로 현대 인사관리에서는 직무와 작업환경에 초점을 두게 되었다. 즉, 허쯔버그는 종업원이 더욱 만족과 보람을 느끼고 직무에 임하기 위해서는 수평적·수직적인 직무영역 확대와 내재적 동기부여가 필요함을 학계와 경영실무계에 일깨웠다는 점에서 그의 이론이 갖는 의미가 있다.

19. 다음 중 매슬로우의 욕구 단계설과 알더퍼의 ERG이론에 대한 설명으로 알맞은 것은?

① 매슬로우의 존경욕구는 알더프의 성장욕구에 해당한다.
② 매슬로우는 두 가지 욕구가 동시에 일어난다고 하였다.
③ 알더퍼 이론은 욕구가 좌절-퇴행의 요소만 가지고 있다고 주장하였다.
④ 알더퍼의 이론은 하위 욕구가 충족되어야만 상위욕구가 충족된다고 한다.
⑤ 매슬로우의 자아실현욕구는 알더퍼의 존재욕구에 해당한다.

해설 알더퍼는 매슬로우와 마찬가지로 인간 욕구의 단계성을 인정하였지만, 그 단계 설정에 있어서 매슬로우와는 달리 존재욕구, 관계욕구, 성장 욕구로 구분하고, 하위 단계의 욕구가 만족되면 상위 단계의 욕구로 진행하며, 상위 단계 욕구가 제대로 충족되지 않을 경우 하위 단계에 대한 욕구가 더 커진다는 점을 기본 전제로 한다.

존재욕구(Existence Needs)	관계욕구(Relatedness Needs)	성장욕구(Growth Needs)
생리적 욕구, 안전욕구	사회적 욕구	존경 욕구, 자아실현 욕구

 정답 17. ① 18. ① 19. ①

20. 호손 실험에서 작업자의 작업능률에 영향을 미치는 주요 요인으로 밝혀진 것은?

① 작업장의 온도 ② 작업장의 습도
③ 작업자의 인간관계 ④ 물리적 작업조건
⑤ 작업장의 조명

21. 집단 구성원들이 서로에게 매력적으로 끌리어 집단 목표를 공유하는 정도를 무엇이라 하는가?

① 리드십 ② 집단 역학
③ 집단 갈등 ④ 집단 응집력
⑤ 헤드 십

22. 다음 중에서 집단에 대한 설명으로 적절하지 않은 것은?

① 집단 역할 : 지위를 보존하기 위한 활동
② 1차 집단: 지속적으로 접촉하는 집단
③ 집단 지위: 상대적 가치와 서열
④ 집단 규범: 구성원들의 행동 기준
⑤ 2차 집단: 혈연이나 지연 등의 집단

23. 다음 중에서 조직이 리더에게 부여하는 권한과 거리가 먼 것은?

① 보상적 권한 ② 강압적 권한
③ 전문성의 권한 ④ 합법적 권한
⑤ 이 권한으로 구성원들을 징계하거나 처벌할 수도 있다.

24. 역할 수행자에 대한 요구가 개인의 능력을 초과하거나 자신이 믿는 것보다 어떤 일을 급하게 하거나 부주의 하도록 강요당하는 상황을 무엇이라 하는가?

① 역할 모호성 ② 역할 과부하
③ 역할 과소 ④ 역할 갈등
⑤ 역할 분쟁

정답 **20.** ③   **21.** ④   **22.** ⑤   **23.** ③   **24.** ②

25. 다음의 13개 철자를 외워야 하는 과업이 주어질 때 몇 개의 청크를 생성 하게 되겠는가?

V,E,R,Y.G.O.O.D.C.O.L.O.R,H,A,I,R

① 1개   ② 2개   ③ 3개   ④ 4개   ⑤ 5개

26. 다음 중 스트레스 상황에서 일어나는 현상으로 틀린 것은?

① 동공이 수축된다.
② 스트레스로 인한 신체내부의 생리적 변화가 나타난다.
③ 스트레스 상황에서 심장 박동수는 증가하나, 혈압은 내려간다.
④ 스트레스는 정보처리의 효율성에 영향을 미친다.
⑤ 스트레스는 근골격계질환에도 영향을 미친다

27. 리더십 이론 중 "관리격자이론"에서 인간중심 배려형으로 직무에 대한 관심의 비율이 낮은 유형은?

① (1,1)형   ② (5,5)형   ③ (9,1)형
④ (1,9)형   ⑤ (9,9)형

28. 작업만족도(Job Satisfaction)는 작업설계(Job Design)를 함에 있어 철학적으로 고려해야 할 사항이다. 다음 중 작업만족도를 얻기 위한 수단으로 볼 수 없는 것은?

① 작업확대(Job Enlargement)
② 작업윤택화(Job Enrichment)
③ 작업감소(Job Reduce)
④ 작업순환(Job Rotation)
⑤ 적절한 휴식제공(Recovery Time)

정답 25. ④   26. ③   27. ④   28. ③

29. 다음 중 스트레스와 스트레인에 대한 설명으로 거리가 가장 먼 것은?

① 스트레스란 개인에게 부과되는 바람직하지 않은 상태, 상황, 과업 등을 말한다.
② 스트레인은 스트레스로 인해 우리 몸에 나타나는 현상을 말한다.
③ 작업관련 인자 중에는 누구에게나 스트레스의 원인이 되는 것이 있다.
④ 같은 수준의 스트레스라면 스트레인의 양상과 수준은 개인차가 없다.
⑤ 스트레인은 스트레스 결과에 의하여 나타난다

30. 다음 중 매슬로우(Maslow)가 제시한 욕구 5단계 이론에 해당하지 않는 것은?

① 안전욕구 ② 존경의 욕구
③ 자아실현의 욕구 ④ 감성적 욕구
⑤ 생리적 욕구

정답 **29.** ④ **30.** ④

CHAPTER 3 인간공학

1. 인간공학과 안전
2. 바이오리듬과 안전
3. 인간-기계의 체계 (Man-Machine System)
4. 인간-기계의 체계 (Man-Machine System)의 비교
5. 휴먼에러 (Human Error, 인간과오)의 예방대책
6. 인간의 의식수준
7. 동작경제의 3원칙
8. 작업환경 관리
9. 작업환경에 따른 근로자의 행동장해
10. 소음기준 /소음노출한계
11. 피로방지 대책
12. RMR (Relative Metabolic Rate, 에너지 대사율)
13. 정보입력 표시
14. 통제 표시비 (C/D 비)
15. 인간계측 및 작업공간
16. 작업 공간 및 작업 자세
17. 운반 하역작업
18. 근골격계부담작업의 범위 및 유해요인조사 방법
19. 들기작업

CHAPTER 3 인간공학

1 인간공학과 안전

1. 인간공학의 필요성

최근 생산시스템이 날로 대규모화 되고 복잡해짐에 따라 기계의 성능이 향상된다 하더라도 사소한 인간의 실수가 대규모 시설물의 안전을 위태롭게 하고, 그 피해 규모가 엄청나게 대형화되어 오히려 인간의 능력 향상이 더욱 중요시 되는 시점이다.

인간과 기계를 적절히 결합시킨 최적의 통합 체계의 설계를 통하여 인간과 기계 기구를 하나의 체계로 파악하여 기계 기구, 작업 방법, 작업환경을 인간의 능력이나 한계에 적합하도록 고려하지 않으면 안된다.

인간-기계 체계의 작업을 훨씬 더 능률적으로 행할 수 있도록 인간이 조작하는 장치의 각 요소를 설계하거나 인간의 감각에 호소하기 위한 정보의 표시 방법, 인간에 의한 조작이나 복잡한 인간-기계 체계 등을 연구하는 분야가 인간공학이다.

특히 안전사고나 인간 과오의 경우, 과오를 범하는 것은 인간이지만 인간 능력이나 한계를 벗어난 기계의 설계에 의해 일어난 것은 아닌가 하여 인간의 기능을 중심으로 인간의 생리학, 심리학적 특성을 기계 설계에 이용하고자 하는 것이다.

따라서 인간공학의 주 관심은 인간과 기계 기구가 접촉하는 계면(interface)이고, 체계, 설비, 환경의 창조 과정에서 기본적인 인간의 가치 기준에 초점을 두어 인간-기계 체계의 최적 설계를 확보해야 한다.

2. 위험성감소의 우선순위: 위험성 감소 안전기법 적용 원칙

① 최소 위험성 설계 ② 안전장치
③ 경보장치 ④ 특수한 절차

3. 생산현장의 인간공학 관련문제

① 신체크기: 인체계측학적 문제　② 지구력: 순환계를 비롯한 생리학적 문제
③ 근력: 생체학적인 문제　　　　 ④ 조작: 운동학적 문제
⑤ 작업환경: 작업자 외부적 문제　 ⑥ 인식: 생각의 문제

　상기 문제들에 대하여 인간이 안전하고 쾌적하게 능률적으로 작업할 수 있도록 설비 기계 도구 등을 개선하거나, 설계하고 작업 방법을 결정하여 작업 환경을 개선해 나아가는 것이 인간공학이다.

4. 인간공학의 지향점

① 안전성의 향상과 사고방지
② 기계조작의 능률성과 생산성의 향상
③ 쾌적성

　안전공학이나 인간공학 모두 안전, 쾌적, 능률이라는 공통의 목표를 갖고 있으며, 다만 그 목표에 도달하는 방법에 약간 차이가 있을 뿐이다.

5. 인간공학의 안전관리 분야 응용 효과

① 체계성능의 향상: 인간기계 체계의 성능 혹은 작업 수행도가 향상
② 훈련비용의 절감: 별도의 교육 없이도 기계 기구를 의도대로 조작할 수 있어 훈련 비용이 절감된다.
③ 인력 이용률의 향상: 꼭 필요한 곳에 인력을 효율적으로 활용한다.
④ 사고 및 오용으로 인한 손실의 감소: 불필요한 인간 과오나 오조작 등을 예방하여 사고나 재해로 손실을 감소한다.
⑤ 생산 및 보전의 경제성 증대: 효과적인 생산과 보전활동이 수행되므로 경제적인 효과를 얻는다.
⑥ 사용자의 수용도 향상: 구매자나 이용자로 하여금 생산품의 질에 대한 만족도를 높인다.

　인간의 가치기준에 맞추어 체계나 환경을 설계 이용하는 인간공학은 안전성과 능률의 향상이라는 점에서 안전관리 분야의 궁극적인 목표와 일치한다.

6. 안전관리 확보를 위한 인간적 요인

재해사고의 원인을 불안전 행동과 불안전 상태로 분류하는 경우 재해요인의 많은 부분을 인간적인 요인으로 이해할 수밖에 없었다. 예를 들어 Heinrich의 이론에 따르면 전체 사고의 약88%가 설계결함과 조작 과오의 인적요인에 기인한다고 주장한다. 이제까지 산업재해를 조사하는데 안전사고의 인적요인을 다음과 같이 분류하였다.

① 위험장소 접근　　　　　　② 안전장치 기능 제거
③ 복장 보호구의 잘못 사용　　④ 기계 기구의 잘못 사용
⑤ 운전 중인 기계 장치의 손질　⑥ 불안전한 속도 조작
⑦ 위험물 취급부주의　　　　　⑧ 불안전한 상태 방치
⑨ 불안전한 자세 동작　　　　⑩ 감독 및 연락 불충분

2 바이오리듬과 안전

1. 바이오리듬

자연계는 모두 리듬을 가지고 있는데 인간도 자연계의 구성원으로서 살고 있기 때문에 일정한 주기를 가진 리듬을 지닌다. 즉 태어나서 죽을 때까지 신체, 감성, 지성 리듬이 일정한 주기를 가지고 컨디션이 좋고 나쁜 날이 반복적으로 일어난다. 이를 총칭하여 바이오리듬이라고 한다.

2. 바이오리듬의 내용

인간의 생리적 주기 또는 리듬에 관한 이론이다. 이는 사람의 체온, 혈압, 맥박, 맥박수, 혈액, 수분, 염분량 등이 24시간 동안 일정한 것이 아니라 시간에 따라 또는 주야에 따라 약간씩 변동을 가져온다는 것이다. 생체리듬의 종류에는 육체적 리듬, 지성적 리듬, 감정적 리듬이 있다.

(1) 육체적 리듬

육체적으로 건전한 활동기(11.5일)와 휴식기(11.5일)가 23일 주기로 반복되며, 인간의 근육세포와 근섬유를 지배하여 신체의 컨디션에 영향을 주어서 인간의 건강상태

를 결정한다. 한편, 심리적 에너지까지 영향을 미치어 활력, 공격성, 일에 대한 의욕, 진취성, 저항력, 자신감, 용기, 인내력, 투지, 반항심 등과 밀접한 관련을 갖고 있다. 따라서 건강관리나 체력증진 또는 일의 추진도, 레저 등을 즐김에 있어서 심리적 에너지를 깊이 고려해야 한다.

전반의 안정기에는 거의 피로를 모르고 원기 왕성하게 일을 할 수 있는 데, 불안전기에는 자주 피로를 느끼며 맥이 풀리고 쉽게 싫증을 느끼게 된다. 특히 위험한 일에 접근할 경우, 사람에 따라 감기, 몸살, 식욕부진, 설사 또는 사고로 인한 부상을 입기가 쉬워 매우 주의하여야 할 안전요소이다.

(2) 감성적 리듬

감성적으로 예민한 기간(14일)과 둔한 기간(14일)이 28일 주기로 반복된다. 이 리듬은 교감신경계를 지배하여 인간의 정서나 감정 상태에 영향을 주어감정, 정서, 기분, 명랑성, 감수성, 육감, 상상력, 표현력, 협조성, 예술의 관심 등에 반영된다.

전반기의 안전기는 순조롭게 발산되는 기간이며, 후반의 불안정기는 공연히 짜증스럽고 자극받기 쉬운 기간이다.

(3) 지성적 리듬

감성적 리듬은 지성적 사고능력이 재빨리 발휘되는 날(16.5일)과 그렇지 못한 날(16.5일)이 33일 주기로 반복되며, 뇌세포의 활동을 지배한다. 또한 정신력의 강도, 정신적 침착, 이해력, 판단력, 추리력, 분석력, 이성, 논리적 구성력, 집중력, 대인관계 및 대응능력 등에 반영된다.

전반의 안정기에는 머리가 맑고 정리되어 있어서 논리적으로 일을 보다 신속히 처리할 수 있는가 하면, 후반의 불안정기는 마음이 산만해지고 자주 잊어버리는 경향이 생긴다.

바이오리듬은 출생일을 시점으로 하여 육체리듬 23일, 감성리듬 28일, 지성리듬 33일을 주기로 하여 사망 시까지 진행한다. 따라서 바이오리듬을 계산하려면 알고자 하는 날까지 생존일수를 구하여 각 리듬의 주기로 나눈다. 그리고 나머지와 각 리듬 주기의 1/2과 비교한다. 이 때 나머지가 리듬주기의 1/2보다 작으면 고조기이고 크면 저조기 그리고 0에 가까우면 위험일이다.

3. 위험일

(1) 정의

① 3가지의 리듬을 안정기(+)와 불안정기(-)를 교대로 반복하면서 사인(Sine)곡선을 그리며 반복되는데 (+)에서 (-)로 또는 (-)에서 (+)로 변하는 지점을 영(Zero) 또는 위험일이라 한다.

② 위험일은 평소보다 뇌졸중이 5.4배, 심장질환의 발작이 5.1배, 자살은 6.8배나 높게 나타난다고 한다.

③ 바이오리듬의 변화
- 주간감소, 야간증가: 혈액의 수분 염분량
- 주간 상승, 야간감소: 체온, 혈압, 맥박수
- 특히 야간에는 체중감소, 소화불량, 말초신경 기능저하, 피로의 자각증상 증대 등의 현상이 나타남.
- 사고발생률이 가장 높은 시간대
  · 24시간 업무 중: 03~05시 사이
  · 주간 업무 중: 오전 10~11시, 오후 15~16시 사이

4. 바이오리듬의 안전 응용

바이오리듬에 대한 관심은 근로자의 안전의식을 높일 수 있는 동기부여에 활력소가 될 수 있다. 근로자 스스로 자신의 육체적, 감성적, 지성적 리듬에 관심을 가짐으로써 불안전 행동을 예방하고 안전 동기유발을 도모하면 안전계획 수립과 실천에 활용할 수 있다. 근로자의 안전의식이 다른 업종에 비하여 현저히 낮은 건설현장에서도 운용을 하면 좋은 효과를 올릴 수 있다.

3 인간-기계의 체계 (Man-Machine System)

1. 인간-기계 체계(Man machine system)

인간이 기계를 사용해서 작업을 할 때 이를 하나의 시스템으로 인식하면서, 거의 모든 작업이 인간과 기계의 연속된 관계에서 표시장치와 조종 장치에 의해 이루어진다. 이러한 작업특성을 하나의 시스템으로 파악하여 인간-기계 체계라고 한다.

인간 + 기계 + 환경으로 구성된 시스템은 인간 또는 기계만으로 발휘하는 그 이상의 큰 능력을 나타내는 시스템이다.

(1) 체계의 성격(자동제어의 종류)

1) 개회로(Open loop control, Sequence control)
① 지시대로 동작, 수정 불가능, 정해준 순서에 따라 제어를 차례로 행한다.
② 분류
  ⓐ 시한제어: 제어의 순서와 제어 시간이 기억되어 정해진 제어순서를 정해진 시간에 수행한다.
  ⓑ 순서제어: 제어 순서만이 기억되고 시간은 검출기에 의해 이루어지는 형태이다.
  ⓒ 조건제어: 검출기의 종류에 따라 제어 명령이 결정되는 형태이다.

2) 폐회로(Close loop control, feed back control, 궤한 작업)
① 제어 결과를 측정하여 목표로 하는 동작이나 상태와 비교하여 잘못된 점을 수정하여 나가는 제어 방식(스스로 연속적인 조종수행)이다.
② 출력 측의 일부를 입력 측으로 돌리는 조작에 의해 제어량을 측정하고, 기준치와 비교하여 오차를 자동으로 수정하여 항상 일정한 상태를 유지하는 방식(자동체계 및 감시체계)이다.
③ 분류
  ⓐ 서어보 기구: 물체의 위치, 방향, 자세 등의 기계적 변위제어 한다.
  ⓑ 프로세서 제어: 온도, 유량, 압력, 습도, 밀도 등을 제어한다.
  ⓒ 자동조절: 전압, 주파수, 속도 등을 제어한다.

(2) 인간-기계 통합 시스템의 정보처리 기능

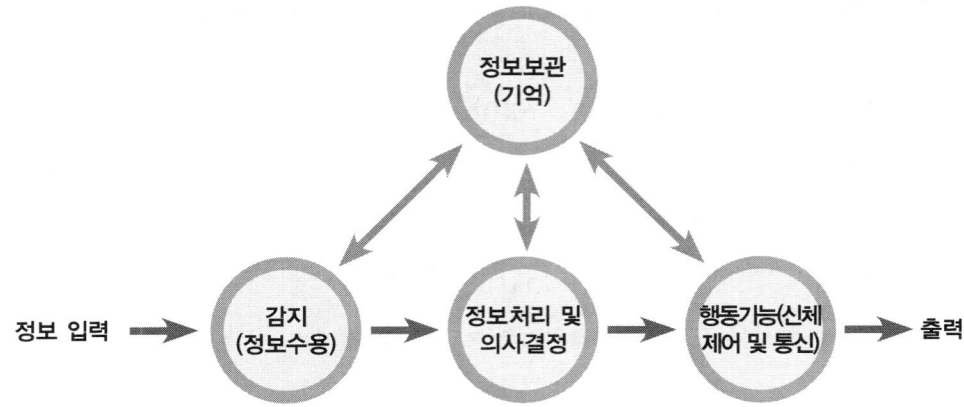

인간 기계체계의 인간의 기본기능의 유형

1) **정보입력**: 원하는 결과를 얻기 위한 재료(물질 및 물체, 정보, 에너지 등)
2) **감지기능**: 인간의 감지에는 시각, 청각, 촉각 등 감각기관이 사용되며, 기계에 의한 감지에는 전자장치, 사진, 기계적인 장치 등이 이용된다.
3) **정보 보관 기능**: 인간이 학습과정을 통해 축적한 기억을 말하며, 기계는 자기테이프, 문서, 기록 등으로 보관된다.
4) **정보처리 및 의사결정**: 입력된 정보를 가지고 의사결정을 내리는 과정으로, 여러 종류의 조작을 가하는 것을 말하며, 인간의 경우에 항상 결심이 뒤따른다. 기계의 정보처리는 미리 프로그램화된 것에 한정된다.
5) **행동**: 의사결정의 결과에 따라 수행되는 조작 행위를 말하는데 물리적 조종행위와 통신행위로 구분한다. 각각의 기능을 인간이 담당하느냐 기계가 담당하느냐에 따라 수동 체계, 기계화(반자동) 체계, 자동화 체계로 구분한다.
   ① 수동 체계: 수공구나 작업 보조물을 사용하는 인간이 자신의 힘을 동력원으로 사용하여 작업을 진행하는 것으로 가장 다양성이 높은 체계이다.
   예. 장인과 공구
   ② 기계화 체계(반자동 체계): 통상적인 동력 기계에서 보는 바와 같이 고도로 통합된 부품들로 구성되어 기능을 한다. 동력을 제공하고, 인간은 조종 장치를 이용하여 운전(제어기능)을 담당하고 통제한다. 운전자의 조종에 따라 운용되며 융통성이 없는 시스템이다.
   예. 자동차, 공작기계

③ 자동화 체계: 기계가 감지, 정보처리 및 의사결정, 행동기능 및 정보 보관 등 모든 임무를 미리 설계된 프로그램대로 모든 기능을 기계가 수행한다. 인간은 단지 사전에 기계에 입력해야 할 프로그램을 담당하거나 감시, 감독, 보전 및 정비 업무를 담당한다.

6) 출력

① 제품의 변화, 제공된 용역, 전달된 통신과 같은 체계의 성과나 결과이다.
② 문제 되는 체계가 많은 부품을 포함한다면 부품 하나의 출력은 다른 부품의 입력으로 작용한다.

2. 기계설비 고장 유형

(1) 초기고장(감소형)
① 설계상·구조상 결함: 제조·생산과정에서 품질관리 미비로 발생하는 고장이다.
② 점검, 시운전 과정에서 사전 방지 가능한 고장이다.

(2) 우발고장(일정형)
① 예측 불가능 시 발생하는 고장이다.
② 사용자 실수, 천재지변, 우발적 사고 등이 원인이다.
③ 고장률이 낮으며, 기계마다 일정하게 발생한다.
④ 우발고장의 원인
  - 안전계수가 낮기 때문에 발생한다.
  - 사용자의 과오로 발생한다.
  - 최선의 검사방법으로도 탐지되지 않는 결함 때문에 발생한다.

(3) 마모고장(증가형)
① 부품의 마모나 기계적 요소의 마모 등으로 고장률이 상승하는 형태이다.
② 교환, 안전진단, 보수에 의해 방지할 수 있는 고장이다.

3. 기계설비의 고장유형 곡선(욕조곡선)

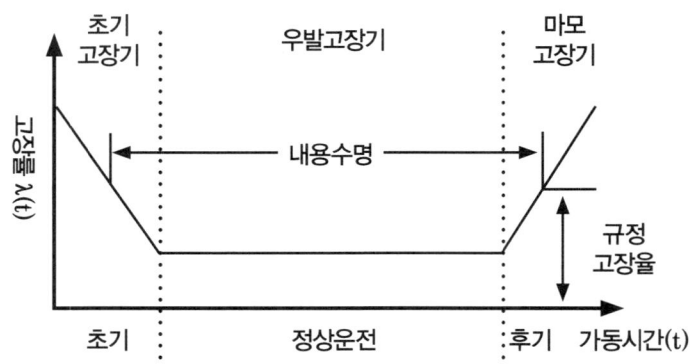

(1) **초기고장(DFR)**: 품질관리의 미비로 발생할 수 있는 고장으로 작업 시작 전 점검, 시운전 등으로 사전 예방이 가능한 고장이다.
   ① 디버깅(debugging) 기간: 초기고장의 결함을 찾아서 고장률을 안정시키는 기간이다.
   ② 번인(burn in) 기간: 제품을 실제로 장시간 사용해 보고, 결함의 원인을 찾아내는 방법이다.
(2) **우발고장(CFR)**: 예측할 수 없을 경우 발생하는 고장으로 시운전이나 점검으로는 예방이 불가하다.
(3) **마모고장(IFR)**: 장치의 일부분이 수명을 다하여 발생하는 고장(부식 또는 마모, 불충분한 정비 등)이다.

4. 예방보전(PM: Preventive Maintenance)

• 욕조곡선: 예방보전을 하지 않을 때 곡선모양으로 욕조와 비슷하게 나타나는 현상이다.

(1) **디버깅(Debugging)**: 기계의 고장을 찾아내 단시간 내 고장을 안정시키는 기간이다.
(2) **번인(Burn in)**: 기계를 장시간 가동하여 그 동안에 고장을 제거하는 것이다.
(3) **에이징(Agnig)**: 비행기에서 3년 이상 시운전하는 기간이다.
(4) **스크리닝(Screening)**: 기기의 신뢰성을 높이기 위하여 품질이 떨어지는 것이나 고장 발생 초기의 것을 선별, 제거하는 것이다.

4 인간-기계의 체계(Man-Machine System)의 비교

1. 인간이 기계보다 우수한 기능

(1) 감지 기능
① 저에너지 자극을 감지한다.
② 복잡하고 다양한 자극형태를 식별이 가능하다.
③ 사전 예상하지 못한 사건을 감지한다.

(2) 정보 보관 기능: 인간은 많은 양의 정보를 장기간 보관할 수 있다.

(3) 정보처리 및 의사결정
① 귀납적 해석이다.
② 원칙을 적용하여 다양한 문제 해결이 가능하다.
③ 관찰을 통하여 일반화한다.

(4) 행동 기능: 과부하 상태에서는 중요한 일에만 전념할 수 있다.

2. 기계가 인간보다 우수한 기능

(1) 감지기능
① 인간이 감지할 수 있는 범위 밖의 자극도 감시가 가능하다.
② 인간과 기계에 대한 모니터 기능이 부과되어 있다.
③ 드물게 발생하는 사상을 감지 할 수 있다.

(2) 정보 보관 기능: 암호화된 정보를 신속하게 대량보관이 가능하다.

(3) 정보처리 및 의사결정
① 연역적 해석이 가능하다.   ② 정량적 정보처리가 가능하다.

(4) 행동 기능
① 과부하 상태에서도 효율적으로 작동이 가능하다.
② 장시간 중량작업이 가능하다.
③ 반복 작업 및 동시 다발작업이 가능하다.

5 휴먼에러(Human Error, 인간과오)의 예방대책

1. 인간과오(휴먼에러, Human error)의 정의

요구된 성능에서 일탈, 인정되는 한계 행위에서 일탈이라 정의할될 수 있다. 체계의 임무를 수행하는 도중 미리 정해진 인간의 기능을 완수하지 못하기 때문에 발생하는 작업요소로 인간 자신을 포함하는 시스템의 기능을 열화 시킬 가능성이 있는 것을 말한다.

인간과오란 규정된 정확도, 순서 혹은 시간 한계 내에서 작업이 요구하는 행위를 올바로 수행하지 못하거나 혹은 금지된 행위를 수행하는 것이다. 그 결과로 장비나 재산의 파손 혹은 예정된 작업의 중단 등 심각한 결과를 초래할 가능성이 있는 것을 말한다. 이는 허용한계를 벗어난 행위 혹은 규범에서 이탈이라고 설명할 수 있다.

2. 인간과오의 분류

(1) 휴먼에러의 심리적 분류

① 생략적 과오(omission error, 누설오류, 부작위오류): 필요한 직무 또는 절차를 수행하지 않은데 기인한 과오이다.

② 수행적 과오(commission error, 작위오류): 필요한 직무 또는 절차의 불확실한 수행으로 인한 과오이다.

③ 시간적 과오(time error): 필요한 직무 또는 절차의 수행 지연으로 인한 과오이다.

④ 순서적 과오(sequential error): 필요한 직무 또는 절차의 순서 착오로 인한 과오이다.

⑤ 불필요 과오(extraneous error, 과잉행동 오류): 불필요한 직무 또는 절차를 수행함으로써 기인한 과오이다.

(2) 휴먼에러의 레벨적 분류

① 1차 에러(Primary Error): 작업자 자신이 발생한 에러이다.

② 2차 에러(Secondary Error): 작업 형태, 작업 조건 중 문제가 생겨 필요한 사항을 실행할 수 없어서 발생한 에러이다.

③ Command Error: 실행하고자 하여도 필요한 물품, 정보, 에너지 등이 공급되지 않아서 작업자가 움직일 수 없는 상태에서 발생한 에러이다.

(3) 인간의 정보처리 과정에서 발생하는 에러

① Mistake(착오, 착각): 인지 과정과 의사결정 과정에서 발생하는 에러로 상황 해석을 잘못하거나 틀린 목표를 착각하여 행하는 경우이다.

② Lapse(건망증): 저장 단계에서 발생하는 에러로 어떤 행동을 잊어 버리고 안하는 경우이다.

③ Slip(실수, 미끄러짐): 실행단계에서 발생하는 에러로 상황 해석은 제대로 하였으나 의도와는 다른 행동을 하는 경우이다.

3. 인간과오의 요인

인간과오의 주원인은 인간 특유의 변화성이다. 인간은 특성상 변화적이어서 아무도 어떤 일을 똑같은 방법으로 반복할 수 없는 바, 이 같은 단순한 변화성이 인간 성능의 우발적인 기복을 초래한다. 때로는 정도가 지나치면 과오를 일으키게 되는데, 이는 훈련을 통한 기술 습득에 의해 통제할 수 있다.

(1) 휴먼에러의 배후 요인(4M)

① Man(인간): 본인 외의 사람, 직장의 인간관계 등이 있다.

② Machine(기계): 기계. 장치 등 물적 요인이다.

③ Media(매체): 작업 정보, 작업 방법 등(인간-기계 연결 매체)이 있 다.

④ Management(관리): 작업관리, 법규 준수, 단속, 점검 등이 있다.

(2) 인간과오의 요인

① 작업자의 개인적 특성 ② 작업의 교육, 훈련, 교시 등의 문제
③ 직장의 성격 ④ 작업 자체의 특성과 환경조건
⑤ 인간-기계 체계의 인간공학적 설계상의 결함

(3) 인간과오의 내적요인과 외적요인

① 내적요인

- 지식부족 - 의욕이나 사기 결여
- 서두르거나 절박한 상황 - 체험적 습관
- 선입관 - 주의 소홀
- 과다 자극, 과소 자극 - 피로

② 외적요인
- 단조로운 작업　　　　- 복잡한 작업
- 생산성의 지나친 강조　- 과다 자극경로
- 재촉　　　　　　　　- 동일형상, 유사형상의 배열
- 양립성에 맞지 않는 경우　- 공간적 배치의 원칙에 위배

4. 인간 과오율 예측

$$인간\ 과오율\ HEP = \frac{실제\ 과오의\ 수}{과오발생\ 전체\ 기회\ 수}$$

5. 인간과오의 대책

(1) 설비 작업환경 용인에 관한 대책
　① 위험요인이 제거　　　② Fool-proof, fail-safe 설계
　③ 정보의 궤환　　　　　④ 경보체계
　⑤ 양립성의 원칙 활용　　⑥ 시인성
　⑦ 인체 계측치에 적합 설계

(2) 안전 요인에 관한 대책
　① 교육훈련과 작업 전 협의　② 작업 모의실험
　③ 소집단 활동의 활용

(3) 관리 요인에 관한 대책
　① 안전 분위기 조성　　　② 설비, 환경의 자발적인 개선

(4) 페일 세이프(Fail Safe): 기계 설비에 결함이 발생하더라도 사고가 발생되지 않도록 2중, 3중으로 통제를 가하는 것이다.
　① Fail Passive: 부품의 고장 시 기계장치는 정지 상태로 옮겨가는 것이다.
　② Fail Active: 부품이 고장 나면 경보를 울리며 짧은 시간 운전이 가능한 상태이다.
　③ Fail Operational: 부품의 고장이 있어도 다음 정기점검까지 운전이 가능한 상태이다.

(5) 풀 프루프(Fool Proof): 인간의 실수가 있더라도 사고로 연결되지 않도록 2중, 3중으로 통제를 가하는 것이다.

※ 건설업 휴먼에러의 요약

1. Human Error의 원인

1) 심리적 원인(내적)
    ① 지식이 부족할 때
    ② 착각·실수·오인의 경우
    ③ 작업방법이 복잡할 경우
    ④ 지나친 흥분, 긴장을 한 경우
    ⑤ 작업자의 의욕이 결여된 경우
    ⑥ 심신이 피로·과로한 경우

2) 물리적 원인(외적)
    ① 작업 환경의 불량
    ② 배치의 불량
    ③ 기계·공구의 안전점검 미실시
    ④ 방호장치의 불량
    ⑤ 정리·정돈의 미실시

2. 건설업의 휴먼 에러(Human Error)

1) 계획 불량
    ① 강우량 예측 불량
    ② 교통량 예측 불량
    ③ 공사 성격 예측 불량
    ④ 지반상태 파악 불량

2) 설계단계 불량
    ① 구조계산의 불량
    ② 안전도 검토 불량
    ③ 도면 불량
    ④ 설계기준 적용 불량

3) 시공단계 불량
    ① 재료 불량
    ② 시공방법의 불량
    ③ 작업원의 자질부족
    ④ 시공관리 부적정

4) 유지관리 단계 불량
    ① 과하중 방치   ② 점검 불량   ③ 유지 관리 불량   ④ 보수·보강 태만

3. 예방대책

1) TBM(Tool Box Meeting: 도구상자집회)   2) 위험예지 훈련   3) 감시 카메라
4) 훈련   5) 착각 방지 표지

6 인간의 의식수준

인간의 의식은 항상 일정 수준에 머물러 있는 것이 아니라 상황에 따라 혹은 시간에 따라 변화하는데, 일반적으로 다음과 같은 5단계 모형이 널리 알려져 있다.

(1) 0단계: 의식을 잃은 상태이므로 작업 수행과는 관계가 없다.

(2) I 단계: 과로했을 때나 야간작업을 했을 때 볼 수 있는 수준으로 부주의 상태가 강해서 인간과오가 빈발한다. 운전 작업에서는 전방 주시 부주의나 졸음운전 등이 일어나기 쉽다. 단조로운 작업도 여기에 해당한다.

(3) II 단계: 휴식 시 볼 수 있는데, 주의력이 전향적으로 기능하지 못하기 때문에 무심코 과오를 저지르기 쉽다.

(4) III 단계: 적극적 활동 시 명쾌한 의식으로 전두엽이 활발히 움직이므로 주의의 범위도 넓고 과오를 일으키는 일은 거의 없다.

(5) IV 단계: 과도 긴장 시나 감정 흥분 시 의식수준으로 뇌의 활동력은 높지만 주의가 눈앞의 한 곳에 집중되고 냉정함이 결여되어 판단은 둔화된다.

과오의 가능성은 IV 단계일 때 최대이고 I 단계, II 단계의 순이며, III 단계의 과오발생 가능성이 최소가 된다. 안전을 유지하기 위해서는 III 단계가 바람직하므로 작업 중에는 항상 긴장하면 된다고 말할 수 있으나 이 III 단계는 오래 지속될 수 없다. 오히려 무리하게 계속하면 피로해지기 때문에 의식수준이 I 단계로 떨어져 생각할 수 없는 곳에서 과오가 발생하게 된다. 작업 중의 3/4정도는 III 단계이고, 습관화된 정상작업은 대개 II 단계에서도 처리될 수 있으므로 II 단계의 의식수준에서도 식별될 수 있도록 작업을 설계하는 것이 인간공학적인 해결 방법이다.

단계	의식 상태	주의 작용	생리적 상태	신뢰성	뇌파형태
0	무의식, 실신	없음	수면, 뇌발작	0	δ 파
I	정상이하 의식둔화	부주의	피로, 단조로움, 졸음, 숙취	0.9이하	θ 파
II	정상, 이완	수동적, 내향적	안전기거 휴식, 정상작업	0.99~0.9999	α 파
III	정상, 명쾌	능동적, 전향적, 위험예지, 주의력 범위 넓음	적극 활동	0.999999이상	β 파
IV	초정상, 흥분	한점에 고취 판단정지	감정흥분, 당황과 공포반응	0.9이하	β 파

7 동작경제

1. 동작경제의 정의

작업자의 불필요한 동작으로 인한 위험 요인을 제거하여 가장 경제적인 표준 동작으로 작업을 개선하여 근로자를 재해로부터 보호하는 것을 의미한다.

2. 동작경제의 3원칙(길브레드 Gilbrett)

(1) 동작능력 활용의 원칙
① 양손을 동시에 작업을 시작하고 동시에 끝낸다.
② 왼발, 왼손으로 할 수 있는 일은 오른발, 오른손으로 하지 않는다.

(2) 작업량 절약의 원칙
① 동작수와 양을 줄인다.
② 재료와 공구는 취급 부근에 정리·정돈한다.

(3) 동작 개선의 원칙
① 양손은 동시에 반대 방향으로 좌·우 대칭으로 운동한다
② 작업장의 높이를 적당히 하여 피로를 줄인다.

3. 동작경제의 3원칙 (바안즈 Barnes)

(1) 인체 사용에 관한 원칙
① 두 손을 동시에 동작을 시작하여 동시에 끝나도록 한다.
② 두 손을 동시에 쉬어서는 안된다.
③ 두 팔의 동작들은 서로 반대 방향으로 대칭되게 움직인다.
④ 손과 신체의 동작은 작업 수행 범위에서 가장 낮은 동작 등급으로 사용한다.
⑤ 가능한 관성을 이용하여 작업을 하되, 작업자가 관성을 억제하여야 하는 경우에는 발생되는 관성을 최소화하도록 한다.
⑥ 손의 동작은 부드러운 연속동작으로 하고, 급격한 방향 전환을 가지는 직선 동작은 피한다.
⑦ 탄도 동작은 제한되거나 통제된 동작보다 더 신속하고 용이하며 정확하다.

⑧ 가능하다면 쉽고도 자연스러운 리듬이 작업 동작에 생기도록 작업을 배치한다.

⑨ 눈의 초점을 모아야 작업을 할 수 있는 경우는 가능하면 없애고 불가피한 경우에는 눈의 초점이 모아져야 하는 두 작업 지점간의 거리를 최소화한다.

(2) 작업장 배치에 관한 원칙

① 모든 공구 및 재료는 정 위치에 배치한다.

② 공구. 재료 및 조정기는 사용 위치 가까이에 배치한다.

③ 가능하면 낙하식 운반방법 사용한다.

④ 재료와 공구들은 작업 조작이 원활하게 수행되도록 위치를 정한다.

⑤ 중력 이송 원리를 이용한 부품 상자나 용기를 사용하여 부품 사용 장소에 가까이 보낼 수 있도록 한다.

⑥ 작업자가 잘 보면서 작업을 할 수 있도록 한다. 이를 위해서는 적절하게 조명을 해주는 것이 첫 번째 요건이다.

⑦ 작업자가 작업 중 자세의 변경, 즉 앉거나 서는 것을 임의로 할 수 있도록 작업대와 의자 높이가 조정되도록 한다.

⑧ 작업자가 좋은 자세를 취할 수 있도록 의자는 높이뿐만 아니라 디자인도 좋아야 한다.

(3) 공구 및 설비의 설계에 관한 원칙

① 발로 조정하는 장치에 의해서 수행할 수 있는 작업에서는 이러한 기기를 사용하고 양손이 다른 일을 할 수 있도록 한다.

② 공구의 기능은 결합하여 사용한다.

③ 공구 및 재료는 가능한 사용하기 쉽도록 작업자 앞에 둔다.

④ 각 손가락이 서로 다른 작업을 할 때에는 작업량을 각 손가락의 능력에 맞도록 분배해야 한다.

⑤ 베러, 핸들 및 통제 기기는 작업자가 몸의 자세를 크게 바꾸지 않더라도 조작하기 쉽도록 배열한다.

8 작업환경 관리

1. 반사율과 휘광

(1) 반사율

① 반사율 공식

$$반사율\ (\%) = \frac{광도\ (fL)}{조도\ (f_C)} \times 100$$

② 추천 반사율
- 바닥: 20 ~ 40%
- 가구, 사무용기기, 책상: 25 ~ 45%
- 창문 발, 벽: 40 ~ 60%
- 천장: 80 ~ 90%

③ 실제로 얻을 수 있는 최대 반사율: 약 95% 정도

(2) 휘광

① 영향: 성가신 느낌, 불편함, 가시도 추가 시 성능 저하

2. 조도와 광도

(1) 조도와 광도

$$조도 = \frac{광도}{거리^2} \qquad *광도 : 단위\ 입체각당\ 광원에서\ 방출되는\ 광속$$

① 조도
- 물체의 표면에 도달하는 빛의 밀도(표면 밝기의 정도)로 단위는 lux를 사용하며, 거리가 멀수록 역 자승 법칙에 의해 감소한다.
- 조도의 척도
  - foot-candle(fc): lcd의 점광원으로부터 1foot 떨어진 구면에 비치는 빛의 양(밀도) 1lumen/ft² 미국에서 사용하는 단위
  - lux: lcd의 점광원으로부터 1m 떨어진 구면에 비치는 빛의 양 (밀도) 1 lumen/m² 국제표준단위로 일반적으로 사용.

② 광도
- 단위 면적당 표면에서 반사 또는 방출되는 광량을 말하며, 주관적 느낌으로 휘도에 해당되나, 휘도는 여러 가지 요소에 의해 영향을 받는다.
- 광도의 단위
  · Lambert(L): 완전 발산 또는 반사하는 표면이 1cm 거리에서 촛불로 조명될 때의 조도와 같은 광도를 의미한다.
  · millilambert(mL): 1L의 1/1,000로서, 1foot-Lambert와 비슷한 값을 갖는다.
  · foot-Lambert(fL): 완전 발산 또는 반사하는 표면이 1fc로 조명될 때의 조도와 같은 광도를 의미한다.
  · nit(cd/m²): 완전 발산 또는 반사하는 평면이 π lux로 조명될때의 조도와 같은 광도를 의미한다.

(2) 광도비
① 주어진 장소와 주위의 광도의 비를 나타낸다.
② 사무실 및 산업현장의 추천 광도비는 3:1이다.
③ VDT 작업 화면과 인접주변 간에는 1:3, 화면과 화면에서 먼 주위간에는 1:10이다.

3. 소음과 청력손실

(1) PHON 값 : 음의 강도를 나타내는 단위.
1000HZ에서 순음의 음압수준(dB) 해당
즉, 음압수준이 120dB 경우 1000HZ에서 PHON 값은 120
1phon은 1 (kHz)의 음압 레벨(SPL: Sound Pressure Level)이 1dB SPL일 때의 값이다.
(예) 10 phon이면 1㎑에서 10dB인 소리와 같은 크기로 들리는 소리를 말한다.

(2) SONE   (1 SONE = 40 PHON = 40 dB)
음의 감각적인 크기를 나타내는 척도를 말한다.
주파수가 1000㎐로 음압 레벨이 40㏈ 세기의 음과 감각적으로 같은 크기로 들리는 음을 1손이라고 한다.
음의세기 레벨이 10phon 증가할 때마다 sone수가 2배가 되는 척도.
즉, 40 phon을 1 sone으로 하고, 50 phon을 2 sone, 60 phon을 4 sone

(3) 소음과 청력손실

1) 연속 소음 노출로 인한 청력손실
① 일시적인 노출은 수 시간 혹은 며칠 후 보통 회복되지만 노출이 계속됨에 따라 회복량이 줄어들어 영구손실로 진행
② 청력 손실의 성격
- 청력 손실의 정도는 노출되는 소음 수준에 따라 증가한다.
- 청력 손실은 4,000Hz에서 가장 크게 나타난다.
- 강한 소음은 노출 기간에 따라 청력손실을 증가시키지만 약한 소음의 경우에는 관계없다.

2) 강한 소음으로 인한 생리적 영향
① 말초 순환계 혈관 수축
② 동공팽창, 맥박강도, EEG 등에 변화
③ 부신 피질 기능 저하
④ 기타: 혈압상승, 심장 박동수 및 신진대사 증가, 발한촉진, 위액 및 위장운동 억제

4. 소음노출 한계

(1) 손상 위험 기준
① 강열한 음에는 수초 동안 밖에 견디지 못한다(130dB은 10초간).
② 90dB 정도에 장기간 노출되면 청력장애를 유발한다.

(2) 초음파 소음
① 가청영역 위의 주파수를 갖는 소음(일반적으로 20,000Hz 이상)이다.
② 노출한계: 20,000Hz 이상에서 110dB로 노출을 한정한다.

5. 열 압박 지수

(1) 열 압박의 생리적 영향
① 직장 온도는 가장 우수한 피로 지수이다.
② 직장 온도는 38.8℃만 되면 기진하게 된다.
③ 채심 온도를 증가시키는 작업조건이 지속되면 저체온증을 유발(정성적인 열방산 곤란)한다.

④ 불쾌지수
- 섭씨=(건구온도 + 습구온도) × 0.72 + 40.6
- 화씨=(건구온도 + 습구온도)) × 0.4 + 15
- 화씨 온도 70°F 이하일 때는 모든 사람이 불쾌를 느끼지 않는다.
- 화씨 온도 70°F 이상일 때에는 불쾌를 느끼기 시작한다.
- 화씨 온도 80°F 이상인 경우는 모든 사람이 불쾌를 느낀다.

6. 전신진동이 성능에 끼치는 영향

(1) 진동은 진폭에 비례하여 시력을 손상한다(10~25Hz의 경우 가장 극심).

(2) 진동은 진폭에 비례하여 추적 능력을 손상한다(5Hz이하의 낮은 진동수에서 가장 극심).

(3) 안정되고 정확한 근육 조절을 요하는 작업은 진동에 의해 기능이 저하된다.

(4) 반응시간, 감시, 형태 식별 등 주로 중앙 신경 처리에 달린 임무는 진동의 영향에 미약하다.

7. 작업장의 조도기준

(1) 초정밀 작업: 750 럭스 이상

(2) 정밀 작업: 300 럭스 이상

(3) 보통 작업: 150 럭스 이상

(4) 그 밖의 작업: 75 럭스 이상

8. 소음작업의 기준

(1) 소음작업의 기준

① 소음작업: 1일 8시간 작업을 기준으로 85㏈ 이상의 소음이 발생하는 작업이다.

② 강열한 소음작업
- 90dB 이상의 소음이 1일 8시간 이상 발생되는 작업이다.
- 95dB 이상의 소음이 1일 4시간 이상 발생되는 작업이다.
- 100dB 이상의 소음이 1일 2시간 이상 발생되는 작업이다.

- 105dB 이상의 소음이 1일 1시간 이상 발생되는 작업이다.
- 110dB 이상의 소음이 1일 30분 이상 발생되는 작업 1/2 감소한다.
- 115dB 이상의 소음이 1일 15분 이상 발생되는 작업이다.

③ 충격소음 작업: 소음이 1초 이상의 간격으로 발생하는 작업
- 120dB 초과하는 소음이 1일 1만 회 이상 발생되는 작업이다.
- 130dB 초과하는 소음이 1일 1천 회 이상 발생되는 작업이다.
- 140dB 초과하는 소음이 1일 1백회 이상 발생되는 작업이다.

(2) 소음의 처리(소음통제 방법)
① 소음원의 제거: 가장 적극적인 대책이다.
② 소음원의 통제: 안전설계, 정비 및 주유, 고무 받침대 부착, 소음기 등을 사용한다.
③ 소음의 격리: 씌우개, 방이나 장벽을 이용(창문을 닫으면 10dB 감음 효과)한다.
④ 차음 장치 및 흡음재를 사용한다.
⑤ 음향 처리제를 사용한다.
⑥ 적절한 배치(lay out)가 필요하다.
※ 참고: 감음 효율이 가장 높은 보호 용구: 글리세린 같은 액체를 채운 귀덮개 등이 있다.

9. 열 교환과 열 압박

(1) 적정온도에서 고온 환경으로 변화
① 많은 양의 혈액이 피부를 경유하여 온도가 상승한다.
② 직장 온도가 내려간다.
③ 발한이 된다.

(2) 적정온도에서 한랭 환경으로 변화
① 피부를 경유하는 혈액의 순환량이 감소하고, 많은 양의 혈액이 몸의 중심부를 순환한다.
② 피부 온도는 내려간다.
③ 직장 온도가 약간 올라간다.
④ 소름이 돋고 몸이 떨리는 오한을 느낀다.

4. 실효온도와 Oxford 지수

(1) 실효온도(체감온도, 감각온도)
① 영향인자: 온도, 습도, 공기의 유동(기류) 등이다.
② ET(Effective Temperature)는 영향인자들이 인체에 미치는 열효과를 하나의 수치로 통합한 경험적 감각지수이다.
③ 상대 습도 100% 일 때 건구온도에서 느끼는 것과 동일한 온감이다.

(2) Oxford 지수: 습건(WD) 지수라고도 부르며, 습구온도(W)와 건구온도(D)의 가중 평균치로 정의한다.
$$WD = 0.85W + 0.15D$$

(3) 습구 흑구 온도지수 (WBGT)
① 옥외: WBGT = 0.7*습구온도 + 0.2*흑구온도 + 0.1*건구온도
② 옥내: WBGT = 0.7*습구온도 + 0.3*흑구온도
※ 옥외장소중 빛이 내리쬐지 않는장소는 옥내 WBGT로 계산한다.

5. 전리방사선의 특징

(1) α선
① 투과력은 약하나 흡수가 되기 쉽다.
② 사진 감광작용, 인광작용이 가장 세다.

(2) β선
① 투과성은 크지만 전리작용은 작다.
② 사진감광작용, 인광작용, 화학작용이 있다.

(3) γ선
① 인체에 강력한 투과력을 가진 일종의 전자파이다.
② 사진 감광작용, 인광작용이 가장 약하다.
  * 투과력의 크기: γ 〉 β 〉 α
  * 전리작용의 크기: α 〉 β 〉 γ

6. 분진

(1) 분진(dust)의 정의
분진이란 지상의 물체가 외력에 의해 부서져서 생긴 미립자로 1u 이하의 미세입자에서 육안으로 볼 수 있는 100㎛ 정도에 이르는 입자를 말한다.

(2) 폐에 침착되는 먼지
① 폐에 침착된 먼지는 소화기 및 섬모운동 등으로 정화되지 만 일부는 폐에 남아서 진폐증을 일으킨다.
② 입경이 0.5㎛ 이하인 먼지가 50% 정도 차지하고, 0.5 ~ 5.0 ㎛ 사이의 먼지가 나머지 대부분을 차지한다.

7. VDT(Visual Display Terminal: 영상 표기 단말기) 작업의 안전

(1) 작업 자세
① 시선은 화면 상단과 눈높이가 일치할 정도로 하고 시야 범위는 수평선상에서 10 ~ 15° 밑에 오도록 한다. 화면과 눈과의 거리는 40cm 이상 확보해야 한다.
② 위 팔은 자연스럽게 늘어뜨리고 어깨가 들리지 않아야 하며, 팔꿈치 내각은 90° 이상, 아래 팔은 손등과 수평을 유지하여 키보드를 조작한다.
③ 무릎의 내각은 90° 전후로 하며 종아리와 대퇴부에 무리한 압력이 없도록 한다.

(2) 조명과 채광
① 주변 환경의 조도기준
 - 화면의 바탕 색상이 검정색 계통일 경우 조도기준: 300 ~ 500 Lux
 - 화면의 바탕 색상이 흰색 계통일 경우 조도기준: 500 ~ 700Lux

9 작업환경에 따른 근로자의 행동 장해

1. 소음

(1) 소음의 인체 영향

① 음성 이해도의 저하

② 작업수행도의 저하

③ 심리적 불쾌감 및 정서적 불안: 40dB 이상이 되면 나타나는데 심한 경우 불면의 원인이 되며, 정신질환으로 발전할 수 있다.

④ 피로감

⑤ 생리적 영향: 위 분비액의 감소, 장의 연동, 수축운동 장애, 수액분비의 억제, 순환 기능의 저하 등이 나타날 수 있다.

⑥ 청각 고통, 청각기관의 상해

⑦ 청력손실: 허용노출 한계 이상으로 노출이 되면 난청이 되는데, 주로 4,000Hz 부근에서 심하다. 8시간 작업을 기준으로 할 경우 90dB이 한계라고 한다.

⑧ 개별 인체 영향의 차이

- 소음의 허용도에 개인차가 있다.
- 고주파의 음은 저주파의 음보다 영향이 더 크다.고
- 단순음에 비해 혼합 난음은 더 유해하다.
- 작업자의 피폭 유해도는 노출시간에 관계된다.

(2) 소음방지 및 제거 대책

① 소음원의 통제: 재배치, 적절한 설계, 정비 및 주유, 소음기 부착, 작업 방법의 변경 등이 있다.

② 소음원의 격리: 소음 발생 기계 자체를 가능한 밀폐, 격리시켜야 하며, 소음 수준이 120dB 이상이 되면 필수적이다.

③ 흡음과 차음: 방음판, 방음벽을 설치하여 소음원을 포위한다.

④ 음향처리제의 사용: 차폐장치 및 흡음제를 사용한다.

⑤ 보호구의 사용: 소음이 적을 때 귀마개가 음압 수준 자체를 약간 저하시키지만, 심한 소음 속에서 소음과 신호음의 강도를 동시에 줄여 음압의 대비가 증가하므로 오히려 이해도는 증가한다. 85dB을 넘으면 주위 소음에 관계없이 이해도는 증가한다.

2. 조명

(1) 조명의 중요성

물체의 유무 및 상태를 파악하거나, 자극이나 신호를 받아들이는데, 입력 정보의 80% 이상을 눈을 통해 받아들이므로 조명은 상당히 중요한 작업환경 요인이다.

(2) 작업환경요소 중 조명을 적절히 유지하는 목적

① 작업자에게 안전하고 쾌적한 환경을 만들어 준다.
② 작업자가 작업하기 쉽고 작업에 필요한 부분을 쉽게 볼 수 있도록 한다.
③ 작업자에게 피로를 줄이고 시각 기능의 장해가 생기지 않도록 한다.

(3) 조명으로 인한 행동 장해

불량한 조명 아래에서 작업을 계속하고 있으면 두통, 안통, 시력감퇴 등의 증상을 나타내어는 안정피로나 근시가 발생한다. 또한 작업 능률의 저하나 산업재해의 발생으로 이어진다.

(4) 조명관리 대책

작업장의 조명을 어느 수준으로 할 것인가가 중요하며, 수행하고자 하는 작업의 성격과 작업자의 특성에 크게 좌우된다.

① 초정밀 작업: 750 lux 이상
② 정밀 작업: 300 lux,
③ 기타 작업: 70 lux

3. 휘광

(1) 개요

눈이 적용된 휘도보다 훨씬 밝은 광원(직사휘광 혹은 반사휘광의 경우)이 시계 내에 있으면 불쾌감을 동반한 시 성능의 저하 현상이 나타 난다. 특히 이러한 문제는 최근

VDT(Visual Display Terminal) 작업 시 직접광이나 반사광이 시야에 들어와 눈의 피로를 증가시킴으로써 종종 체험할 수 있다.

산업안전보건규칙에 관한 기준에 따르면 사업주는 근로자가 작업하는 장소에 채광 및 조명을 함에 있어서 명암의 차이가 심하지 않고 눈부심도 일어나지 않도록 규정하고 있다. 이러한 휘광의 대책으로 광원의 휘도를 줄이고 수를 늘리거나 광원을 시선에서 멀리 위치시키며, 휘광 원 주위를 밝게 하여 광속발산(휘도) 비를 줄이는 방법이 이용된다. 또한 차양이나 발의 사용, 일반 간접조명 수준을 높이거나 무광택 도료, 빛을 산란시키는 표면색을 한 사무용 기기, 윤을 없앤 종이를 사용하면 해결될 수 있다.

(2) 휘광 요인과 대책

① 발생 원인
- 광원의 휘도가 과도할 때
- 눈에 들어오는 광속이 너무 많을 때
- 광원을 오래 바라볼 때
- 순응이 잘 안될 때
- 시선 부근에 광원이 있을 때
- 광원과 배경 사이에 휘도 대비가 클 때

② 대책

가. 광원으로 직사 휘광일 경우
- 광원의 휘도를 줄이고 수를 늘린다.
- 광원을 시선에서 멀리 위치시킨다.
- 휘광 원 주위를 밝게 하여 광속발산(휘도)비를 줄인다.
- 가리개, 갓 혹은 차양을 사용한다.

나. 공간에서 직사 휘광의 처리
- 창문을 높이 단다.
- 창 위에 가리개를 설치한다.
- 차양 혹은 발을 사용한다.

다. 반사 휘광의 처리
- 발광체의 휘도를 줄인다.

- 일반(간접) 조명수준을 높인다.
- 산란광, 간접광, 조절판, 차양 등을 사용한다.
- 무광택 도료, 빛을 산란시키는 표면색을 한 사무용 기기, 윤기를 없앤 종이를 사용한다.

4. 온·습도

대기의 온습도가 인간의 건강상태, 정신상태 및 작업능률에 커다란 영향을 미친다. 일반적으로 적절한 온도 범위 내에서 습도가 열적 쾌적성에 영향을 주지 않지만, 습도가 높아지면 불쾌감이나 피로감이 증가하는 경향이 있다.

일반적으로 고열 작업환경에서 열의 생산을 억제하고 방열을 활발히 하며, 저온에서 방열을 억제하고 열 방산을 활발히 하는 것이 요구된다. 또 근육활동 작업으로 열 방산이 증가되는 경우 방열을 촉진하고 외계와 신체와의 각종 조건에 따라 의복, 냉난방 등 간접적인 조절도 필요하게 된다.

이를 위해 산업보건기준에 관한 규칙에서는 사업주가 고열 한냉 또는 다습한 옥내 작업에 대해 근로자의 건강장해가 발생하지 않도록 냉방, 난방, 통풍 등이 적절한 온·습도의 조절 조치를 하도록 규정하고 있다.

5. 진동

공구 기계 장치 등의 일부 또는 전체가 시간과 공명하여 흔들려 요동 변위가 발생하는 현상으로, 진동에 따른 장해이다. 체인 톱, 머신 드릴 등 진동공구를 잡고 조작하는 손에서 진동으로 인한 누적성 외상질환과 발이나 두부에서 국부진동이 전신으로 전파하여 발생하는 전신 진동 장해 등이 있다.

진동장해의 방지 대책으로 진동이 적은 기계기구의 선택, 작업시간의 제한, 보호구의 사용 등을 들 수 있다. 또 진동을 발생하는 기계 기구는 일시적으로 소음이 나는 경우가 많아 이에 대한 소음방지 조치에 대해 배려해야 한다.

10 소음기준, 소음노출 한계 및 소음대책

1. 소음기준

(1) 소음작업: 하루 8시간 동안 85㏈ 이상의 소음이 발생하는 작업이다.

(2) 강렬한 소음
① 하루 8시간 동안 90㏈ 이상의 소음이 발생하는 작업이다.
② 하루 4시간 동안 95㏈ 이상의 소음이 발생하는 작업이다.
③ 하루 2시간 동안 100㏈ 이상의 소음이 발생하는 작업이다.
④ 하루 1시간 동안 105㏈ 이상의 소음이 발생하는 작업이다.
⑤ 하루 30분 동안 110㏈ 이상의 소음이 발생하는 작업이다.
⑥ 하루 15분 동안 115㏈ 이상의 소음이 발생하는 작업이다.

(3) 충격소음: 최대 음압 수준이 120㏈(A) 이상인 소음이 1초 이상의 간격으로 발생
① 120데시벨을 초과하는 소음이 1일 1만 회 이상 발생되는 작업이다.
② 130데시벨을 초과하는 소음이 1일 1천 회 이상 발생되는 작업이다.
③ 140데시벨을 초과하는 소음이 1일 1백 회 이상 발생되는 작업이다.

(4) 복합소음
① 두 소음의 수준차가 10㏈ 이내일 때 복합소음이 발생한다.
② 같은 소음 수준의 기계 2대 일 때 3㏈ 소음이 증가하는 현상이다.

(5) 은폐(Masking)현상
① 두음의 차가 10㏈ 이상 인 경우 발생한다.
② 높은음이 낮은음을 상쇄시켜 높은음만 들리는 현상이다.

2. 소음의 노출 기준

(1) 소음의 노출기준(충격소음 제외)

1일 노출시간 (hr)	8	4	2	1	1/2	1/4
소음강도 ㏈(A)	90	95	100	105	110	115

* 115㏈(A) 를 초과하는 소음 수준에 노출되어서는 안된다.

(2) 충격소음 노출시간

① 120dB → 1일 노출횟수 10,000회   ② 130dB → 1일 노출횟수 1,000회

③ 140dB → 1일 노출횟수 100회

* 충격소음은 최대 음압수준에 120dB(A) 이상인 소음이 1초 이상 간격으로 발생하는 것을 말한다.

3. 소음대책

(1) **소음원 통제:** 기계에 고무 받침대 부착, 차량에 소음기 부착한다.

(2) **소음의 격리:** 씌우개, 방, 장벽, 창문 등으로 격리한다.

(3) **차폐장치:** 흡음재, 흡음량 처리재 등을 사용하여 적절하게 배치한다(Lay Out).

(4) **배경음악**

(5) **보호구 사용:** 귀마개, 귀 덮개 등을 사용한다.

* 소음대책에서 보호구 사용은 가장 소극적인 대책이며, 가장 적극적인 대책은 소음원의 제거이다.

11 피로방지 대책

1. 피로의 정의

피로는 작업의 지속에 따라 심리적으로 생리적으로 부담이 증가하여 작업 수행도가 저하되는 현상을 말하며, 작업 설계상의 중요 요인의 하나이다.

2. 피로의 분류

(1) **표출부위에 따라:** 전신적 피로와 국부적 피로 등으로 분류한다.

(2) **원인에 따라:** 정신피로, 근육피로, 신경피로 등으로 분류한다.

(3) **병리학적으로:** 생리적 피로, 병적 피로 등으로 구분한다.

(4) **노동여부에 따라:** 환경성 피로, 과중성 피로 등으로 나눈다.

(5) **경과시간에 따라:** 급성피로, 아급성 피로, 만성피로 등으로 구분한다.

3. 피로의 특성(증상)

(1) 작업수행도의 양적 질적 저하 및 혼란

(2) 자각적 피로감

(3) 생리적 심리적 기능의 변화

(4) **졸음**: 정신피로는 자각적 피로감의 증대, 졸음, 수행도의 혼란, 심리적 기능의 저하 등이 특징이며, 근육피로는 해당 근육의 자각적 피로, 휴식의 욕구, 수행도의 양적 저하, 생리적 기능의 변화 등이 그 특징이다. 신경피로는 사용된 신경계통의 통증 등 신체적 증상을 중심으로 정신피로와 근육피로 증상이 혼재한다. 따라서 어느 경유나 인간과오를 유발시키기 쉬워 안전사고의 중대한 위협이 된다.

4. 피로의 요인

피로를 불안전 행동요인과 마찬가지로 작업자를 둘러싼 모든 요인이 피로에 영향요인이라고 말할 수 있어서 유발 요인들을 하나하나 열거할 수는 없다.

(1) 외적 요인

① 기계의 종류　② 조작 부분의 배치　③ 조작 부분의 감축
④ 기계 이해의 난이　⑤ 기계의 색채

(2) 내적 요인

① 정신적 상태　② 신체적 상태　③ 생리적 리듬
④ 작업시간　⑤ 작업 내용　⑥ 작업 환경
⑦ 사회적 환경

5. 피로의 대책

　통상적인 작업에 따른 피로는 작업 전·후 혹은 작업 도중 휴식으로 회복된다. 만약 작업 후의 수면과 일상적인 휴식으로도 피로가 회복되지 않는다면 작업부담이 과중하거나 작업자의 심신상태가 정상적이지 못하다는 것을 의미한다. 그러므로 작업 도중 휴식의 설계는 피로를 예방하기 위한 중요한 과제의 하나이다.

　정신적 피로나 국부적인 육체 피로에 대해서는 구체적인 휴식시간의 설정 방법에 대해 알려진 바가 별로 없다. 다만 정신적 피로의 경우 융합점멸주파수가 3% 정도 감소하면 일단

휴식을 취하여야 한다는 정도의 권장안이 있을 뿐이다.

정신적 육체 피로의 경우에 다음과 같은 방법으로 휴식시간을 설정한다. 하루 동안에 보통 사람이 낼 수 있는 에너지는 약 4,300kcal/day 정도이다. 여기에서 기초대사와 여가에 필요한 2,300kcal를 빼면 나머지 약 2,000kcal/day 정도가 작업에 사용할 수 있는 에너지이다. 이를 8시간 작업으로 환산하면 약 4kcal/min로 결과적으로 기초대사를 포함하는 평균 에너지 소비 상한은 약 5kcal/min이다.

따라서 작업의 평균 소요 에너지가 E kcal/일이고, 휴식시간 중의 평균 소비에너지가 1.5 kcal/일이라면,

E × (작업시간) + 1.5 × (휴식시간) = 5 × 60

이어야 하므로, 작업 60분 중에 휴식시간은 최소한 $R(분) = \dfrac{60 \times (E-5)}{E-1.5}$ 이상이 되어야 한다.

12 RMR(Relative Metabolic Rate, 에너지 대사율)

1. 정의

RMR이란 에너지 대사율을 말하며, 작업의 생리적인 부담이 얼마만큼의 에너지 소비를 요구하는가를 나타내는 방법이다.

작업 도중의 에너지 소비량은 산소 소비량의 측정에 의해 가능하다.

2. RMR(에너지 대사율)

(1) **작업강도의 단위**: 산소호흡량을 측정하여 에너지의 소모량을 결정하는 방식이다.

(2) **작업강도란**: 작업을 하는데 소요되는 에너지의 양으로 RMR이 클수록 중작업이다.

3. RMR 산정식

$$RMR = \dfrac{작업\ 대사량}{기초\ 대사량} = \dfrac{작업시\ 산소소모량 - 안정시\ 산소소모량}{기초\ 대사량}$$

4. RMR과 작업강도

RMR	작업강도	작업강도의 실례
0~2	경작업	주로 앉아서 작업: 정밀 작업, 사무 작업, 바느질
2~4	보통작업	동작 및 속도가 낮은 작업: 연마, 재단, 해머 사용 못박기
4~7	중작업	동작 및 속도가 높은 작업: 일반적인 전신 작업, 보행
7 이상	초중작업	과격 작업(전신작업): 전신 천공 작업, 해머질

5. 작업강도의 영향요소

1) 에너지의 소모량
2) 해당 작업의 속도
3) 해당 작업의 자세
4) 해당 작업의 대상
5) 해당 작업의 범위
6) 해당 작업의 위험도
7) 해당 작업의 정밀도
8) 해당 작업의 복잡성
9) 해당 작업의 소요시간

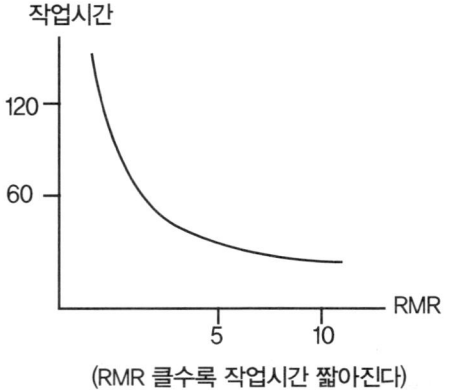

(RMR 클수록 작업시간 짧아진다)

6. 휴식시간 산출식

$$R = \frac{60(E-4)}{E-1.5}$$

R: 휴식시간
E: 작업시 평균 에너지 소비량 (kcal /분)
총작업시간: 60분
작업시 분당 평균 에너지 소비량: 4 kcal /분
휴식시간중 에너지 소비량: 1.5 kcal /분

1) 에너지 소비량

① 1일 보통사람 소비 에너지: 약 4300 kcal /day

② 기초대사 여가에 필요한 에너지: 약 2300 kcal /day

③ 작업시 소비 에너지: 4300 − 2300 = 2000 kcal /day

④ 분당 소비 에너지: 2000 / 480분 = 4 kcal /분

7. 휴식시간 부여

① 4시간 작업에 30분 휴식

② 8시간 작업에 1시간 휴식

13 정보 입력 표시

1. 시각적 표시 장치

(1) 시각 과정
① **각막**: 최초로 빛이 통과하는 곳, 눈을 보호하는 역할을 한다.
② **홍채**: 동공의 크기를 조절해 빛의 양 조절하는 기능을 한다.
③ **모양체**: 수정체 두께를 변화시켜 원근 조절하는 기능을 한다.
④ **수정체**: 렌즈의 역할, 빛을 굴절시키는 역할을 한다.
⑤ **망막**: 상이 맺히는 곳, 시세포가 존재한다.
⑥ **맥락막**: 망막을 둘러싼 검은 막, 어둠상자 역할을 한다.

(2) 시식별에 영향을 주는 조건
① **조도**: 물체의 표면에 도달하는 빛의 밀도 조도 = $\dfrac{광도}{(거리)^2}$

② **광도**: 빛의 진행 방향에 수직한 면을 통과하는 빛의 양(단위:칸델라, cd)이다.
③ **광속발산도 (휘도)**: 단위면적당 표면에서 반사, 방출되는 빛의 양이다.

(3) 정량적 표시 장치
온도나 속도와 같이 동적으로 변화하는 변수나 자로 재는 길이와 같은 정적 변수의 계량값에 관한 정보를 제공하는데 사용한다.

표시장치	용도	형태	구분
정목동침형	원하는 값으로부터의 대략적인 편차나 고도를 읽어 그 변화 방향과 비율 등을 알고자 할 때 사용	지침이 움직이고 눈금이 고정된 상태(차량 속도계)	아날로그
정침동목형	사용하고자 하는 값의 범위가 커서 비교적 작은 눈금판에 모두 나타내고자 할 때 사용	눈금이 움직이고 지침이 고정된 상태(몸무게 계량기)	아날로그
계수형	수치를 정확히 읽어야 할 때 사용하고, 원형표시 장치보다 판독 시간이 짧고 판독 오차가 작음	전자적으로 숫자가 표시되는 형태	디지털

(4) 정성적 표시 장치

① 온도, 압력, 속도와 같이 연속적으로 변하는 변수의 대략적인 값이나 변화추세, 비율 등을 알고자 할 때 주로 사용한다.

② 정량적 자료를 정성적 판독의 근거로 사용할 경우

　가. 변수의 상태나 조건이 미리 정해 놓은 몇 개의 범위 중 어디에 속하는가를 판정할 때(휴대용 라디오 전지상태)

　나. 적정한 어떤 범위의 값을 일정하게 유지하고자 할 때(자동차 속력)

　다. 변화 추세나 율을 관찰하고자 할 때(비행고도의 변화율)

(5) 부호 및 기호

① 묘사적 부호: 사물이나 행동을 단순하고 정확하게 묘사한 부호이다. (위험표지판의 걷는 사람, 해골과 뼈 등)

② 추상적 부호: 전언의 기본요소를 도식적으로 압축한 부호(원 개념과 약간의 유사성)이다.

③ 임의적 부호: 이미 고안되어 있는 부호이므로 공부해야 하는 부호(표지판의 삼각형: 주의표지, 사각형: 안내표지 등)이다.

2. 청각적 표시 장치

(1) 청각장치와 시각 장치의 비교

1) 청각장치 사용이 더 좋은 경우

① 전언이 간단하다.　　② 전언이 짧다.

③ 전언이 후에 재 참조되지 않는다.

④ 전언이 시간적 사상을 다룬다.

⑤ 전언이 즉각적인 행동을 요구한다(긴급할 때).

⑥ 수신 장소가 너무 밝거나 암조응(Dark Adaptation) 유지가 필요시 좋다.

⑦ 직무상 수신자가 자주 움직일 때.

⑧ 수신자가 시각계통이 과부하 상태일 때.

2) 시각장치 사용이 더 좋은 경우

① 전언이 복잡하다.　　② 전언이 길다.

③ 전언이 후에 재 참조 된다.　　④ 전언이 공간적인 위치를 다룬다.

⑤ 전언이 즉각적인 행동을 요구하지 않는다.
⑥ 수신 장소가 너무 시끄러울 때.　⑦ 직무상 수신자가 한곳에 머물 때.
⑧ 수신자의 청각 계통이 과부하 상태일 때.

(2) 청각적 표시장치가 시각적 장치보다 유리한 경우
① 신호음 자체가 음일 때.
② 무선거리 신호, 항로 정보 등과 같이 연속적으로 변하는 정보를 제시할 때.
③ 음성통신 경로가 전부 사용되고 있을 때.
④ 화재발생 등 정보를 긴급하게 알릴 경우
⑤ 움직이면서 작업하는 근로자에게 정보를 전달할 경우

(3) 경계 및 경보신호 선택 시 지침
① 귀는 중음역에 가장 민감하므로 500~3,000Hz의 진동수를 사용한다.
② 고음은 멀리 가지 못하므로 300m 이상 장거리용으로는 1,000Hz 이하의 진동수 사용한다.
③ 신호가 장애물을 돌아가거나 칸막이를 통과해야 할 때는 500Hz 이하의 진동수 사용한다.
④ 주의를 끌기 위해서는 변조된 신호를 사용한다.
⑤ 배경 소음의 진동수와 다른 신호를 사용하고 신호는 최소한 0.5 ~ 1초 동안 지속한다.
⑥ 경보 효과를 높이기 위해서 개시 시간이 짧은 고강도 신호 사용한다.
⑦ 주변 소음에 대한 은폐효과를 막기 위해 500~1,000Hz 신호를 사용하여, 적어도 30dB 이상 차이가 나타나야 한다.

3. 촉각적 표시 장치

(1) 피부감각
① **압각**: 압박이나 충격이 피부에 주어질 때 느끼는 접촉 감각이다.
② **통각**: 피부 및 신체 내부에 아픔을 느끼는 감각이다.
③ **열감(온각, 냉각)**: 피부의 온도보다 높은 또는 낮은 온도를 갖는 대상에 자극되어 일어나는 감각이다.

14 통제 표시비(C/D 비)

1. 정의

조종 장치의 움직이는 거리와 표시장치 상의 이동요소의 이동거리와의 비를 의미한다.

$$통제\ 표시비 = \frac{조종기기의\ 이동거리}{표시기기의\ 이동거리}$$

예) L의 조종기기를 각도 α 만큼 이동하였을 때 통제 표시비는

$$통제\ 표시비 = \frac{\frac{\alpha}{360} \times 2\pi L}{표시기기의\ 이동거리}$$

예) 회전 손잡이의 경우에는

$$통제\ 표시비 = \frac{1}{회전손잡이\ 1회전\ 시\ 표시기기의\ 이동거리}$$

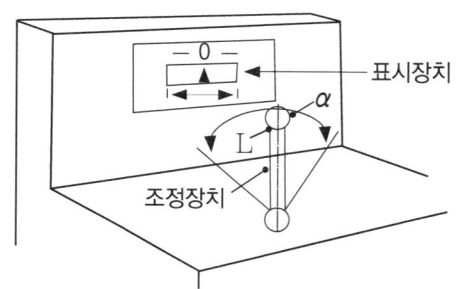

2. 표시 지침의 이동시간

(1) 민감한 조종 장치는 미세한 조종 장치 변화에도 표시장치 이동거리가 크다.

(2) 둔감한 조종 장치는 미세한 조종 장치 변화에도 표시장치 이동거리가 작다.

(3) 민감한 조종 장치는 미세조정에는 부적합하여 조정시간이 오래 걸린다.

(4) 둔감한 조종 장치는 미세조정에 적합하다.

3. 최적 통제 표시비(Optimal C/D 비)

(1) 이동시간과 조정시간의 합이 최소가 되는 통제비를 최적 통제 표시비라 한다.

(2) 최적 통제비 결정 시 고려사항

① 계기의 크기: 계기의 조절시간이 짧게 소요되는 크기를 선택한다.

② 허용오차(공차): 짧은 주행시간 내 공차의 인정범위를 초과하지 않은 계기를 마련해야 한다.

③ 목측 거리: 목측 거리가 길면 길수록 조절의 정확도는 작아지며 시간이 많이 걸리게 된다.

④ 조작시간: 기기 시스템에서 발생하는 조작 지연의 시간은 통제 표 시비가 가장 크게 작용하고 있다.

⑤ 방향성: 계기의 방향성은 안전과 능률에 크게 영향을 미치므로 설계 시에 가장 주의해야 한다.

(3) C/R비(Control / Response Ratio)

① C/R비는 모니터를 보면서 조종 장치를 사용하는 작업에 적용한다.

② C/R비의 값은 화면상의 이동 거리와 반비례한다.

③ C/R비 값이 작으면 조종 장치의 조종 시간이 많이 소요되고 이동 시간은 적게 소요된다.

④ C/R비가 작다는 것은 조종 장치가 민감하다는 것이다.

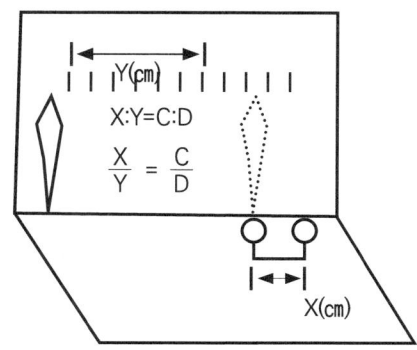
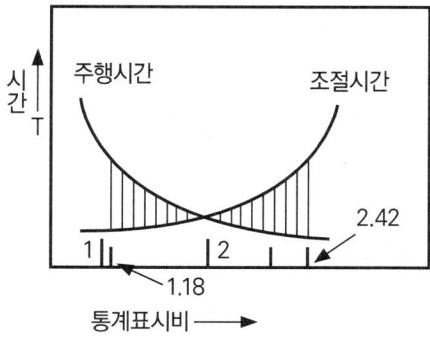

15 인간 계측 및 작업 공간

1. 인체 계측

(1) 인체측정학

신체 치수를 기본으로 신체 각 부위의 무게, 무게 주심, 부피, 운동범위, 관성 등의 물리적 특성을 측정하여 일상생활에 적용하는 분야를 인체측정학이라 한다.

(2) 인체 계측 방법

① 구조적 인체 치수(정적 인체 계측)
- 신체를 고정시킨 자세에서 피측정자를 인체 측정기 등으로 측정한다.
- 여러 가지 설계의 표준이 되는 기초적 치수 결정한다.
- 종류
  · 골격치수: 신체의 관절 사이를 측정한다.
  · 외곽치수: 머리둘레, 허리둘레 등의 표면 치수를 측정한다.

② 기능적 인체 치수(동적 인체 계측)
- 동적 치수는 운전을 위해 핸들을 조작하거나 브레이크를 밟는 행위, 또는 물체를 잡기 위해 손을 뻗는 행위 등 움직이는 신체의 자세에서 측정한다.
- 신체적 기능 수행 시 각 신체 부위는 독립적으로 움직이는 것이 아니라, 부위별 특성이 조합되어 나타나기 때문에 정적 치수와 차별화한다.

③ 소마토그래피: 신체적 기능 수행을 정면도, 측면도, 평면도의 형태로 표현하여 신체 부위별 상호작용을 보여주는 그림이다.

2. 인체 계측 자료의 응용 원칙

(1) 극단적인 사람을 위한 설계

1) 극단치 설계(인체 측정 특성의 극단에 속하는 사람을 대상으로 설계하면 거의 모든 사람을 수용 가능)

① 최대 집단치: 대상 집단에 대한 인체 측정 변수의 상위 백분위 수를 기준으로 90, 95, 99% 치가 사용된다. 출입문, 통로, 의자 사이의 간격, 줄사다리, 그네 등 지지물의 최소 지지 중량(강도)이다.

② 최소 집단치: 관련 인체 측정 변수 분포의 하위 백분위수를 기준으로 1, 5, 10% 치가 사용되고, 선반의 높이 또는 조정 장치까지의 거리, 버스나 전철의 손잡이 등에 사용한다.

2) 효과와 비용을 고려: 흔히 95%나 5% 치를 사용한다.

(2) 조절 범위

① 장비나 설비의 설계에 있어 때로는 여러 사람이 사용 가능 하도록 조절식으로 하는 것이 바람직한 경우도 있다.

② 사무실 의자의 높낮이 조절, 자동차 좌석의 전후 조절 등에 사용한다.

③ 통상 5% 치에서 95% 치까지의 90% 범위를 수용 대상으로 설계

(3) 평균치를 기준으로 한 설계

① 특정 장비나 설비의 경우, 최대 집단치나 최소 집단치 또는 조절식으로 설계하기가 부적절하거나 불가능할 때

② 가게나 은행의 계산대 등

※ 참고) 인체 계측의 활용

(1) 계측치에는 연령, 성별, 민족 등의 차이 외에 지역차 혹은 장기간의 근로 조건, 스포츠의 경험에 따라서도 차이가 있을 수 있으므로 설계 집단에 적용할 때는 여러 요인들을 고려할 필요가 있다.

(2) 계측치의 표본 수는 신뢰성과 재현성이 높아야 하며, 최소 표본 수 50~100으로 하는 것이 적당하다.

(3) 인체 계측치는 어떤 기준에 따라 측정되었는가를 확인할 필요가 있다.

(4) 인체 계측치는 통상 나체지수로 나타내며, 설계 대상에 적용되는 경우는 드물다.

(5) 설계 대상의 집단은 항상 일정한 것으로 한정되어 있지 않으므로 적용 범위로서는 허용을 고려해야 한다.

3. 표시장치 및 조정장치

(1) 조정장치 설계 시 고려사항

① 조정장치의 요소
- 본질적 궤환: 움직인 양, 움직이는데 필요한 힘 등 직접 감지할수 있는 것을 의미한다.
- 외래적 궤환: 표시장치의 체계 출력 관찰, 음신호의 포착 등을 말한다.

② 저항의 종류: 탄성저항, 점성저항, 관성, 정지 및 미끄럼 마찰 등이 있다.

4. 통제기(조작기)의 종류

(1) 개폐에 따른 조작기

① 누름버튼: 손, 발, 똑딱 스위치, 회전선택 스위치 등이 있다.
② 영의 조절에 따른 조작기: 노브, 크랭크, 레버, 손핸들, 페달, 커서 위치조정(마우스, 트랙볼)등이 있다.
③ 반응에 의한 통제: 계기 신호, 감각에 의한 통제 등이 있다.

5. 조절 장치의 식별

(1) 암호화
판별성(빠르고 신속하게 조정장치를 식별하는 용이성)을 향상시키기 위하여 암호화하며, 반드시 표준화하는 것이 필요하다.

(2) 암호화의 종류
① 모양 ② 표면 촉감 ③ 크기 ④ 위치 ⑤ 색 ⑥ 표시 ⑦ 조작법 등

(3) 암호체계 사용상의 일반적 지침
① 암호의 검출성   ② 암호의 변별성
③ 부호의 양립성   ④ 부호의 의미
⑤ 암호의 표준화   ⑥ 다차원 암호의 사용

6. 조종-반응 비율

(1) 조정
표시장치 이동비율(control display ratio) C/D비 또는 C/R비, 조정장치의 움직인 거리(회전수)와 표시 장치상의 지침이 움직인 거리의 비와 같다.

(2) 종류
① 선형 조정장치가 선형 표시 장치를 움직일 때는 각각 직선 변위의 비(제어표시비)
② 회전 운동을 하는 조정장치가 선형 표시장치를 움직일 경우

(3) 최적 C/D비
① 이동 동작과 조종 동작을 절충하는 동작이 수반된다.
② 최적치는 두 곡선의 교점을 부호화한다.
③ C/D비가 작을수록 이동시간은 짧고, 조종은 어려워서 민감한 조정장치이다.

7. 양립성

(1) 종류
① 공간적 양립성: 표시장치나 조정장치에서 물리적 형태 및 공각적 배치이다.
② 운동 양립성: 표시장치의 움직이는 방향과 조정장치의 방향이 사용자의 기대와 일치한다.
③ 개념적 양립성: 이미 사람들이 학습을 통해 알고 있는 개념적 연상이다.
④ 양식 양립성: 직무에 알맞은 자극과 응답의 양식의 존재에 대한 양립성이다.

예) 소리로 제시된 정보는 말로 반응하게 하고, 시각적으로 제시된 정보는 손으로 반응하는 것이 양립성이 높다.

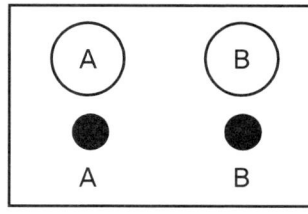
공간적 양립성

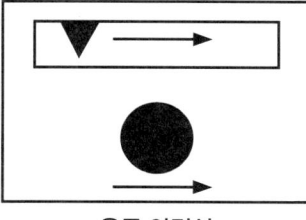
운동 양립성

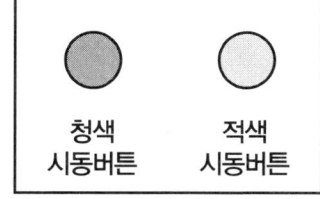
개념적 양립성

(2) 운동 양립성이 큰 경우: 동목형 표시장치
① 눈금과 손잡이가 같은 방향으로 회전한다.
② 눈금 수치는 우측으로 증가한다.
③ 꼭지의 시계방향 회전 → 지시치 증가한다.
④ 오른나사가 움직이는 방향이다.

8. 수공구

(1) 수공구로 인한 부상

① 부상을 가장 많이 유발하는 도구의 형태: 칼, 렌치, 망치 등이 있다.

② 누적 외상병(CTD)-(근골격계 질환)
- 외부의 스트레스에 의해 장기간 동안 반복적인 작업이 누적되어 발생하는 부상 또는 질병이다.
- 종류
  - ㉠ 손목관 증후군
  - ㉡ 건염
  - ㉢ 건피염
  - ㉣ 테니스팔꿈치
  - ㉤ 방아쇠손가락 등
- CTD의 원인
  - ㉠ 부적절한 자세
  - ㉡ 무리한 힘의 사용
  - ㉢ 과도한 반복작업
  - ㉣ 연속작업(비휴식)
  - ㉤ 낮은 온도 등
- CTD의 예방
  - ㉠ 관리적인면
  - ㉡ 공학적인면
  - ㉢ 치료적인면

(2) 수공구 설계원칙

① 손목을 곧게 펼 수 있도록 손목이 팔과 일직선 일 때 가장 이상적이다.

② 손가락으로 지나친 반복 동작을 하지 않도록 검지의 지나친 사용은 [방아쇠 손가락] 증세 유발한다.

③ 손 바닥면에 압력이 가해지지 않도록(접촉면을 크게) 신경과 혈관에 장애(무감각증, 떨림현상)를 고려한다.

④ 기타
- 안전측면을 고려한 디자인이 중요하다.
- 적절한 장갑의 사용한다.
- 왼손잡이 및 장애인을 위한 배려한다.
- 공구의 무게를 줄이고 균형유지 등이 필요하다.

16 작업 공간 및 작업 자세

1. 부품배치의 원칙

(1) **중요성의 원칙**: 목표달성에 긴요한 정도에 따른 우선순위 ⇒ 부품의 위치결정.

(2) **사용빈도의 원칙**: 사용되는 빈도에 따른 우선순위 ⇒ 부품의 위치 결정.

(3) **기능별 배치의 원칙**: 기능적으로 관련된 부품들을 모아서 배치 ⇒ 부품의 배치결정.

(4) **사용 순서의 원칙**: 순서적으로 사용되는 장치들을 순서에 맞게 배치 ⇒ 부품의 배치결정.

2. 부품의 위치 및 배치

(1) **부품의 일반적 위치**: 시각적 표시장치는 정상 시선 주위의 10°~15° 반경을 갖는 원으로 한다(정상시선은 수평하 15°정도).

(2) **수동 조정장치**

① 힘을 요하는 조정장치: 손을 뻗어 잡을 수 있는 최대거리(파악 한계)를 파악한다.

② 앉은 사람이 knob, 똑딱 스위치, 누름단추를 작동할 경우 중심에서 25°위치일 때 → 작동시간이 가장 짧다.

(3) **족동 조정장치**

발판의 각도가 수직에서 15~35°인 경우 → 답력이 가장 크다.

(4) **부품의 배치**

1) 배치의 원칙: 사용 순서와 기능에 따라 부품군을 배치한다.

2) 조정장치 간격

① knob 사용 시 인정 knob와의 접촉을 방지한다.

② 반면적이 작을 경우 직경이 작은 knob가 적당하다.

③ 오른쪽 knob의 접촉 오차가 상대적으로 크다.

3) Lay out의 원칙: 기계설비, 취급재료, 제품의 장소, 기계의 운동 범위등의 유효한 이용을 고려하여 배치하는 것으로 환경정비의 기본이 된다. 작업의 흐름에 따라

배치하고, 통로를 확보하여야 하며, 장래의 확장을 고려하여 설계하고 배치하여야 한다.

또한 기계·설비의 간격을 유지하고 유해·위험 공정으로부터 작업자를 격리하여 설치한다. 운반작업은 가능한 기계화하면서, 인간과 기계의 흐름을 라인화하도록 기계 배치와 기계의 활동을 집중화하고, 중복된 부분은 제거한다.

3. 개별 작업 공간 설계지침

(1) 앉은 사람의 작업 공간
① 작업 공간 포락면: 한 장소에 앉아서 수행하는 작업 활동에서 작업하는데 사용하는 공간이다.
② 파악한계: 앉은 작업자가 특정한 수작업 기능을 편히 수행할 수 있는 공간의 외곽 한계이다.

(2) 작업대
① 수평 작업대
- 정상 작업역(표준영역): 위팔을 자연스럽게 수직으로 늘어뜨리고, 아래팔만으로 편하게 뻗어 파악할 수 있는 영역이다.
- 최대 작업역(최대 영역): 아래팔과 위팔을 모두 곧게 펴서 파악할 수 있는 영역이다.

② 작업대 높이

가. 최적 높이 설계지침
- 작업면의 높이는 상완이 자연스럽게 수직으로 늘어뜨려 지고 전완은 수평 또는 약간 아래로 비스듬하여 작업 면과 적절하고 편안한 관계를 유지할 수 있는 수준이다.
- 작업대가 높은 경우: 앞가슴을 위로 올리는 경향, 겨드랑이를 벌린 상태이다.
- 작업대가 낮은 경우: 가슴이 압박받고, 상체의 무게가 양팔꿈치에 걸린다.

나. 착석식(의자식) 작업대 높이
- 조절식으로 설계하여 개인에 맞추는 것이 가장 바람직하다.
- 작업 높이가 팔꿈치 높이와 동일하다.
- 세한 작업(미세부품조립 등) 일수록 높아야 하며(팔꿈치 높이보다 5~15cm) 거친 작업에는 약간 낮은 편이 유리하다.

- 작업 면 하부 여유 공간이 가장 큰 사람의 대퇴부가 자유롭게 움직일 수 있도록 설계한다.
- 작업대 높이 설계 시 고려사항
  - ㉠ 의자의 높이
  - ㉡ 작업대 두께
  - ㉢ 대퇴 여유

다. 입식 작업대 높이
- 경조립 또는 이와 유사한 조작 작업: 팔꿈치 높이보다 5 ~ 10cm 낮게 한다.
- 섬세한 작업일수록 높아야 하며, 거친 작업은 약간 낮게 설치한다.
- 고정높이 작업면은 가장 큰 사용자에게 맞도록 설계한다. (발판, 발 받침대 등 사용)
- 높이 설계 시 고려사항
  - ㉠ 근전도(EMG)
  - ㉡ 인체계측(신장 등)
  - ㉢ 무게중심 결정(물체의 무게 및 크기 등)

4. 계단

(1) 계단사고
① 계단 또는 사다리에서의 추락은 부상과 사망사고의 주원인이다.
② 가정에서의 사고 중 1순위이다.

(2) 안전한 계단의 설계
① 발판의 깊이: 최소 28cm
② 챌판(riser) 높이: 10~18cm
③ 적절한 곳에 손잡이 설치한다.
④ 발판 표면 미끄럼 방지한다.
⑤ 인접 발판간의 치수의 비균일성: 5mm 이하
⑥ 계단의 경사: 30°~35°가 적당(최대범위 20°~50°)하다.
⑦ 챌판 높이는 이전 것보다 1/4"(6.35mm)만 높아도 전도위험이 있다.
⑧ 생리적 관점에서 경사로보다 계단이 효율적이다. (단. 무릎 각도, 발목 각도가 중요한 경우 경사로가 유리)

5. 의자설계 원칙

(1) 의자설계 원칙의 종류

① 체중 분포

② 의자 좌판의 높이
- 대퇴부의 압박 방지를 위해 좌판 앞부분은 오금 높이보다 높지 않게 설계(치수는 5%치 사용)한다.
- 좌판의 높이는 개인별로 조절할 수 있도록 하는 것이 바람직하다.
- 사무실 의자의 좌판과 등판각도: 좌판각도는 3°, 등판각도는 100°이다.

③ 의자 좌판의 깊이와 폭: 폭은 큰 사람에게 맞도록, 깊이는 대퇴를 압박하지 않도록 작은 사람에게 맞도록 설계한다.

④ 몸통의 안정

(2) 의자설계 시 고려해야 할 사항

① 등받이의 굴곡은 요추의 굴곡과 일치해야 한다.

② 좌면의 높이는 사람의 신장에 따라 조절 가능해야 한다.

③ 정적인 부하와 고정된 작업 자세를 피해야 한다.

④ 의자의 높이는 오금의 높이보다 같거나 낮아야 한다.

17 운반, 하역 작업

I. 운반 작업

1. 운반 작업의 안전 수칙

(1) 길이가 긴 장착물 운반 준수사항

① 단독으로 어깨에 메고 운반할 때에는 화물 앞부분 끝을 근로자 신장보다 약간 높게 하여 모서리, 곡선 등에 충돌하지 않도록 주의한다.

② 공동으로 운반할 때에는 근로자 모두 동일한 어깨에 메고 작업지휘자의 지시에 따라 작업한다.

③ 하역할 때에는 튀어 오름, 굴러내림 등의 위험 상황에 주의한다.

④ 2개 이상을 어깨에 맬 경우 양 끝부분을 끈으로 묶고 운반한다.

(2) 운반기계 선정의 기준

① 컨베이어 방식: 두 점 간의 계속적 운반

② 크레인 방식: 일정 지역 내에서의 계속적인 운반

③ 트럭 방식: 불특정 지역으로 계속적인 운반

(3) 운반 작업 시 일반적인 안전기준

① 미는 운반차에 화물을 실을 때에는 앞을 볼 수 있는 시야를 확보한다.

② 운반차의 화물 적재 높이는 외국 여러 나라에서는 1,500±50[mm] 이나 우리나라는 한국인의 체격에 맞게 1,020 [mm]를 중심으로 하는 것이 적당하다.

2. 운반의 원칙

① 운반 거리를 단축한다.

② 운반 하역을 기계화한다.

③ 손이 많이 가지 않는(힘들이지 않는) 운반 하역 방식으로 한다.

④ 운반은 직선으로 한다.

⑤ 계속적으로(연속) 운반을 한다.

⑥ 운반 하역작업을 집중화한다.

⑦ 생산을 향상 시킬 수 있는 운반 하역 방법을 고려한다.

⑧ 최대한 수작업을 생략하여 힘들이지 않는 방법을 고려한다.

3. 인력운반

(1) 인력운반 작업 준수사항(인양)

① 인양 물체의 무게는 실측을 원칙으로 하며, 인양 물체의 무게가 일정하지 않을 때에는 평균 무게와 최대 무게를 실측한다.

② 인양물체의 무게를 목측한 때에는 가볍게 들어 개인의 인양능력에 충분한지 여부를 판단하여 인양한다.

③ 인양할 때 몸의 자세
    - 등은 항상 직립 유지, 가능한 지면과 수직이 되도록 한다.

- 무릎은 직각 자세를 취하고 가능한 인양물에 근접하여 정면에서 인양한다.
- 팔은 몸에 밀착시키고 끌어당기는 자세를 취하며, 가능한 한 수평거리를 짧게 한다.
- 대퇴부에 부하를 주는 상태에서 무릎을 굽히고 필요한 경우 무릎을 펴서 인양한다.

(2) 인력 운반 능력

① 능력의 표시: 일(kg·m) = 들어 올리는 중량(kg)×들어 올리는 거리(m)
② 운반능력
- 운반 능력: 상면에서 들어 올리고, 들어 올리는 중량(w) = W1+(체중)×40%
- 보행 기준: 일반적으로 체중의 40% 정도에서 보행은 60~80(m/분)이 가장 적합하다.

(3) 운반의 일반적 하중 기준

① 일반적으로 체중의 40% 중량을 유지한다.
② 작업자의 육체적 조건, 작업경험 또는 기능 훈련에 따라 향상 가능하다.
③ 연속 작업일 경우 남자 20~25kg, 여자는 약 15kg 한도가 적합하다.
④ 단독 작업일 경우 30kg 이하가 적합하다.
⑤ 55kg 이상이면 2인 이상 공동으로 운반한다.

4. 중량물 취급운반

(1) 중량물 취급: 중량물을 운반하거나 취급하는 경우 하역운반기계·운반용구 사용

(2) 중량물 취급 시 준수 사항

① 하역 운반기계·운반 용구를 사용한다.
② 작업계획서 작성한다.
③ 2명 이상의 근로자가 취급하거나 운반하는 작업일 경우 작업자의 체력과 신장을 고려하여 신호방법을 정하고 신호에 따라 작업한다.
④ 작업지휘자를 지정한다.

　　단위 화물의 무게가 100kg 이상인 화물을 차량계 하역운반기계 등에 싣거나 내리는 작업
- 작업순서 및 각 단계 순서마다 작업 방법을 정하고 작업을 지휘한다.
- 기구와 공구를 점검하고 불량품을 제거한다.
- 해당 작업을 하는 장소에 관계 근로자가 아닌 사람이 출입하는 것을 금지한다.

5. 요통 방지 대책

(1) NOSH의 들기 작업지침

① 들기 작업에 대한 권장 무게 한계를 산출하여 작업의 위험성을 예측하고 인간공학적인 작업방법을 통해 작업자의 직업성 요통을 사전에 예방하기 위한 지침이다.
② 들기 작업에만 적용한다.
③ 들기 지수(LI) 공식: LI = 실제작업 무게 / 권장무게 한계

II. 하역작업

1. 하역작업의 안전 수칙

(1) 부두 등 하역작업장 조치사항

① 작업장 및 통로의 위험한 부분에는 안전하게 작업할 수 있는 조명을 유지한다.
② 부두 또는 안벽의 선을 따라 통로를 설치하는 때에는 폭을 90cm 이상으로 한다.
③ 통로 및 작업 장소로서 다리 또는 갑문을 넘는 보도 등의 위험한 부분에는 안전 난간 또는 울 등을 설치한다.

(2) 하적단의 간격: 바닥으로부터 높이 2m 이상 하적단(포대, 가마니 등)은 인접 하적단과 간격을 하적단 밑 부분에서 10cm 이상 유지한다.

2. 기계화해야 될 인력 작업

(1) 3~4인이 오랜 시간 계속되어야 하는 운반 작업
(2) 발밑에서 머리 위까지 들어 올리는 작업
(3) 발밑에서 어깨까지 25kg 이상의 물건을 들어 올리는 작업
(4) 발밑에서 허리까지 50kg 이상의 물건을 들어 올리는 작업
(5) 발밑에서 무릎까지 75kg 이상의 물건을 들어 올리는 작업
(6) 3m 이상 연속하여 운반 작업을 하는 경우
(7) 1시간에 10ton 이상의 운반량이 있는 작업인 경우
  * 에너지 대사율(R.M.R)이 7 이상이면 가급적 기계화하고, 10 이상이면 반드시 기계화한다.

3. 화물 취급 작업 안전수칙

(1) **보호구 착용**: 바닥으로부터 높이 2m 이상인 하적단 위에서 작업 시 추락 재해방지를 위해 안전모 등 필요한 보호구를 착용한다.

4. 항만 하역작업 시 안전수칙

(1) 갑판의 윗면에서 선창 밑바닥까지 깊이가 1.5m 초과하는 선창 내부에서 화물 취급 작업을 할 경우 통행설비를 설치한다.

(2) 화물의 낙하 또는 충돌 우려가 있는 경우(양화장치 사용)는 통행금지를 설치한다.

(3) 해당 작업면의 조도를 75룩스 이상으로 조명을 유지한다.

(4) 선박의 승강 설비 설치

　① 300톤급 이상의 선박에서 하역작업 실시:할 경우 현문 사다리(승강설비) 설치 및 안전망을 설치한다.

　② 현문 사다리는 견고한 재료로써 너비 55cm 이상 양측에 82cm 이상의 높이로 방책을 설치하고, 바닥은 미끄러지지 않는 재료로 처리한다.

5. 고소작업대 설치 등의 조치사항

(1) **설치 기준**: 체인의 안전율은 5 이상 유지한다.

(2) **설치 시 준수사항**

　① 바닥과 고소 작업대는 가능하면 수평을 유지한다.

　② 갑작스러운 이동을 방지하기 위해 아웃트리거 또는 브레이크를 사용한다.

(3) **이동 시 준수사항**

　① 작업대를 가장 낮게 내린다.

　② 작업대를 올린 상태에서 작업자를 태우고 이동하지 않는다.

　③ 이동통로의 요철상태 또는 장애물의 유무 등을 확인한다.

(4) **사용 시 준수 사항**

　① 작업자가 안전모, 안전대등의 보호구를 착용한다.

　② 관계자가 아닌 사람이 작업구역에 들어오는 것을 방지한다.

③ 안전한 작업을 위하여 적정수준의 조도를 유지한다.
④ 작업감시자 배치한다.
⑤ 작업대를 정기적으로 점검하고 각 부위의 이상 유무를 확인한다.
⑥ 전환 스위치는 다른 물체를 이용하여 고정하지 않는다.
⑦ 작업대는 정격하중을 초과하여 물건을 싣거나 탑승하지 않는다.
⑧ 작업대의 붐대를 상승시킨 상태에서 탑승자는 작업대를 벗어나지 않는다. 다만, 작업대에 안전대 부착 설비를 설치하고 안전대를 연결하였을 때에는 그러하지 아니하다

18 근골격계 부담 작업의 범위 및 유해요인 조사 방법

1. 근골격계 질환의 정의

근골격계 질환은 반복적인 동작, 부적절한 작업 자세, 무리한 힘의 사용, 날카로운 면과의 신체 접촉, 진동 및 온도 등의 요인으로 발생하는 건강장해로 목, 어깨, 허리, 팔다리의 신경, 근육 및 그 주변 신체조직 등에 나타나는 질환을 말한다.

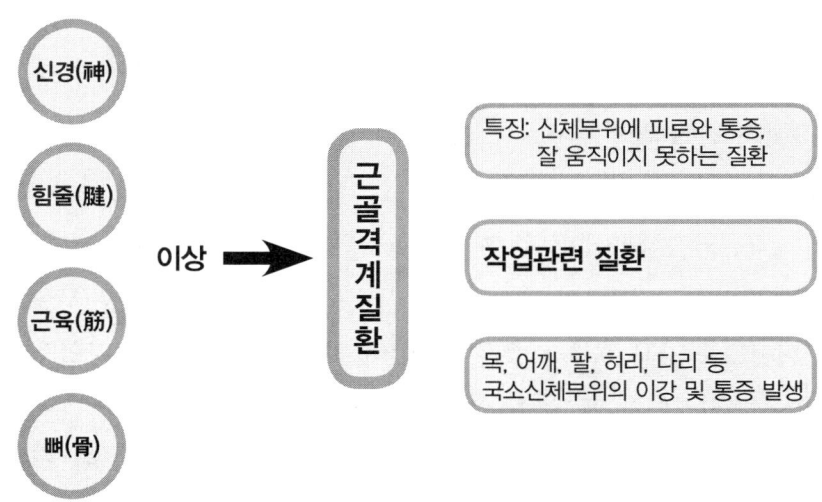

2. 용어의 정의

(1) **단기간 작업:** 이란 2개월 이내에 종료되는 1회성 작업을 말한다.

(2) **간헐적인 작업:** 이란 연간 총 작업 일수가 60일을 초과하지 않는 작업을 말한다.

(3) **하루**란 「근로기준법」 제2조제1항제7호에 따른 1일 소정근로시간과 1일 연장근로시간 동안 근로자가 수행하는 총 작업시간을 말한다.

(4) **4시간 이상** 또는 **"2시간 이상"**은 "하루" 중 근로자가 해당하는 근골격계 부담 작업을 실제로 수행한 시간을 합산한 시간을 말한다.

3. 근골격계 질환의 원인

(1) **작업 요인:** 반복적 동작, 무리한 힘의 사용, 부자연스러운 자세, 정적인 자세, 날카로운 면과의 접촉, 작업 환경(진동, 추운 날씨) 등이 있다.

(2) **작업자 요인:** 과거 병력, 성별(여성), 나이, 작업경력, 작업 습관, 흡연, 비만, 피로, 운동 및 취미활동 등이 있다.

(3) **사회 심리적 요인:** 직업만족도, 근무조건 만족도, 직장 내 인간관계, 업무적 스트레스, 기타 정신심리상태 등이 있다.

4. 근골격계 질환 예방

근골격계 질환의 원인이 복합적이므로 예방전략 또한 다각적인 측면에서 접근해야 한다. 실효를 거두기 위해서는 작업 환경 개선과 더불어 올바른 작업 자세를 유지하고 스트레칭을 실시하는 등 근로자의 작업 습관과 스트레스를 함께 관리해야 한다.

(1) **인간공학적 작업환경 개선**

① **공학적 개선:** 현장에서 직접적인 설비나 작업방법, 작업도구 등을 작업자가 편하고, 쉽고, 안전하게 사용할 수 있도록 유해·위험요인을 제거하거나 개선하기 위하여 작업방법, 공정 등의 재설계, 재배열, 수정, 교체등을 하는 것을 말한다. 근원적 대책으로 가장 효과가 좋은 방법이며, 새로운 설비, 공정, 작업순서가 계획되는 단계에서 사용하는 것이 가장 바람직하다.

② **관리적 개선:** 작업 절차와 작업여건 등을 질병 예방에 도움이 되게 관리하는 것으로 작업의 다양성 제공, 작업 일정 및 작업속도 조절, 작업순환, 휴식시간 또는 회

복시간 제공, 작업자 적정배치, 직장 체조 강화 등이 있다. 예를 들면 작업시간, 작업량 등에 관한 작업표준 작성 시 작업의 내용, 취급 중량. 자동화 등의 상황, 보조기구의 유무, 작업에 종사하는 근로자의 수, 성별, 체격, 연령, 경험 등을 고려한다. 야간 작업 시 낮시간에 하는 동일한 작업의 양보다 적은 수준이 되도록하고, 작업 순환, 작업 범위 확대, 작업속도 등을 조절해 충분한 휴식시간을 제공하여야 한다.

③ **행동적 개선**: 작업자에게 영향을 미치는 요인에 초점을 둔 조치로, 주로 교육과 훈련을 통해 개선을 유도하고 앎을 실천할 때 효과로 나타난다. 다음의 신체 부위별 영향을 미치는 원인을 제거하기 위해 부적절한 유해요인을 피할 수 있도록 습관화하는 것이 중요하다.

(2) 신체 부위별 영향력 있는 작업 요인 줄이기

① 목과 어깨 부위는 작업 자세에 의한 영향이 가장 크다
   - 목을 앞으로, 뒤로, 옆으로 젖히거나 비트는 등 한방향으로 취한 자세에서 오랫동안 작업하지 않는다.
   - 동일한 방향으로 취하는 목의 반복적 동작을 줄인다.
   - 목에 무리한 힘이 작용되지 않도록 한다.
   - 진동이 발생하는 설비 위나 안에서 오랫동안 지속적으로 작업하지 않는다.

② 어깨는 반복적 동작이나 작업 자세에 의한 영향을 최소화한다.
   - 어깨와 팔을 옆으로, 앞으로 또는 뒤로하는 반복적 동작을 줄인다.
   - 어깨와 팔을 옆으로, 앞으로, 뒤로 취하는 자세에서 오랫동안 작업하지 않는다.
   - 팔을 몸에 가까이 취하는 작업 자세일수록 예방 효과가 크다.
   - 어깨와 팔에 무리한 힘이 작용되지 않도록 한다.
   - 진동 공구의 진동 수준이 낮을수록, 사용시간이 적을수록 어깨에 미치는 영향이 적으므로 적정 도구를 선택하고, 진동요인에 노출되는 시간을 최대한 줄인다.

③ 팔꿈치의 위험요인들은 복합적으로 작용할 때 영향이 강하다.
   - 팔을 사용하는 작업 중 무리한 힘, 반복적 동작, 나쁜 작업 자세와 같은 위험요인들이 복합적으로 요구되는 작업은 가능한 한줄인다.
   - 팔꿈치에 무리한 힘이 작용하지 않도록 한다.
   - 반복적인 팔 동작을 줄인다.
   - 팔의 각도가 완전히 펼쳐지거나 굽어지는 작업 자세로 오랫동안 작업하지 않는다.

④ 손과 손목은 위험요인들이 복합적으로 작용할 때 영향이 강하다
- 손과 손목을 주로 사용하는 작업 중 반복적인 동작, 무리한 힘, 진동, 나쁜 작업 자세와 같은 위험요인들이 복합적으로 요구되는 작업은 가능하면 줄인다.
- 손가락과 손, 손목을 이용한 반복적인 동작을 줄인다.
- 손과 손목을 이용하여 무리한 힘을 사용하지 않는다.
- 손을 해머처럼 사용하지 말고 적절한 공구를 이용한다.
- 손과 손목의 진동 노출을 최소화한다. 진동 수준이 적은 공구를 사용하고 사용 시간을 줄인다. 차가운 온도에서 진동 공구를 오랫동안 사용할 경우 영향이 증가하므로 진동을 줄일 수 있는 적절한 장갑을 이용한다. 되도록이면 작업 방법을 개선하여 진동을 감소시킨다.
- 손가락으로 쥐거나 잡는 손 자세를 오랫동안 지속적으로 취하지 않는다.
- 손목을 오랫동안 지속적으로 굽히지 않도록 하고, 오른쪽이나 왼쪽으로 젖혀 사용하지 않도록 한다. 또한 부적합한 손과 손목 자세가 감소되는 수공구를 선택하여 사용한다.

⑤ 허리는 들기나 무리한 동작, 전신 진동에 의한 영향이 강하다
- 작업 중 들기나 무리한 동작을 자제하여 허리에 미치는 영향을 최소화 한다. 취급하는 물건의 무게를 미리 파악하여 허리에 무리가 가는 무거운 물건이나 작업은 수작업 대신 자동화 또는 기계화된 방법을 사용한다.
- 손잡이가 없는 물건을 취급할 때는 더 주의를 기울이고, 되도록 혼자 하는 것보다 동료와 함께 작업 한다.
- 전신 진동이 발생 되는 작업조건에서 실시하는 작업 또는 작업시간을 줄인다.
- 물건을 들고 내릴 때에서는 팔을 완전히 펼친 자세로 하지 않으며, 가능하면 몸 가까이로 팔을 당긴 후 취급한다.
- 허리를 굽히거나 비트는 자세를 최소화한다.
- 적절한 높이의 작업대를 이용한다.
- 밀고 당기며 운반하는 중량물 취급 시 손수레 등 적절한 도구를 이용한다.
- 적재 물건은 너무 높게 쌓지 않으며, 손잡이 높이나 두께가 적절한 도구를 사용한다.
- 허리에 무리한 영향을 주는 정적인 작업 자세를 줄인다.

5. 근골격계 부담 작업이란? (단기간 작업 또는 간헐적인 작업은 제외)

① 하루에 4시간 이상 집중적으로 자료입력 등을 위해 키보드 또는 마우스를 조작하는 작업.

② 하루에 총 2시간 이상 목, 어깨, 팔꿈치, 손목 또는 손을 사용하여 같은 동작을 반복하는 작업.

③ 하루에 총 2시간 이상 머리 위에 손이 있거나, 팔꿈치가 어깨 위에 있거나, 팔꿈치를 몸통으로부터 들거나, 팔꿈치를 몸통 뒤쪽에 위치 하도록 하는 상태에서 이루어지는 작업.

④ 지지되지 않은 상태이거나 임의로 자세를 바꿀 수 없는 조건에서, 하루에 총 2시간 이상 목이나 허리를 구부리거나 트는 상태에서 이 루어지는 작업.

⑤ 하루에 총 2시간 이상 쪼그리고 앉거나 무릎을 굽힌 자세에서 이루어지는 작업.

⑥ 하루에 총 2시간 이상 지지되지 않은 상태에서 1kg 이상의 물건을 한 손의 손가락으로 집어 옮기거나, 2kg 이상에 상응하는 힘을 가 하여 한 손의 손가락으로 물건을 쥐는 작업.

⑦ 하루에 총 2시간 이상 지지되지 않은 상태에서 4.5kg 이상의 물건을 한손으로 들거나 동일한 힘으로 쥐는 작업.

⑧ 하루에 10회 이상 25kg 이상의 물체를 드는 작업.

⑨ 하루에 25회 이상 10kg 이상의 물체를 무릎 아래에서 들거나, 어깨 위에서 들거나, 팔을 뻗은 상태에서 드는 작업.

⑩ 하루에 총 2시간 이상, 분당 2회 이상 4.5kg 이상의 물체를 드는 작업.

⑪ 하루에 총 2시간 이상, 시간당 10회 이상 손 또는 무릎을 사용하여 반복적으로 충격을 가하는 작업.

6. 작업 유형에 따른 자세 선택

작업 유형에 따라 결정된 최적의 작업 자세는 작업의 질(質)을 높이고, 생산성을 향상시키며, 일에 대한 만족도를 높인다.

(1) 작업 시 빈번하게 이동해야 하는 경우 서서 하는 작업형태가 좋다.

(2) 제한된 공간에서 작업 중 힘을 쓰는 작업은 서서 하는 작업형태가 좋다. 이때 발 걸이 또는 발 받침대를 함께 사용한다.

(3) 제한된 공간에서 가벼운 작업 중 빈번하게 일어나야 하는 경우에는 입/좌식(Sit-stand) 작업형태가 좋다.

(4) 제한된 공간에서의 가벼운 작업 중 일어나기가 거의 없는 경우에는 앉아서 하는 작업형태가 좋다.

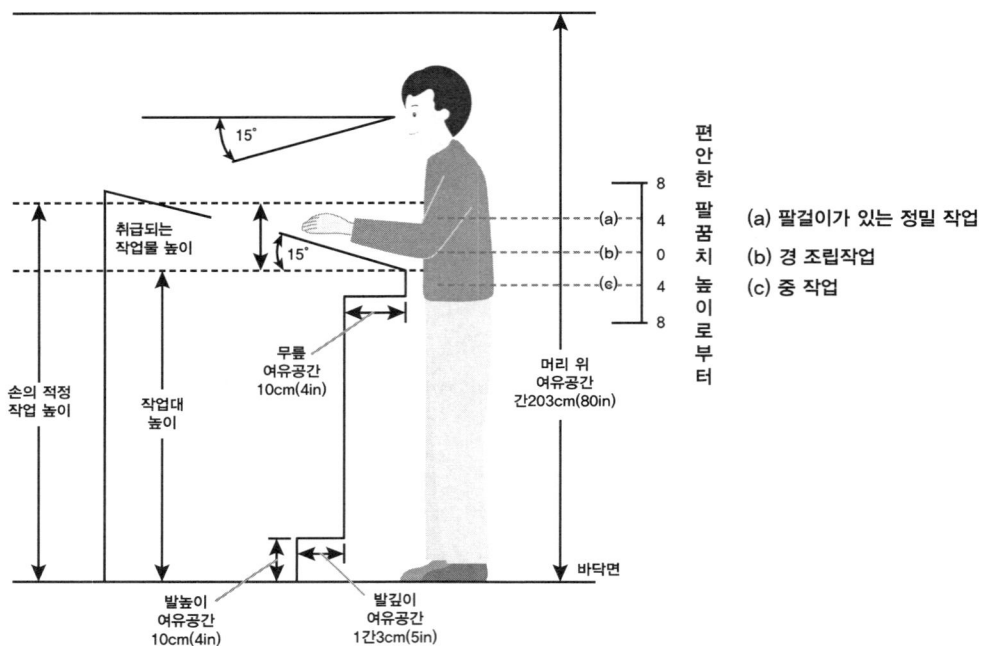

7. 작업환경개선을 위한 인체측정

작업대 및 작업기기의 조절 가능 범위, 작업형태와 방법 등을 설계 또는 선택할 때, 다음에서 정하는 인체측정 기준치를 이용하여 근로자의 신체조건과 운동성을 고려한다.

(1) **신장:** 신장이 큰 근로자를 기준으로 작업통로 및 고정식 작업대 높이 등을 설계함으로써 허리를 굽혀 작업하지 않게 한다.

(2) **머리 높이:** 신장이 큰 근로자를 대상으로 자연스런 자세에서 시야가 좁아지지 않게 한다.

(3) **어깨 높이:** 작업 시 손은 허리에서 어깨 높이 사이에 위치하도록 하며, 어깨 높이보다 높지 않게 한다.

(4) **팔 길이:** 뻗치는 작업의 경우, 팔 길이가 가장 짧은 사람을 기준으로 한다.

(5) **손 크기:** 손이 작은 근로자도 잡을 수 있도록 한다.

(6) **팔꿈치 높이:** 작업대(작업점) 및 의자의 높이를 결정할 때에는 팔꿈치 높이를 기준점으로 활용한다.

(7) **오금 높이:** 의자에 앉는 면의 높이는 오금의 높이에서 무릎 각도가 90도 전·후가 되도록 하고, 필요시 발걸이 또는 발 받침대를 활용한다.

(8) **엉덩이 너비:** 의자에 앉는 면의 너비 기준은 체격이 큰 근로자에게 맞춘다.

8. 작업 환경 개선방법

(1) 반복적인 작업

① 반복적인 작업을 연속적으로 수행하는 근로자에게는 해당 작업 이외의 작업을 중간에 넣거나, 다른 근로자로 순환시키는 등 장시간의 연속작업이 수행되지 않도록 한다.

② 반복의 정도가 심한 경우에는 공정을 자동화하거나, 다수의 근로자들이 교대하도록 하여 한 근로자의 반복작업 시간을 가능한 한 줄이도록 한다.

(2) 작업대

① 작업대(작업점) 높이는 작업 정면을 보면서 팔꿈치 각도가 90도를 이루는 자세로 작업할 수 있도록 조절하고, 근로자와 작업면의 각도 등을 적절히 조절할 수 있도록 한다.

② 작업대의 작업면은 그림과 같이 팔꿈치 높이 또는 약간 아래에 있도록 하고, 팔꿈치 이하 부위는 수평이거나 약간 아래로 기울게 한다. 또한 아주 정밀한 작업인 경우에는 팔꿈치 높이보다 높게 하고 팔걸이를 제공한다.

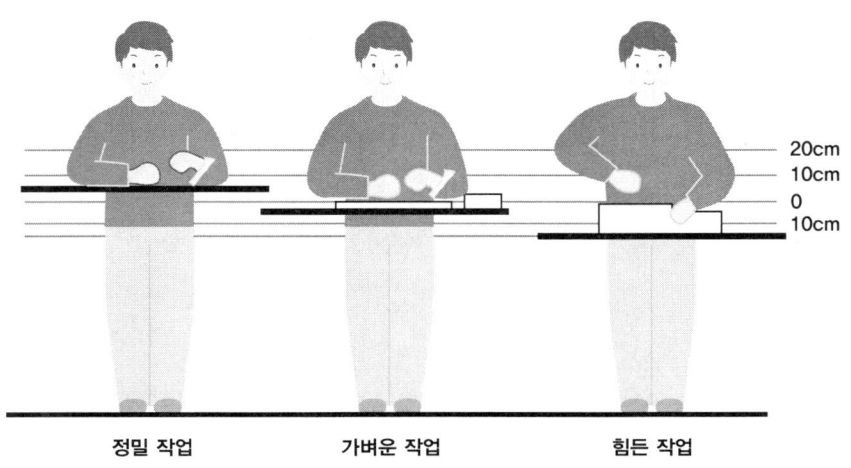

③ 작업영역은 그림과 같이 정상작업 영역 이내에서 이루어지도록 하고, 부득이한 경우에는 최대작업 영역에서 하되 그 작업을 최소화한다.

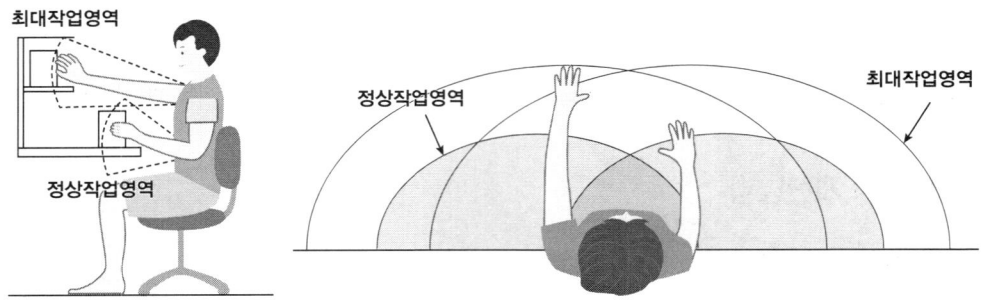

(3) 의자

① 장시간 앉아서 작업하는 경우, 의자의 높이는 눈과 손의 위치가 적절하고 무릎 관절의 각도가 90도 전·후가 되도록 조절할 수 있어야 한다.
② 의자는 충분한 너비의 등받이가 있어야 하고, 근로자의 체형에 따라 허리 부위부터 어깨 부위까지 편안하게 지지될 수 있어야 한다.
③ 의자에 앉는 면은 근로자의 엉덩이가 앞으로 미끄러지지 않는 재질과 구조로 하고, 의자의 깊이는 근로자의 등이 등받이에 닿을 수 있어야 한다.
④ 가능한 팔걸이가 있는 것을 사용한다.
⑤ 장시간 서서 작업하는 경우에는 입 좌식 의자(선 채로 엉덩이만 걸치는)나 작업 중 잠시 앉아 휴식을 취할 수 있는 의자를 제공한다.
⑥ 입 좌식 의자의 높이는 편안하게 서 있을 때, 엉덩이를 의자의 앉는 면에 걸칠 수 있도록 허벅지에서 엉덩이 전·후가 되도록 조절할 수 있어야 한다.
⑦ 입좌식 의자의 앉는 면(좌면) 각도는 조절할 수 있어야 한다.
⑧ 입좌식 의자는 몸을 기댈 때 뒤로 밀리거나 흔들리지 않고 지지할수 있는 구조이어야 한다.

9. 유해요인 조사 방법

안전보건규칙에 따라 유해요인 조사를 실시할 때에는 유해요인조사표 및 근골격계질환 증상조사표를 활용하여야 한다.

1. NLE (NIOSH)	들기작업지침 신체 : 허리(요통)
2. OWAS	신체 : 몸통(허리) 팔, 다리, 팔, 하중 육체작업에서 부적절한 작업자세 중공업, 조선업, 철강업
3. RULA Rapid Upper Limb Assessment	A - 윗팔, 아래팔, 손목, B - 목, 몸통, 다리, 팔꿈치, 어깨 컴퓨터 작업 / 상지의 작업
4. REBA Rapid Entire Body Assessment	손목, 아래팔, 팔꿈치, 어깨, 목, 몸통, 허리, 다리, 무릎, 발(X) 간호사, 서비스업 / 하지의 작업
5. JSI	반복성 있는 수작업 평가
6. ANSI - Z - 365	상지에서 발생하는 CTD 예방을 위한 지침
7. SNOOK'S TABLE	인력운반, 들기빈도, 최대무게, 밀기, 당기기

19 들기 작업

1. 중량물 취급작업 기준

(1) ILO 권고기준(20~35세 남자의 중량물 취급 기준은 24.5kg)

① 중량물 취급작업 근로자에 있어서 등, 허리 및 무릎 장애는 대조군에 비해 약 3배 정도 증가한다.

② 팔꿈치에 대한 장애는 약 10배 증가한다.

③ 엉덩이에 대한 장애는 약 5배 증가한다.

(2) NIOSH 감시기준 및 최대 허용기준

① NIOSH 기준의 적용 범위
- 보통 속도로 두 손을 들어 올리는 작업이라야 한다.
  (만약 빠른 속도로 들어 올리면 가속도가 작용하므로 적용불가능)
- 물체의 폭이 75cm 이하로 두 손을 적당히 벌리고 작업할 수 있어야 한다.
- 물체를 들어 올리는 자세가 자연스러워야 한다.
- 신발이 작업장 바닥에 닿을 때 미끄럽지 않아야 하며, 손으로 물체를 잡을 때 불편이 없어야 한다(Box인 경우는 손잡이가 있어야 한다).
- 작업장 내의 온도가 적절해야 한다.

② NIOSH 기준에 영향을 미치는 요인
- 물체의 무게
- 물체의 위치(사람과 물체와의 거리)
- 물체의 높이(바닥으로부터 물체가 처음 놓여 있는 장소의 높이)
- 물체를 들어 올리는 거리
- 작업빈도 및 작업시간

③ 근육, 골격 장애가 많이 발생하는 경우
- 무거운 물체를 취급할 때
- 부피가 큰 물체를 취급할 때
- 물체가 바닥에 놓여 있을 때
- 작업의 빈도가 높을 때

(3) NIOSH 권고치에 의한 중량물 취급 작업의 분류와 대책

① MPL(최대허용하중)을 초과하는 경우: 반드시 공학적 방법을 적용하여 중량물 취급 작업을 다시 설계한다.

② RWL(또는 AL)과 MPL 사이의 영역: 적절한 근로자의 선택과 적정 배치 및 훈련, 그리고 작업방법의 개선이 필요하다.

③ RWL 이하의 영역: 권고치 이하로 대부분의 정상 근로자들에게 적절한 작업조건이다.

(4) 1. NIOSH 들기지수 (LI)

$$LI = \frac{작업물무게}{RWL}$$

LI < 1 : 안전
LI > 1 : 요통발생위험 높다

RWL = LC * HM * VM * DM * AM * FM * CM

LC : 작업물 무게 (23KG)

HM 수평계수 = 25/H

VM 수직계수 = 1− [0.003 * (V − 75)]

DM 거리계수 = 0.82 + 4.5/D

AM 비대칭계수 = 1− (0.0032 * A)

(5) 중량물의 취급
사업주는 근로자가 항상 수작업으로 물건을 취급하는 경우에는 동 물건의 중량이 남자 근로자인 경우 체중의 40% 이하, 여자 근로자인 경우 체중의 24% 이하가 되도록 노력하여야 한다. 중량물의 폭은 일반적으로 75센티미터 이상 되지 않도록 하고, 중량물 취급 시에는 다음 각 호와 같이 어깨와 등을 펴고 무릎을 굽힌 다음가능한 물건을 몸체와 가깝게 잡아당겨 들어 올리는 자세를 취하여야 한다. 사업주는 중량을 초과하는 물건을 취급하게 할 경우에는 2인 이상이 함께 작업하도록 하고, 이 경우 각 근로자에게 중량이 균일하게 전달되도록 하며, 가능한 취급 중량을 표시하여야 한다.

중량물기준(산업안전보건법 질의회시집 2004)
−남자: 25kg −여자: 15kg

(6) 물건을 들어 올리는 법

① 중량물은 몸에 가깝게 한다.
② 발을 어깨넓이 정도로 벌리고, 몸은 정확하게 균형을 유지한다.
③ 무릎을 굽힌다.
④ 목과 등이 거의 일직선이 되도록 한다.
⑤ 등을 반듯이 유지하면서 다리를 편다.
⑥ 가능하면 중량물을 양손으로 잡는다.
⑦ 가능한 한 신체를 대상물에 접근시켜 중심을 낮게 하는 자세를 취한다.

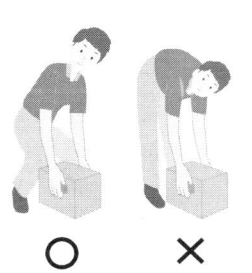
○   ×

몸을 비틀어 물건을 이동하면 위험하다.

(7) 중량물을 들어 올리는 작업에 관한 특별조치

① **중량물의 제한**(산업안전보건기준에 관한 규칙 제663조)
   ◆ 안전보건규칙 제663조(중량물의 제한)
   사업주는 인력으로 들어 올리는 작업에 근로자를 종사하도록 하는 때에는 과도한 중량으로 근로자의 목·허리 등 근골격계에 무리한 부담을 주지 아니하도록 최대한 노력하여야 한다.

② **중량물 취급 작업의 조건**(안전보건규칙 제664조)
   ◆ 안전보건규칙 제664조 (작업조건)
   사업주는 근로자가 취급하는 물품의 중량, 취급빈도, 운반거리, 운반속도 등 인체에 부담을 주는 작업의 조건에 따라 작업시간과 휴식시간 등을 적정하게 배분하여야 한다.

③ **중량의 표시 등**(안전보건규칙 제665조)
   ◆ 안전보건규칙 제665조 (중량의 표시 등)
   사업주는 5 킬로그램 이상의 중량물을 들어 올리는 작업에 근로자를 종사하도록 하는 때에는 다음 각호의 조치를 하여야 한다.
   - 주로 취급하는 물품에 대하여 근로자가 쉽게 알 수 있도록 물품의 중량과 무게중심에 대하여 작업장 주변에 안내표시를 한다.

- 물품 취급하기 곤란한 물체에 대하여 손잡이를 붙이거나 갈고리, 진공 빨판 등 적절한 보조도구를 활용한다.

④ 작업 자세 등(안전보건규칙 제666조)

◈ 안전보건규칙 제666조 (작업 자세 등)

사업주는 중량물을 들어 올리는 작업에 근로자를 종사하도록 하는 때에는 무게 중심을 낮추거나,대상물에 몸을 밀착하도록 하는 등 신체에 부담을 감소시킬 수 있는 자세에 대하여 널리 알려야 한다.

2. 단순 및 반복작업

(1) 단순반복 작업이란?

① 단순반복 작업이란 오랜 시간동안 반복되거나 지속되는 동작 또는 작업 자세로 수행되는 모든 작업요소를 말한다.

② 이러한 작업들은 근골격계 질환과 관련된 작업형태로 일반적으로 작업량, 작업속도, 작업강도 등을 작업자가 임의로 조정하기 어려운 작업을 관리 대상으로 하고 있다.

③ 작업형태가 단순 반복작업으로 세분화되고 경영합리화 등을 통한 작업 강도가 강화됨은 물론 공구 사용의 증가, 그리고 사무자동화를 통해 컴퓨터 영상단말기(VDT)의 대량 보급 등 작업 환경에 많은 변화를 가져오고 있으며, 과거에 비해 직업으로 인한 건강장해에 작업자들의 인식과 관심이 높아지고 국가, 기업 또는 노.사합의에 의한 규제가 강화되는 등 사회 환경에도 많은 변화가 이루어지고 있다.

(2) 누적외상성질환(CTDs:Cumulative Trauma Disorders) 이란?

누적외상성질환은 특정한 신체 부위의 반복작업과 불편하고 부자연스러운 작업 자세, 강한 작업강도, 작업 시 요구되는 과도한 힘, 불충분한 휴식, 추운 작업환경, 손과 팔 부위에 작용하는 과도한 진동 등이 원인이다.

누적외상성질환은 이러한 위험요인에 반복적으로 노출되어 목, 어깨, 팔꿈치, 손목, 손가락, 허 리, 다리 등 주로 관절 부위를 중심으로 근육과 혈관, 신경 등에 미세한 손상을 일으켜 통증과 감각 이상을 호소하는 근육골격계의 만성적인 건강장해로 알려져 있다.

3. VDT 증후군

(1) VDT 증후군 정의: VDT 증후군이라 함은 영상표시 단말기를 취급하는 작업으로 인하여 발생되는 경견완증후군 및 기타 근골격계증상, 눈의 피로, 피부증상, 정신신경계 증상 등을 말한다.

(2) VDT 증후군과 관련된 근골격계 질환의 명칭

① 경경완증후군(산업재해보상보험법 시행규칙 제39조)
② 작업관련 근골격계질환(미국): WMSDs(Work-Related Musculoskeletal Disorders)
③ 반복성 긴장장애(캐나다, 북유럽, 호주 등): RSI(Repetitive Strain Injuries)
④ 누적외상성 질환: CTDs(Cumulative Trauma Disorders)
⑤ 반복동작장애: RMS(Repetitive Motion Disorders)
⑥ 과사용증후군: Overuse Syndromes

(3) 거북목 증후군이란?

과다하고 잘못된 VDT 작업으로 목이 거북이처럼 앞으로 구부러진 자세로 변형되는 증상을 말한다.

(4) 올바른 VDT 작업 자세

① 의자 등받이 각도: 자료 입력시 90~105°, 기타 100~120°
② 팔꿈치 높이: 의자높이를 조정하여 자판기의 높이와 같도록 한다.
③ 팔의 각도: 위팔과 아래팔이 이루는 각도는 90°이상으로 한다.
④ 위팔상태: ③의 상태에서 위팔을 옆구리에 자연스럽게 붙인 상태가 좋다.
⑤ 손목상태: ④의 상태에서 아래팔과 손목과 손등은 수평이 되도록 한다.
⑥ 시 거리: 눈과 화면의 중심 사이의 거리가 40cm(약 두뼘) 이상 되어야 한다.
⑦ 화면의 경사각: 눈이 화면의 중심을 직각으로 볼 수 있도록 조정한다.
⑧ 의자에 앉은 상태: 의자 앉는 면과 작업자의 종아리 사이에 손가락이 들어갈 정도의 틈새를 확보한다.

01. 다음 ( ) 속에 들어갈 알맞은 용어로 짝지어진 것은?

* 허용범위를 벗어난 일련의 인간동작 중 하나를 (❶)라 하며,
* 계획된 목적 수행에 필요한 행동의 실행에 오류 발생하는 것은 (❷)
* 부적정한 계획 결과로 인해 원래의 목적 수행에 실패하는 것을 (❸)
* 작업자가 절차서의 지시를 고의로 따르지 않고, 다른 방향을 선택한 경우 (❹)이라 한다.

	❶	❷	❸	❹
①	Violation, 위반	Mistake, 실패	Slips, 가벼운 실수	휴먼 에러
②	Mistake, 실패	Slips, 가벼운 실수	휴먼 에러	Violation, 위반
③	휴먼 에러	Violation, 위반	Slips, 가벼운 실수	Mistake, 실패
④	Mistake, 실패	Violation, 위반	Slips, 가벼운 실수	휴먼 에러
⑤	휴먼 에러	Slips, 가벼운 실수	Mistake, 실패	Violation, 위반

02. A. D. Swain은 휴먼에러를 심리학적으로 생략에러, 수행에러, 순서에러, 시간적에러, 불필요한 수행 에러로 분류하고 그에 영향을 주는 3가지 주요 인자로 제대로 짝지어진 것은?

내적 요인	❶	❷	환경	작업시간(방법)	배치
외적 요인	❸	❹	숙련도	성격	연령
스트레스 인자	❺	직무	부하량	속도	온도, 습도

	❶	❷	❸	❹	❺
①	경험	휴식	의사소통	신체조건	신체리듬
②	의사소통	경험	휴식	신체리듬	신체조건
③	신체리듬	신체조건	경험	의사소통	휴식
④	휴식	의사소통	경험	신체조건	신체리듬
⑤	경험	신체조건	의사소통	휴식	신체리듬

해설

내적요인	환경	작업시간	휴식	배치	의사소통
외적요인	경험	숙련도	신체조건	성적	연령
스트레스인자	직무	부하량	속도	온도, 습도	신체리듬

 정답 01. ⑤ 02. ④

03. 미국의 심리학자인 알폰스 챠파니스 저서 [Applied Experimental Psychology ; Human Factor in Engineering Design]에서 인간공학의 정의에 해당하는 것은?

① 인간의 특성, 능력한계에 관한 정보를 작업, 기계·설비, 환경의 설계시 응용해서 인간이 안전하고 쾌적하게 그리고 효율성있게 작업을 하는 것 즉, 인간과 기계의 조화 있는 일체 관계를 만드는 것이다.
② 인간공학은 인간과 기계에 의한 작업이 생산성 향상, 환경·안전의 유지, 작업이 능률적이 되게 인간과 기계를 적합하게 하려는 것이다.
③ 인간공학은 인간의 작업이나 인간·기계 시스템의 능률이 향상되게 각종 기계설비를 설계하는 것으로 여기에는 정보의 표시 방법이나 제어방식도 포함된다.
④ 인간이 만든 대상 설비와 환경을 설비하는데 있어서 인간이 편리하고 안전하게 사용할 수 있도록 설계기법을 연구하는 학문이다.
⑤ 인간공학은 인간의 건강, 안전, 복지, 작업성 등의 개선을 요구하는 작업시스템, 제품, 환경을 안전의 신체적, 정신적 능력과 한계에 부합되도록 인간과학으로 부터 지식을 창출하고 통합하는 것이다.

04. 작업환경 영향요소인 작업의 난이도, 건강 유지 등 인간공학적인 설계 중 알맞지 않은 것은?

① 조명은 작업대의 조도기준에 따라 보통작업은 150룩스 이상으로, 사업장과 사무실의 휘도비는 보통 1:3이다.
② 온도는 작업의 경중에 따라 그 기준치를 달리하며, 최적온도는 18~21°C이며, 힘든 육체노동은 기온이 낮으면 쾌적하게 느끼게 된다.
③ 소음은 원치 않는 소리(시끄러운 소리)이며, 소음강도 90dB(A)에 8시간폭로를 허용기준으로 정하고 있고, 5dB(A) 증가할 때마다·허용시간은 1/2로 감소되는 5dB(A) 법칙이 적용된다. OSHA의 소음허용기준과 5dB(A) 법칙과는 일치하지 않는다.
④ 고열, 냉습, 온도, 기류 및 환기가 적절하지 않은 경우 작업자의 건강과 정신적 스트레스 및 육체적 피로에 영향을 크게 미친다.
⑤ 표시·조작장치는 작업정보가 정확하게 표시되고, 인간실수로 위험이 발생하지 않도록 보기 쉽고 이해하기 위한 명판을 붙이고, 오조작이 안되도록 보호장치 및 비상조작 장치를 설치한다.

해설 OSHA의 소음기준과 적용법칙이 일치한다.

 정답 03. ① 04. ⑤

05. 건강진단 결과 다음의 건강관리구분기준과 그 내용으로 맞지 않는 것은?

	구분	관리기준	건강관리내용
①	A	건강자	선후 관리가 필요없는 사람
②	C	요관찰자	직업성 질병 또는 일반질으로 진전될 우려로 추적 검사 관찰이 필요함
③	P	추가검사대상자	추가적인 검사가 필요한 사람
④	D1	직업병유소견자	직업성 질환의 소견을 보여 사후관리가 필요함
⑤	D2	일반질병유소견자	일반 질병의 소견을 보여 사후관리가 필요함

해설 • **실연법**(Performance Method) 학습자가 이미 설명을 듣거나 시범을 보고 알게된 지식이나 기능을 교사의 지휘나 감독 아래 직접적으로 연습에 적용을 해보게 하는 교육방법이다.

06. 근골격계질환의 평가기법 중 OWAS(Ovako Working Posture Analysis System)의 작업자세 분류체계에서 평가 항목이 아닌 것은?

① 무게/힘   ② 팔   ③ 몸통   ④ 발   ⑤ 머리와 목

해설 근골격계질환의 평가기법 중 OWAS(Ovako Working PostureAnalysis System)의 작업자세 분류체계에서 평가 항목에는 ① 무게/힘 ② 팔 ③ 몸통 ④ 다리 ⑤ 머리와 목이 있다.

07. 피로의 측정 방법 중 심리학적 측정 방법이 아닌 것은?

① 피부저항   ② 연속반응 시간   ③ 대뇌 활동   ④ 집중력   ⑤ 동작분석

해설 • **피로의 측정법:**
① 생리한적 측정 : 근력반사치, 대뇌활동, 호흡, 순환기 ② 생화학적 측정 : 혈색농도 측정, 혈액수분 측정, 요전해질 / 요단백질 측정 ③ 심리학적 측정 : 피부저항, 동작분석, 연속반응시간, 정신작업, 집중력 등

08. 바이오리듬의 종류 중 육체적 리듬의 주기는?

① 23일   ② 28일   ③ 33일   ④ 40일   ⑤ 31

해설 • **바이오 리듬의 종류별 주기:** ① 육체적 리듬: 23일 ② 감성적 리듬: 28일 ③ 지성적 리듬: 33일임

정답 05. ③   06. ④   07. ③   08. ①

09. 스트레스의 주요 요인 중 외부로부터의 자극요인이 아닌 것은?

① 경제적인 어려움
② 직장에서의 대인관계상의 갈등과 대립
③ 가정에서의 가족관계의 갈등
④ 현실에서의 부적응
⑤ 가까운 가족의 죽음이나 질병

해설 • **스트레스의 주요원인**: 1. 외부로부터의 자극 요인: ① 경제적인 어려움, ② 직장에서의 대인 관계상의 갈등과 대립 ③ 가정에서의 가족관계의 갈등 ④ 가까운 가족의 죽음이나 질병 ⑤ 자신의 건강문제 ⑥ 상대적인 박탈감 2. 마음속에서 일어나는 내적자극 요인: ① 현실에서의 부적응 ② 도전의 좌절과 자만심의 상충 ③ 자존심의 손상 ④ 지나친 경쟁심과 재물욕 ⑤ 업무상의 죄책감

10. 피로의 분류 중 보통의 휴식으로 회복되는 피로는?

① 정신적 피로　　② 육체적 피로
③ 급성 피로　　　④ 만성 피로
⑤ 객관적피로

해설 **피로의 분류**: ① **정신적 피로**: 정신적 긴장으로 일어나는 중추 신경계의 피로 ② **육체적 피로**: 근육에서 일어나는 피로(신체적 피로) ③ **급성피로**: 보통의 휴식으로 회복되는 피로(정상피로, 건강피로) ④ **만성피로**: 오랜 기간에 걸쳐 피로가 축적되어 휴식으로 에 의해 회복되지 않는 피로(축적피로).

11. 상해의 종류 중 타박, 충돌, 추락 등으로 피부 표면보다는 피하조직 또는 근육부를 다친 상해를 무엇이라 하는가?

① 부종　　② 좌상　　③ 창상　　④ 화상　　⑤ 자상

해설 **좌상(타박상)**: 상해의 종류중 타박, 충돌, 추락등으로 피부표면보다는 피하조직 또는 근육부를 다친 상해

12. 인체계측학에서 정적 측정방법에 대한 설명 중 틀린 것은?

① 형태학적 측정을 의미한다.
② 마틴식 인체측정장치를 사용한다
③ 나체측정을 원칙으로 한다.
④ 상지나 하지의 운동범위를 측정한다.
⑤ 고정자세를 기초로 하여 측정한다

정답 **09.** ③　**10.** ③　**11.** ②　**12.** ④　**13.** ②

13. 불특정 다수가 이용하는 출입문, 탈출구, 통로의 공간 등은 어떤 설계 기준을 적용하는 것이 인간공학적 설계라고 할 수 있는가?

① 최소치수의 원칙 ② 최대치수의 원칙
③ 평균치수의 원칙 ④ 최대 또는 평균치수의 원칙
⑤ 최소 또는 평균치수의 원칙

14. 다음 중 부품 배치의 원칙에 해당되지 않는 것은?

① 순서를 고려한 배치 원칙 ② 크기별 배치의 원칙
③ 중요성의 원칙 ④ 기능별 배치의 원칙
⑤ 사용 빈도의 원칙

15. 반지름이 1.5m인 다이얼 스위치를 1/2회전시킬 때 계기판의 눈금이 비례하며 3cm, 움직이는 표시장치가 있다. 이 표시장치의 C/R(control/ resopnse) 비는 얼마인가?

① 0.79 ② 1.57 ③ 2.33 ④ 3.14 ⑤ 6.28

16. 제품 디자인에 있어 인간공학적 고려대상이 아닌 것은?

① 가시정을 고려한 설계 ② 개인차를 고려한 설계
③ 사용 편의성의 향상 ④ 학습효과를 고려한 설계
⑤ 복합기능 증대를 위한 설계

17. 신호 검출이론에 의하면 시그널(signal)에 대한 인간의 판정결과는 네 가지로 구분된다. 이중 시그널을 노이즈(Noise)로 판단한 결과를 지칭하는 용어는 무엇인가?

① 올바른 채택(Hit) ② 허위경보 (False Alarm)
③ 누락(Miss) ④ 올바른 거부(Correct Rejection)
⑤ 적중

정답 13. ② 14. ② 15. ② 16. ⑤ 17. ②

18. 정량적인 동적 표시장치 중 눈금이 고정되고 지침이 움직이는 형태는?

① 계수형   ② 동침형   ③ 동목형   ④ 원형 눈금   ⑤ 혼합형

19. 인간기억 체계 중 감각보관에 대한 설명으로 <u>틀린</u> 것은?

① 가장 잘 알려진 감각보관 기구는 상보관(iconic storage)과 향보관(echoic storage)이 있다.
② 상보관은 자극이 사라진 뒤에도 시각적인 잔상이 유지되어 나타난다.
③ 향보관은 청각 자극이 수 초 동안 유지되는 것을 말한다.
④ 감각보관은 비교적 수동적으로 이루어진다.
⑤ 감각보관 빠르게 사라지고 새로운 자극으로 대체된다.

20. 다음 중 인간-기계 시스템의 설계원칙으로 <u>틀린</u> 것은?

① 인체 특성에 적합하여야 한다.
② 계기반이나 제어장치의 중요성, 사용빈도, 사용순서, 기능에 따라 적절한 배치가 이루어져야 한다
③ 시스템은 인간의 예상과 양립시켜야 한다.
④ 기계의 효율과 같은 경제적 원칙을 우선시한다.
⑤ 인간과 기계의 장점을 고려한 적절한 역할 분담을 한다.

21. 인간 기억의 여러 가지의 형태에 대한 설명으로 <u>틀린</u> 것은?

① 단기기억의 용량은 학습에 따라 무한히 커질 수 있다.
② 자극을 받은 후 단기기억에 저장되기 전의 시각적인 정보는 아이코닉 기억(Iconic memory)에 잠시 저장된다.
③ 계속해서 갱신해야 하는 단기기억의 용량은 보통의 단기기억 용량보다 작다.
④ 단기기억에 있는 내용을 반복하여 학습(research)하면 장기기억으로 저장된다.
⑤ 장기기억은 인식과 단기기억 및 의시결정에도 영향을 미친다.

정답 18. ③   19. ④   20. ④   21. ①

22. 근·골격계부담작업을 설명한 것 중 거리가 먼 것은?
  ① 하루 총 두 시간 이상 쪼그리고 앉아 일할 경우
  ② 하루 총 두 시간 이상 목을 사용하여 같은 동작을 반복 할 경우
  ③ 하루 총 두 시간 이상 진동에 노출 될 경우
  ④ 하루 총 두 시간 이상 지지되지 않은 상태에서 1kg 이상의 물건을 핀치그립으로 잡을 경우
  ⑤ 하루 총 두시간 이상 한손으로 4.5g 이상의 물건을 파워그립으로 잡을 경우

23. 근골격계질환의 유해요인조사와 관련하여 알맞지 않은 것은??
  ① 설비, 작업공정 작업량 속도 등 작업장 상황 조사
  ② 작업시간, 작업자세, 작업방법 등 작업조건 조사
  ③ 매 2년 이내 의무적인 조사 실시
  ④ 작업과 관련된 근골격계질환 징후 및 증상 유무 조사
  ⑤ 신설사업장의 경우 신설일로부터 1년이내 유해요인조사 실시

24. 다음 중 근골격계 질환의 징후가 아닌 것은?
  ① 기형   ② 악력의 저하   ③ 운동범위의 축소
  ④ 감각의 마비   ⑤ 기능의 손실

25. 근·골격계부담작업 종사자에게 유해성을 주지시켜야 하는 내용이 아닌 것은?
  ① 근골격계부담작업의 유해요인
  ② 근골격계질환의 요양 및 보상에 관한 사항
  ③ 근골격계질환의 징후 및 증상
  ④ 근골격계질환 발생시 대처 요령
  ⑤ 올바른 작업자세 및 작업도구 등의 올바른 사용 방법

26. 다음 중 근골격계질환의 직접적 유해요인과 거리가 먼 것은?
  ① 야간 교대 작업   ② 고반복   ③ 반복과 무리한 힘의 중복
  ④ 무리한 힘   ⑤ 나쁜자세

정답 22. ③ 23. ③ 24. ④ 25. ② 26. ①

27. 다음 중 인간공학적 작업분석 도구에 속하지 않은 것은?

① 작업긴장도 지수(Job strain index)   ② NIOSH 들기 공식
③ RULA(Rapid Upper Limb Assessment)   ④ 증상설문조사표
⑤ OWAS

28. NLE에 대한 설명 중 틀린 것은?

① 수평거리요인이 가장 큰 변수로 작용된다.
② LI 가 1이상이 나오면 비교적 안전하다.
③ 개정된 공식에는 허리의 비틀림도 영향을 주고 있다.
④ 근육의 회복시간과 작업시간과의 관련이 중요하다.
⑤ 개정공식에서는 손잡이 상태도 변수로 작용한다.

29. 다음 중 중립 자세가 아닌 것은?

① 손목이 Straight(직선)인 상태   ② 엘보우가 45도인 상태
③ 어깨가 이완된 상태   ④ 고개가 직립인 상태
⑤ 허리가 직립인 상태

30. 인간의 기억 체계 중 감각 보관(Sensory Storage)에 대한 설명으로 옳은 것은?

① 시.청.촉.후각 정보는 매우 짧은 시간 동안 보관된다.
② 정보가 암호화(coded)되어 보관된다.
③ 상(像) 정보는 수 분간 보관된다.
④ 감각 보관된 정보는 자동으로 작업 기억으로 이전된다.
⑤ 청각정보의 잔상효과를 이용한 것이 만화영화이다.

31. VDT work station의 인간공학적 설계에 맞지 않은 것은?

① 작업자의 눈과 화면은 최소 40cm이상 떨어져야 한다.
② 키보드에 손을 얹었을 때 팔꿈치 각도는 90°내외가 좋다.
③ 의자에 앉았을 때 몸통의 각도는 80°이내가 좋다.
④ 키보드에 손을 얹었을 때 팔의 외전은 15~20°가 적당하다.
⑤ 마우스의 위치는 몸통에서 떨어져서는 안된다.

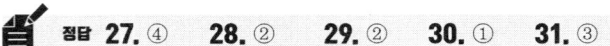
정답 27. ④   28. ②   29. ②   30. ①   31. ③

32. 인간공학의 주요 목적에 대한 설명으로 옳지 <u>않은</u> 것은?

① 제품의 사용자 수용성 및 사용편의성 증대
② 작업 오류 감소 및 생산성 향상
③ 제품 판매 비용 및 운송 비용 절감
④ 작업의 안전성 및 작업 만족도 개선
⑤ 노사관계 신뢰 개선

33. 검사 작업자가 한 로트에 100개인 부품을 조사하여 5개의 불량품을 발견하였으나 로트에는 실제로 10개의 불량품이 있었다면 이 검사 작업자의 휴먼에러 확률은?

① 0.04 ② 0.05 ③ 0.06 ④ 0.2 ⑤ 0.1

34. 정보의 전달량의 공식을 올바르게 표현한 것은?

① Noise = H(X) + T(X,Y)
② Equivocation = H(X) + T(X, Y)
③ Noise = H(X) − T(X,Y)
④ Equivocation = H(X) − T(X,Y)
⑤ Noise = H(X) + T(Y)

35. 휴먼에러에 대한 설명으로 올바르지 <u>못한</u> 것은?

① 시간에러(time error): 필요한 임무나 절차의 수행이 늦은 경우 발생한 에러
② 실행에러(commission error): 임무 또는 절차를 부정확하게 수행한 에러
③ 불필요한 수행 오류(extraneous error): 필요한 임무나 절차의 순서 착오로 발생한 오류
④ 생략에러(omission error): 임무수행을 빠뜨린 에러
⑤ 순서오류 : 순서착오로 발생한 에러

36. 다음 중 성격이 다른 오류형태는?

① 선택(selection) 오류
② 순서(sequence)오류
③ 누락(omission)오류
④ 시간지연(timing)오류
⑤ 불필요한 수행 오류(extraneous error)

정답 32. ③ 33. ② 34. ④ 35. ③ 36. ③

37. 다음 중 NIOSH 직무 스트레스 모형의 중재요인에 해당되지 않는 것은?
① 개인적 요인
② 완충작용 요인
③ 환경요인
④ 조직 외 요인
⑤ 작업요인, 조직요인, 환경요인 등이 반응으로 나아가는 단계에 중재하는 요인

38. 다음 중 작업장에서 인간공학을 적용함으로써 얻게 되는 효과로 볼 수 없는 것은?
① 작업손실시간의 감소
② 회사의 생산성 증가
③ 노, 사간의 신뢰성 저하
④ 건강하고 안전한 작업조건 마련
⑤ 근·골격계 질환자의 감소

39. 새로운 광도수준에 대한 눈의 적응을 무엇이라 하는가?
① 시력
② 순응
③ 간상체
④ 조도
⑤ 시각

40. 다음 중 Fitts의 법칙에 관한 설명으로 옳은 것은?
① 표적이 작을수록, 이동거리가 길수록 작업의 난이도와 이동시간이 증가한다.
② 표적이 클수록, 이동거리가 길수록 작업의 난이도와 이동시간이 증가한 다.
③ 표적과 이동거리는 작업의 난이도와 소요 이동시간과 무관하다.
④ 표적이 작을수록, 이동거리가 짧을수록 작업의 난이도와 소요이동시간이 증가한 이동거리와는 무관하다.

41. 다음 중 인간의 후각 특성에 대한 설명으로 틀린 것은?
① 후각은 특정 물질이나 개인에 따라 민감도의 차이가 있다.
② 특정한 냄새에 대한 절대적 식별 능력은 떨어진다.
③ 훈련을 통하며 식별능력을 향상시킬 수 있다.
④ 후각은 냄새 존재 여부보다는 특정 자극을 식별하는 데 사용되는 것이 효과적이다.
⑤ 후각 능력은 사람에 따라 다소 차이가 있을 수 있다.

정답 37. ③ 38. ③ 39. ② 40. ① 41. ④

42. [그림]은 인간-기계 통합 체계의 인간 또는 기계에 의해서 수행되는 기본기능의 유형이다. 다음 중 [그림]의 A부분에 해당하는 내용은?

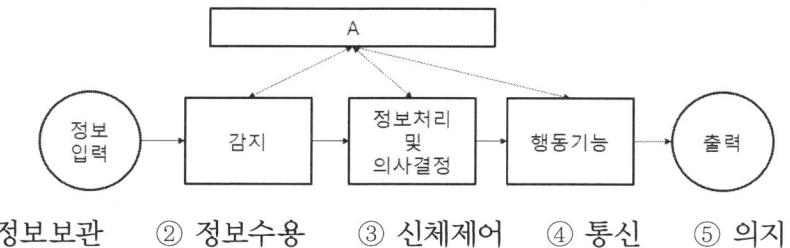

① 정보보관   ② 정보수용   ③ 신체제어   ④ 통신   ⑤ 의지

43. 반경 10cm 의 조정구를 30°를 움직일 때 표시장치의 지침이 약 1cm 이동하였다. 이 장치의 조종-반응비율(C/R ratio)은 약 얼마인가?

① 2.56   ② 3.12   ③ 40.5   ④ 5.23   ⑤ 3.23

44. 다음 중 시각적 암호화(coding)의 설계시 고려 사항이 아닌 것은?

① 사용될 정보의 종류
② 코딩의 중복 또는 결합에 대한 필요성
③ 수행될 과제의 성격과 수행조건
④ 코딩 방법의 분산화
⑤ 시각 정보의 크기

45. 기능적 인체치수 측정에 대한 설명으로 옳은 것은?

① 앉은 상태에서만 측정하여야 한다.
② 움직이지 않는 표준자세에서 측정하여야 한다.
③ 5~95% 에 대해서만 정의 된다.
④ 신체 부위의 동작범위를 측정하여야 한다.
⑤ 정적 인체 치수와 동일하다.

46. 다음 중 청각 표시장치를 사용할 경우 가장 유리한 것은?

① 수신하는 장소가 소음이 심할 경우
② 정보가 즉각적인 행동을 요구하지 않는 경우
③ 전달하고자 하는 정보가 나중에 다시 참조되는 경우
④ 전달하고자 하는 정보가 길거나 복잡한 경우
⑤ 시각적인 정보가 활용될 수 없는 간이 칸막이가 있는 경우

정답 42. ①   43. ④   44. ④   45. ④   46. ⑤   47. ③   48. ①

47. 다음 중 인간공학의 자료분석에서 "통계적 유의성"을 의미하는 것으로 틀린 것은?

① 관찰한 영향이나 방법의 차이가 우연적일 확률이 낮음을 의미한다.
② 종속변수에 대한 영향이 우연적인 것이 아니라면, 그 영향은 독립변수에 의한 것이다.
③ 평균치의 차이는 없다.
④ 독립변수는 그 종속변수에 대하여 유의적 영향이 있다.
⑤ 종속변수의 영향은 없다.

48. 다음 중 상황해석을 잘못하거나 틀린 목표를 착각하여 행하는 인간의 실수는?

① 착오(Mistake) ② 실수 (Slip)
③ 건망증(Lapse) ④ 위반 (Violation)
⑤ 결함 (fault)

49. 다음 실내 표면에서 일반적으로 추천반사율의 크기를 올바르게 나열한 것은?

❶ 바닥 ❷ 천정 ❸ 가구 ❹ 벽

① ❶ < ❸ < ❹ < ❷   ② ❶ < ❹ < ❸ < ❷   ③ ❹ < ❶ < ❷ < ❸
④ ❹ < ❷ < ❶ < ❸   ⑤ ❸ < ❷ < ❶ < ❹

50. 다음 중 인체에서 뼈의 주요 기능으로 볼 수 없는 것은?

① 인체의 지주   ② 장기의 보호
③ 골수의 조혈기능   ④ 영양소의 대사작용
⑤ 신체를 동작하게 함

51. 다음 중 동작경제의 원칙과 가장 거리가 먼 것은?

① 두 팔의 동작은 동시에 같은 방향으로 움직일 것.
② 두 손의 동작은 같이 시작하고 같이 끝나도록 할 것.
③ 급작스런 방향의 전환은 피하도록 할 것.
④ 가능한 관성을 이용하여 작업하도록 할 것.
⑤ 가능한 잡고 있는 동작을 없앤다.

정답 47. ③   48. ①   49. ①   50. ④   51. ①

52. 다음 중 육체적 활동에 대한 생리학적 측정방법으로 가장 거리가 먼 것은?
① 에너지 대사량　② ECG
③ EMG　④ 심박수
⑤ Flicker frequency

53. 다음중 양립성의 원칙적용에 대한 설명을 맞지 않는 것은?
① 공간적 양립성　② 개념적 양립성
③ 운동적 양립성　④ 조작 실수가 적다
⑤ 학습시간이 길다

54. 인간공학에 대한 설명으로 틀린 것은?
① 인간의 특성 및 한계를 고려
② 편리성, 안전성, 효율성 제고
③ 인간중심을 설계
④ 인간을 기계와 일에 맞추려는 설계 철학
⑤ 작업을 인간에게 적합하게 하는 것

55. 다음 중 근골격계 질환의 원인과 가장 거리가 먼 것은?
① 반복적인 동작　② 고온의 작업환경
③ 과도한 힘의 사용　④ 부적절한 작업자세
⑤ 접촉스트레스

56. OWAS 평가방법에서 고려되는 평가항목으로 가장 적절하지 않은 것은?
① 하중　② 허리　③ 다리　④ 손목　⑤ 팔

57. 다음 중 NIOSH Lifting Equation (NLE)의 평가를 적용할 수 있는 가장 적절한 작업은?
① 들기 작업　② 반복적인 작업
③ 밀기 작업　④ 당기기 작업
⑤ 상지 작업

정답 52. ⑤　53. ⑤　54. ④　55. ②　56. ④　57. ①

58. 다음 중 인체치수 측정에 관한 설명으로 옳은 것은?

① 구조적 치수는 활동 중인 신체의 자세를 측정한 치수이다.
② 신체 측정치는 나이, 성, 인종에 따라 다르게 나타난다.
③ 기능적 치수는 정적 자세에서 측정한 신체치수 이다.
④ 동적 상태의 부위 측정은 KS 규격에 따라 마틴(Martin) 인체 측정기를 이용한 직접측정법을 사용한다.
⑤ 구조적 치수는 좌식 자세에서 측정한다.

59. 다음 중 물체의 상이 망막의 앞에서 맺히는 것은?

① 정상시　　　　　② 원시
③ 근시　　　　　　④ 난시
⑤ 색약

60. 전화기 사용시 번호 버튼을 누를 때마다 눌리는 소리가 사용자에게 들리게 하는 설계 원리와 관계 있는 것은?

① 가시성　　　　　　　② 양립성의 원칙
③ 제약과 행동유도성　　④ 피드백의 원칙
⑤ fail safe

61. 근육이 수축할 때 발생하는 전기적 활성을 기록하는 것은?

① ECG(심전도)　　　② EEG(뇌전도)
③ EMG(근전도)　　　④ EOG(안전도)
⑤ RMR(에너지 대사율)

62. 전신 진동의 진동수가 어느 정도일 때 흉부와 복부의 고통을 호소하게 되는가?

① 4~10Hz　　　② 8~12Hz
③ 10~20Hz　　 ④ 20~30Hz
⑤ 30~50Hz

정답 61. ③　58. ②　59. ③　60. ④　62. ①

63. 청력손실은 개인마다 차이가 있으나, 어떤 주파수에서 가장 크게 나타나는가?
① 1,000Hz　　② 2,000Hz
③ 3,000Hz　　④ 4,000Hz
⑤ 7,000Hz

64. 육체적 작업에 따라 필요한 산소와 포도당이 근육에 원활히 공급되기 위해 나타나는 순환기 계통의 생리적 반응이 아닌 것은?
① 심박출량 증가　　② 심박수의 증가
③ 혈압 상승　　④ 혈류의 재분배
⑤ 적혈구 감소

65. 신체 부위가 몸의 중심선에서 바깥쪽으로 움직이는 동작을 일컫는 용어는?
① 신전(flexion)　　② 외전(abduction)
③ 폄 (extension)　　④ 내선(medial rotation)
⑤ 상향(supination)

66. 플리커 시험(Flicker Test)이란?
① 산소 소비량을 측정하는 방법이다.
② 뇌파를 측정하여 피로도를 측정하는 시험이다.
③ 눈동자의 움직임을 살펴 심리적 불안감을 측정하는 시험이다.
④ 빛에 대한 눈의 깜빡임을 살펴 정신피로의 척도로 사용하는 방법이다.
⑤ 근육운동량을 측정한다.

67. 강도 높은 작업을 마친 후 휴식 중에도 근육에 추가적으로 소비되는 산소량을 무엇이라 하는가?
① 산소결손　　② 산소결핍
③ 산소부채　　④ 산소요구량
⑤ 산소과잉

 정답　63. ④　64. ⑤　65. ②　66. ③　67. ③

68. 다음 신체동작의 유형 중 관절에서의 각도가 감소하는 신체부분의 동작은?

① 굽힘(flexion) ② 내선(medial rotation)
③ 폄(extension) ④ 벌림(abduction)
⑤ 외전(abduction)

69. 다음 중 에너지대사율(RMR)을 올바르게 정의한 식은?

① RMR = 기초대사량 / 작업대사량
② RMR = (작업시간 * 소비에너지) / 작업대사량
③ RMR = (작업시 소비에너지 − 안정시 소비에너지) / 기초대사량
④ RMR = 작업대사량 / 소비 에너지량
⑤ RMR = 작업대사량 / 기초대사량

70. 다음 중 조도의 단위는?

① lumen   ② lux   ③ candela   ④ foot − lambert   ⑤ watt

71. 육체적으로 격렬한 작업시 충분한 양의 산소가 근육활동에 공급되지 못해 근육에 축적되는 것은?

① 피루브산   ② 젖산   ③ 초성포도산
④ 클리코겐   ⑤ 이산화 탄소

72. 휴먼에러 중 불필요한 작업 또는 절차를 수행함으로써 기인한 에러는?

① commission error   ② sequential error   ③ extraneous error
④ time error   ⑤ omission error

정답 68. ①   69. ②   70. ②   71. ②   72. ③

CHAPTER 4
시스템 안전

1. 위험성 예측·평가 기법
2. 결함수분석(Fault Tree Analysis, FTA)
3. 시스템 위험 분석
4. 기계·설비의 안전설계기법
5. 안전성 평가
6. 유해·위험방지계획서 (사업장 안전성 평가 제도)

CHAPTER 4 시스템 안전

1 위험성 예측·평가 기법

1. 예비 위험성 분석(PHA: Preliminary Hazard Analysis)

  (1) 정의

　　모든 시스템 안전 프로그램에서 최초 단계의 해석이다. 시스템의 개발 단계에서 시스템 내의 위험한 요소가 어디에 존재하는가, 어떤 위험 상태에 있는가, 안전기준 및 시설의 수준은 어떠한가 등의 시스템 고유의 위험상태를 판명해 내고 예상되는 재해의 위험 수준을 결 정하는 정성적인 평가 방법이다.

Class 1	파국적	사망, 시스템 손상
Class 2	위기적	심각한 상해, 시스템 중대 손상
Class 3	한계적	경미한 상해, 시스템 성능 저하
Class 4	무시	경미한 상해 및 시스템 저하 없음

  (2) PHA 카테고리 분류
  (3) PHA의 목적

　　시스템 개발단계에서 시스템 고유의 위험 영역을 식별하고, 예상되는 재해의 위험 수준을 평가하는 데 있다.

2. 결함 위험성 분석(FHA: Fault Hazard Analysis)

  (1) 정의

　　복잡한 시스템에 있어 전체 시스템을 몇 개의 하부체계로 나누어 분할 제작하는 경우,

하부체계 간의 상호연관 부문을 조사하여 각 하부 체계가 다른 하부체계 또는 전체 시스템의 안전성에 악영향을 미치지 않도록 분석, 보증하는 기법이다.

3. 운용 위험성 분석(OHA: Operating Hazard Analysis)

지정된 시스템을 운용하는 모든 사용 단계에서 생산, 보전, 시험, 운반, 저장, 운전, 비상, 탈출, 구조, 훈련 및 폐기 등에 사용되는 인원 순서 설비에 관하여 위험을 식별하고 제어하며, 이들의 안전요건을 결정하기 위하여 실시하는 분석이다.

4. 고장 모드 및 영향 분석 (FMEA: Failure Modes and Effects Analysis)

(1) 정의

전형적인 귀납적이고 정성적 분석방법으로 하나의 부품이 고장 나는 경우 전체 시스템이나 사용 작업자 혹은 임무완수에 어떠한 영향을 미치는가를 도표화 하여 분석하는 것이다.

(2) FMEA 위험성 분류

발생확률 (β)에 따른 분류	위험성 분류 표시
· 실제 손실 $\beta = 1.00$ · 예상되는 손실 $0.1 < \beta < 1.0$ · 가능한 손실 $0 < \beta \leq 0.1$ · 영향 없음 $\beta = 0$	· category 1: 생명 또는 가옥의 상실 · category 2: 임무 수행의 실패 · category 3: 활동의 지연 · category 4: 손실과 영향 없음

(3) FMEA 장·단점

① 장점
- FTA에 비해 서식이 간단하다.
- 적은 노력으로 특별한 훈련 없이 분석이 가능하다.

② 단점
- 동시에 둘 이상의 요소가 고장 나면 해석이 곤란하다.
- 요소가 물체에 한정되어 있어 인적 원인 해석이 곤란하다.
- 논리적으로 빈약하다.

5. 치명도분석(CA: Criticality Analysis)

 위험성이 높은 요소이다. 특히 고장이 직접 시스템의 손상이나 사람의 사상으로 연결되는 요소에 대해서 특별한 주의와 분석이 필요하다. 이러한 높은 치명도(위험도)를 갖는 요소 또는 그 고장의 형태에 대한 정량적 분석을 치명도 분석이라 한다.

6. 사상수목 분석(ETA: Event Tree Analysis)

(1) 정의

 재해요인의 발생 사상의 확률을 이용하여 시스템의 안전도를 평가하는 귀납적이고 정량적인 시스템 분석법으로 재해 발생의 발단 사상에서 재해까지 논리적 전개를 나무 형태로 표현하는 것이다. 원래 수목 분석은 의사결정 이론에서 빌려온 것으로 상호 배반적인 상황의 전개와 그 발생 확률을 가시적으로 확인할 수 있다는 장점이 있다.

(2) ETA 작성 방법

① 시스템 다이어그램에서 좌에서 우로 진행한다.
② 요소의 성공 사상은 위쪽에, 실패 사상은 아래쪽으로 분기한다.
③ 분기된 각 사상의 합은 항상 1이다.
④ 분기마다 안전도와 불안전도의 발생 확률이 표시된다.
⑤ 각각의 제곱의 합으로 최후에 시스템의 안전도가 계산된다.
  * ETA와 DT(디시전 트리)의 작성방법은 동일하다.

7. 결함수목분석(FTA: Fault Tree Analysis)

 전형적인 연역적 추론 방법으로 시스템의 고장이나 재해라는 바람직하지 않은 사상에 대해 각 아이템 구성요소가 기여하는 정도를 논리적 기호를 통해 가시적으로 표현한다. 시스템의 안전이 확보되기 위한 최소한 집합 혹은 시스템 속에서 각 부품의 상대적 중요도 등 매우 유용한 결과를 얻을 수 있다.

 이 분석의 배경에 부울대수라는 수학적 이론이 단단하게 지원하고 있으며, 컴퓨터의 발달에 따라 더욱 유용성을 보여주고 있다.

8. 인간 과오율 예측기법(THERP: Technique for Human Error Rate Prediction)

인간의 행위나 과오가 시스템에 미치는 영향을 정량적으로 고리(loop) 혹은 바이패스(by-pass)를 통해 나타내는 그래픽 기법이다. 기본적으로 ETA의 변형이라고 볼 수 있는 인간-기계 시스템의 작업방법및 작업 진행의 검토 등 국부적인 상세 분석에 적합하다. 서로 다른 상황에서 일으키는 인간의 행위 또는 시행착오 간에 상대적으로 인정되는 일정한 비율의 인간 과오율을 평가하는데 사용한다.

9. 경영소홀 및 위험 수목분석(MORT: Management Oversight and Risk Tree)

FTA와 동일한 논리기법을 사용해서 관리, 설계, 생산, 보전 등 광범위한 요인들의 검토를 통해 안전을 도모하기 위한 연역적이고, 정량적인 분석 기법이다.

10. 의사결정수 분석법(DT: Decision Tree)

요소의 신뢰도를 사용해서 시스템의 신뢰도를 나타내는 기법으로 귀납적이고, 정량적인 분석 방법이다.

11. 위험 및 운전성 검토(HAZOP: HAZard and OPerability analysis)

각각의 장비에 대해 잠재된 위험이나 기능저하 등 시설에 결과적으로 미칠 수 있는 영향을 평가하기 위하여 공정이나 설계도 등에 체계적인 검토를 행하는 것을 말한다.

THERP	정량적		인간의 실수
FMEA	정성적	귀납적	CA와 병행하는 일 많다 동시에 2가지 이상 고정시 분석이 곤란
ETA	정량적	귀납적	설비 설계단계에서부터 사용단계까지 각 단계에서 위험을 분석
FTA	정량적	연역적	예측기법 활용으로 예방적가치 높은 기법
DT	정량적	귀납적	
HAZOP			guide word와 공정의 파라미터를 결합 → 위험요소 문제점을 도출
MORT			관리 설계 생산 보전등 넓은 범위의 안전성을 검토하는 기법 / FTA 동일 논리적 방법
PHA	정성적		최초 단계의 분석으로 시스템 내의 위험 요소가 얼마나 위험한 상태에 있는가
CA			직접 시스템의 손실과 인명의 사상에 연결되는 높은 위험도를 가진 요소나 고장의 형태에 따른 분석

2 결함수분석(FTA: Fault Tree Analysis)

1. 개요

시스템 안전해석 기법 중 연역적 해석기법의 대표 격이라고 할 수 있는 FTA는 결함수 분석 또는 결함 관련수 분석이라고도 한다. 기계설비 또는 인간-기계 시스템의 고장이나 재해 발생 요인을 Tree 도표로 분석하는 방법이다.

FTA는 고장이나 재해요인의 정성적인 분석뿐만 아니라 개개의 요인이 발생하는 확률이나 고장률 등 정량적인 분석까지 가능하다. 그러므로 재해 발생 후의 원인 규명에도 효과가 있지만, 재해 발생 이전의 예측기법으로 활용가치가 높다. 분석 수분을 얼마나 세밀하게 하느냐에 따라 재해의 직접 원인만을 분석할 수도 있고, 반대로 복잡한 시스템을 상세하게 분석할 수도 있기 때문에 융통성도 매우 높고 더욱이 컴퓨터의 발달에 따라 더욱 유용한 분석기법으로 활용되고 있다.

2. FTA의 특징

사상과 원인과의 관계를 논리기호(AND와 OR)를 사용하여 나뭇가지 모양의 그림(Tree)으로 나타낸 FT(Fault Tree)를 만들고, 이에 의거하여 시스템의 고장확률을 구함으로써 취약 부분을 찾아내어 시스템의 신뢰도를 개선하는 정량적 고장해석 및 신뢰성 평가 방법이다.

3. 논리기호 및 사상기호

(1) 게이트 기호

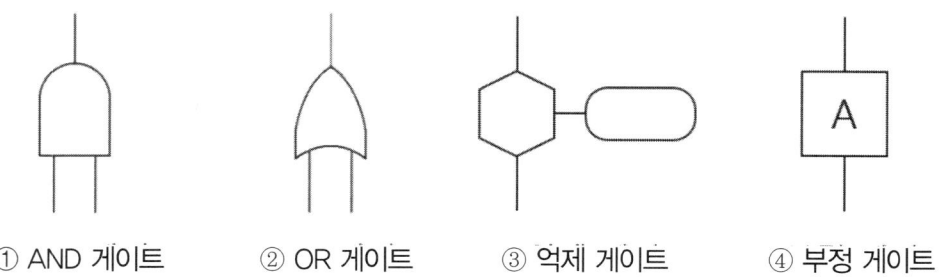

① AND 게이트　② OR 게이트　③ 억제 게이트　④ 부정 게이트

① AND게이트: 입력사상이 전부 발생하는 경우에만 출력사상이 발생하는 논리게이트이고, AND게이트에는 · 를 OR게이트에는 +를 표기하는 경우도 있다.
② OR게이트: 한 개 이상의 입력이 발생하면 출력사상이 발생하는 논리게이트이다.
③ 억제게이트: 수정기호를 병용해서 게이트 역할을 한다.
④ 부정게이트: 입력사상의 반대사상이 출력된다.

(2) 수정 기호

① 우선적 AND 게이트: 입력 사상이 특정 순서대로 발생한 경우에만 출력 사상이 발생하는 논리 게이트이다.

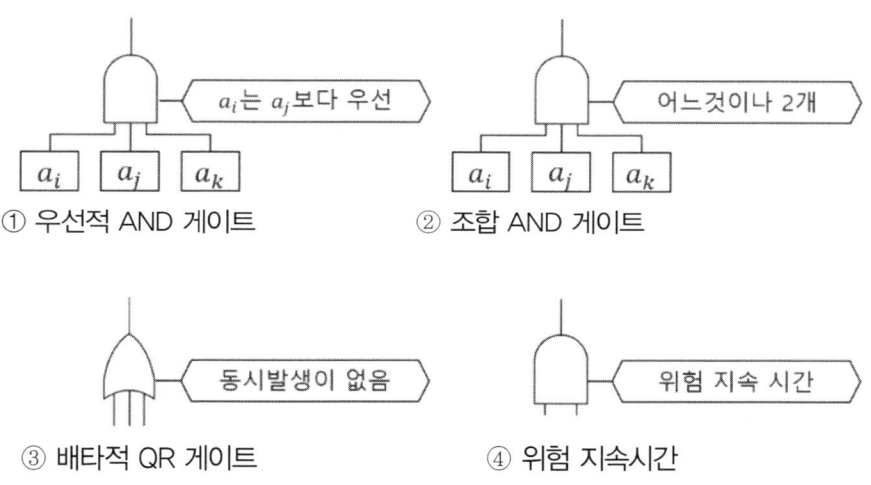

② 조합 AND 게이트: 3개 이상의 입력 중 2개가 일어나면 출력이 생긴다.
③ 배타적 OR 게이트: 입력 사상 중 오직 한 개의 발생으로만 출력 사상이 생성되는 논리게이트이다.
④ 위험 지속 AND 게이트: 입력이 생겨서 일정 시간이 지속될 때 출력이 생긴다.

4. FTA 진행 순서

(1) 정상사상(Top Event)의 선정

① 분석하려는 시스템에 대하여 생산공정의 구성, 기능, 작동내용 및 작업방법이나 동작 등 문제점을 충분히 파악한다. 이때 필요하면 시스템의 정상운행을 나타내는 그래프나 배치도 등도 검토한다.

② 예상되는 재해를 과거의 재해사례나 재해통계를 기초로 가급적이면 광범위하게 조사하여 사고나 재해를 가져오게 하는 과정을 모형화한다.
③ 재해의 위험도를 검토하여 분석할 재해를 결정한다. 이 단계에서 필요하면 예비사고 해석(PHA)을 실시한다.
④ 재해의 위험도를 고려하여 재해 발생확률의 목표값을 정한다.

(2) 사상의 재해 원인 규명: 재해에 관련된 기계의 불량상태나 작업자의 과오 등 재해 발생 요인들에 대해 그 원인과 영향 상호 연관 관계 등을 가급적 상세히 조사한다.

(3) FT도의 작성 및 분석
① 결함수를 작성하고 작성한 결함수를 수식화하여 부울대수를 사용하여 간략화한다.
② 간략화된 결함수를 대상으로 정성적인 분석을 실시한다. 즉 최소 절단집합(Minimal Cut Set), 최소경로집합(Minimal Path Set), 구조함수 등을 구한다.
③ 필요하면 정량적 분석을 실시한다. 즉 기계불량 상태나 작업자의 과오 발생확률을 현장조사나 관련 자료에 의해 결정하고, 결함수에 표시한 후 분석하는 재해의 발생확률을 계산한다. 계산된 발생확률 결과를 과거의 재해 또는 재해에 이르는 중간사고의 발생률과 비교하여 검토한다.
④ FTA의 규모가 클 때에는 이상의 과정을 컴퓨터를 이용하여 분석한다.

(4) 개선계획의 작성: 완성된 결함수를 분석해서 재해의 발생확률이 목표값을 넘을 경우에 가장 효과적인 안전수단을 검토하고 비용이나 기술 등 여러 조건을 고려해서 가장 유효한 재해방지 대책을 세운다.

5. FTA에 의한 재해사례 연구 순서

1 단계	2 단계	3 단계	4 단계
톱 사상의 설정	재해 원인 규명	FT도의 작성	개선계획의 작성
① 시스템의 안전 보건 문제점 파악 ② 사고,재해의 모델화 ③ 문제점의 중요도 우선 순위의 결정 ④ 해석할 톱사상의 결정	① 톱사상의 재해 원인의 결정 ② 중간사상의 재해 원인의 결정 ③ 말단사상까지 전개	① 부분적 FT도를 다시 봄 ② 중간사상의 발생 조건의 재검토 ③ 전체의 FT도의 완성	① 안전성이 있는 개선안의 검토 ② 제약의 검토와 타협 ③ 개선안의 결정 ④ 개선안의 실시 계획

6. FTA의 활용 및 기대효과

FTA를 이용하면 재해사고 요인들의 연관 관계를 시각적으로 표시할 수 있다. 정성적 분석과 정량적 분석을 통해 재해 발생 확률이 높은 인적·물적·환경상의 위험 및 유해사항에 대한 안전대책을 강구할 수 있어 체계적이고 과학적인 재해 예방조치를 할 수 있다.

① 사고원인을 간편하게 규명할 수 있다.
② 사고원인 분석의 일반화를 도모할 수 있다.
③ 사고원인의 정량적 분석이 가능해진다.
④ 재해 원인 규명을 위한 노력과 시간이 절감된다.
⑤ 시스템의 결함 집단을 파악하기 쉽다.
⑥ 안점점검표를 작성하는데 도움이 된다.

7. 컷셋과 패스셋

(1) 컷셋(Cut Set): 정상사상을 발생시키는 기본 사상의 집합으로 그 안에 포함되는 모든 기본사상이 발생할 때 정상사상을 발생시킬 수 있는 기본사상의 집합이다.

(2) 미니멀 컷(Minimal Cut Set, 최소절단집합)
① 컷셋의 집합 중에서 정상사상을 일으키기 위하여 필요한 최소한의 컷셋을 미니멀 컷셋이라 한다(시스템의 위험성 또는 안전성을 나타냄).
② 미니멀 컷셋은 시스템의 기능을 마비시키는 사고요인의 최소집합 이다.
③ 컷셋중 타 컷셋을 포함하고 있는 것을 배제하고 남은 컷셋들을 의미한다(최소한의 컷).
④ 시스템의 위험성을 나타낸다.

(3) 패스셋(Pass Set)
① 포함된 모든 기본사상이 일어나지 않을 때 처음으로 정상사상이 일어나지 않는 기본사상의 집합 → 결함
② 시스템의 고장을 일으키지 않은 기본사상들의 집합

(4) 미니멀 패스(Minimal Pass Set, 최소경로집합)
① 미니멀 패스셋: 포함되는 모든 기본사상이 일어나지 않을 때 처음으로 정상사상이 일어나지 않는 기본사상의 집합인 패스셋에서 필요 최소한의 것을 미니멀 패스셋 이라 한다(시스템의 신뢰성을 나타냄).

(5) 미니멀 컷을 구하는 법

 ① AND게이트: 컷의 크기를 증가한다.

 ② OR게이트: 컷의 수를 증가한다.

 ③ 정상사상에서 차례로 하단의 사상으로 치환하면서 AND게이트는 가로로, OR게이트는 세로로 나열한다.

8. FTA의 문제점

(1) **모든 원인 사상의 완전한 도출:** 시스템의 신뢰성과 안전성에 관여하는 잠재원인을 모두 찾아내는 것은 FTA의 방법론을 근거로 하여도 거의 불가능하다.

(2) **모든 사고 연쇄의 완전한 도출:** 잠재적인 사고 연쇄를 모두 예측하여 망라하는 것은 곤란하다.

(3) **공통모드 도출의 문제:** 사고 연쇄 속에 나타나는 다양한 기기의 기능상실이나 조작상의 과오들 중 상호의존성을 갖고 동시 파생적인 요소를 포함하는 경우에는 분석이 곤란하다.

(4) **결함수 작성의 주변 문제:** 복잡한 시스템의 상태량들이 상호간섭적으로 뒤얽혀 단순한 AND, OR 등만의 간단한 인과관계로 표현하기에 곤란한 경우도 있을 수 있다.

(5) **사상의 설정과 취급상의 주변 문제:** FTA가 모든 사상의 분석에 적합한 것은 아니며, 작성자의 지식이나 경험에 따라 결함수의 작성 특히 중간사상의 설정이 문제시되므로 분석 목적에 따라 분석결과가 달라질 수 있다.

(6) **사고 진전과 대응조치의 취급:** FTA는 근본적으로 시간 변화에 따른 연쇄를 정확히 표현하기에 한계가 있다.

(7) **정량 계산시의 문제:** 현재 각 기본사상들의 발생확률들의 자료가 절대 부족하며, 기본사상들의 발생이 상호 독립적이지 못한 경우 분석이 쉽지 않다.

3 시스템 위험 분석

1. 시스템 위험성의 분류

(1) 위험성의 분류
① 범주 I 파국적(대재앙): 인원의 사망 또는 중상, 또는 완전한 시스템 손실이다.
② 범주 II 위험(심각한): 인원의 상해 도는 중대한 시스템의 손상으로 인원이나 시스템 생존을 위해 즉시 시정 조치 필요하다.
③ 범주 III 한계적(경미한): 인원의 상해 또는 중대한 시스템의 손상없이 배제 또는 제어 가능하다.
④ 범주 IV 무시(무시할만한): 인원의 손상이나 시스템의 손상은 초래하지 않는다.

2. 시스템 안전공학

(1) 시스템이란?(체계의 특성): 여러 개의 요소, 또는 요소의 집합에 의해 구성되고(집합성), 그것이 서로 상호 관계를 가지면서(관련성), 정해진 조건하에서, 어떤 목적을 달성하기 위해 작용하는 집합체(목적 추구성)이다.

(2) 시스템 안전이란?: 「어떤 시스템에서 기능, 시간, 코스트 등의 제약 조건하에서 설비나 인원 등이 받을 수 있는 상해나 손상을 최소화 시키는 것」이다.

3. 시스템 안전관리

(1) 시스템 안전관리: 시스템 안전을 전체의 프로그램 요건과 모순 없이 달성하기 위해 시스템 안전 프로그램 여건을 설정하고, 업무 및 활동의 계획 실행 및 완성을 확보하는 관리 업무의 한 요소이다.
① 시스템 안전에 필요한 사항의 식별
② 안전 활동의 계획·조직 및 구성
③ 다른 시스템 프로그램과의 조정 및 협의
④ 시스템 안전에 대한 프로그램의 해석 검토 및 평가

(2) 시스템 안전 프로그램(SSPP)에 포함해야 할 사항
   ① 계획의 개요   ② 안전조직
   ③ 계약 조건   ④ 관련 부문과의 조정
   ⑤ 안전기준   ⑥ 안전 해석
   ⑦ 안전성의 평가   ⑧ 안전 데이터의 수집과 갱신
   ⑨ 경과 및 결과의 보고

(3) 시스템 안전 달성(시스템 안전 설계 원칙) 단계
   ① 1단계: 위험상태의 존재 최소화 – 페일 세이프나 용장성 등을 도입한다.
   ② 2단계: 안전장치의 채용 – 1단계 적용이 불가능할 경우로써 안전장치는 가급적 기계 속에 내장하여 일체화한다.
   ③ 3단계: 경보장치의 채용 – 1, 2단계 적용 불가능할 경우 이상 상태를 검출하여 경보 발생하는 장치를 설치한다.
   ④ 4단계: 특수한 수단 개발 – 1, 2, 3 단계로 위험성을 줄일 수 없는 경우 특수한 수단을 개발한다.

(4) 시스템 안전 프로그램의 목표 사항의 보증
   ① 사명 및 필요사항과 모순되지 않는 안전성의 시스템 설계에 의한 구체화
   ② 개별 시스템, 서브시스템 및 장비에 수반되는 사고의 식별, 평가 및 제어에 의한 허용 레벨 이하로의 저감
   ③ 제거할 수 없는 사고로부터 인원, 장비 및 특성을 보호하는 제어의 실시
   ④ 신재료 및 신제조, 시험기술의 채용 및 사용에 따른 위험의 최소화
   ⑤ 안전성을 높이기 위한 시스템 제조과정에서의 안전율의 적시 착수에 의한 후퇴 조치의 최소화

4. 위험분석과 위험관리

(1) 위험의 처리과정
   위험확인 → 위험분석 → 위험성 관리

(2) 위험요소 및 운전성 검토(HAZOP)
   ① 용어정리

- 의도: 어떤 부분이나 어떻게 작동될 것으로 기대된 것을 의미한다.
- 이상: 의도에서 벗어난 것을 의미하며 유인어 적용으로 얻어진다.
- 원인: 이상이 발생하게 된 원인, 이상이 발생하거나 현실적인 원인이 있을 경유 의미 있는 것으로 취급한다.
- 결과: 이상이 발생할 경우 그것으로 인한 결과이다.
- 위험: 손상이나 부상 도는 손실을 초래할 수 있는 결과이다.
- 유인어: 간단한 말로 창조적인 사고를 유도하고 자극하여 이상 발견을 위해 의도를 한정하기 위해 사용한다.

② 기술적 접근방법의 성·패 요인
- 검토에 사용된 도면이나 자료들의 정확성
- 팀의 기술 능력과 통찰력
- 이상, 원인, 결과 등을 발견하기 위하여 상상력을 동원하는데 보조 수단으로 사용할 수 있는 팀의 능력
- 발견된 위험의 심각성을 평가할 때 그 팀의 균형감각을 유지할 수 있는 능력

(3) 목적
① 원하지 않는 결과를 초래할 수 있는 공정상의 문제 여부를 확인하기 위해 체계적인 방법으로 공정이나 운전 방법을 상세하게 검토해 보기 위함이다.
② 위험요소를 예측하고 새로운 공정에 대한 가동 문제를 예측하는데 사용한다.

(4) 유인어
① 설계의 각 부분의 완전성을 검토하기 위해 만들어진 질문들이 설계 의도에서 설계가 벗어날 수 있는 모든 경우를 검토해 볼수 있는 언어이다.
② 유인어의 의미
- NO 혹은 NOT: 설계 의도의 완전한 부정
- MORE LESS: 양의 증가 혹은 감소(정량적)
- AS WELL AS: 성질상의 증가(정성적 증가)
- PART OF: 성질상의 감소(정성적 감소)
- REVERSE: 설계 의도의 논리적인 역(설계 의도와 반대 현상)
- OTHER THAN: 완전한 대체의 필요

4. 기계·설비의 안전설계기법

1. 종류

(1) **Fail Safe**: 설비·장치 일부에 고장이 있을 경우 안전 측으로 동작하는 기법이다.

(2) **Fool Proof**: 오조작, 오작동 하더라도 안전하게 되도록 하는 기법이다.

(3) **Back up**: 주기능의 후방에 대기하다가 고장 시 그 기능을 대행하는 기법이다.

(4) **Fail Soft**: 설비장치의 고장 시 기능을 정지시키지 않는 기법이다.

(5) **다중계화**: 다중 설비를 하고 병렬적으로 사용하는 기법이다.

(6) **안전율의 적용**: 안전율의 여유를 갖고 설계를 하는 기법이다.

2. Fail Safe(기계의 고장)

설비·장치 일부에 고장이 있을 경우 안전 측으로 동작하는 기법이다.
실패해도 안전한가? 예) 개인보호구, 누전차단기, 접지 등

(1) Fail Safe 기능의 3단계

① Fail Passive(자동감지): 고장 시 기계는 자동감지, 정지 방향으로 이동한다.
② Fail Active(자동제어): 고장 시 대책 수립 시까지 짧은 시간의 안전상태 운전이 가능하다.
③ Fail Operational(차단 및 조정): 보수 시까지 안전 기능을 유지한다(병렬기능).

　　Fail Operational이 가장 선호하는 방법이고, 산업기계에서는 일반적으로 Fail Passive를 많이 채택한다.

(2) Fail Safe 기구의 종류

① 구조적 Fail Safe: 강도와 안전성 유지의 목적
　　- 항공기 엔진 고장 시 대체 엔진의 구조적 사용으로 운항
② 기능적 Fail Safe: 기능의 유지 목적
　　- 철도 신호 고장 시 중대재해 발생 우려 (적색 신호를 유지키 위해 기능적 도구 사용)

3. Fool Proof(인간의 실수)

고장이나 오조작 발생 시 재해가 발생하지 않도록 작업자 누구나 안전하게 사용하도록 신뢰성, 안전성을 확보하는 안전설계 기법이다. 정해진 순서대로 조작을 하지 않으면 기계가 작동을 하지 않도록 하, 오조작을 하여도 사고나 재해로 연결되지 않는 기능을 의미한다.

바보가 조작해도 안전한가? 예) 세탁기, 승강기, 크레인, Door 등

(1) Fool Proof의 중요 기구

① Guard: Guard가 열려있는 동안 기계가 미작동 및 열수도 없다.
② 조작기구: 양손을 동시에 조작하지 않으면 기계 작동하지 않고 손을 떼면 정지한다.
③ Lock 기구: 어떤 조건을 만족한 후 기계가 다음 동작을 하는 기구이다.
④ Trip 기구: 브레이크와 동시에 기계장치가 정지하는 기구이다.
⑤ Over Run 기구: 전원을 끈 후 위험이 있는 동안 Guard가 열리지 않는 기구이다.
⑥ 밀어내기 기구: 자동적으로 위험 영역에서 신체를 밀어낸다.

(2) Fool Proof의 실례

① 승강기: 과부하가 되면 경보가 울리고 작동이 되지 않는다.
② 크레인: 와이어로프가 무한정 감기지 않도록 권과방지 장치의 설치이다.
③ Door: 피난 방향으로 열 수 있게 한다.
④ 동력전달장치: 덮개를 벗기면 운전이 정지된다.
⑤ 프레스: 실수로 손이 금형사이로 들어갔을 때 슬라이드 하강이정지한다.
⑥ 세탁기: 작동 중 뚜껑이 열리면 정지한다.

4. 록 시스템

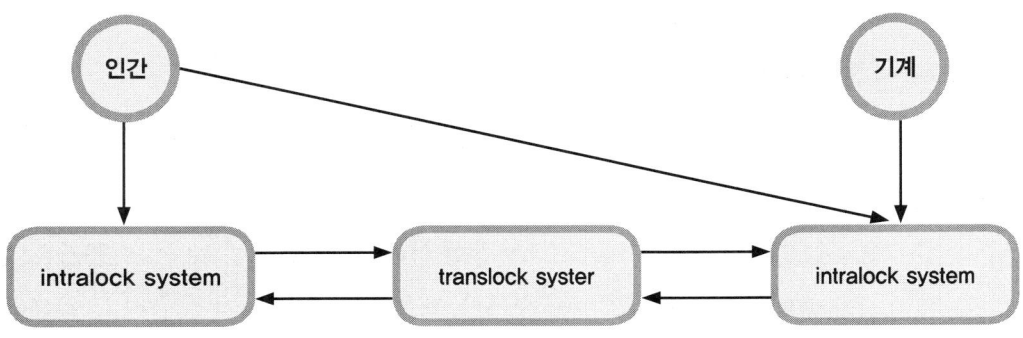

5. 안전성 평가

1. 안전성 평가(Safety Assessment)

사업장의 근원적 안전을 확보하기 위하여 기계나 설비의 설비단계에서부터 안전성을 검토하고, 위험의 발견 시 필요한 조치를 강구함으로써 재해를 사전에 예방하고자 하는 것이다.

2. 안전성 평가의 방법

(1) 정량적 평가
① 재해 상정에 의해 피해자 수를 확률적으로 예측하는 방법이다.
② FTA나 ETA에 의해 종합적으로 평가하는 방법이다.

(2) 일반적 평가방법
① Checklist에 의한 평가
② Dow 방식
③ HAZOP study
④ ETA 법
⑤ FTA 법

3. 안전성 평가의 실시 순서

(1) 제1단계: 관련 자료의 정비·검토
평가대상 범위를 명확히 하고, 새로운 입지 설비의 건설 또는 변경·증설 등을 실시할 경우, 계획단계 및 운전개시 단계의 사이에서 안전에 관한 자료를 정리해서 충분한 조사 검토를 행한다.

(2) 제2단계: 정성적 평가
작성 준비된 관련 자료를 기초로 필요한 진단항목을 설정하고 정성적 평가를 실시한다.

(3) 제3단계: 정량적 평가
설비의 취급물질, 용량, 특성 및 조작방법 등의 항목에 대해 몇 개의 등급으로 분류하여 고장률이나 사고발생 확률, 위험성 등을 근거로 가중치를 곱하고 합산하여 정량적 수치로 환산한다.

(4) 제4단계: 안전대책

① 위험등급과 기기의 특성 등을 감안하여 필요한 대책을 강구한다.

② 설비에 대한 대책은 설비의 안전화, 장치의 안전화 등에 있어서 대책을 강구한다.

③ 관리적인 대책은 안전보건관리책임자, 안전관리자, 관리감독자 등의 활동을 충실히 함으로써 안전관리 활동을 강화한다. 또한 안전을 확보하기 위해서 교육훈련을 일정 기간마다 반복하여 실시하여야 한다.

(5) 제5단계: 재해정보에 의한 재평가

안전대책을 강구한 후 그 내용에 동종 장치에서 파악한 정보를 적용시켜 재평가한다. 지금까지 발생한 동종 장치의 재해정보를 감안하여 개선해야 할 곳의 유무에 대해서 검토한다.

이때 신뢰성이 낮은 기기, 취급물질의 위험성, 유해성, 조작 중 착각등을 일으키기 쉬운 기기의 배치, 오조작하기 쉬운 작업 기준 등을 다시 고려하여 위험성이 완벽하게 제거되도록 한다.

(6) 제6단계: FTA에 의한 재평가

특히 위험한 사항에 대해서 FTA에 의한 재평가를 실시하고, 개선해야할 부분이 발견되면 설계내용에 필요한 수정을 가한 다음 그 결과에 따라서 종합평가를 실시한다.

6 유해·위험방지계획서(사업장 안전성 평가제도)

1. 개요

(1) **도입배경**
① 기술발전에 따른 복잡 다양한 기계설비, 대규모 시설물 출현으로 유해·위험 요인 및 중대 재해 증가한다.
② 재해 예방의 책임을 부여하는 수단이다.

(2) **제도의 의의**: 재해 예방 가능성이 있는 건설물, 위험 설비 또는 기계가 설치된 사업장 또는 근로자의 안전과 보건을 해할 우려가 있는 작업 방법이나 공법이 채택되는 것을 사전에 방지하기 위하여 유해·위험 요인을 사전에 평가하는 제도이다.

(3) **기대효과**: 재해 예방의 실효성 도모뿐 아니라 경제적이고 안전한 공법 및 공정관리 방법 등 채택으로 안전과 작업성 문제가 동시에 충족된다.

2. 현행 안전성 평가제도

(1) **유해·위험 방지계획서**: 1990년 건설분야 도입(산업안전보건법)
(2) **안전관리계획서**: 1997년 신설(건설기술진흥법)
(3) **위험성 평가**

3. 유해·위험 방지 계획서

(1) **법적 근거**: 산업안전보건법 제42조
(2) **작성 주체**: 사업주
(3) **확인**: 산업안전보건공단 지도원에 제출(착공 전일까지), 보완지시, 결과 통보
(4) **비용 지급**: 산업안전보건관리비로 집행
(5) **작성 대상 공사**
① 지상 높이 31m 이상인 건축물 또는 인공구조물
② 연면적 3만 제곱미터 이상인 건축물

③ 연면적 5천 제곱미터 이상인 문화·집회 시설 등 다중이용시설, 냉동·냉장창고 시설의 건설·개조·해체작업 등

④ 연면적 5천 제곱미터 이상인 냉동·냉장창고 설비·단열공사

⑤ 최대 지간 길이가 50m 이상인 교량 건설공사

⑥ 터널 공사

⑦ 다목적댐, 발전용 댐, 저수용량 2천만 톤 이상 용수전용댐, 지방 상수도 전용댐 건설공사

⑧ 깊이 10m 이상인 굴착공사

(6) 작성. 제출

1) 일정 자격을 갖춘 자의 의견을 들은 후 계획서 작성
   ① 건설안전분야 산업안전지도사   ② 건설안전기술사 또는 토목. 건축분야 기술사
   ③ 기사(5년), 산업기사(7년)

2) **착공 전일까지 공단에 제출**

3) **첨부 서류**
   - 공사개요 및 안전보건관리 계획
     ① 공사개요서   ② 공사현장의 주변 현황 및 주변과의 관계를 나타내는 도면
     ③ 건설물, 사용 기계설비 등의 배치를 나타내는 도면
     ④ 전체공정표
     ⑤ 산업안전보건관리비
     ⑥ 안전관리 조직표
     ⑦ 재해 발생 위험시 연락 및 대피방법
   - 작업 공사 종류별 유해. 위험 방지 계획
     ① 작업 개요
     ② 해당 작업 공사 종류별 유해. 위험요인 및 재해 예방계획
     ③ 위험 물질의 종류별 사용량과 저장. 보관 및 사용 시 안전 작업 계획
     * 건진법: 거푸집. 동바리 강관비계 구조기준 강화(3D 해석)
     시스템 동바리 기준 강화(V6 사용 금지, 5m 이상 3D 해석)

4) **심사: 15일 이내**

5) **확인. 점검: 6개월마다 1회 실시**

심사절차

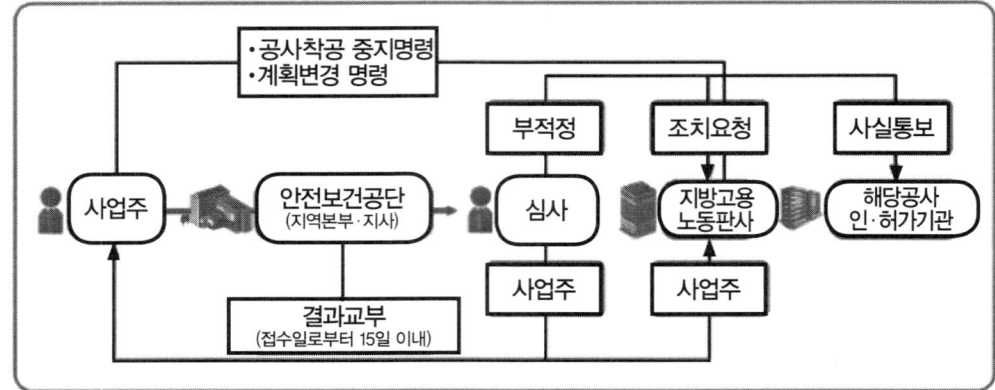

(7) 건설업 유해. 위험 방지계획서 중 지도사가 평가. 확인할 수 있는 대상 건설 공사의 범위 및 지도사의 요건 고시

  1) 대상 건설공사

   ① 지상 높이 31m 이상인 건축물 중 지상 높이가 50m 이하인 아파트 건설공사

   ② 깊이 10m 이상인 굴착공사 중 깊이가 15m 이하인 굴착공사

  2) 자격요건

   ① 한국산업안전공단이 실시하는 유해. 위험 방지계획서 관련 교육과정을 20시간 이수한 사람

   ② 한국산업안전공단의 유해. 위험 방지계획서 심사에 참여한 경험이 있는 사람

(8) 유해. 위험 방지계획서 자체 심사 및 확인

  1) **목적**: 산업재해 발생률이 낮은 건설업체에 대해 유해. 위험 방지계획서를 자체적으로 심사. 확인토록 하여 자율안전 관리 능력을 향상한다.

  2) **관련 규정** 법 제42조 제5항, 시행규칙 제121조~124조

   "유해·위험 방지계획서 자체 심사 및 확인업체 지정 대상 건설 업체 고시"

  3) 지정기준

   ① 시공 능력 평가액 순위 상위 200위 이내 업체

   ② 직전 3년간 평균 산업재해율이 낮은 순으로 상위 20% 이하인 건설업체 (기간 중 동시 2명 이상 사망 재해가 없어야 함)

4) 혜택: 향후 1년간 지정 건설업체가 착공하는 모든 건설현장의 유해. 위험 방지 계획서에 대해 자체적으로 심사. 확인하고 안전공단의 심사. 확인 면제

5) 지정 해제
- 동시에 2명 이상 사망 재해 발생 ⇒ 즉시 제외 (안전공단 심사. 확인 재개)
- 1명 사망 재해 발생 시 해당 현장에 대해서만 안전공단의 확인 재개

6) 자체 심사. 확인자: 산업안전지도사(건설 분야), 건설안전기술사

(9) 유해·위험 방지계획서 『거푸집 심사 강화 내용』 - 안전공단

① 하중조합을 고려한 시스템 동바리 구조를 해석한다.
② 거푸집 동바리에 작용하는 하중은 수평하중(풍하중을 포함)을 고려하는 검토한다.
③ 거푸집 동바리 높이 5m 이상 초과 시 3차원 구조를 해석한다.
④ 동바리는 재사용 가설 기자재 성능 저하에 따른 안전율 1.3으로 나눈 값 사용한다.
⑤ 시스템 동바리의 실질적인 거동을 고려한 전체 좌굴 (전체 동바리 설치 길이)에 대하여 안전성 여부를 검토한다.
⑥ 콘크리트 측압을 고려한 보 측벽 거푸집 및 Form Tie에 대한 안정성을 검토한다.

(10) 120억 원 이상 건축현장 유해·위험방지계획서 밀착지원 사업

1) 개요
① 120억 원 이상 유해·위험 방지계획서 건축현장을 대상으로 한다.
② 추락 사망이 다발하는 비계·작업발판·개구부·단부 중심으로 감독한다.
③ 2019년 6월부터 연중 추진한다.
④ 유해·위험방지계획서 확인이 없는 달에 현장 방문하여 "건설현장 추락사고 예방 자체 점검 체크리스트"를 활용하여 모니터링을 실시하고, 매월 관리감독자 주관하에 노사합동 자율점검 실시 여부확인 등 추락 안전조치 여부를 모니터링한다.
⑤ 사진증빙 등을 실시·기록하여 "확인통합관리시스템(M-OPL)"에 등록하고 모니터링 시 제시한다.

2) 자체점검을 미실시하거나 추락 위험 2대 핵심 미이행 현장은 고용노동부에서 감독한다.
① 작업발판, 안전난간, 안전방망, 개구부 덮개 설치한다.
② 안전모, 안전대 반드시 착용한다.

4. 현행 문제점 및 향후 개선사항

(1) 문제점

　시공계획 수립 시에는 공사비 절감, 공기 단축, 품질확보를 위한 계획이 검토되고 있으나, 건설 재해 방지를 위한 근본적인 설계 및 시공 계획 수립 단계에서의 안전보건에 대한 근원적 대책 수립이 소홀하다.

(2) 개선방향

① 사전 안전성평가 제도를 법 이전에 자율적으로 적극 도입한다.

② 설계, 시공단계에서부터 안전성과 공사의 효율성을 동시에 제고한다.

③ 이원화된 법규 체제를 정비하여 일원화하여야 한다.

01. FTA에 사용되는 다음 기호의 순서대로 명칭이 알맞은 것은?

심 볼				
기호의 명칭	Ⓐ	Ⓑ	Ⓒ	Ⓓ

심볼	①	②	③	④	⑤
Ⓐ	기본사상	결함사상	기본사상	결함사상	수정기호
Ⓑ	결함사상	기본사상	통상사상	이하생략의 결함사상	이하생략의 결함사상
Ⓒ	이하생략의 결함사상	통상사상	이하생략의 결함사상	기본사상	통상사상
Ⓓ	통상사상	이하생략의 결함사상	결함사상	통상사상	결함사상

해설 ① 결함사상: ▭　② 이하생략의 결함사상: ◇　③ 기본사상: ○　④ 통상사상: ⌂

02. 다음 시스템에 대한 설명으로 적당하지 않은 것은?

① 시스템 정의는 "다수의 독립된 목적 또는 개념적 요소의 집합체가 어떤 공동의 목적을 달성하도록 상호 유기적으로 결합해 활동하도록 된 것"이다.
② 시스템은 여러 요소의 집합체로 각 요소는 각기 상이한 기능을 수행하면서 상호 유기적인 관계를 유지하고, 공동의 목표를 지향하며 활동하는 것이다.
③ 요소의 결합이 자연적으로 된 것을 자연 시스템이라 하며, 요소의 결합이 인위적으로된 것을 공학 시스템이라 한다.
④ 공학시스템에는 수송시스템, 송배전 시스템, 통신 시스템, 교육 시스템, 생산 시스템 등이 있다.
⑤ 공학시스템에는 세부적인 서브시스템으로 구성되며, 수송시스템 예를 들면 버스시스템, 기차 시스템, 항공기 시스템, 지하철 시스템 등으로 구성된다.

해설 요소의 결합이 자연적으로 된 것을 자연 시스템이라 하며, 요소의 결합이 인위적으로 된 것을 반자연 시스템 또는 관리시스템이라 한다.

 정답 01. ④　02. ③

4. 시스템 안전　**225**

03. 시스템의 안전보건기법의 설명으로 알맞지 않은 것은?

① ETBA(Energy Trace & Barrier Analysis) W. Haddon 이 제시한 에너지 관련 상해와 이에 대한 대책을 기초로 안전분야에 도입된 유용한 분석이법이다. 위험한 에너지의 흐름을 막는 장애물을 평가함으로써 에너지의 사람이나 장비로의 의도되지 않은 흐름을 분석한다.

② FMEA(Failure Modes and Effects Analysis) 고정형태와 영향분석은 서브시스템 위험분석이나 시스템위험분석을 위하여 일반적으로 사용되는 정량적, 연역적 분석기법으로 시스템에 영향을 미치는 모든 요소의 고장을 형태별로 분석하여 그 영향을 검토하는 것이다.

③ MORT(Management Oversight and Risk tree, W.G. Johnson)에 의해 개발된 새로운 시스템 안전 프로그램이며, FTA와 동일의 논리적 방법을 사용하여 관리, 설계, 생산, 보존 등에 대한 넓은 범위에 걸쳐 안전성을 확보하려고 시도된 것이다.

④ ETA(Event tree Analysis) 사상 수목분석은 사고 시나리오에서 연속된 사건들의 발생 경로를 파악하고 평가하기위한 분석법이다. 원자력발전소, 우주비행선, 화학공장에 적용되어왔다. 특히 계속적 작동모드나 대기모드를 포함하는 시스템에서 예기치 않은 사고나 시스템의 불안정을 초래하는 사건이 발생하였을 때 시스템내의 안전장치가 제대로 작동할 것인지, 재해로 발전할 가능성은 얼마나 높은지 평가하는데 도움이 된다.

⑤ THERP(Technique for Human Error Rate Prediction) 인간-기계 system에서 여러가지의 인간에러와 그것에 의해서 발생할 수 있는 위험성의 예측과 개선을 위한 기법으로서 역시 지분파(枝分派)논리와 수(樹)구조의 그래프를 이용한다.

해설 FMEA(고정형태와 영향분석)은 서브시스템위험분석이나 시스템위험분석을 위하여 일반적으로 사용되는 전형적인 정성적, 귀납적 분석기법으로 시스템에 영향을 미치는 모든 요소의 고장을 형태별로 분석하여 그 영향을 검토하는 것이다.

04. FTA(Fault Tree Analysis)는 결함수법(樹法)·결함관련수법(樹法)·고장의 목(木)분석법 등의 뜻을 나타내며, 기계설비 또는 인간-기계 시스템(Man Machine System)의 고장이나 재해의 발생요인을 FT도표로 분석하는 방법이다. FTA에 관한 설명으로 잘못된 것은?

① FTA의 특징은 정상사상(頂上事象)인 재해현상으로부터 기본사상(基本事象)인 재해원인을 향해 연역적인 분석을 행하므로 재해현상과 재해원인의

 정답 03. ② 04. ⑤

　　　상호관련을 정확하게 해석하여 안전대책을 검토할 수 있으며 정량적 해석이 가능하므로 정량적 예측을 행할 수 있다.

② D·R·Cheriton의 FTA에 의한 재해사례 연구 순서는 1단계:톱(Top) 사상의 선정, 2단계:사상의 재해원인의 규명, 3단계:FT도의 작성, 4단계:개선계획의 작성이다.

③ 미니멀 컷(Minimal Cut Sets)은 어떤 고장이나 에러를 일으키면 재해가 일어나든가 하는 것, 즉 시스템의 위험성(반대로 안전성)을 나타내는 것이다. 그리고 미니멀 패스(Minimal Path Sets)는 어느 고장이나 패스를 일으키지 않으면 재해가 일어나지 않는다는 것, 즉 시스템의 신뢰성을 나타내는 것이라고 할 수 있다. 다시 말하면, 미니멀컷은 시스템의 기능을 마비시키는 사고요인의 집합이며, 미니멀 패스는 시스템의 기능을 살리는 요인의 집합이라고 할 수 있다.

④ 어세스먼트(Assessment)의 정의는 설비나 제품의 설계·제조·사용에 있어서 기술적·관리적 측면에 대하여 종합적인 안전성을 사전에 평가하여 개선책을 시정하는 것을 말한다.

⑤ 안전성 평가의 기본 원칙 6단계는 제1단계: 관계자료의 정비검토, 제2단계: 정량적평가, 제3단계: 정성적 평가, 제4단계 : 안전대책, 제5단계: 재해정보에 의한 재평가, 제6단계: F.T.A에 의한 재평가이다.

해설 ・안전성 평가의 기본 원칙 6단계: 제1단계-관계자료의 정비검토, 제2단계-정성적평가, 제3단계-정량적평가, 제4단계-안전대책, 제5단계-재해정보에 의한 재평가, 제6단계-F.T.A에 의한 재평가이다.

05. FTA에서 Cut Set에 대한 설명으로 거리가 먼 것은?

① 시스템이 고장 나지 않도록 하는 사상의 집합
② 퍼셀의 알고리즘으로 계산
③ Top Event를 발생시키는 집합
④ 시스템의 결함과 약점을 나타냄
⑤ 예방하면 사고가 절대로 발생하지 않음

06. 디시전 트리(Decision Tree)를 재해석하고 분석에 이용한 경우의 분석법이며, 설비의 설계 단계에서 사용단계까지 각 단계에서 위험을 분석하는 귀납적 정량적 분석 방법은?

① ETA　② FMEA　③ THERP　④ CA　⑤ FTA

 정답 05. ①　06. ①

07. 다음 중 결함수 분석법(FTA)에서 사상기호나 논리 gate 설명으로 틀린 것은?

① 결함사상: 고장 또는 결함으로 나타나는 비정상적인 사상
② 기본사상: 불충분한 자료 또는 사상 자체의 성격으로 결론을 내릴 수 없는 관계로 더 이상 전개 할 수 없는 말단 사상
③ and gate: 모든 입력이 동시에 발생해야만 출력이 발생하는 논리조작
④ 조건 gate: 제약 gate 라고도 하며 어떤 조건을 나타내는 사상이 발생 할 때만 출력이 발생
⑤ or gate: 어느 하나의 입력만 발행하여도 출력이 발행하는 논리

08. 다음 중 직렬시스템과 병렬시스템의 특성에 대한 설명으로 옳은 것은?

① 직렬시스템에서 요소의 개수가 증가하면 시스템의 신뢰도도 증가한다.
② 병렬시스템에서 요소의 개수가 증가하면 시스템의 신뢰도는 감소한다.
③ 시스템의 높은 신뢰도를 안정적으로 유지하기 위해서는 병렬시스템으로 설계한다.
④ 일반적으로 병렬시스템으로 구성된 시스템은 직렬시스템으로 구성된 시스템보다 비용이 감소한다.
⑤ 직렬과 병렬시스템은 신뢰도와는 무관하다

09. 다음 시스템에 대하여 톱사상(Top Event)에 도달할 수 있는 최소 컷셋(Minimal Cut Set)을 구할 때 다음 중 올바른 집합은? (단, ①, ②, ③, ④는 각 부품의 고장확률을 의미하며 집합 {1,2}는 ①번 부품과 ②번부품이 동시에 고장 나는 경우를 의미한다.

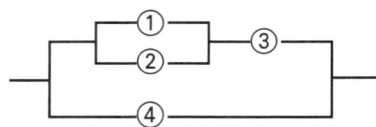

① {1,2}, {3,4}　　② {1,3}, {2,4}　　③ {1,3,4}, {2,3,4}
④ {1,2,4}, {3,4}　　⑤ {1,3}, {3,4}

10. 다음 중 FTA에서 사용되는 minimal PATH Set에 대한 설명으로 맞는 것은?

① 사고에 대한 시스템의 약점을 표현한다.
② 정상사상(Top 사상)을 발생하는 최소한의 집합이다.
③ 시스템에 고장이 발생하지 않도록 하는 사상의 최소 집합이다.
④ 부울대수만을 사용해야 구할 수 있다.
⑤ 퍼셀의 알고리즘을 사용하여 구할 수 없다.

정답 07. ②　08. ③　09. ④　10. ③

11. 손잡이를 어떤 모양으로 어떤 위치에 부착하느냐에 따라 문을 쉽게 여는 단서를 찾을 수 있는데 이와 같은 것은 아래 무엇과 일치하는가?

① Affordance   ② Fool Proof   ③ Visibility
④ Lock out   ⑤ Lock in

12. 사용자가 실수를 하더라도 고장이 나지 않거나 피해를 주지 않도록 설계하는 개념은?

① Fail safe   ② Fool Proof   ③ Visibility
④ Lock out   ⑤ Tamper proof

13. 1963년 Swain 등에 의해 개발된 것으로 인간-시스템에 있어서 휴먼에러와 그로 인해 발생할 수 있는 오류확률을 예측하는 정량적 인간신뢰도 분석기법은?

① FMEA   ② CA   ③ ETA
④ THERP   ⑤ FTA

14. 시스템의 설계단계에서 이루어져야 할 안전부분의 작업이 <u>아닌</u> 것은?

① 예비위험분석을 완전한 시스템안전 위험분석으로 갱신 발전하도록 한다.
② 운용안전성 분석을 실시한다.
③ 시스템안전에 관한 것은 파일로 보존한다.
④ 구상단계에서 작성된 시스템안전 프로그램 계획을 실시한다.
⑤ 장치 설계에 반영할 안전성 설계기준을 결정하여 발표한다.

해설 • **운용안전성 분석:** ① 시스템 요건의 지정된시스템의 모든 사용단계에서 생산, 보전, 시험, 운반, 순서, 설비에 관한 위험을 제어 ② 안전요건을 결정하기 위하여 실시하는 해석 ③ 제조, 조립, 시험 단계에서 실시

15. 입력현상 중에서 어떤 현상이 다른 현상보다 먼저 일어나 출력현상이 생기는 수정 게이트는?

① AND 게이트   ② 우선적 AND 게이트   ③ 조합 AND 게이트
④ 배타적 OR게이트   ⑤ AND-OR 게이트

해설 ① AND 게이트 : 모든 입력사상이 공존할 때 출력사상이 발생 ② 조합 AND 게이트 : 3개이상의 입력현상 중에 2개가 일어나면 출력현상이 생긴다. ③ 배타적 OR 게이트 : OR게이트 이지만 2개 또는 2개 이상의 입력이 동시에 존재하는 경우에는 출력이 생기지 않는다.

 정답 11. ① 12. ② 13. ④ 14. ④ 15. ②

16. 특정조합의 기본사상들이 동시에 결함을 발생하였을 때 정상사상을 일으키는 기본사상의 집합은?

① cut sets ② minimal cut sets ③ path sets
④ minimal path sets ⑤ path cut

해설 ① cut : 포함되어 있는 모든 기본사상이 일어났을 때 정상사상을 일으키는 기본사상의 집합 ② minimal cut sets : 컷중 그 부분 집합 만으로는 정상사상을 일으키는 일이 없는 것. 즉, 정상사상을 일으키기 위한 필요 최소한의 컷을 미니멀컷 이라고 한다. ③ path 와 minimal path set : 패스란 그 속에 포함되는 기본사상이 일어나지 않을 때 처음으로 정상사상이 일어나지 않는 기본사상의 집합으로서, 미니멀 패스는 그 필요 최소의 것이다. ④ 미니멀 컷은 어느 고장이나 에러를 일으키면 재해가 일어나는가 하는 것. 즉, 시스템의 위험성을 나타내는 것이며, 미니멀 패스는 어느 고장이나 에러를 일으키지 않으면 재해가 일어나지 않는다는 것이다. 즉, 시스템의 신뢰성을 나타내는 것으로 미니멀 컷은 시스템의 기능을 마비시키는 사고 요인의 집합이며, 미니멀패스는 시스템의 기능을 살리는 요인의 집합이라 할수 있다.

17. 결함수 분석법(FTA)에 해당되지 <u>않는</u> 사항은?

① 새로운 시스템의 개발과 설계 및 생산시 안전관리 측면에서 적용되는 방법
② 결함의 원인과 요인을 추적하지만 상이한 조직의 결함은 직접 발견할수 없는점
③ 조직의 기능역할 중에서 주요도가 높은 구성적 요소의 결함으로 인해 발생하는 경로 요인분석
④ 원하지 않는 결과를 연구할 수 있도록 모든 사건을 추적하는 논리적 도표이다.
⑤ 결함의 요인과 원인을 추적하여 상이한 조직의 발견이 가능

해설 상이한 조직의 결함을 발견할 수 있는 것이 결함수분석 이다.

18. 기계설비의 안전성평가시 안전화를 진전시키기 위하여 검토해야 할 사항이 맞게 이루어진 것은?

〈보기〉
❶ 작업자 측에 실수나 잘못이 있어도 기계설비 측에서 이를 커버하여 안전을 확보 하여야 한다.
❷ 기계설비의 유압회로나 전기회로에 고장이 발생하거나 정전 등 이상 발생시 안전쪽으로 이행
❸ 작업방법, 작업속도, 작업자세 등을 작업자가 안전하게 작업할 수 있는 상태로 강구함
❹ 작업자가 실수해도 기게쪽에 본질적 안전대책을 강구한다.

① ❶ ② ❶, ❷ ③ ❶, ❷, ❸
④ ❷, ❸, ❹ ⑤ ❶, ❷, ❸, ❹

 정답 16. ② 17. ② 18. ⑤

19. 입력 a와 b의 어느 한쪽이 일어나면 출력 A가 생기는 경우를 논리합의 관계라 한다. 이때 입력과 출력 사이에는 무슨 게이트로 연결되는가?

① AND 게이트 ② 억제 게이트 ③ OR 게이트
④ 부정 게이트 ⑤ 생활 게이트

20. 시스템분석을 위한 정성적, 귀납적 분석 방법으로 시스템에 영향을 미치는 모든 요소의 고장을 형태별로 분석, 검토하는 기법은?

① OFF ② MORT ③ FMEA ④ FHA ⑤ PHA

정답 19. ③ 20. ③

CHAPTER 5
신뢰성공학

1. 용어정리
2. 성능 신뢰도
3. 설비의 운전 및 유지관리
4. 제조물책임

CHAPTER 5 신뢰성 공학

1 용어정리

(1) **시스템**: 소정의 임무를 달성하기 위하여 선정되고 배열되어 서로 연관하여 작동하는 일련의 하드웨어, 소프트웨어, 인간 요소 등을 포함하는 구성 요소들의 집합체이다.

(2) **스트레스**: 결점, 고장, 파괴 등이 발생하는데 기동력이 되는 요인이다.

(3) **디버깅(Debugging)**: 초기고장을 경감시키기 위하여 대상이 되는 시스템 혹은 구성품을 사용 전이나 사용 후의 초기에 동작시켜 결점을 검출 제거하고 시정하는 일이다.

(4) **번인(Burn-in)**: 시스템의 친숙성을 더 높이거나 특성을 안정시키는 목적으로 사용 전에 일정시간 동작시키는 것을 의미이다.

(5) **스크리닝(Screening)**: 고장 발생 메커니즘에 근거한 시험에 의해 잠재적인 결점을 포함하고 있는 시스템을 제거하는 역할을 한다.

(6) **안전성**: 인간의 사망 또는 상해, 자재의 손실, 혹은 손상을 주는 것 같은 상태가 없는 것을 의미한다. 신뢰성에서는 임무 수행을 위한 기능상의 고장을 대상으로 하지만, 안전성에서는 인간이나 자재의 손실·손상을 주는 위험한 상태를 대상으로 한다.

(7) **시스템 유효성**: 시스템이 규정의 임무를 달성한다고 기대할 수 있는 양호함의 척도, 신뢰도, 가용도, 능력 등의 함수로 표현한다.

(8) **수명주기(Life Cycle)**: 시스템이나 시스템 구성요소들의 개발로부터 폐기까지 전 단계에 이르는 기간을 말한다.

(9) **비용 유효성**: 시스템 유효성을 시스템의 수명주기에 소요되는 비용의 총액으로 나눈 값을 말한다.

(10) **신뢰성(Reliability)**: 대상이 되는 시스템이나 시스템 구성요소가 주어진 조건에서 규정된 기간 중 요구되는 기능을 완수할 수 있는 성질을 의미한다.

(11) **신뢰성 특성치:** 수량적으로 표시된 신뢰성의 척도로, 신뢰도, 보전도, 고장률, 평균수명, MTBF, MTTF, MTTR 등을 총칭한다.

(12) **신뢰도:** 대상이 되는 시스템 혹은 시스템 구성요소가 주어진 조건에서 규정된 기간 중 요구되는 기능을 완수할 확률이다.

(13) **고정양식(Failure Mode):** 고장상태의 형식에 의한 분류이다. 예를 들면 단선, 단락, 절단, 마모, 특성 열화 등이 있다.

(14) **고장률(Failure Rate):** 어떤 시점까지 동작하던 시스템이나 시스템 구성요소가 계속되는 단위 기간 내에 고장을 일으킬 확률이다.

 일반적으로 고장률에는 순간고장률과 평균고장률이 있는데, 단순한고장률을 순간고장률이라고 한다.

(15) **보전(Maintenance):** 시스템이나 시스템 구성요소를 사용하거나 운용가능 상태로 유지하고, 고장이나 결점 등을 복구하기 위한 모든 처치 및 활동으로 정비라고도 한다. 예방보전과 사후보전이 있다.

(16) **예방보전:** 시스템이나 시스템 구성요소의 사용 중 고장을 미연에 방지하고 사용 가능 상태로 유지하기 위해 계획적으로 수행하는 보전을 말한다.

(17) **사후보전:** 고장이 일어난 후에 시스템 구성요소를 운용 가능 상태로 회복시키기 위하여 하는 보전을 의미한다.

(18) **보전성(Maintainability):** 시스템 구성요소의 보전이 주어진 조건에서 규정된 기간 내에 종료될 수 있는 성질이다.

(19) **보전도:** 시스템 구성요소의 보전이 주어진 조건에서 규정된 기간 내에 종료될 수 있는 확률이다.

(20) **가용성(Availability):** 수리가능 시스템이 규정의 시점에서 기능을 유지하고 있을 확률, 또는 어떤 기간 중에 기능을 유지하는 시간의 비율을 뜻한다.

(21) **신뢰성 설계:** 대상이 되는 시스템 혹은 시스템 구성요소에 신뢰성을 부여할 목적으로 설계하는 설계기술이다.

(22) **용장성(冗長性, Redundancy):** 규정의 기능을 수행하기 위한 구성요소 또는 수단을 여분으로 부가하여 그 일부가 고장이 발생해도 상위 시스템은 고장 나지 않도록 하는 성질을 의미한다.

(23) **신뢰성 예측:** 대상이 되는 시스템이나 시스템 구성요소의 신뢰성 특성치를 설계시에 정량적으로 추정해 보는 것이다.

(24) **신뢰성 배분**: 시스템의 신뢰성 목표가 달성되도록 하부 시스템 및 시스템 구성요소에 신뢰도를 할당하는 것이다.

(25) **디레이팅(Derating)**: 신뢰성을 개선하기 위하여 계획적으로 부하를 정격치로부터 경감시키는 것이다.

(26) **페일세이프(Fail Safe)**: 대상 시스템이나 시스템 구성요소에 고장이 생겨도 안전성이 유지되도록 배려된 설계이다.

(27) **안전계수(Safety Factor)**: 재료, 제품 특성의 변동, 하중 추정 및 응력분석의 불확실성에 대비하여 운용 중에 기대되는 최대하중 혹은 부하에 대해 과거의 경험을 기초로 설계 시에 여유를 갖기 위한 하중 혹은 부하의 배수이다.

(28) **풀프루프(Fool Proof)**: 인위적으로 부적절한 행위나 과실 등이 일어나도 대상 시스템 또는 시스템 구성요소의 신뢰성, 안정성을 유지하기 위한 설계 또는 상태를 의미한다.

(29) **FMEA(Failure Mode Effect Analysis, 고정모드 영향분석)**: 설계의 불안전이나 잠재적인 결점을 발견해 내기 위하여 시스템 구성 요소의 고장모드와 그 상위 시스템 구성요소의 영향을 분석하는 기법이다.

(30) **FTA(Fault Tree Analysis, 고장수분석)**: 신뢰성 또는 안전성의 입장에서 그 발생이 바람직하지 않는 사상에 대하여 논리기호를 이용하여 그 발생의 경과를 거슬러 올라가며 나무 모양으로 전개하고, 발생경로 및 발생원인, 발생확률 등을 분석하는 기법

(31) **MTTF(Mean Time To Failure, 평균고장수명)**: 수리하지 않는 시스템이나 시스템 구성요소의 고장수명의 평균치

(32) **MTBF (Mean Time Between Failure, 평균고장간격)**: 수리하지 않는 시스템이나 시스템 구성요소의 고장수명의 평균치

(33) **MTTR(Mean Time To Repair, 평균수리시간)**: 시스템이나 시스템 구성요소의 고장에 복구 작업을 시작한 시점에서 실제로 운용 가능한 상태로 회복될 때까지 평균시간을 의미한다.

(34) **신뢰성 관리**: 품질보증의 수단의 하나로 신뢰성 프로그램의 작성, 실시 및 그 관리을 말한다.

(35) **신뢰성 프로그램**: 신뢰성 목표치의 설정 및 그것을 실현시키기 위한 기술적·관리적인 계획의 체계이다.

(36) **신뢰성 평가**: 실험 및 현장 자료를 기초로 시스템이나 그 구성요소의 신뢰성 특성치를 추정하는 일련의 과정이다.

2 성능 신뢰도

1. 인간-기계(Man-Machine) 시스템의 신뢰도

(1) 인간의 신뢰도 요인
① 주의력: 인간의 주의력에는 깊이와 넓이가 있고 외향성과 내향성이 있다.
② 긴장수준: 체내수분의 손실량, 에너지 대사율, 흡기량의 억제 등으로 측정한다.
③ 의식수준: 인간의 의식수준은 지식, 기능, 작동방법으로 결정된다.

(2) **직렬연결** : 직접 운전 작업

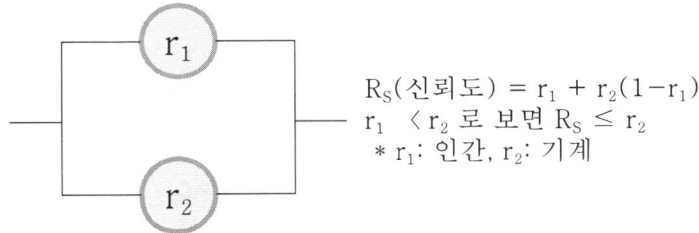

$R_S(신뢰도) = r_1 \times r_2$
*r_1:인간, r_2:기계 $r_1 < r_2$ 로 보면 $R_S \leq r_1$

(3) **병렬연결** : 직접 운전 작업

$R_S(신뢰도) = r_1 + r_2(1-r_1)$
$r_1 < r_2$ 로 보면 $R_S \leq r_2$
* r_1: 인간, r_2: 기계

① 인간과 기계가 병렬로 작업을 하게 되면 신뢰도는 기계 단독이거나 직렬작업보다 높아진다.
② 인간과 기계를 병렬로 조합할 때 인간의 역할은 여러 가지가 있으나, 그 중 감시 역할을 하면서 기계의 약점을 보강한다(계기감시 작업).

2. 설비의 신뢰도

(1) **직렬연결:** 요소 중 하나만 고장 나도 전체 시스템이 고장 나는 형태이고, 요소가 모두 정상일 때만 전체 시스템이 가동하는 형태이다. 전체 시스템의 수명은 요소 중 가장 짧은 것으로 결정된다.

신뢰도 $R_S = R_1 \times R_2 \times R_3$

(2) **병렬연결:** 요소 중 하나만 정상이라도 전체 시스템은 정상가동 된다. 요소 모두가 고장일 때만 전체 시스템이 고장이 되고, 전체 시스템의 수명은 요소 중 가장 긴 것으로 결정되는 형태이다.

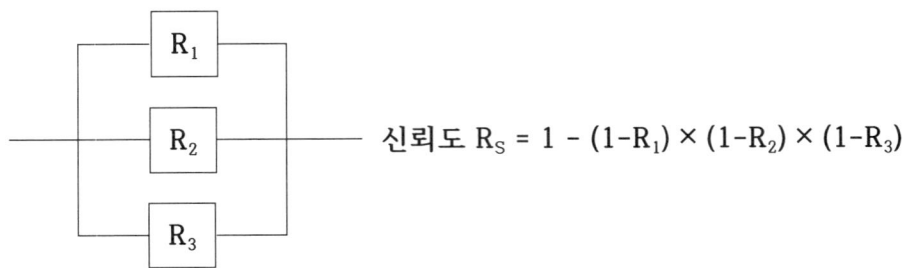

신뢰도 $R_S = 1 - (1-R_1) \times (1-R_2) \times (1-R_3)$

(3) **리던던시(Redundancy):** 일부에 고장이 발생해도 전체 고장이 일어나지 않도록 여력인 부분을 추가하여 중복 설계한다(병렬설계).

3 설비의 운전 및 유지관리

1. 신뢰도의 평가지수

(1) **신뢰도(Reliability: Rt):** 체계 또는 부품이 주어진 조건하에서 의도하는 사용시간 중에 목적에 만족스럽게 작동할 확률이다.
$R(t) = 1 - F(t)$

(2) **가용도(Availability: At):** 체계가 어떤 시점에서 만족스럽게 작동할 수 있는 확률로서 순간 가용도, 구간 가용도, 고유 가용도로 분류한다.

(3) **정비도(Maintainability: Mt):** 고장난 체계가 일정한 시간 안에 수리될 확률이다.

(4) **고장률(Hazard Rate: ht):** 단위 시간당 시간 구간 초에 정상 작동하던 체계가 그 시간 구간 내에 고장 나는 비율이다.

$$h(t) = \frac{f(t)}{R(t)} = \frac{f(t)}{1 - F(t)}$$

(5) **고장밀도함수(Failure Density Function: Ft)**: 단위 시간당 고장이 발생하는 체계의 비율이다.

$$h(t) = \frac{d}{dt} F(t)$$

2. 신뢰성 척도

(1) **평균수명(MTTF)**: 수리가 불가능한 시스템 혹은 부품인 경우의 평균수명을 뜻한다.

(2) **평균잔여수명(MRL)**: 현장에서 사용되고 있는 기존 설비의 교체 여부를 결정하는데 의미 있는 정보를 제공하는 척도가 된다.

(3) **고장률(failure Rate)**: 특정 시점까지 고장 나지 않고 작동하던 시스템 혹은 부품이 이 시점으로부터 단위 기간 내에 고장을 일으키는 비율을 나타내는 것이다.

3. MTBF(Mean Time Between Failures, 평균고장간격)

고장이 발생되어도 다시 수리를 해서 사용할 수 있는 제품을 의미하며, 수리 가능한 제품에서 다음 고장까지의 정상상태에 머무르는 무고장 동작시간의 평균치(신뢰도)이다.

고장률	고장률 $(\lambda) = \dfrac{\text{고장건수}}{\text{총가동시간}}$ (건/시간)
MTBF (평균고장시간)	$\text{MTBF} = \dfrac{1}{\text{고장률}(\lambda)}$ (시간) MTBF = MTTF + MTTR = 고장시간 + 평균수리시간
신뢰도 (고장 나지 않을 확률)	신뢰도란 고장 나지 않을 확률을 말한다. $R(t) = e^{-(t/t0)} = e^{-\lambda \times t}$ 여기서, t0: 평균고장시간 or 평균수명 t: 앞으로 고장없이 사용할 시간 λ: 고장률
불신뢰도 (고장 날 확률)	1 − 신뢰도

4. MTTF(고장까지의 평균시간: Mean Time To Failure)

수리가 불가능한 제품에서 처음 고장 날 때까지의 시간(평균수명)이다. 고장이 발생하면 수명이 없어지는 제품, 즉 한번 고장이 발생하면 수명이 다하는 것으로 생각하여 수리하지 않고 폐기 또는 교환하는 제품의 고장까지 평균시간을 의미한다.

직렬계의 수명	MTTF (MTBF) × $\dfrac{1}{요소갯수(n)}$
병렬계의 수명	MTTF (MTBF) × (1 + 1/2 + 1/3 + ⋯ + 1/n) 여기서, n: 요소의 갯수

5. MTTR(평균수리시간: Mean Time To Repair)

체계의 고장 발생 순간부터 수리가 완료되어 정상적으로 작동을 시작하기까지의 평균 고장시간으로, 총 수리시간을 그 기간의 수리횟수로 나눈 시간, 즉 사후보전에 필요한 수리시간의 평균치를 나타낸다.

MTTR	$MTTR = \dfrac{수리시간\ 합계}{수리횟수}$ (시간) $= \dfrac{1}{\mu}$
설비 가동률	설비가동률 $= \dfrac{MTBF}{MTBF + MTTR} = \dfrac{1/\lambda}{(1/\lambda + 1/\mu)}$ 여기서, λ : 고장률, μ : 수리율

6. 가용도(Availability, 이용률)

일정시간에 시스템이 고장 없이 가동될 확률이다.

$$가용도(A) = \dfrac{MTTF}{MTTF + MTTR} = \dfrac{MTBT}{MTBT + MTTR} = \dfrac{MTTF}{MTBF}$$

$$가용도(A) = \dfrac{평균수리율}{평균\ 고장률 + 평균\ 수리율}$$

4 제조물책임

1. 용어

　제조물책임의 기원인 미국에서는 초기에 '제조물책임'(Manufacture's Liability), '물품제조자책임'(Manufacturer's Liability), '공급자책임'(Supplier's Liability) 등이 사용된다. 점차적으로, 특히 보험업계에 의하여 '생산물 책임'(Product Liability)이라는 용어가 정착되기에 이른다. 그리고 이 'Product Liability'를 번역하여 각국에서 사용하는데, 이 책임의 본질은 제조물의 위험을 수반하여 손해를 발생시키는데 관여한 모든 사람들에게 부담시키는 위험방지책임이라는 측면으로 파악된다. 따라서 책임 주체를 제조자에 국한시키지 않고 수입업자·상표사용자·부품생산자·설계자 등 결함제조물에 관련된 모든 사람들이라고 보아 '제조물책임' 또는 '생산물 책임'이라고 명명하 된 배경이다.

　특히 '제조물책임'이란 용어는 일본의 학계에서 사용하기 시작한 것을 대한민국 학계에서 무비판적으로 받아들여 쓰고 있다. 현재 대한민국에서는 '제조물책임'이라는 용어가 압도적으로 사용되고 있고, 법률의 명칭도 제조물 책임법으로 되어 있다. 견해에 따라는 미국은 점차 '생산물 책임'으로 정착되기에 이르렀고, 독일에서도 '생산자책임'에서 '생산물책임'이라는 용어가 정착되고 있다고 보아 '생산물책임'이라는 용어를 제안하기도 한다

(1) **제조물:** 제조되거나 가공된 동산(다른 동산이나 부동산의 일부를 구성하는 경우를 포함한다)을 말한다.

(2) **결함:** 해당 제조물에 다음 각 목의 어느 하나에 해당하는 제조상·설계상 또는 표시 상의 결함이 있거나, 그 밖에 통상적으로 기대할 수 있는 안전성이 결여되어 있는 것을 말한다.

　① **제조상의 결함:** 제조업자가 제조물에 대하여 제조상·가공상의 주의의무를 이행하였는지에 관계없이 제조물이 원래 의도한 설계와 다르게 제조·가공됨으로써 안전하지 못하게 된 경우를 말한다.

　② **설계상의 결함:** 제조업자가 합리적인 대체설계(代替設計)를 채용하였더라면 피해나 위험을 줄이거나 피할 수 있었음에도 대체설계를 채용하지 아니하여 해당 제조물이 안전하지 못하게 된 경우를 말한다.

③ **표시상의 결함:** 제조업자가 합리적인 설명·지시·경고 또는 그 밖의 표시를 하였더라면 해당 제조물에 의하여 발생할 수 있는 피해나 위험을 줄이거나 피할 수 있었음에도 이를 하지 아니한 경우를 말한다.

2. 제조물책임의 입증

(1) 입증 책임에 대한 법률개정 취지: 대부분의 제조물은의 고도의 기술을 바탕으로 제조되고, 이에 관한 정보가 제조업자에게 편재되어 있어서 피해자가 제조물의 결함 여부 등을 과학적·기술적으로 입증한다는 것은 지극히 어려움이 있다.

대법원도 이를 고려하여 제조물이 정상적으로 사용되는 상태에서 사고가 발생한 경우, 그 제품에 결함이 존재하고 그 결함으로 사고가 발생하였다고 추정함으로써 소비자의 입증책임을 완화하는 것이 손해의 공평·타당한 부담을 원리로 하는 손해배상제도의 이상에 맞는다고 판시한 바 있다.

이에, 대법원 판례의 취지를 반영하여 피해자가 '**제조물이 정상적으로 사용되는 상태에서 손해가 발생하였다는 사실**' 등을 증명하면, 제조물을 공급할 당시에 해당 제조물에 결함이 있고, 그 결함으로 인하여 손해가 발생한 것으로 추정하여 소비자의 입증책임을 경감하려는 것이다.

한편, 우리 법원의 판결에 따른 손해배상액이 일반의 상식 등에 비추어 적정한 수준에 미치지 못하여 피해자를 제대로 보호하지 못하고, 소액 다수의 소비자 피해를 발생시키는 악의적 가해행위의 경우 불법행위에 따른 제조업자의 이익은 막대하다. 반면 개별 소비자의 피해는 소액에 불과하여, 제조업자의 악의적인 불법행위가 계속되는 등 도덕적 해이가 발생하고 있다는 인식이 확산되고 있다.

이에 징벌적 손해배상제를 도입하여 제조업자의 악의적 불법행위에 대한 징벌 및 장래 유사한 행위에 대한 억지력을 강화하고, 피해자에게는 실질적인 보상이 가능하도록 하려는 것이다.

(2) 주요내용

① 제조업자가 제조물의 결함을 알면서도 필요한 조치를 취하지 아니한 결과로 생명 또는 신체에 중대한 손해를 입은 자가 있는 경우, 그 손해의 3배를 넘지 아니하는 범위에서 손해배상 책임을 지도록 한다.

② 제조물을 판매·대여 등의 방법으로 공급한 자가 피해자 등의 요청을 받고 상당한 기간 내에 그 제조업자 등이 피해자 등에게 고지하지 아니한 경우, 손해배상책임을 지도록 한다.

③ 피해자가 '제조물이 정상적으로 사용되는 상태에서 손해가 발생 하였다는 사실' 등 세 가지 사실을 증명하면, 제조물을 공급할 당시에 해당 제조물에 결함이 있고, 그 결함으로 인하여 손해가 발생한 것으로 추정한다.

01. 신뢰도 함수는 평균 고장률이 0.01/시간인 지수 분포에 따르고 보전도 함수는 평균 수리율이 0.1/시간인 지수 분포에 따르는 기계가 있다. 이 기계의 가동성은 얼마인가?

① 0.96　② 0.91　③ 0.95　④ 0.98　⑤ 0.99

해설 $A = \dfrac{\mu}{\lambda + \mu} = \dfrac{0.1}{0.01 + 0.1} = 0.909 \fallingdotseq 0.91$

02. 샘플 100개에 대하여 4개가 고장 날 때까지 교체를 안하고 수명시험을 한 결과 2,000, 3,000, 5,000, 10,000 시간에 각각 고장이 났다. 평균수명의 점추정 값을 구하고, 90% 신뢰수준에서의 구간 추정을 하시오. 단, $\gamma=4$일때 90% 신뢰구간 추정 계수값은 상한이 2.93, 하한이 0.52이다.

① θ=245,000시간　127,400≤θ≤717,850
② θ=245,000시간　67,375≤θ≤422,625
③ θ=254,000시간　132,080≤θ≤744,220
④ θ=254,000시간　132,080≤θ≤717,850
⑤ θ=254,000시간　127,400≤θ≤422,625

해설 ① 정수중단, 교체안하는 경우 $\hat{\theta} = \dfrac{\Sigma t_i + (n-\gamma)t_0}{\gamma} = \dfrac{(2,000+3,000+5,000+10,000)+(100-4)10,000}{4} = 245,000$

② 양쪽90% 신뢰구간 추정 $\hat{\theta}_U = \hat{\theta} \times 2.93 = 245,000 \times 2.93 = 717,850$, $\hat{\theta}_L = \hat{\theta} \times 0.52 = 245,000 \times 0.52 = 127,400$

03. 다음 그림에서 전체 시스템의 신뢰도를 구하시오.

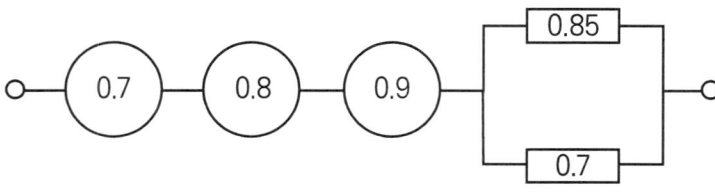

① 0.48　② 0.52　③ 0.23　④ 0.77　⑤ 0.58

해설 신뢰도 $= 0.7 \times 0.8 \times 0.9 \times (1-(1-0.85)(1-0.7)) = 0.48$

정답 **01.** ②　**02.** ①　**03.** ①

04. 다음 소시오그램에서 B 의 선호신분지수로 옳은 것은?

① 4/10 ② 3/6
③ 4/15 ④ 3/5
⑤ 3/2

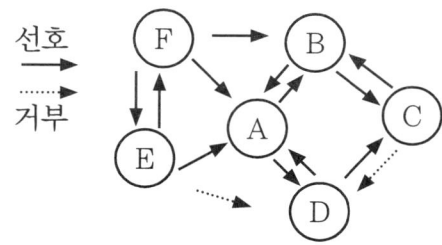

05. 아래 신뢰도 블록 다이어그램의 4가지 요소 신뢰도가 각각 0.9의 신뢰도를 가지고 있다면 전체의 신뢰도는 얼마인가?

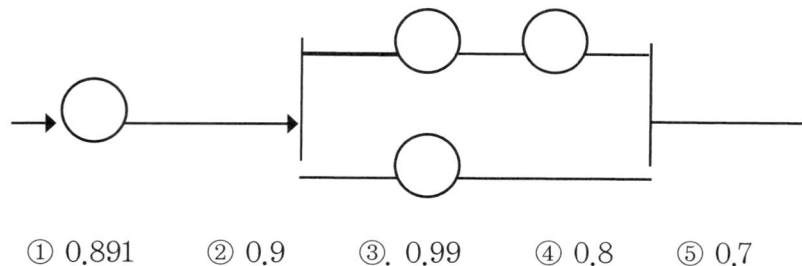

① 0.891 ② 0.9 ③ 0.99 ④ 0.8 ⑤ 0.7

06. 그림의 FT의 최종확률 T값을 구하시오.

① 0.05 ② 0.01
③ 0.1   ④ 0.2
⑤ 0.9

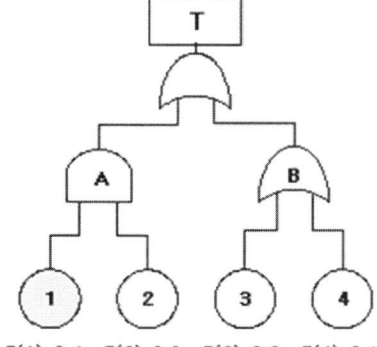

70. 다음 중 정보이론에 관한 설명으로 **틀린** 것은?

① 인간에게 입력되는 것은 감각기관을 통해서 받은 정보이다.
② 간접적 원자극의 경우 암호화된 자극과 재생된 자극의 2가지 유형이 있다.
③ 자극은 크게 원자극(distal stimuli)과 근자극(Proximal stimuli)으로 나눌수 있다.
④ 암호화(coded)된 자극이란 현미경, 보청기 같은 것에 감지되는 자극을 말한다.
⑤ 정보량의 단위는 bit를 이용한다

정답 **04.** ④ **05.** ① **06.** ① **07.** ④

08. 계기판에 등이 8개가 있고, 그 중 하나에만 불이 켜지는 경우에 정보량은 몇 bit인가?

① 2   ② 3   ③ 4   ④ 8   ⑤ 9

09. 각 부품의 신뢰도가 다음과 같을 때 시스템의 전체신뢰도는 약 얼마인가?

① 0.8123   ② 0.9453
③ 0.9553   ④ 0.9953
⑤ 0.9945

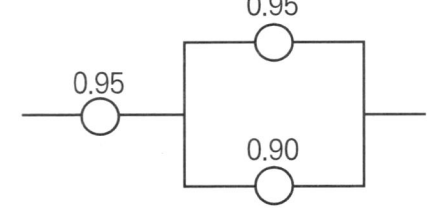

10. 어떤 설비의 평균고장률이 0.0125회/시간이고, 이 설비에 고장이 발생하면 수리 하는데 소요되는 평균시간은 40시간이라고 한다. 다음 설명 중 옳은 것은? (단, 사후보전만 실시 한다.)

① 이 설비의 평균수리율은 0.025회/시간이다.
② 이 설비의 가동성은 0.5 이다.
③ 이 설비의 수명은 지수분포를 따르지 않는다.
④ 이 설비를 평균수명만큼 사용한다면 고장이 발생하지 않을 확률은 약 63 % 이다.
⑤ 이 설비를 1,000시간 동안 사용한다면 평균 15회의 고장이 발생하며, 사후 수리를 받게 된다.

해설 가용도 $= \dfrac{MTBF}{MTBF+MTTR}$

① $\lambda = \dfrac{1}{MTBF} = 0.0125$ 따라서 MTBF = 80

② MTTR $= \dfrac{1}{\text{평균수리율}} = 40$ 따라서 평균수리율은 0.025회/시간

따라서, 가용도 $= \dfrac{MTBF}{MTBF+MTTR} = \dfrac{80}{80+40} = 0.66666$

정답 08. ②   9. ②   10. ①

CHAPTER 6
안전관리 및 손실방지론

1. 안전보건관리 조직의 유형
2. 안전보건관리 체계
3. 안전보건 조직의 안전직무
4. 안전보건 조정자
5. 사업주 및 근로자의 의무
6. 안전관리 조직의 문제점 및 개선대책
7. 안전인증 심사
8. 무재해운동 및 소집단 활동
9. 하인리히 연쇄성 이론 / 버드 신도미노 이론
10. 하인리히 재해예방 4원칙 / 사고예방 5원리
11. 하인리히와 버드의 이론 비교
12. 등치성 이론 (산업재해 발생 3형태)
13. 위험예지훈련
14. TBM (Tool Box Meeting)
15. 작업현장에서의 TBM 실시 사례
16. 비정상작업의 특징과 안전대책
17. 위험성 평가

CHAPTER 6 안전관리 및 손실방지론

1 안전보건관리 조직의 유형

1. 개요
안전관리조직이란 원활한 안전관리를 위한 필요한 조직으로 라인형, 스태프형, 라인-스태프형이 있다

2. 안전관리 목적
1) 모든 위험의 제거
2) 기업의 손실예방
3) 조직적인 사고예방활동
4) 위험제거 기술의 수준 향상
5) 재해예방률의 향상

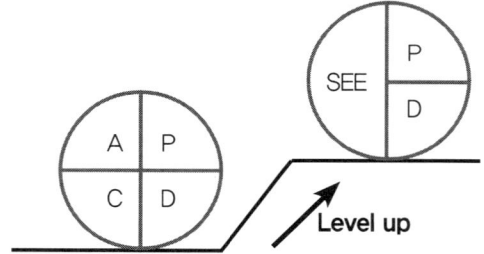

3. 라인형(Line) 혹은 직계형
안전관리에 관한 계획, 실시, 평가에 이르기까지 안전관리의 모든 것을 생산조직(Line)을 통하여 행하는 관리방식이다.

1) 소규모 사업장에 적합(근로자수 100명 이하)하다.
2) 명령 및 지시가 신속하고 정확하게 전달된다.
3) 생산조직 전체에 안전관리 기능을 부여(생산과 안전을 동시에 지시) 한다.
4) 안전을 전담하는 조직이 없어 안전정보가 충분하지 않다.
5) 라인에 과도한 책임이 부여된다.

4. 스태프형(Sraff) 조직(참모형)

안전관리를 전담하는 스태프(안전관리자)를 통하여 안전관리에 대한 계획, 조사, 검토, 권고, 보고 등을 행하는 관리방식이다.

1) 중규모 사업장에 적합(근로자수 100명 이상 1,000명 미만)하다.
2) 안전정보 수집이 용이한 반면에 안전과 생산을 분리된 개념으로 취급한다.
3) 안전전문가(스태프: 안전관리자)가 문제해결 방안을 모색한다.
4) 스태프의 성격상 계획, 조사, 점검 결과에 따른 조언과 보고 수준에 머물 수 있다.
5) 스태프는 경영자의 조언, 자문역할을 하고, 생산부문은 안전에 대한 책임, 권한이 없다.

5. 라인 스태프형(직계. 참모식 조직)

라인형과 스태프형의 장점을 취한 조직형태로 안전업무를 담당하는 스태프를 두고, 기획은 스태프에서, 라인은 실무를 담당하도록 관리하는 방식이다.

1) 대규모 사업장에 적용(근로자수 1,000명 이상)한다.
2) 안전관리의 계획 수립 및 추진이 용이하고, 안전전문가에 의해 입 안된 것을 경영자가 명령하므로 명령이 신속. 정확하게 전달된다.

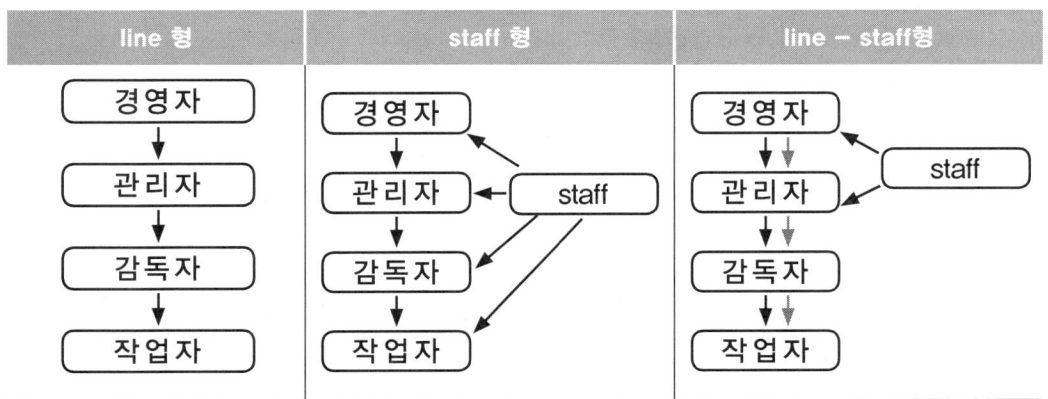

6. 안전관리 조직의 발전 방향

1) 최고경영자의 안전에 대한 적극적인 관심과 참여가 필요(안전경영 방침)하다.
2) 안전관리 체계의 확립이 요구된다.
3) 조직 구성원의 책임과 권한을 명확히 하고 구성원 전원이 참여한다.
4) 안전의 습관화, 생활화를 유도한다.
5) 안전보건경영 시스템 구축 한다.

2 안전보건관리 체계

(1) 안전관리자(전담)

① 상시근로자 300인 이상

② 건설업
- 공사금액 120억 원(토목공사 150 억원) 이상,
- 공사금액 50억 원 이상 공사 중 유해·위험방지계획서 작성 대상 공사
- 상시근로자 300인 이상

③ 사업주가 경영하는 둘 이상의 사업장에 1명의 안전관리자를 공동으로 선임할 수 있는 경우
- 같은 시·군·구 지역에 소재
- 사업장 간 경계를 기준으로 15㎞ 이내에 소재

④ 같은 장소에서 이루어지는 도급사업에서 도급인 사업주가 수급인인 사업주의 근로자에 대한 안전관리자를 선임하는 경우 수급인인 사업주는 안전관리자를 선임하지 않을 수 있다.

(2) 산업안전보건위원회
① 상시근로자 100인 이상
② 건설업: 공사금액 120억 원(토목공사 150억 원) 이상

(3) 노사협의체: 공사금액 120억 원(토목공사 150억 원) 이상

(4) 안전보건관리책임자
① 상시근로자 100인 이상
② 총 공사금액 20억 원 이상 건설업

(5) 안전보건총괄책임자
① 수급인, 하수급인 포함 상시근로자 100인 이상
② 수급, 하수급포함 공사금액 20억 원 이상 건설업
③ 같은 장소에서 행해지는 사업에서 일부를 분리하여 도급을 주는 사업
④ 각 전문분야에 대한 공사의 전부를 도급을 주는 사업

(6) 안전보건관리담당자
① 상시근로자 20명 이상 50명 미만인 사업장
② 제조업
③ 임업
④ 하수, 폐수 및 분뇨처리업
⑤ 폐기물수집, 운반, 처리 및 원료재생업
⑥ 환경정화 및 복원업
⑦ 안전보건관리 업무에 지장이 없는 범위에서 다른 업무를 겸할 수 있다.

(7) 안전보건조정자
① 총 공사금액 50억 원 이상인 건설공사 발주자
② 같은 장소에서 2개 이상 공사가 분리 발주된 사업장

3 안전보건 조직의 안전직무

(1) 사업주의 안전직무
① 산업재해 예방을 위한 기준을 지킨다.
② 쾌적한 작업환경 조성, 근로조건 등을 개선한다.
③ 안전·보건에 관한 정보를 근로자에게 제공한다.

(2) 안전보건총괄책임자의 직무
① 작업의 중지 및 재개한다.
② 도급 사업시의 안전보건 조치한다.
③ 수급인의 산업안전보건 관리비의 집행 감독, 협의·조정한다.
④ 안전인증대상 기계·기구, 자율안전확인대상 기계·기구 사용 여부
⑤ 위험성 평가 실시한다.

(3) 안전보건관리책임자 직무
① 산업재해 예방계획을 수립한다.   ② 안전보건 관리규정 작성 및 변경한다.
③ 근로자의 안전보건 교육한다.   ④ 작업환경의 점검 및 개선한다.
⑤ 산업재해의 원인 조사 및 재발 방지대책을 수립한다.
⑥ 산업재해의 통계의 기록 및 유지한다.
⑦ 안전장치 및 보호구 구입 시 적격품 여부를 확인한다.
⑧ 근로자의 건강진단 등 건강관리한다.   ⑨ 위험성 평가의 실시한다.
⑩ 근로자의 위험 또는 건강장해 방지에 관한 사항 등이다.

(4) 안전관리자 직무
① 안전교육 계획의 수립 및 안전교육 실시에 관한 보좌 및 조언·지도한다.
② 사업장 순회 점검 지도 및 조치를 건의한다.
③ 재해 원인 조사·분석 및 재발 방지를 위한 기술적 보좌 및 조언·지도한다.
④ 재해통계의 유지·관리·분석을 위한 보좌 및 조언·지도한다.
⑤ 안전인증대상 기계·기구, 자율안전확인대상 기계·기구 구입 시 적격품 선정에 관한 보좌 및 조언·지도한다.
⑥ 위험성 평가에 관한 보좌 및 조언·지도한다.

⑦ 안전에 관한 사항의 이행에 관한 보좌 및 조언·지도한다.

⑧ 산업안전보건위원회, 노사협의체, 안전보건관리규정 및 취업규칙에서 정한 업무 내에서 직무를 수행한다.

⑨ 업무수행의 기록을 유지한다.

(5) 안전보건관리담당자

① 안전보건 교육 실시에 관한 보좌 및 조언·지도한다.

② 위험성 평가에 관한 보좌 및 조언·지도한다.

③ 작업환경측정 및 개선에 관한 보좌 및 조언·지도한다.

④ 건강진단에 관한 보좌 및 조언·지도한다.

⑤ 재해 발생원인 조사, 재해통계의 기록 및 유지를 위한 보좌 및 조언·지도한다.

⑥ 안전보건과 관련된 안전 장치 및 보호구 구입 시 적정품 선정 보좌 및 조언·지도한다.

(6) 관리감독자

① 기계·기구 또는 설비의 안전·보건 점검 및 이상 유무의 확인한다.

② 작업복, 보호구 및 방호장치의 점검과 그 착용·사용에 관한 교육·지도한다.

③ 산업재해에 관한 보고 및 이에 대한 응급조치를 한다.

④ 작업장 정리·정돈 및 통로 확보에 대한 확인·감독한다.

⑤ 산업보건의, 안전관리자, 보건관리자, 안전보건관리담당자의 지도·조언에 대한 협조한다.

⑥ 위험성 평가 유해·위험 요인의 파악 및 개선조치의 시행한다.

(7) 안전보건조정자

① 각각의 공사간의 혼재된 작업의 파악한다.

② 산업재해 발생의 위험성 파악한다.

③ 산업재해를 예방하기 위한 작업의 시기, 내용 및 안전보건 조치 등의 조정한다.

④ 도급인의 관리책임자간 작업내용에 관한 정보공유 여부의 확인한다.

(8) 산업안전지도사

① 공정상의 안전에 관한 평가·지도한다.

② 유해·위험의 방지 대책에 관한 평가·지도한다.

③ 공정상의 안전 및 유해·위험의 방지대책과 관련된 계획성 및 보고서 작성한다.

④ 안전보건 개선계획서 작성한다.　　⑤ 위험성평가의 지도한다.

⑥ 산업안전에 관한 사항의 자문에 대한 응답 및 조언한다.

(건설안전분야)
　① 유해·위험 방지계획서, 안전보건개선계획서, 건축·토목작업계획서 작성·지도한다.
　② 가설구조물, 시공중인 구축물, 해체공사, 건설공사 현장의 붕괴 우려 장소 등의 안전성을 평가한다.
　③ 가설시설, 가설도로 등의 안전성을 평가한다.
　④ 굴착공사의 안전시설, 지반 붕괴, 매설물파손 예방 등의 기술을 지도한다.
　⑤ 그 밖의 토목, 건축 등에 관한 교육 또는 기술 등을 지도한다.

(9) 근로자 안전직무
　① 법에서 정하는 산업재해 예방에 필요한 사항을 지켜야 한다.
　② 사업주 또는 근로감독관, 공단 등 관계자가 실시하는 산업재해방지에 관한 조치에 따라야 한다.

4 안전보건 조정자

(1) 선임의무: 총 공사금액 50억 원 이상 건설공사를 분리하여 발주하는 발주자를 선임하는 의무이다.

(2) 대상 공사: 2개 이상의 건설공사가 같은 장소에서 행해지는 경우
　　　　　　　*조경공사 등 별도 발주 시 선임대상으로 확대된다.

(3) 자격지정
　① 공사감독자
　② 주된 공사의 책임감리자 선임
　③ 안전보건책임관리자로서 3년 이상 재직자
　④ 산업안전지도사, 건설안전기술사
　⑤ 건설안전기사 5년 이상 경력, 건설안전산업기사 7년 이상 경력자

(4) 업무: 분리 발주한 공사간의 혼재된 작업내용, 그 위험성을 파악, 작업시기, 내용 및 안전보건조치 등을 조정한다.

(5) 효과: 최근 사회적으로 요구되고 있는 "위험의 외주화"를 예방하고, 발주자에 대한 안전보건상의 책임강화 문제를 해결할 수 있는 하나의 수단이 될 것이다.

5 사업주 및 근로자의 의무

산업안전보건법은 사업주 및 근로자에게 의무를 부여하고 있으며, 산업안전·보건관리는 사업주 책임 하에서 행해져야 한다고 명시한다. 사업주는 기업경영을 총괄 지휘하고 조직 내의 모든 안전보건관리에 대한 책임을 지게 된다. 또한 근로자의 안전 확보를 위해서 노력하여야 하고, 근로자는 사업주의 안전·보건 조치가 효과를 얻을 수 있도록 적극 협조해야 한다.

1. 사업주의 의무

근로자의 안전·보건을 유지·증진하기 위해 필요한 사항을 사업주에게 부여한다.

(1) 의무사항

① 국가에서 시행하는 산업재해 예방 시책 등을 준수
② 산업재해 발생 보고의 의무
③ 산업재해기록·보존의 의무
④ 산업안전보건법령 요지 게시 등의 의무
⑤ 유해·위험한 장소에 안전·보건표지를 부착
⑥ 안전·보건상 필요한 조치
⑦ 근로자의 생명을 지키고 안전·보건을 유지·증진
⑧ 안전보건규정을 작성하여 사업장에 게시하거나 근로자에게 알리는 등의 의무

(2) 사업주의 법률상 책임

① 근로자의 신체와 생명에 생길 수 있는 위험으로부터 근로자를 보호할 의무가 있다.
② 안전조치 의무를 위반하고 있지 않음을 사업주가 입증한다.

* 예를 들면

사업주는 평소에 작업에 대한 안전·보건교육을 충분히 실시하였고, 작업 시 사용하고 있었던 기계·설비는 안전하게 방호 조치사항 등을 입증한다.

2. 근로자의 의무

근로자는 산업재해 예방을 위한 기준을 준수하여야 하며, 사업주가 실시하는 산업 재해 방지에 관한 조치를 따라야 한다.

(1) 의무사항

① 근로자는 사업주가 행한 안전·보건상의 조치사항을 지켜야 한다.
② 사업주가 실시하는 근로자 건강진단을 받아야 한다.
③ 사업주가 제공한 안전모, 안전화 등 보호구 착용의 의무가 있다.

3. 건설현장에서의 준수사항

(1) 사업주가 꼭 지켜야 할 사항

① 작업조건에 맞는 안전모, 안전대 등 보호구를 지급하고 착용토록 조치한다.
② 작업발판 및 개구부 등 근로자가 떨어질 위험장소에 안전난간, 울타리 및 덮개를 설치한다.
③ 물체가 떨어질 위험이 있는 장소에는 낙하물방지망, 방호선반 등을 설치한다.
④ 지반의 굴착 장소 등에는 안전 기울기 유지, 흙막이 지보공 등을 치한다.
⑤ 거푸집 동바리 구조검토 실시 및 조립도에 따라 조립한다.
⑥ 건설현장에 신규 채용하는 일용근로자에 대해 기초안전·보건교육 실시한다.
⑦ 산업안전보건관리비는 사용 목적(근로자 안전보건 확보)에 맞게 집행한다.
⑧ 안전보건관리책임자, 안전관리자, 보건관리자 등 선임, 업무수행 및 관련 서류를 비치한다.

(2) 근로자가 꼭 지켜야 할 사항

① 사업주가 지급한 안전모, 안전대 등 보호구를 반드시 착용한다.
② 급박한 위험 상황 시 작업을 중지한 후 대피하고, 그 사실을 상급자에게 보고한다.
③ 유해·위험한 작업, 기계·기구 등의 방호조치 해체금지 및 방호조치 기능이 상실된 것을 발견 시 지체 없이 사업주에게 신고한다.
④ 차량계 하역운반기계 운전자가 운전정지 시 시동키를 운전대에서 분리한다.
⑤ 사업주가 지시한 각종 안전조치사항(장비유도, 제한속도 등)을 준수한다.

6 안전관리 조직의 문제점 및 개선대책

(1) 문제점
① 안전관리자의 하위직급 임명
② 안전관리자의 겸직 및 안전지식 부족
③ 하도급업체 안전의식 부재
④ 산업보건의 및 보건관리자의 선임의무 배제
⑤ 사업주간 협의체의 형식적인 회의 실시
⑥ 관리감독자의 안전의식 부재 및 본인의 안전직무 망각

(2) 개선대책
① 안전관리자의 상위직급 임명, 정규직 선임
② 안전관리자 겸직금지 및 안전교육 확대
③ 하도급업체의 안전담당자 지정 의무 도입
④ 산업보건의 및 보건관리자 선임 의무 도입
⑤ 사업주간 협의체의 토의, 건의 등 회의 확대 실시
⑥ 관리감독자의 안전의무 부여 및 관리감독자 직무교육 철저히 실시
⑦ 안전관리자 산업 재해 리더십 교육 실시

7 안전인증 심사

1. 심사의 종류. 방법

(1) 예비심사: 사전 기계·기구 및 방호장치·보호구가 유해·위험한 기계·기구·설비인지 확인하는 심사 방법이다.

(2) 서면심사: 제품기술과 관련된 문서가 안전인증기준에 적합한지에 대한 심사방법이다.

(3) 기술능력 및 생산체계 심사

기술능력과 생산체계가 안전인증기준에 적합한지에 대한 심사이다.

* 기술능력 및 생산체계 심사를 생략하는 경우

① 기계톱(이동식만 해당), 방호장치 및 보호구를 고시하는 수량이하로 수입하는 경우

② 개별제품 심사를 하는 경우

③ 같은 공정에서 제조되는 같은 종류의 기계·기구 등에 대하여 안전인증을 하는 경우

(4) 제품심사: 서면심사 내용과 일치 여부 및 안전에 관한 성능이 안전인증기준에 적합한지에 대한 심사 방법이다.

1) **개별제품심사:** 모두에 대하여 심사 (서면심사결과 안전기준에 적합할 경우)

2) **형식별 제품심사:** 형식별로 표본을 추출하여 하는 심사

(서면심사와 기술능력 및 생산체계 심사가 안전기준에 적합할 경우)

2. 안전인증 심사 종류별 심사기간

(1) 예비심사: 7일

(2) 서면심사: 15일(외국에서 제조한 경우 30일)

(3) 기술능력 및 생산체계 심사: 30일(외국에서 제조한 경우 45일)

(4) 제품심사

① 개별 제품심사: 15일

② 형식별 제품심사: 30일

8 무재해운동 및 소집단 활동

1. 무재해 운동 목적
(1) 사업장 손실방지와 생산성 향상으로 경제적 이익 발생
(2) 자율적 문제해결 능력으로 생산, 품질의 향상능력을 제고
(3) 전원참가 운동으로 밝고 명랑한 직장풍토 조성
(4) 노사간 화합분위기 조성으로 노사 신뢰도 향상

2. 무재해운동의 3대 원칙
(1) **무의 원칙(ZERO의 원칙):** 산업재해의 근원적인 요소들을 없앤다는 원칙이다.
(2) **안전제일의 원칙(선취의 원칙):** 행동하기 전에 잠재 위험 요인을 발견하고 파악. 해결하여 재해를 예방한다는 원칙이다.
(3) **참여의 원칙(참가의 원칙):** 전원이 일치 협력하여 각자의 위치에서 적극적으로 문제해결을 하겠다는 원칙이다.

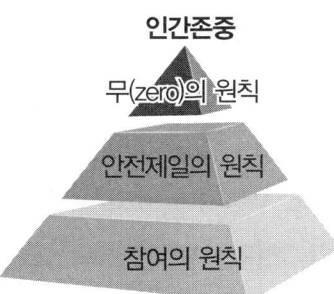

무재해운동 기본 원칙

3. 무재해 운동의 3요소
(1) **최고 경영자의 경영자세**
   안전보건은 최고 경영자의 무재해에 대한 확고한 경영자세로부터 시작한다.
(2) **라인 관리자에 의한 안전보건을 추진한다.**
   관리감독자들이 생산활동 속에서 안전보건을 함께 실천한다.
(3) **직장의 자주 안전활동을 활성화한다.**
   직장의 팀 구성원과의 협동 노력으로 자주적인 안전활동 추진이 필요하다.

4. 무재해 소집단 활동

(1) **브레인 스토밍(Brain Storming):** 자유분방하게 진행하는 토의식 아이디어 창출법으로 편안한 분위기에서 연상되는 사고를 대량으로 발표해 나가는 방식이다. 주제나 대책 결정에 있어 다양한 아이디어 창출을 유도할 수 있다. 편안한 가운데 연상되는 내용의 연쇄반응을 통하여 생각하지 못한 아이디어를 창출해 내는 것이 브레인스토밍의 도입이다.

* 브레인스토밍 4원칙
① **비판금지:** 좋다, 나쁘다, 비판은 하지 않는다.
② **자유분방:** 마음대로 자유로이 발언한다.
③ **대량발언:** 무엇이든 좋으니 많이 발언한다.
④ **수정발언:** 타인의 생각에 동참하거나 보충 발언해도 좋다.

(2) **STOP(Safety Training Observation Program)**
① 미국 듀폰사의 안전교육 관찰 프로그램이다.
② 숙련된 관찰자(현장의 관리자 및 감독자)가 불안전한 행위를 관찰하기 위한 기법이다.
③ 결심 → 정지 → 관찰 → 보고 단계로 진행한다.
④ 효과
 - 감독자의 안전책임 의식을 향상한다.
 - 분야별 안전활동을 촉진한다.
 - 노동자의 안전태도 및 안전의식을 향상한다.

(3) **TBM(Tool Box Meeting)**
* 즉시 적응법(단시간 미팅, 즉시 적응훈련)
① 현장의 상황에 맞게 실시하는 단시간 미팅으로 즉시 적응훈련한다.
② 작업 전, 종료 시 5~10분간 작업자 3~5인이 조를 이뤄 작업 시 위험요소에 대하여 말하는 방식이다.

(4) **One Point 위험예지훈련**
① 위험예지훈련 4R 중 2R, 3R, 4R를 모두 One Point로 요약하여 실시하는 TBM 위험예지훈련 기법으로 2~3분 이내에 실시하는 현장 활동이다.

(5) 지적확인

① 작업공정이나 상황 가운데 위험요인이나 작업의 중요 포인트에 대해 자신의 행동은 『○○○좋아!』라고 큰 소리로 제창하여 확인하는 방법이다.

② 인간의 감각기관을 최대한 활용함으로 위험요소에 대한 긴장을 유발하고, 불안전 행동이나 상태를 사전에 방지하는 효과가 있다.

③ 작업자 상호간의 연락이나 신호를 위한 동작과 지적도 지적확인이라고한다.

④ 과거 철로 플랫폼에서 열차의 진입과 발차 시에 안전을 위해 실시한 안전활동 기법이다. 인간의 부주의, 착각, 방심 등으로 오조작이나 판단 미스로 인한 사고를 예방하기 위해 실시하는 방법이다.

⑤ 인간의 의식을 강화하고 오류를 감소하며 신속 정확한 판단과 대책을 수립 할 수 있다.

⑥ 지적확인은 대뇌활동에도 영향을 미쳐 작업의 정확도를 향상시킨다.

(6) 터치 앤 콜

① 스킨십을 통한 팀 구성원 간의 일체감 및 연대감을 조성하고 위험요소에 대한 강한 인식과 더불어 사고 예방에 도움이 된다. 서로 피부를 맞대고 구호를 제창함으로써 진한 동료애를 느끼고 안전에 동참하는 참여 정신을 높일 수 있다.

② 팀의 전 구성원이 원을 만들어 팀의 행동목표나 무재해 구호를 지적 확인하는 방법이다(무재해로 나가자, 좋아! 좋아! 좋아!).

③ 터치 앤 콜의 형태
   - 고리형: 왼손 엄지를 서로 맞잡고 원을 만들어 목표나 구호를 제창한다(5~6명 정도가 적당).
   - 포개기형: 왼손 엄지로 원을 만들 수 없는 소수 인원일 경우 왼손을 서로 포개어 구호를 제창한다(2~3명 정도가 적당).
   - 어깨동무형: 왼손을 상대의 왼쪽 어깨에 얹어 감싸고 서로의 발을 맞대어 둥글게 원을 만들어(무재해의 제로(0)를 의미) 오른손으로 지적하며 구호를 제창한다(5~6명 정도가 적당).

④ 기대효과: 특별한 준비 없이 쉽게 실시할 수 있으며, 피부의 접촉을 통하여 기대이상의 친밀감과 일체감을 통하여 서로 하나 됨을 느낄 수 있어 사고예방 및 인간관계 형성에도 큰 도움을 얻을 수 있다.

(7) **안전 확인 5지 운동:** 작업 전 손가락을 하나하나 꼽으면서 안전을 확인하고, 마지막으로 주먹을 힘차게 쥐고 "무재해로 나가자" 라고 구호제창 후 작업을 시작하는 방법이다.
   ① 무지: 마음의 준비 – 하나, 부상을 당하거나 당하게 하지 말자!
   ② 인지: 복장의 정비 – 둘, 복장을 단정히 하여 위험을 예방하자!
   ③ 중지: 규정과 기준 – 셋, 안전수칙을 철저히 준수하자!
   ④ 약지: 점검 및 정비 – 넷, 철저한 점검 정비로 사고 예방하자!
   ⑤ 소지: 안전확인 – 다섯, 확인하고 또 확인하자!

9 하인리히 연쇄성 이론 / 버드 신도미노 이론

하인리히 사고발생 연쇄성 이론	버드의 사고발생 신도미노 이론
1) 유전적 요인. 사회적 결함	1) 안전관리부족(제어부족)
2) 개인적 결함	2) 기본원인
3) 불안전행동. 불안전상태	3) 직접원인(징후)
4) 사고	4) 사고
5) 재해	5) 재해
* 직접원인을 제거하여 사고와 재해에 영향을 못 미치도록 하는 것 * 직접원인을 제거, 1 : 29 : 300 1 : 중상 또는 사망 29 : 경상 300 : 무상해 사고 * 330회의 사고 가운데 상기와 같은 비율로 사고가 발생	* 직접원인을 제거하는 것보다는 그 근원이 되는 근본원인을 찾아서 유효하게 제어하는 것이 중요함. * 안전관리 및 기본원인을 제거 1 : 10 : 30 : 600 1 : 중상 10 : 경상(인적, 물적상해) 30 : 무상해사고(물적손실 발생) 600 : 무상해, 무사고 * 600 또는 630까지가 중요한 관리대상

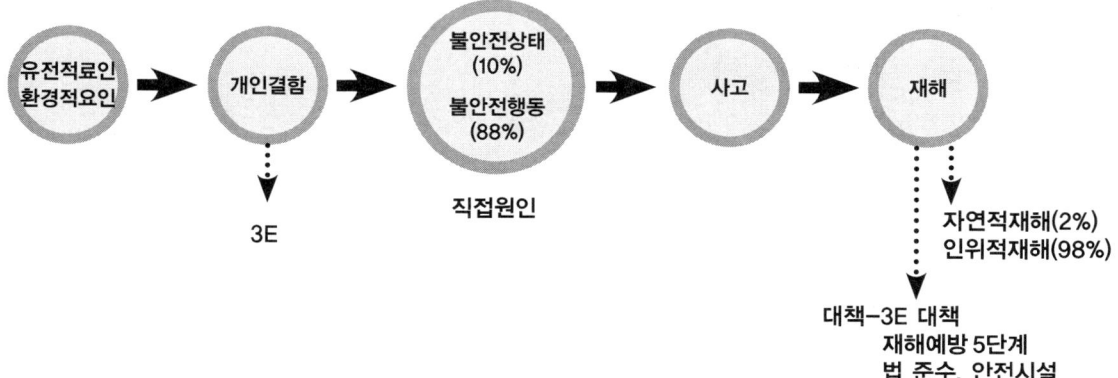

1. 하인리히의 재해구성 비율

하인리히의 법칙(1 : 29 : 300 의 법칙)

한 사람의 중상자가 발생하면 동일한 원인으로 29명의 경상자가 생기고 부상을 입지 않은 무상해 사고가 300번 발생한다는 것으로 이론의 핵심은 사고발생 자체(무상해 사고)를 근원적으로 예방해야 한다는 원리를 강조한다.

즉, 330번의 사고가 발생된다면 그 중에 중상이 1건, 경상이 29건, 무상해사고가 300건 발생한다는 의미다.

(I.L.O 통계분석은 1 : 20 : 200의 법칙)

$$재해의\ 발생 = 물적\ 불안전\ 상태 + 인적\ 불안전\ 상태 + \alpha$$
$$= 설비적\ 결함 + 관리적\ 결함 + \alpha$$

따라서, α(잠재된 위험의 상태, 재해) = $\dfrac{300}{1 + 29 + 300}$ 하인리히법칙

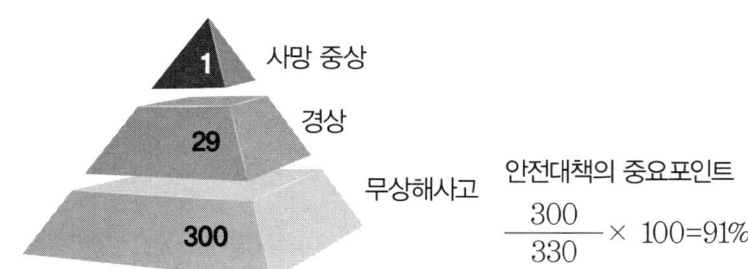

2. 버드의 최신 재해 연쇄성 이론

(1) 안전관리 부족(제어부족)
① 안전관리 부족으로 안전관리자 또는 Staff의 관리(제어)부족에 기인한다.
② 안전관리계획에는 사고·재해의 연쇄 속에 모든 요인을 해결하기 위한 대책을 포함해야 한다.

(2) 기본원인
① 사고발생 원인은 개인적 및 작업상에 관련된 요인이 존재한다.
 - 개인적요인: 지식부족, 육체적·정신적 문제 등이 포함된다.
 - 작업상요인: 기계설비의 결함, 부적절한 작업 기준, 작업체제 등이 포함된다.
② 재해의 직접원인을 해결하는 것보다도 기본 원인을 규정해야 효과적인 제어가 가능하다.

(3) 직접 원인(징후)
① 불안전한 상태 및 불안전한 행동을 말한다.
② 근원적인 징후의 발견 및 그 징후의 근본적인 원인을 발굴 조사한다.

(4) 사고

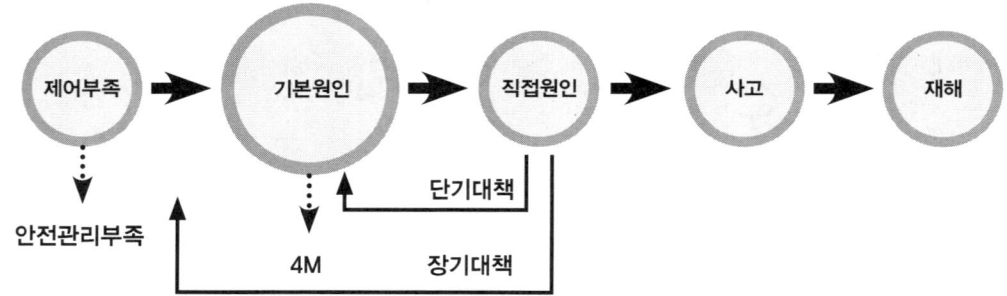

① 사고는 신체 또는 정상적인 신체활동을 저해하는 물질과의 접촉으로 발생한다.
② 불안전한 관리 및 기본원인에 의한 신체 접촉에 기인한다.

(5) 재해
① 육체적 상해 및 물적 손실을 포함한다.
② 사고의 최종 결과는 인적·물적 손실을 의미한다.

3. 버드의 재해구성 비율(1 : 10 : 30 : 600)

641회 사고 가운데 사망 또는 중상 1회, 경상(인적, 물적상해) 10회, 무상해사고(물적손실발생) 30회, 무상해(무사고) 600회의 비율로 발생한다는 이론이다. 재해의 배후에는 상해를 수반하지 않는 방대한 수(630건/98.28%)의 사고가 발생하고 있으며, 630건의 사고, 즉 아차사고의 인과가 사업장 안전대책의 중요한 요소가 된다.

*아차사고란? 산업현장에 작업자의 부주의나 현장 설비 결함 등으로 사고가 일어날 뻔하였으나, 직접적인 사고로 이어지지 않은 상황을 말한다.

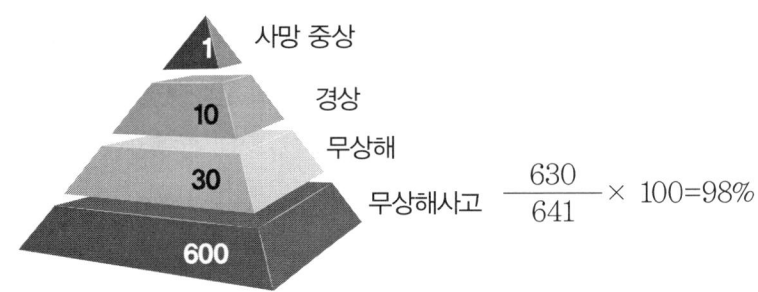

※ 기타 연쇄성 이론

아담스 사고발생 연쇄성 이론	웨버의 사고발생 연쇄성 이론
1) 관리구조	1) 사회적환경 및 유전적 요소
2) 작전적 에러(계획)	2) 인간의 결함(개인적 결함)
3) 전술적 에러(실천)	3) 불안전 행동 및 상태
4) 사고	4) 사고
5) 상해	5) 상해

10 하인리히 재해예방 4원칙 / 사고예방 5원리

1. 재해예방 4원칙

(1) **손실우연의 원칙:** 사고의 결과로 생긴 재해손실의 크기는 우연히 결정된다. 작은 사고 요인도 조심하여야 한다는 원칙이다. 이번에는 재수가 좋아 경상이지만 다음에는 사망사고가 될 수 있다는 원칙이다.

(2) **원인계기의 원칙:** 재해는 반드시 직접, 간접원인이 있다.

(3) **예방 가능의 원칙:** 재해는 원칙적으로 원인만 제거하면 예방이 가능하다.

(4) **대책 선정의 원칙:** 재해 예방을 위해 가능한 안전대책은 반드시 존재한다(3E대책).

　　　　　*3E: (Education(교육), Engineering(기술), Enforcement(관리)

2. 사고예방 5원리

(1) **조직(안전관리조직)**
　① 최고 경영층의 안전방침을 설정한다.
　② 안전관리 조직을 구성한다(안전관리자 등 선임).
　③ 안전의 라인 및 참모를 조직한다.
　④ 안전 활동 및 안전관리 계획을 수립한다.
　⑤ 조직을 통한 안전 활동 전개한다.

(2) **사실의 발견(불안전한 행동, 불안전한 상태)**
　① 사고 및 안전 활동의 기록을 검토한다.
　② 작업을 분석한다.　　　　　③ 안전점검, 및 안전진단을 실시한다.
　④ 사고조사를 한다.　　　　　⑤ 안전평가를 실시한다.
　⑥ 각종 안전회의 및 토의를 한다.　⑦ 근로자의 의견수렴 및 여론조사를 실시한다.

(3) **분석(평가, 사고원인 규명, 5W1H)**
　① 사고조사 결과의 분석　　　② 사고기록 및 관계자료 분석
　③ 인적, 물적, 환경적 조건 분석　④ 작업공정, 작업형태의 분석
　⑤ 교육 및 훈련의 분석　　　　⑥ 안전수칙 및 안전기준의 분석

(4) 시정책의 선정(3E대책)
① 기술의 개선
② 인사조정
③ 교육 및 훈련의 개선
④ 안전규정 및 수칙의 개선
⑤ 이행의 감독과 제재강화

(5) 대책 적용(PDCA, Feed Back)
① 목표설정
② 3E(교육, 기술, 관리)의 적용

 하인리히와 버드의 이론 비교

구분	Heinrich	Bird
재해구성비율	1 : 29 : 300 [중상해:경상해:무상해사고]	1 : 10 : 30 : 600 [중상:상해:무상해사고:아차사고]
연쇄성 이론	• 재해발생 5단계 1. 유전적 요인. 사회적 결함 2. 개인적 결함 3. 불안전행동. 불안전상태(직접원인) 4. 사고 5. 재해	• 재해발생 5단계 1. 안전관리부족(제어부족) 2. 기본원인 3. 직접원인(징후) 4. 사고 5. 재해
재해 직접원인	불안전한 행동 : 불안전한 상태 = 88% : 12%	
재해손실비용	1 : 4 (직접비 : 간접비)	1 : 5 (직접비 : 간접비)
재해예방의 5단계	1. 조직(안전조직) 2. 사실의 발견 (직접·간접원인) 3. 분석(5W1H) 4. 대책의 선정(3E대책) 5. 대책 적용(Feed Back)	
재해예방의 4원칙	1. 손실우연의 원칙 2. 원인계기의 원칙 3. 예방가능의 원칙 4. 대책선정의 원칙	

12 등치성 이론(산업재해 발생 3형태)

사고원인의 여러 요인들 중에서 어느 한 가지 요인이라도 없으면 재해는 발생되지 않는다는 관점이다. 재해는 여러 사고요인이 연결되어 발생한다는 이론으로, 어느 한 가지라도 소홀히 할 수도 없으며, 등치를 가지고 있다는 이론이다.

(1) **집중형**: 순간적으로 재해가 발생하는 유형으로 재해가 일어난 장소에 그 시기에 일시적으로 요인이 집중하는 유형이다.

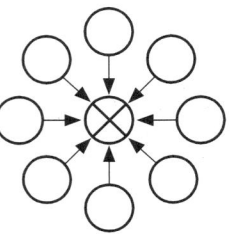

(2) **연쇄형**: 하나의 사고요인이 또 다른 요인을 발생시키면서 재해가 발생하는 유형이다.
① 단순 연쇄형: 지속적으로 사고요인을 유발시켜 재해가 발생되는 형태이다.

② 복합 연쇄형: 2개 이상의 단순 연쇄형에 의해 재해가 발생하는 형태이다.

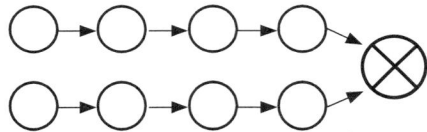

(3) **복합형**: 집중형과 연쇄형의 복합적인 발생유형이다. 일반적으로 산업재해 조사를 보면 복합형으로 재해 원인이 복잡하게 얽혀있는 경우가 많다.

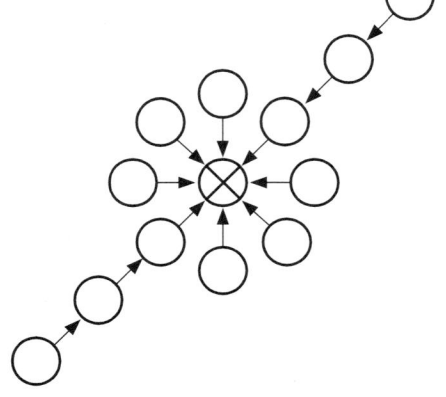

13 위험예지훈련

작업장 내에 잠재하고 있는 위험요인을 작업 전.후 또는 작업 중에 문제점 발생 시 단시간 내에 작업 소집단에서 토의하고 생각하여 행동하기에 앞서 위험요인을 해결하는 것을 습관화하는 예방훈련이다.

1. 특성
① 감수성 훈련: 개인 수준에서 팀 수준으로 훈련한다.
② 단시간 미팅: 집중력 향상 → 토론·연구·이해를 위한 단시간 회의로 진행한다.
③ 문제 해결 훈련: 팀의 문제해결 능력 향상시킨다.

2. 위험예지훈련 문제해결 기초 4R 및 8단계
제시된 현장사진이나 도면을 보고 참가자들이 브레인스토밍을 통하여 위험요소를 발견하고 안전행동 지침을 도출해 내는 문제해결 방법이다.
① **현상파악(1R)**: 전원이 토의로 "위험이 어디에 있는가?" 하는 잠재 위험요인을 파악한다 (브레인스토밍).
  - 1단계 (문제제기): 그 날의 작업에서 "이 단계가 위험하다"는 문제점을 제기한다.
  - 2단계 (현상파악): "여기에는 이러한 위험이 있다", "이와 같은 방법은 위험하다"는 등의 현상에 대해 의논한다.
② **본질추구(2R)**: "이 위험이 요점이다"라는 가장 중요하다고 생각되는 위험 요인을 파악한다.
  - 3단계(문제점 발견): "이 문제는 위험하구나" 하는 문제점을 찾는다.
  - 4단계(중요문제결정): 중요한 문제점을 찾는다
③ **대책수립(3R)**: 구체적이고 실현 가능한 대책을 수립한다.
  - 5단계 (해결책 구상): 요점의 위험을 해결하기 위한 방침을 결정한다.
  - 6단계(구체적 방안 수립): 요점에 대한 대책을 수립한다.
④ **목표설정(4R)**: 대책 실천을 위한 팀 행동 목표 설정
  - 7단계(중점사항 결정): "모두가 반드시 실시하자" 라는 중점실시 사항을 결정한다.
  - 8단계(실시계획수립): 중점사항에 대한 팀의 행동계획을 결정한다.

3. 브레인스토밍 4원칙
잠재적 위험에 대한 토의 시 해결 방안에 대한 아이디어를 내는 기법이다.
① 비판금지　　② 자유분방　　③ 대량발언　　④ 수정발언

4. TBM(Tool Box Meeting)
① TBM 역할연기 훈련: 한 팀이 역할연기 한 것을 다른 팀이 관찰후 강평한다.
② One Point 위험예지훈련: 현장 활용용으로 기초4R 를 각각 One Point로 요약한다.
③ 단시간 미팅 즉시 적응 훈련한다.

5. Touch & Call
① 실시 시기
　　- 위험 예지훈련 종료 시
　　- 단시간 미팅 종료 시
② 소요시간: 5~10초
③ 실시방법
　　- 손고리형: 왼쪽 엄지로 서로 맞잡아 둥근원을 만들어 실시한다.
　　- 어깨동무형: 한손은 상대어깨에 다른 손은 지적 제창한다.
　　- 손포개기형: 팀구성원의 왼손을 서로 겹겹이 포개어 실시한다.
④ 효과
　　- 협동심으로 일체감, 연대감, 팀웍을 조성하는데 기여한다.
　　- 무의식적인 안전행동을 유발한다.
　　- 상호간 동료애를 유발한다.

6. 위험성평가

7. 스트레칭
(1) **정의**: 신체의 경직된 근육을 풀고, 심신을 활성화한다.
(2) **필요성**
　　① 근육의 긴장 완화　　② 작업에 따른 부상 예방
　　③ 유연성 증진　　　　④ 격렬한 활동 용이

⑤ 신체의 인지도 발달 　　　　⑥ 관절가동범위 확대

⑦ 혈액순환 촉진

(3) 실천기법의 종류

① 의자이용 스트레칭 　　　　② 의자에 장시간 앉아있는 후의 스트레칭

③ 등 하부 긴장완화를 위한 스트레칭 　④ 작업 전.후의 긴장 완화를 위한 스트레칭

8. 지적확인

인적. 물적 대상에 대하여 부주의에 의한 오조작, 오판단의 실수방지 및 작업 결과에 대한 안전 확보와 작업 정확도 향상을 위하여 지적확인하는 행위를 말한다.

(1) 지적확인의 필요성

① 부주의에 의한 오조작, 오판단의 실수를 방지한다.

② 자신의 행동과 작업결과에 대한 안전을 확보한다.

③ 작업 정확도를 향상시킨다.

(2) 지적확인 대상

① 인적확인

　- 위치: 대상물과 간격, 주위환경을 확인한다.

　- 자세: 작업 자세, 작업 방법을 확인한다.

　- 복장: 보호구 착용 여부를 확인한다.

② 물적확인

　- 자재: 적재방법, 안전성 여부를 확인한다.

　- 안전시설: 안전시설의 안전성 여부를 확인한다.

　- 위험물: 위험물의 안전성 여부를 확인한다.

(3) 지적확인 시 주의사항

① 올바른 자세로 절도 있고, 엄격하게 지적 확인한다.

② 지적하면서 큰 소리로 확인한다.

③ 주의력 집중, 지적항목 정확히 확인한다.

14 TBM(Tool Box Meeting)

1. 개요

(1) TBM이란 직장에서 하는 Meeting으로 미국 건설업에서 시작되어 성과를 올린 제도이다.

(2) 대부분의 재해 원인은 작업자의 불안전한 행동에 기인하며, 이때 기계. 설비 및 작업환경의 안전화가 확보되어 있다면 작업자의 안전의식 결여가 문제 해결 열쇠가 되는 것이다.

(3) 이런 점에서 작업자로 하여금 작업에 착수하기 전·후에 작업 수행 도중의 불안전 요소와 위험성을 주지시키기 위해 공구. 기계 앞에서 재해를 예방하자는 단시간 회합이 TBM이다.

2. TBM 방법

(1) **단시간 미팅**: TBM은 통상 작업 개시 전 5~15분 정도의 시간으로 행하여지며, 작업 종료 후 3~5분 정도의 종료 Meeting도 TBM의 하나이다.

(2) **인원수는 5~6인으로 구성**: TBM은 5~6인 정도로 서로 이야기할 수 있는 인원수로 때와 장소를 막론하고, 작은 원을 그리며 짧은 시간 내 서서 필요에 따라 이루어지는 안전 Meeting이다.

3. TBM의 내용(실시순서 5단계)

(1) 작업 시작 시(5단계를 전체 5~15분 정도)

　① 도입: 직장 체조, 무재해기 게양, 인사, 안전연설, 목표 제안을 한다.
　② 점검 및 지시: 건강, 복장, 공구, 자재, 보호구등 사용기기 등을 점검 및 정비한다.
　③ 작업지시: 작업지시의 전달, 안전사항을 전달한다.
　④ 위험예측: 당일 작업에 대한 위험요소를 예측한다.
　　　　　　위험 내용과 위험 활동을 파악하는 것이 위험예지 훈련이다.
　⑤ 확인: 위험에 대한 대책과 Team 목표에 대해 확신한다.

(2) 작업 종료 시

① 적절여부 확인: 작업 시작 시 TBM에서 결정된 실시사항의 적절 여부를 확인하고, 부적절한 부분은 개선한다.

② 검토·보고: 그날 작업의 위험요인발굴 검토·보고

③ 문제 제기: 그날의 작업에 관한 문제 제기

④ 재해방지: 통근 시 재해방지를 다짐하고 종료한다.

4. TBM의 효과

(1) 직장 또는 작업의 상황에 내재된 위험 요인의 발굴을 개인 수준에서 팀 수준으로 높이는 탁월한 방법이다.

(2) 발견된 위험을 해결하려는 팀의 문제해결 능력을 향상시키는 실질적 기법이다.

(3) 안전을 성취하기 위해서는 직장에서의 적극적 화합이 선결 과제이다.

5. TBM 위험예지훈련 기법 시 유의사항

(1) 공종별 전 근로자의 참석이 중요하다.

(2) 위험요인의 파악 및 발굴한다.

(3) 해결책의 구상 및 대책의 수립한다.

(4) 단시간 Meeting 즉시 적응 훈련한다.

6. 결론

(1) 재해를 방지하기 위한 기법의 하나인 TBM은 안전행동을 확보하는 데 목적이 있고, 인명과 재산을 재해로부터 보호하고, 작업자에게는 안전감을 부여함으로써 생산성을 향상시킨다.

(2) 각 건설회사에서는 TBM의 중요성을 인식하고, 건설현장에서 TBM이 활성화되도록 하여야 한다.

15 작업현장에서의 TBM 실시 사례

1. "작업시작 전 10분 안전보건교육"이라 칭하는 경우가 대부분이다.

(1) TBM 준비단계
① 근로자 상호 간의 인사, 건강 상태를 확인한다.
② 작업 전 스트레칭을 실시한다.
③ 근로자 상호 간 보호구 착용 상태를 확인한다.

(2) TBM 위험성 평가 단계
① 작업설명 및 위험작업 확인한다.
 - 개인별 세부작업 지시
 - 작업장 주변 환경에 대한 설명
② 세부 작업별 위험 포인트 확인한다.
③ 위험 포인트 선정 및 복창한다(위험 포인트 강조 및 숙지).
④ 세부 작업별 안전대책을 수립한다.
 - 작업허가서를 통해 위험 요인 숙지 및 추가위험 포인트를 확인한다.

(3) TBM 위험성 평가 후 단계
① 최근 동종재해 사례를 전파한다.
 - 전파함으로써 안전에 대한 경각심을 높힌다.
 - 재해예방을 위해 안전대책을 준수하도록 독려한다.
 - 작업허가서의 예방대책을 숙지하도록 요청한다.
② 비상시 대처방법을 설명한다.
 - 화재진압 방법 및 대피방법을 전파한다.
 - 비상시 대피경로를 설명한다.
③ 작업자가 참여하는 위험성을 평가한다.
 - 전날 작업 중 위험 포인트, 미비점 등을 개선 요청(전원참여 유도)한다.
 - 위험 포인트 대책 수립. 공유를 통해 재해를 예방한다.
 - 작업자 의견을 바탕으로 위험성 평가 재작성, 눈에 띄는 곳에 부착한다.

(4) TBM 마무리 단계
① 최종 위험 포인트 예방대책을 확인한다.
② 가족을 위한 안전다짐: 가족을 생각하며 안전작업 독려한다.
③ 터치 앤 콜 & 마무리: "무재해로 나가자." "좋아! 좋아! 좋아!"

16 비정상작업의 특징과 안전대책

1. 비정상작업이란?
우발적인 기계 장치의 고장 수리와 같이 불특정 지역에서 임의의 작업자가 설비나 도구를 사용하여 일시적으로 행하는 작업을 말한다.

2. 사례
① 기계, 설비 수리작업
② 청소작업
③ 해체작업
④ 정기검사
⑤ 이상 발생 시 응급작업

3. 비정상작업 안전대책
(1) 작업환경의 정비
① 고소작업 등 추락위험 장소에 안전시설물 설치한다.
② 위험작업 장소에 주의사항 등의 간판을 설치한다.
③ 유해·위험한 환경, 협소한 장소, 밀폐 공간 등에서 작업할 경우에는 비상시 피난 대책과 구명구 등 사전조사를 한다.

(2) 작업 절차의 제정 및 순서

① 세밀한 작업분석과 현장을 파악한다.

② 작업순서를 결정한다.

③ 안전작업 지시서를 교부한다.

④ 작업지시에 따른 사전 교육을 한다.

⑤ 작업장 안전상황 확인 후 허가증을 발급한다.

⑥ 예상되는 긴급 상황에 대한 대비와 감독 체제를 결정한다.

(3) 비정상작업 시 안전

① 작업감시 및 신호를 위한 감독자를 배치한다(작업지휘자 및 신호수).

② 정비, 보수 시 근로자들이 인식할 수 있는 안전표찰을 부착한다.

③ 비정상작업 흐름을 알 수 있도록 안전공정표를 설치한다.

④ 작업 전 TBM 및 지적확인을 실시하여 위험 Point를 확인한다.

(4) 올바른 보호구 착용

4. 비정상작업의 특징

① 작업환경이 일정하지 않다

② 사용 장비, 도구가 유동적이며, 관리가 산만하다

③ 작업팀 구성이 고정적이지 않으며, 각각 다른 전문분야의 혼성팀으로 구성되기도 한다.

④ 작업 장소의 특성에 따라 작업 통제의 난이성이 있다.

⑤ 작업 종류와 진행에 따른 위험예측이 곤란하다.

⑥ 기상 이변에 따른 불의의 위험 대비가 어렵다.

⑦ 작업자의 훈련이 곤란하다.

⑧ 안전표시, 보호구의 사용에 한계성이 있다.

⑨ 정상작업처럼 작업 기준 설정이 어렵다.

⑩ 비상시 고도의 숙련된 대응능력이 요구된다.

17 위험성 평가

 사업주는 근로자의 위험 또는 건강장해를 방지하기 위하여 사업장의 유해·위험 요인을 찾아내어 위험성을 결정하고 개선하는 등 위험성 평가를 실시한다. 실시 후 내용 및 결과를 기록하여 3년간 보존하여야 한다.

1. 위험성 평가란?

 사업장의 유해·위험요인을 파악하고 해당 유해·위험요인에 의한 부상 또는 질병의 발생 가능성(빈도)과 중대성(강도)을 추정·결정하고 감소대책을 수립하여 실행하는 일련의 과정이다.

2. 위험성평가 용어 해설

(1) **위험성평가:** 유해·위험요인을 파악하고 해당 유해·위험요인에 의한 부상 또는 질병의 발생 가능성(빈도)과 중대성(강도)을 추정·결정하고 감소대책을 수립하여 실행하는 일련의 과정을 말한다.

(2) **유해·위험요인:** 유해·위험을 일으킬 잠재적 가능성이 있는 것의 고유한 특징이나 속성을 말한다.

(3) **유해·위험요인 파악:** 유해요인과 위험요인을 찾아내는 과정을 말한다.

(4) **위험성:** 유해·위험요인이 부상 또는 질병으로 이어질 수 있는 가능성(빈도)과 중대성(강도)을 조합한 것을 의미한다.

(5) **위험성 추정:** 유해·위험요인별로 부상 또는 질병으로 이어질 수 있는 가능성과 중대성의 크기를 각각 추정하여 위험성의 크기를 산출하는 것을 말한다.

(6) **위험성 결정:** 유해·위험요인별로 추정한 위험성의 크기가 허용 가능한 범위인지 여부를 판단하는 것을 말한다.

(7) **위험성 감소대책 수립 및 실행:** 위험성 결정 결과 허용 불가능한 위험성을 합리적으로 실천 가능한 범위에서 가능한 낮은 수준으로 감소시키기 위한 대책을 수립하고 실행하는 것을 말한다.

(8) **기록:** 사업장에서 위험성 평가 활동을 수행한 근거와 그 결과를 문서로 작성하여 보존하는 것을 말한다.

3. 위험성 평가 실시 주체

① 사업주가 주체가 되어 모든 작업에 대해 근로자와 함께 각자의 역할을 분담하여 실시한다.
② 안전보건관리 책임자: 위험성 평가 실시를 총괄 관리한다.
③ 안전·보건관리자: 위험성 평가 실시에 대하여 안전보건관리 책임자를 보좌하고 지도·조언한다.
④ 관리감독자: 유해·위험요인을 파악하고, 그 결과에 따라 개선조치를 시행한다.
⑤ 근로자: 유해·위험요인을 파악하고, 감소대책의 수립에 해당 작업의 근로자를 참여하게 한다.

4. 위험성 평가 절차

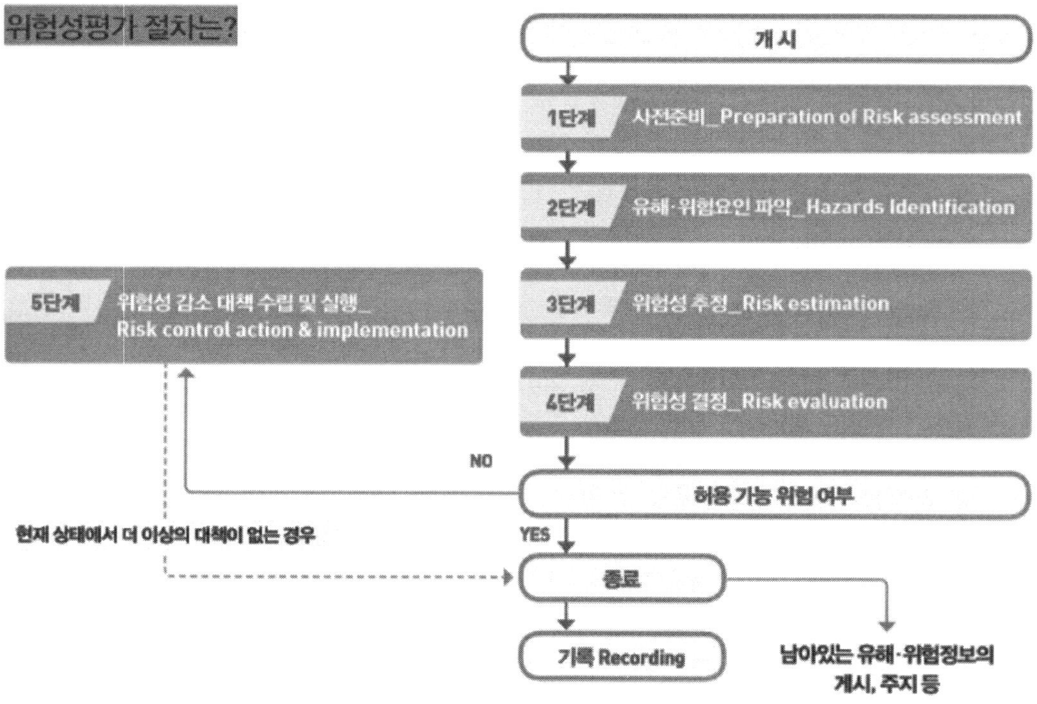

① 사전 준비: 위험성평가 실시계획서 작성, 평가 대상 선정, 평가에 필요한 각종 자료를 수집한다.
② 유해·위험 요인 파악: 사업장 순회 점검 및 안전보건 체크리스트 활용 등을 통해 사업장의 유해요인과 위험요인 파악한다.
③ 위험성 추정: 유해·위험요인이 부상 또는 질병으로 이어질 수 있는 가능성 및 중대성의 크기를 추정하여 위험성의 크기를 산출한다.
④ 위험성 결정: 유해·위험요인별 위험성 추정 결과와 사업장에서 설정한 허용 가능 위험성의 기준을 비교하여 추정된 위험성의 크기가 허용 가능한지 여부를 판단한다.
⑤ 위험성 감소대책 수립 및 실행: 위험성 평가 결과 허용 불가능한 위험성을 합리적으로 실천 가능한 범위에서 가능한 낮은 수준으로 감소시키기 위한 대책을 수립하고 실행한다.

5. 관련 법규

(1) 산업안전보건법(위험성 평가): 사업주는 건설물, 기계·기구, 설비, 원재료, 가스, 증기, 분진 등에 의하거나 작업 행동, 그 밖에 업무에 기인하는 유해·위험요인을 찾아내어 위험성을 결정하고, 그 결과에 따라 이 법과 이 법에 따른 명령에 의한 조치를 하여야 하며, 근로자의 위험 또는 건강장해를 방지하기 위하여 필요한 경우에는 추가적인 조치를 하여야 한다.

(2) 산업안전보건법 시행령
① 관리감독자의 업무: 위험성평가를 위한 업무에 기인하는 유해·위험요인의 파악 및 그 결과에 따른 개선조치의 시행
② 안전관리자의 업무: 위험성평가에 관한 보좌 및 조언·지도
③ 안전보건총괄책임자의 직무: 안전보건관리책임자 직무에도 해당, 위험성평가의 실시에 관한 사항

(3) 산업안전보건법 시행규칙
① 안전보건관리책임자의 업무: 위험성평가의 실시에 관한 사항과 안전보건규칙에서 정하는 근로자의 위험 또는 건강장해의 방지에 관한 사항을 말한다.

(4) 사업장 위험성 평가에 관한 지침 (고용노동부 고시 제2017-36호)
① 위험성 평가는 최초평가 및 수시평가, 정기평가로 구분하여 실시하여야 한다. 이 경우 최초평가 및 정기평가는 전체 작업을 대상으로 한다.

② **수시평가**: 해당 계획의 실행을 착수하기 전에 실시한다.
- 사업장 건설물의 설치·이전·변경 또는 해체 시
- 기계·기구, 설비, 원재료 등의 신규 도입 또는 변경 시
- 건설물, 기계·기구, 설비 등의 정비 또는 보수 시
- 작업 방법 또는 작업절차의 신규 도입 또는 변경 시
- 중대 산업사고 또는 산업재해 발생 시: 재해 발생 작업을 대상으로 작업을 재개하기 전에 실시한다.

③ **정기평가**: 최초평가 후 매년 정기적으로 실시한다.
- 기계·기구, 설비 등의 기간 경과에 의한 성능 저하 시
- 근로자의 교체 등에 수반하는 안전·보건과 관련되는 지식 또는 경험의 변화가 발생할 경우
- 안전·보건과 관련되는 새로운 지식의 습득 시
- 현재 수립되어 있는 위험성 감소대책의 유효성 등

6. 본사 및 현장의 안전관리 운영 체계

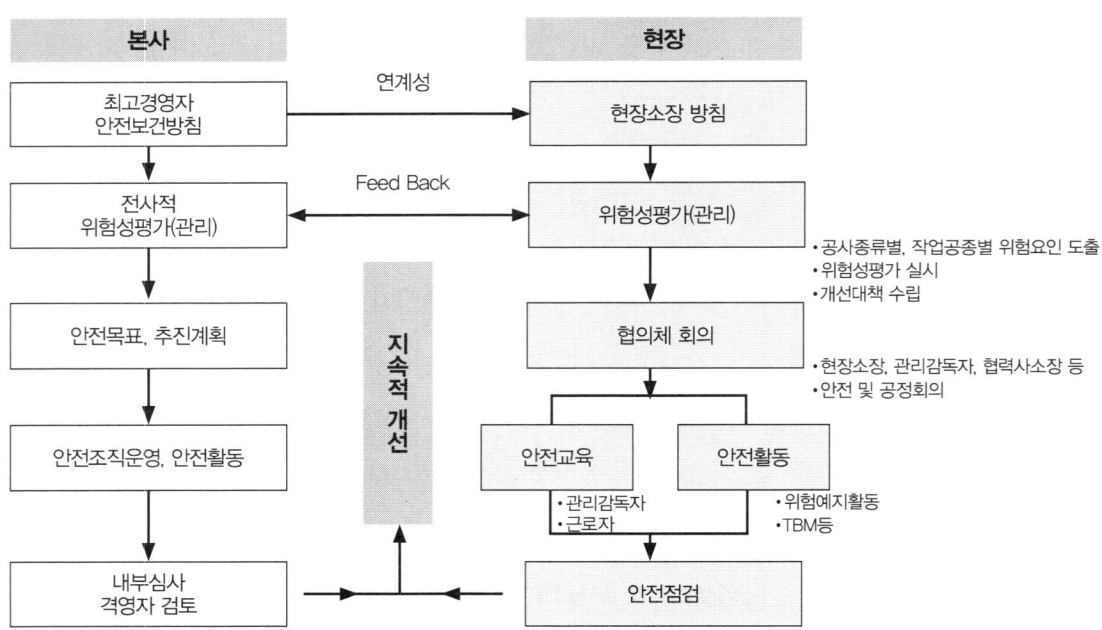

7. 위험성평가 업무체계

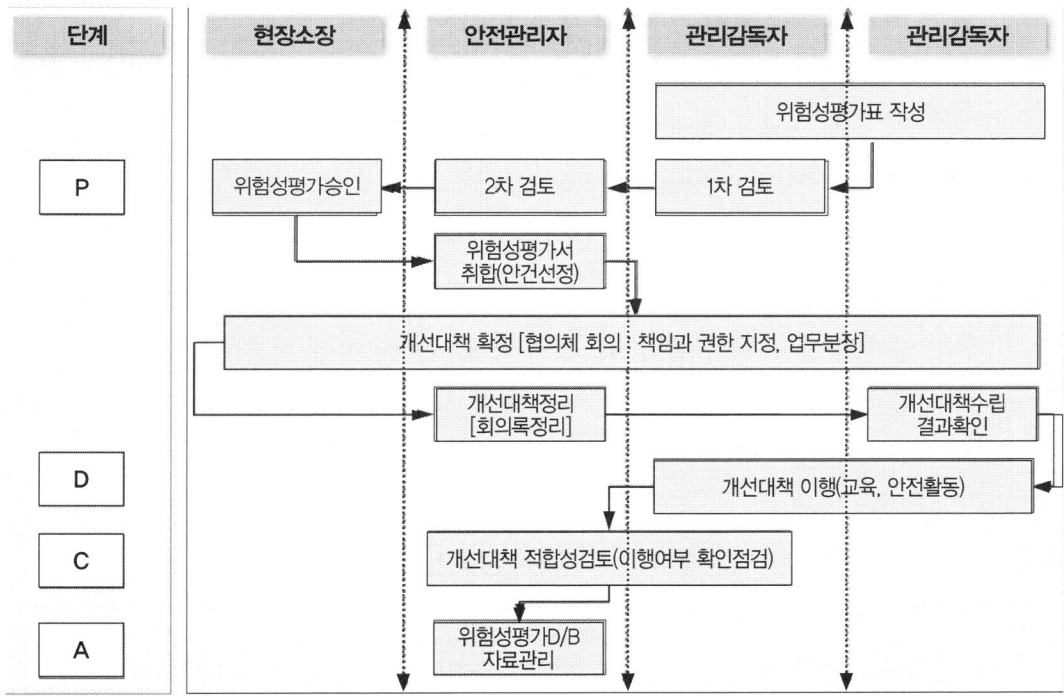

8. 위험성평가 절차 및 수행방법

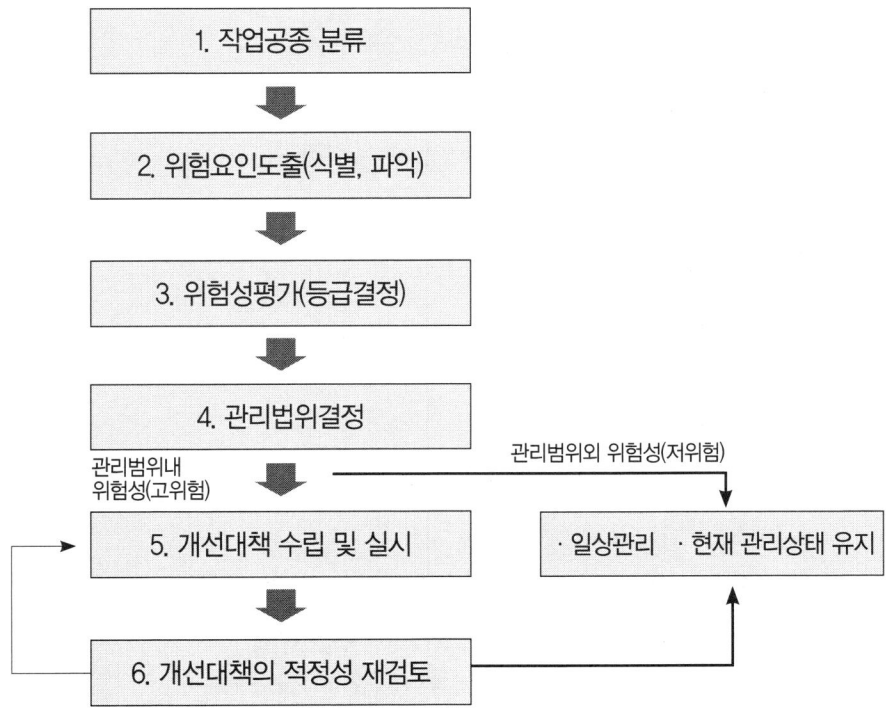

(1) 1단계: 작업 공종 분류

① 구축을 위한 표준화된 작업공종을 분류한다.
  - 현장의 특성에 적합한 작업 공종 별 단위작업을 순서대로 빠짐 없이 분류한다.

② 공사 종류별 작업 공종 분류의 표준화 및 단순화가 필요하다.
  - 공사도급계약서/설계도서/공정표 등 활용
  - 본사에 등록된 표준 위험성 평가 모델 활용

(2) 2단계: 위험요인의 도출(파악)

* 작업 공종의 단위작업별 위험요인을 누락 없이 파악하는 것 중요하다.
* 노력, 성실성, 능력, 지식, 경험이 필요하다.
* 현장에서 위험요인의 파악으로 40~60%의 재해감소 효과가 나타난다.

① 위험요인 도출방법
  - 재해로 발전할 작업상 위험은 어떤 것이 있는가?
  - 재해를 당할 가능성의 대상은 누구인가?
  - 재해는 어떤 원인과 경로로 발생하는가? 등 3가지 질문에 기초한다.

② 위험요인의 대상(4M,)Man, Machine, Management, Media)
  - 예상되는 근로자의 불안전한 행동
  - 사용 기계·기구의 위험요인 및 오작동
  - 사용 물질, 자재로 인한 위험요인
  - 작업자의 특성(고령자, 외국인, 미숙련자 등)
  - 불안전한 작업 방법 등

③ 평가자의 토의식 진행
  - 전원 참가
  - 재해사례. 아차사고 사례 경험 발굴
  - 근로자의 의견 청취

④ 도출된 위험요인에 대한 개선대책 작성
  - 실제 작업팀이 실시하는 작업 방법
  - 위험요인별 개선하여 실시하고자 하는 작업 방법
  - 기존 개선대책 수립되어 반영하는 작업 방법
  - 작성 방법은 누구나 이해가 가능하도록 작성

공종흐름도		위험요인	개선대책	위험등급			비고
공종명	작업분류활동			상	중	하	
거품집 작업	거품집 동바리 해체	안전모, 안전화 등 미착용하고 작업 중 부딪히거나 찔림	해체 작업 중 안전모, 안전화 등 개인보호구를 착용하고 작업 실시				
		거푸집 떼어내기 위해 무리한 힘을 가하다 추락, 전도	거품집을 떼어내기 위해 무리한 힘을 가하지 말고 해체 순서에 따라 해체하며 추락 위험 장소에는 안전난간대 설치, 안전대 착용하고 작업 실시				
		개구부 또는 슬라브 단부로 이동 중 추락	해체 작업 중 안전모, 안전화 등 개인보호구를 착용하고 작업 실시				
		해체중인 거푸집이 갑자기 근로자에게 낙하	천정, 벽체 거푸집은 해체시 근로자에게 낙하하지 않도록 받침대로 지지한 상태에서 떼어냄				
		작업 중 또는 이동 중 불안전하게 적재된 자재가 근로자에게 무너짐	해체된 자재 적재시 무너지지 않도록 안전하게 적재				
		거푸집 동바리 해체 절차를 무시한 무리한 작업 실시 중 해체 거푸집 및 동바리 낙하	거푸집 동바리 해체시에는 사전에 작업절차를 수립하고 순서 및 절차에 따라 해체 실시				
		높은 장소 거푸집 해체시 작업 발판 미설치하고 작업 중 추락	높은 장소의 거푸집 해체는 이동식비계, 작업발판, 안전난간을 설치하여 작업 실시				
		해체된 자재 위를 지나던 중 걸려 넘어짐	해체된 자재는 자재 위를 지나거나 이동 중 걸려 넘어지지 않도록 즉시 정리정돈 실시				

(3) 3단계: 위험도 계산

= 사건 발생 가능성(빈도) × 손실의 중대성(강도)

∴ 사회적 파장, 법규 사항 등도 고려

① 등급판정 MATRIX (발생확률 × 재해 강도 : 곱셈)

구분		재해강도		
	등급	상(3점)	중(2점)	하(1점)
발생확률	상(3점)	상상(9)	상중(6)	상하(3)
	하(2점)	중상(6)	중중(4)	중하(2)
	하(1점)	하상(3)	하중(2)	하하(1)

② 관리 대상 선정
- 위험성 평가 결과 「상상, 상중, 중상, 중중」 등급 (4점 이상)은 → 현장 필수 관리 대상
- 그 외의 등급(3점 이하)은 현장여건에 따라 후순위 등급으로 관리

(4) 4단계: 위험성 평가의 최종 등급 협의 결정

위험도등급	평가기준
상(☆☆☆)	발생빈도와 강도를 곱한 결과값(위험도)이 **상대적으로 높은 경우**
중(☆☆)	발생빈도와 강도를 곱한 결과값(위험도)이 **중간인 경우**
하(☆)	발생빈도와 강도를 곱한 결과값(위험도)이 **상대적으로 낮은 경우**

■ 위험도 등급에 따른 관리 기준

위험도 등급	위험수준	관리기준	허용유무
상 (☆☆☆)	중대한 위험	세부 재해예방대책을 수립하고 중점 위험관리 활동 및 위험상황에 따라 작업 중지가 필요한 위험	허용불가
중 (☆☆)	상담한 위험	안전시설 설치, 관리감독자 배치 등 관리적 대책이 필요한 위험	조건부허용
하 (☆)	경미한 위험	위험표지부착, 개인보호구 착용, 상황에 따라 안전시설 설치 등 일상관리가 필요한 위험	허용가능

(5) 5단계: 개선대책 수립 및 실시

① 관리범위 내 위험성에 대한 개선대책
- 가장 경제적으로 수립 및 실시한다.
- 『합리적으로 실천 가능한 범위에서 가능한 한 낮은 수준으로』
  (ALARP, As Low As Reasonably Practical)의 정신으로 수립한다.
- 기술적, 관리적, 교육적 측면을 모두 고려하여 수립한다.

② 개선대책은 다음 사항을 고려하여 결정
- 제거 - 대체 - 공학적 관리
- 표지/경고 또는 행정관리 (교육, 점검) - 개인 보호구 순으로 결정

9. 위험성 평가 시 고려사항

구 분	내 용	비고
협력사	1) 2주 공정표 첨부 2) 현장의 공정과 무관한 작업 내용및 현장에서 이행할 수 없는 대책 기입 3) C,D 등급의 위험요인은 협력사가 관리 (필요시 점검표 작성) 4) 다양한 위험요인 도출로 실력 향상 (공정이 반복된다는 이유로 동일한 위험요인 도출 지양)	
관리감독자 안전관리자 현장소장	1) 두리뭉실한 개선대책지양 　예) 외함 접지 실시 → 외함 접지는 75cm 이상의 깊이로 매설할 것 　예) 보 거푸집 상부에 철근 적재금지 → 16mm 철근 1다발 이상 적재금지 2) 검토 시 수정, 추가의 개념적용 3) 비정기적 작업투입 업체관리(갱폼 조립, 타워 설치·인상·해체 등) 4) 2주간 공정 중 가장 중요한(중대한) 사항을 중심으로 집중 검토	

10. 위험성 평가 컨설팅 인정제도

(1) **대상 사업장:** 2013년부터 모든 사업장

(2) **인정제도 참여대상 적용 범위**

　1) 총 공사금액 120억 원(토목공사는 150억 원) 미만인 건설공사

　2) 잔여공사기간 6개월 미만인 건설공사는 위험성 평가 인정신청 불가

(3) **인정 시 혜택**

　1) 인정 유효기간(3년) 동안 정부의 안전보건 감독 유예

　2) 정부 포상 또는 표장의 우선 추천

　3) 위험성 평가 감소대책 실행을 위한 해당 시설 및 기기 등에 대하여 보조금 또는 융자금 신청 시 우선 지원

11. [참조]

사업장 위험성평가에 관한 지침(개정 2017. 7. 1. 고용노동부고시 제2017-36호)

안전관리 및 손실방지론 예상문제

01. 다음 안전경영 전략 5단계 모형의 다음 내용은 몇 단계에 해당하는가?

> 사업장 안전경영의 효율화를 극대화 하기 위하여 시스템 안전관리, Line안전관리, 자율안전관리, 전문적 안전 관리를 추진하는 단계이다.

① 안전위상의 정립 제1단계
② 무재해 실현 제2단계
③ 위험의 통제 제3단계
④ 안전경영의 종합추진 제4단계
⑤ 안전경영의 기반조사 제5단계

02. 우리나라의 안전보건 경영시스템(KOSHA 1999년 실시)은 외국의 주요 안전보건경영시스템으로 도입 실시 되고 있다. 다음 중 잘못 짝지어진 것은?

	국적	제정연도	제정기관	명칭
①	영국	VPP (1982)	OSHA산업보건청	인증
②	미국	OHSMS (1996)	미국위생학협회	지침
③	일본	OHSMS (1966)	중앙재해방지협회	평가
④	영국	HS(G)65 (1991)	HSE 산업안전보건청	지침
⑤	노르웨이	IMS (1997)	품질환경안전보건통합경영시스템	지침

[해설] VPP 영국이 아니고 미국

03. 안전보건경영시스템(Safety And Health Manegement System) 5단계의 구성요소 중 제4단계는?

① 방침수립 및 목표설정
② 계획수립 및 실행
③ 사업장 실태 분석 단계
④ 경영자 검토
⑤ 성과측정 및 자체검사

[해설] ・안전보건경영시스템 5단계: 1단계: 사업장 실태 분석 단계 2단계: 방침수립 및 목표설정 3단계: 계획수립 및 실행 4단계: 성과측정 및 자체검사 5단계: 경영자 검토

04. 무재해 운동에 관한 설명 중 올바르게 설명한 것은?

① 무재해 운동 이념의 3원칙은 모든 잠재적 위험요인을 사전에 발견·파악·해결함으로써 근원적으로 산업재해를 없애자는 것이 무의 원칙이며, 참가란

 정답 01. ③ 02. ① 03. ⑤ 04. ④

작업에 따르는 잠재적인 위험요인을 발견·해결하기 위하여 전원이 협력하여 각각의 입장에서 문제해결 행동을 실천하는 것은 선취해결의 원칙이다. 무재해운동에 있어서 선취란 궁극의 목표로서의 무재해·무질병의 직장을 실현하기 위하여 행동하기 전에 일체의 직장 내에서 위험요인을 발견·파악·해결하여 재해를 예방하거나 방지하는 것은 참가의 원칙이다

② 무재해 운동 실천의 3원칙(3기법)에는 단시간 미팅기법, 선취기법, 참가기법이 있다.

③ 팀미팅 기법은 대화하는 방법으로 브레인 스토밍(BS, Brain Storming)의 4원칙을 활용한다. 비평금지는 '좋다, 나쁘다'라고 비평하지 않는 것이며 자유분방은 마음대로 편안히 발언하는 것이고 대량발언은 타인의 아이디어에 수정하거나 덧붙여 말해도 좋은것이며 수정발언은 무엇이든지 좋으니 많이 발언하는 것이다.

④ 위험예지훈련은 직장이나 작업 상황 속에서 잠재하는 위험요인과 그것이 초래하는 현상을, 작업의 상황을 묘사한 도해를 사용하거나 현물로 작업을 해보이면서 직장 소집단에서 토의하고 생각하며 합의한 뒤에 위험의 포인트나 중점 실시사항을 지적 확인하여 행동하기에 앞서 해결하는 것을 습관화하는 훈련이다.

⑤ 위험예지 훈련은 직장의 팀워크로 안전을 '전원이, 빨리, 올바르게' 선취하는 훈련이다 이는, 위험에 대한 개별 훈련인 동시에 팀워크 훈련이다. 안전을 선취하기 위해서는 감수성 훈련, 선취훈련, 문제 해결 훈련이 필요하다.

해설 ① 무재해 운동 이념의 3원칙은 모든 잠재적 위험요인을 사전에 발견·파악·해결함으로써 근원적으로 산업재해를 없애자는 것이 무의 원칙이며 참가란 작업에 따르는 잠재적인 위험요인을 발견·해결하기 위하여 전원이 협력하여 각각의 입장에서 문제해결 행동을 실천하는 것은 참가의 원칙이고 무재해운동에 있어서 선취란 궁극의 목표로 무재해·무질병의 직장을 실현하기 위하여 행동하기 전에 일체의 직장 내에서 위험요인을 발견·파악·해결하여 재해를 예방하거나 방지하는 것은 선취해결의 원칙이다.
② 무재해 운동 실천의 3원칙에는 팀미팅기법, 선취기법, 문제해결기법이 있다.
③ 팀 미팅 기법은 대화하는 방법으로 브레인 스토밍(BS, Brain Storming)의 4원칙을 활용한다. 비평금지는 '좋다, 나쁘다'라고 비평하지 않는 것이며 자유분방은 마음대로 편안히 발언하는 것이고 수정발언은 타인의 아이디어에 수정하거나 덧붙여 말해도 좋은 것이며 대량발언은 무엇이든지 좋으니 많이 발언하는 것이다.
⑤ 위험예지훈련은 직장의 팀워크로 안전을 '전원이, 빨리, 올바르게' 선취하는 훈련이다. 이는, 위험에 대한 개별 훈련인 동시에 팀워크 훈련이다. 안전을 선취하기 위해서는 감수성 훈련, 단시간 미팅 훈련, 문제 해결 훈련이 필요하다.

05. 안전관리 조직에 관한 설명으로 올바르게 설명한 것은?

① 라인(Line) 조직은 안전전담 부분을 두는 조직으로 장점에는 안전지시나 개선조치가 각 부분의 직제를 통하여 생산업무와 같이 흘러가므로, 지시나 조치가 철저할 뿐만 아니라 그 실시도 빠르며 명령과 보고가 상하관계뿐이므로 간단명료하다.

② 스태프(Staff)형(참모식 조직)은 안전관리를 담당하는 스태프 부분을 두고 안전관리에 관한 계획·조사·검토·권고·보고 등을 행하는 관리방식이며 스태프의 성격은 어디까지나 계획안의 작성·조사·점검 결과에 따른 조언·보고에 머무는 것이며, 자기 스스로 생산라인의 안전업무를 행하지 않으며 중규모 사업장에 적합하다.

③ 라인·스태프형의 복합형(직계 참모 조직)의 장점에는 사업장의 특수성에 적합한 기술연구를 전문적으로 할 수 있고, 사업장에 알맞은 개선안을 마련할 수 있으며, 경영자에게 조언과 자문역할을 할 수 있고, 안전정보의 수집이 빠르다.

④ 스태프(Staff)형(참모식 조직)의 단점에는 명령계통과 조언 권고적 참여가 혼동되기 쉽고 스태프의 월권행위 우려가 있으며 라인의 스태프에 의존하거나 활용하지 않는 경우도 있다.

⑤ 상시근로자 200인 이상을 사용하는 사업장에는 안전보건관리 책임자를 선임하여야 한다.

해설 ① 라인(Line) 조직은 안전전담 부분을 두지 않는 조직으로 장점에는 안전지시나 개선조치가 각 부분의 직제를 통하여 생산업무와 같이 흘러가므로, 지시나 조치가 철저할 뿐만 아니라 그 실시도 빠르며 명령과 보고가 상·하 관계뿐이므로 간단명료하다.
③ 스태프(Staff)형(참모식 조직)의 장점에는 사업장의 특수성에 적합한 기술연구를 전문적으로 할 수 있고, 사업장에 알맞은 개선안을 마련할 수 있으며 경영자에게 조언과 자문역할을 할 수 있으며 안전정보의 수집이 빠르다.
④ 라인·스태프형의 복합형(직계 참모 조직)의 단점에는 명령계통과 조언 권고적 참여가 혼동되기 쉽고 스태프의 월권행위 우려가 있으며 라인의 스태프에 의존하거나 활용하지 않는 경우도 있다.
⑤ 상시근로자 100인 이상을 사용하는 사업장에는 안전보건관리 책임자를 선임하여야 한다.

06. 안전보건관리 계획 및 안전보건 개선 계획에 관한 설명 중 잘못된 설명은?

① 안전보건관리 계획의 기본 방향은 현재 기준범위 내에서의 안전유지 방향, 현재 기준의 재설정 방향, 문제 해결의 방향이 있다.

② 안전보건관리 계획 수립 시 유의사항은 사업장의 실태에 맞도록 독자적으로 수립하되 실현 가능성이 있도록 하고 직장 단위로 전반적 계획작성한다.

정답 05. ②   06. ②

③ 안전보건 개선계획의 수립·시행명령을 받은 사업주는 고용노동부장관이 정하는 바에 따라 안전보건 개선 계획서를 작성하여 그 명령을 받은 날부터 60일 이내에 관할 지노동관서의 장에게 제출해야 한다.

④ 안전보건 개선계획에 포함되는 주요 내용에는 시설, 안전·보건관리 체제, 전 보건교육, 산업재해예방 및 작업환경의 개선을 위하여 필요한 사항이 있다.

⑤ 안전보건 진단 후 안전보건 개선 계획 수립 제출 대상 사업장에는 산업재해율이 같은 업종의 규모별 평균 산업재해율보다 높은 사업장 중 중대재해 발생 사업장, 산업재해 발생률이 같은 업종 평균 산업재해 발생률의 2배 이상인 사업장, 직업병에 걸린 사람이 연간 2명 이상(상시 근로자 1천명 이상 사업장의 경우에 3명 이상) 발생한 사업장, 작업환경 불량, 화재·폭발 또는 누출사고 등으로 사회적 물의를 일으킨 사업장외에 위의 규정에 준하는 사업장으로서 고용노동부 장관이 정하는 사업장이 있다.

해설 안전보건관라 계획 수립 시 유의사항은 사업장의 실태에 맞도록 독자적으로 수립하되 실현 가능성이 있도록 하고, 직장 단위로 구체적 계획을 작성한다.

07. 산업안전보건법 상 규정하고 있는 유해위험방지계획서에 관한 설명 중 잘못 설명한 것은?

① 건설업 중 고용노동부령으로 정하는 공사를 착공하려는 사업주는 고용서를 작성하여 고용노동부령으로 정하는 바에 따라 고용노동부장관에게 제출하여야 한다. 다만, 산업재해발생률 등을 고려하여 고용노동부령으로 정하는 기준에 적합한 건설업체의 경우는 고용노동부령으로 정하는 자격을 갖춘 자의 의견을 생략하고 유해·위험방지계획서를 작성한 후 이를 스스로 심사하여야 한다. 그 심사 결과서를 작성하여 고용노동부장관에게 제출하고 해당 사업장에 갖추어 두어야 한다.

② 고용노동부장관은 유해·위험방지계획서를 심사한 후 근로자의 안전과 보건을 위하여 필요하다고 인정할 때에는 공사허가의 취소, 작업 또는 공사를 중지, 계획을 변경할 것을 명할 수 있다.

③ 유해·위험방지계획서를 제출하고자 하는 사업주는 건설공사 유해·위험방지계획서에 서류를 첨부하여 당해 공사의 착공 전일까지 한국산업안전보 건공단에 2부를 제출해야 한다. 공단은 유해·위험방지계획서 및 그 첨부서류를 접수한 때에는 접수일부터 15일 이내에 심사하여 사업주에게 그 결과를 통지해야 한다.

 정답 **07.** ②

④ 건설업 중 유해·위험방지계획서 제출대상 공사에는 지상높이가 31m 이상인 건축물 또는 인공구조물, 연면적 3만m²이상인 건축물 또는 연면적 5천m² 이상의 문화 및 집회시설(전시장 및 동물원·식물원은 제외한다), 판매시설, 운수시설(고속철도의 역사 및 집배송 시설은 제외한다), 종교시설, 의료시설 중 종합병원, 숙박시설 중 관광숙박시설, 지하도상가 또는 냉동·냉장창고시설의 건설·개조 또는 해체(이하 "건설등"이라 한다), 연 면적 5천m²이상의 냉동·냉장창고시설의 설비공사 및 단열공사, 최대 지간길이가 50m 이상인 교량건설 등 공사, 터널건설 등의 공사, 다목적댐, 발전용댐 및 저수용량 2천만톤 이상의 용수 전용 댐, 지방상수도 전용댐 건설 등의 공사, 깊이 10m 이상인 굴착공사가 있다.

⑤ 유해·위험방지계획서를 제출한 사업주는 고용노동부령이 정하는 바에 의하여 고용노동부장관의 확인을 받아야 한다.

해설 고용노동부장관은 유해·위험방지계획서를 심사한 후 근로자의 안전과 보건을 위하여 필요하다고 인정할 때에는 작업 또는 공사를 중지하거나 계획을 변경할 것을 명할수 있다.

08. 안전을 확보하기 위하여 실태를 파악하는 것으로 사업장의 상황을 기계·설 비 등의 물적측면과 작업방법 등의 인적 측면, 관리적 측면을 포함해서 종합적으로 발생하는 결함을 발견하여 안전대책을 세우기 위한 안전 활동을 안전점검이라 하며 유해하거나 위험한 기계·기구·설비 및 방호장치·보호구등의 제품의 성능과 품질관리 시스템을 동시에 심사하여 양질의 제품을 지속적으로 생산하도록 안전성을 평가하는 제도를 안전인증제도라 한다. 안전점검과 안전인증제도에 관한 설명 중 잘못 설명한 것은?

① 안전점검 시 체크 리스트(Check List)에 포함되어야 할 사항은 점검대상, 점검부분(점검개소), 점검항목(점검내용:마모, 균열, 부식, 파손, 변형 등), 점검주기 또는 기간(점검시기), 점검방법(육안점검, 기능점검, 기기점검, 정밀점검), 판정기준(법령에 의한 기준, KS 기준, 기업의 자율기준 등), 조치사항(점검결과에 따른 결함의 시정사항)이 있다.

② 안전인증의 목적은 유해하거나 위험한 기계·기구·설비 및 방호장치·보호구 중에서 안전에 관한 성능과 제조자의 기술능력·생산체계 등에 관한 안전인증기준을 정하여 안전성을 평가한 후, 불량제품의 제조·유통·사용을 근본적으로 차단하여 근로자의 안전·보건을 해칠 수 있는 여지를 사전에 제거하고자 하는 것이다.

③ 의무안전인증 대상 기계·기구 및 설비에는 프레스, 전단기 및 절곡기, 크레인, 리프트, 컨베이어, 압력용기, 롤러기, 사출성형기, 고소작업대, 곤돌라, 기계톱(이동식만 해당한다)이 있다.

④ 안전인증 심사의 종류에는 예비심사: 기계·기구 및 방호장치·보호구가안전인증

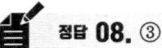
정답 08. ③

대상 기계·기구 등인지를 확인하는 심사(법 제34조 제4항에 따라 안전인증을 신청한 경우만 해당한다), 서면심사: 안전인증 대상 기계·기구 등의 종류별 또는 형식별로 설계도면 등 안전인증 대상 기계·기구 등의 제품기술과 관련된 문서가 안전인증 기준에 적합한지에 대한 심사, 기술능력 및 생산체계 심사: 안전인증 대상 기계·기구 등의 안전성능을 지속적으로 유지·보증하기 위하여 사업장에서 갖추어야 할 기술능력과 생산체계가 안전인증기준에 적합한지에 대한 심사(단, 수입자가 안전인증을 받은 경우 생략), 제품심사: 안전인증 대상 기계·기구 등의 안전에 관한 성능이 안전인증기준에 적합한지에 대한 심사가 있다.

⑤ 안전점검의 종류에는 작업 담당자, 해당 관리감독자가 맡고 있는 공정의 설비, 기계, 공구 등을 매일 작업시작 전이나 사용 전 또는 작업 중, 작업 종료 후에 수시로 실시하는 점검인 일상점검(수시점검), 일정 기간마다 정기적으로 실시하는 점검을 말하며, 일반적으로 매주·1개월·6개월·1년·2년 등의 주기로 담당 분야별로 작업 책임자가 기계 설비의 안전상 중요 부분의 피로·마모·손상·부식 등 장치의 변화 유무 등을 점검하는 정기점검(계획점검), 기계, 기구 또는 설비를 신설 및 변경하거나 고장에 의한 수리 등을 할 경우에 행하는 부정기적 점검을 말한다. 일정 규모 이상의 강풍, 폭우, 지진 등의 기상이변 후에 실시하는 점검과 안전 강조기간, 방화주간에 실시하는 점검인 특별점검, 정기점검을 실시한 후 차기 점검일 이전에 트러블이나 고장 등의 직후에 임시로 실시하는 점검의 형태를 말한다. 기계·기구 또는 설비의 이상이 발견되었을 때에 임시로 실시하는 점검인 임시점검이 있다.

해설 의무안전인증 대상 기계·기구 및 설비에는 프레스, 전단기 및 절곡기, 크레인, 리프트, 압력용기, 롤러기, 사출성형기, 고소작업대, 곤돌라, 기계톱(이동식만 해당한다)이 있다.

09. 아담스(Adams)의 사고 연쇄반응 이론중 작전적 에러는 몇 단계인가?

① 1단계   ② 2단계   ③ 3단계   ④ 4단계   ⑤ 4단계

해설 • 아담스(Adams)의 사고 연쇄반응 이론 1단계: 관리구조, 2단계: 작전적에러, 3단계: 전술적에러, 4단계: 사고, 5단계: 상해 또는 손실

10. 위험예지 훈련 4라운드(Round)중 4단계의 내용으로 적당한 것은?

① 현상파악   ② 목표설정   ③ 본질 추구   ④ 대책수립   ⑤ 원인조사

해설 • 위험예지훈련의 4라운드: 1) 제1라운드(현상 파악) 어떤 위험이 잠재해 있는가, 일러스트가 표현하고 있는 장면 속에 잠재해 있는 위험요인을 발견한다. 2) 제2라운드(본질 추구) 발견한 위험요인 중 중요하다고 생각되는 위험의 포인트를 파악한다. 3) 제3라운드(대책 수립) 중요 위험을 예방하기 위하여 구체적인 대책을 세운다. 4) 제4라운드(목표설정) 수립된 대책 중 중점 실시 항목을 팀 행동목표로 설정한다.

 09. ②   10. ②

11. 생산성의 향상과 손실(loss)의 최소화를 위해 비능률적 요소인 사고가 발생하지 않는 상태를 유지하기 위한 활동, 즉 재해로부터 인간의 생명과 재산을 보호하기 위한 계획적이고 체계적인 제반 활동을 무엇이라 하는가?

① 안전사고   ② 안전관리   ③ 산업재해
④ 직업병   ⑤ 누적외상성 장해

해설 1) **안전관리**: 생산성의 향상과 손실(loss)의 최소화를 위하여 행하는 것으로 비능률적 요소인 사고가 발생하지 않는 상태를 유지하기 위한 활동이다. 즉 재해로부터 인간의 생명과 재산을 보호하기 위한 계획적이고 체계적인 제반 활동을 말한다.
2) **안전사고**: 안전사고란 고의성이 없는 어떤 불안전한 행동이나 조건이 선행되어, 일을 저해하거나 또는 능률을 저하시키며, 직접 또는 간접적으로 인명이나 자산의 손실을 가져올수 있는 사건을 말한다.
3) **산업재해**: 통제를 벗어난 에너지(energy)의 광란으로 인한 입은 인명과 재산의 피해 현상을 말한다.
4) **직업병**: 직업의 특수성으로 인하여 발생하는 질병으로, 작업의 종류, 환경 및 작업방법의 불량으로 근로자의 건강을 해치는 것을 직업병 이라고 한다.

12. 하인리히 재해발생 빈도 법칙에 따라 큰 사고가 3회 발생하였다면 무상해 사고는 몇 회 발생 되었다고 볼 수 있는가?

① 29   ② 50   ③ 80   ④ 900   ⑤ 600

해설 • **하인리히 재해발생 빈도 법칙**: 1(사망 또는 중상) : 29(경상) : 300(무상해)

13. 안전사고 방지 기본원리 5단계중 3단계인 분석 평가 내용으로 맞는 것은?

① 사고 및 활동 기록 검토   ② 현장 조사   ③ 점검 및 검사
④ 사고 조사   ⑤ 작업분석

해설 • **사고예방대책의 5단계 단계별 조치사항 세부내용**: **제1단계 안전조직**: 경영층의 참여, 안전관리자의 임명, 안전의 참고 및 라인 조직 구성, 안전 활동 방침 및 계획수립, 조직을 토한 안전활동, **제2단계 사실의 발견**: 사고 및 활동기록의 검토, 작업분석, 안전점검 및 안전진단 사고조사, 안전회의 및 토의, 종업원의 건의및 여론조사, **제3단계 분석**: 사고보고서 및 현장조사, 사고기록, 인적물적조건, 작업공정, 교육훈련, 안전수칙, **제4단계 대책의 선정**: 기술의 개선, 인사조정, 교육훈련의 개선, 안전행정의 개선, 규정 및 수칙 개선, 확인 및 통계체제 개선, **제5단계 대책의 적용**: 교육(Education), 기술(Engineering), 독려(Enforcement)

14. 다음 중 위험성평가에 관한 정부의 책무가 아닌 것은?

① 위험성평가가 정책의 수립. 집행. 조정. 홍보
② 위험성평가 기법의 연구. 개발. 및 보급
③ 사업장 위험성평가 활성화 시책의 운영
④ 사업장 위험성평가의 실시
⑤ 위험성평가 조사 및 통계의 유지. 관리

정답 11. ② 12. ④ 13. ② 14. ④

15. 사업주는 다음과 같은 방법으로 위험성평가를 실시하여야 한다. <u>틀린</u> 설명은?

① 안전보건관리책임자 등 해당사업장에서 사업의 실시를 총괄 관리하는 사람에게 위험성 평가의 실시를 총괄관리하게 할 것
② 사업장의 안전관리자 보건관리자 등에게 위험성평가의 실시를 관리하게 할 것
③ 작업내용 등을 상세하게 파악하고 잇는 근로자에게 유해.위험요인의 파악. 위험성의추정.결정. 위험성 감소대책의 수립.실행을 하게 할 것
④ 유해.위험요인을 파악하거나 감소대책을 수립하는 경우 특별한 사정이 없는 한 해당작업에 종사하고 있는 근로자를 참여하게 할 것
⑤ 기계.기구.설비등과 관련된 위험성평가에는 해당 기계.기구.설비 등에 전문지식을 갖춘 사람을 참여하게 할 것

16. 사업주는 산업안전보건법에서 접하는 다음과 같은 제도를 이행하여 위험성평가 고시에서 규정하는 바를 충족하는 경우에는 그 부분에 대하여 위험성평가를 실시하는 것으로 본다. 해당되지 않는 것은?

① 유해.위험방지계획서 ② 안전.보건진단
③ 공정안전보고서 ④ 근골격계부담작업 유해요인조사
⑤ 안전인증

17. 위험평가 대상에서 제외할 수 있는 경우는?

① 사망재해가 발생한 작업
② 산업재해가 발생한 작업
③ 질병이 발생한 작업
④ 직업병이 발생한 작업
⑤ 매우 경미한 부상만을 초래할 것으로 명백히 예상되는 작업

18. 위험성평가에 활용하는 안전보건정보가 <u>아닌</u> 것은?

① 사업장 근로자 수
② 작업표준. 작업절차
③ 기계. 기구 및 설비 사양서
④ 물질안전보건자료(MSDS)
⑤ 재해사례 및 통계

 정답 **15.** ③ **16.** ⑤ **17.** ④ **18.** ①

19. 위험성 추정 시 유의사항 중 설명이 바르지 <u>못한</u> 것은?

① 예상되는 부상 또는 질병의 대상자 및 내용을 명확하게 예측할 것
② 최악의 상황에서 가장 적은 부상 또는 질병의 중대성을 추정할 것
③ 부상 또는 질병에 의한 요양기간 또는 근로손실일수 등을 척도로 사용할 것
④ 유해성이 있는 경우 일정한 근거가 있는 경우 유해성이 있는 것으로 추정할 것
⑤ 기계.기구.설비. 작업 등의 특성과 부상 또는 질병의 유형을 고려할 것

20. 다음은 사업주가 위험성을 결정한 결과 허용가능한 위험성이 아니라고 판단되는 경우 위험성감소를 위한 대책을 수립하여 실행하여야 하는 조사내용에 대한 설명이다. 마지막으로 고려하는 조치내용은?

① 위험한 작업의 폐지.변경
② 유해.위험 물질 대체 등의 조치
③ 연동장치.환기장치 설치 등의 공학적 대책
④ 사업장 작업절차서 정비 등의 관리적 대책
⑤ 개인용 보호구의 사용

21. 다음은 수시평가를 실시하여야 하는 경우에 대한 설명이다. 옳지 <u>않은</u> 것은?

① 사업장 건설물의 설치.이전.변경 또는 해체
② 기계,기구,설비,원재료 등의 신규 도입 또는 변경
③ 건설물,기계,기구,설비 등의 정비 또는 보수
④ 작업방법 또는 작업절차의 신규 도입 또는 변경
⑤ 위험성평가를 처음 실시하는 경우

22. 위험성평가 인정신청 대상 및 방법에 대한 다음 설명 중 틀린 것은?

① 1년 중 사업수행 기간이 6개월 미만인 일시적인 사업 또는 계절사업을 하는 사업장은 인정신청을 할 수 있다.
② 건설업 중 잔여공사기간이 6개월 미만인 건설공사는 인정신청을 할 수 없다.
③ 인정이 취소된 사업장은 1년이 경과하기 전에는 인정신청을 할 수 없다.
④ 사업장의 일부 또는 전부를 도급에 의하여 행하는 사업장은 도급사업장의 사업주가 수급사업장을 일괄하여 인정신청을 하여야 한다.
⑤ 수급사업장이 산업안전보건법상 안전관리자 또는 보건관리자 선임대상인 경우라도 인정신청에서 해당 수급사업장을 제외할 수 없다.

정답 19. ② 20. ⑤ 21. ⑤ 22. ⑤

23. 다음 중 위험성평가 인정심사위원회의 역할 및 기능이 <u>아닌</u> 것은?
① 인정여부의 결정　　　　　② 인정취소 여부의 결정
③ 인정신청 대상여부의 결정　④ 심사항목 및 심사기준의 개정 건의
⑤ 인정과 관련한 이의신청에 대한 심사 및 결정

24. 다음 중 위험성평가 인정심사위원회의 위원장은?
① 지역본부장 또는 지도원장　② 지방고용노동관서 산재예방지도과장
③ 위험성평가 관련 외부 전문가　④ 안전지도사 또는 위생지도사
⑤ 지방고용노동관서 근로개선지도과장

25. 위험성평가 인정과 관련된 다음 설명 중 <u>틀린</u> 것은?
① 심사결과 인정심사항목의 평가점수가 100점 만점에 50점을 미달하는 항목이 없고 종합점수가 100점 만점에 70점 이상인 사업장이 인정대상 사업장이다.
② 인정심사위원회는 인정 기준을 충족하는 사업장의 경우에도 인정심사위원회를 개최하는 날을 기준으로 최근 1년 이내에 인정취소 해당하는 사유가 있는 사업장에 대하여는 인정하지 아니 할 수 있다.
③ 공단은 인정을 결정한 사업장에 대해서는 인정서를 발급하여야 한다.
④ 인정심사를 하여 인정을 결정할 경우에는 인정심사 기준을 만족하는 도급사업장과 수급사업장에 대해 하나의 인정서를 발급하여야 한다.
⑤ 위험성평가 인정대상은 위험성평가 업무를 수행한 사업장이다.

26. 다음 중 인정사업장 사후관리에 대한 설명 중 <u>틀린</u> 것은?
① 사후관리는 인정심사위원회에서 사후관리가 필요하다고 결정한 사업장을 대상으로 한다.
② 공사가 진행중인 건설공사는 특별한 사정이 없는 한 대상에 포함하여야 한다.
③ 사후관리일 현재 잔여공사기간이 3개월 미만인 건설공사는 제외할 수 있다.
④ 인정심사결과 종합점수가 100점 만점에 80점 미만인 사업장으로 사후관리가 필요하다고 판단되는 사업장은 사후관리 대상에 우선 포함할 수 있다.
⑤ 무작위 추출 방식에 의하여 선정한 사업장으로 건설공사를 제외한 연간사후관리 사업장의 10%이상을 대상으로 선정한다.

정답 23. ③　24. ①　25. ③　26. ⑤

27. 인정 유효기간 중 인정을 취소할 수 있는 사업장에 대한 설명 중 틀린 것은?

① 인정 유효기간이 경과한 사업장
② 거짓 또는 부정한 방법으로 인정을 받은 사업장
③ 직·간접적인 법령 위반에 기인하여 사망재해가 발생한 사업
④ 근로자의 부상(4일 이상 요양)을 동반한 중대산업사고 발생사업장
⑤ 산업안전보건법에 따른 산업재해 발생건수, 재해율 또는 그 순위 등이 공표된 사업장

28. 다음 중 사업장의 위험성평가를 지원하기 위하여 실시하는 위험성평가 지원 사업이 아닌 것은?

① 추진기법 및 모델, 기술자료 등의 개발·보급
② 우수 사업장 발굴 및 홍보
③ 사업장 관계자에 대한 교육
④ 우수사업장에 대한 혜택 부여
⑤ 사업장 컨설팅 및 전문가 양성

29. 위험성평가 지원을 실시하기 위하여 공단에서 실시하는 다음 설명 중 틀린 것은?

① 공단 지역본부장·지도원장은 위험성평가 관련 교육신청자에 대하여 교육을 실시한 경우에는 교육확인서를 발급하여야 한다.
② 공단은 예산이 허용하는 범위에서 사업장에 대한 교육지원과 컨설팅지원을 민간기관에 위탁하고 그 비용을 지급할 수 있다.
③ 공단은 사업주가 위험성평가 감소대책의 실행을 위하여 해당 시설 및 기기 등에 대하여 「산업재해예방시설자금 융자 및 보조업무처리규칙」에 따라 보조금 또는 융자금을 신청한 경우에는 우선하여 지원할 수 있다.
④ 공단은 위험성평가 인정 또는 재인정을 결정한 경우에는 결정일로부터 3일 이내에 해당내용을 지방고용노동관서로 보고하여야 한다.
⑤ 공단은 위험성평가 취소를 결정한 경우에는 즉시 지방고용노동관서로 보고하여야 한다.

30. 지도원장 등은 특별한 사정이 없는 한 인정신청서를 접수한 날부터 며칠이내 현장 심사를 하여야 하는가?

① 5일   ② 15일   ③ 1개월   ④ 2개월   ⑤ 12개월

 정답 **27.** ①   **28.** ④   **29.** ⑤   **30.** ③

31. 인정심사위원회의 심사결과 인정이 결정된 경우에는 인정 여부가 결정된 날부터 며칠 이내에 해당 사업주에게 인정심사 결과를 통보해야 하는가?

① 5일   ② 15일   ③ 1개월   ④ 2개월   ⑤ 12개월

32. 위험성평가 불인정을 통보받은 사업장이 불인정 사유를 보완하거나 해소하여 다시 위험성평가 인정을 받고자 하는 경우에는 불인정 통보를 받은 날부터 며칠이 경과한 이후에 인정신청서를 지도원장 등에게 제출하도록 안내하여야 하는가?

① 5일   ② 15일   ③ 1개월   ④ 2개월   ⑤ 12개월

33. 사후관리시에 인정이 취소된 사업장이 인정취소 사유를 보완하여 다시 인정을 받고자 하는 경우에는 인정이 취소된 날부터 며칠이 경과한 이우에 인정신청 할 수 있는가?

① 5일   ② 15일   ③ 1개월   ④ 2개월   ⑤ 12개월

34. 인정을 취소하고자 하는 경우에는 해당 사업장에 며칠 이상의 소명기간을 주어야 하는가?

① 5일   ② 15일   ③ 1개월   ④ 2개월   ⑤ 12개월

35. 신규인정·재인정·사후관리 및 인정취소 현황을 매 분기 만료 다음 날 몇며칠까지 이사장에게 보고하여야 하는가?

① 5일   ② 15일   ③ 1개월   ④ 2개월   ⑤ 12개월

36. 다음 중 인정심사위원회의 위촉직 위원 외부 전문가 중에서 15명 이내로 전문가단(pool)을 구성 자격요건이 아닌 것은?

① 노동계·경영계를 대표하는 단체의 산업안전보건 업무관련자
② 법에 따른 산업안전지도사 또는 산업위생지도사
③ 국가기술자격법에 따른 안전·보건분야의 기술사
④ 국가기술자격법에 따른 안전·보건분야의 기사 자격 또는 의료법에 따른 간호사 면허를 취득하고 산업안전 또는 산업보건분야의 경력이 10년 이상인 사람
⑤ 안전보건 관련 분야 경력이 10년 이상인 사람

37. 인정심사위원회는 몇일마다 1회 이상 정기적으로 운영하여야 하는가?

① 5일   ② 15일   ③ 1개월   ④ 2개월   ⑤ 12개월

정답 31. ① 32. ④ 33. ⑤ 34. ② 35. ① 36. ⑤ 37. ③

38. 위험성평가 컨설팅 지원신청서를 접수한 경우 사업장의 위험성평가 능력을 배양하기 위하여 해당 사업장의 유해·위험요인 일부를 한정하여 위험성 평가 컨설팅을 실시할 수 있다. 여기서 유해·위험요인 일부라 함은 몇 %를 말하는가?

① 5-10% ② 15-30% ③ 30-50% ④ 50-80% ⑤ 100%

39. 위험성평가 평가담당자교육 시간은?

① 2시간 내외
② 4시간 내외
③ 12시간 내외 (단, 서비스업의 경우 4시간)
④ 16시간 내외 (단, 서비스업의 경우 8시간)
⑤ 20시간 내외 (단, 서비스업의 경우 16시간)

40. 위험성평가 인정심사 항목에서 사업주의 관심도와 관련된 심사항목이 아닌 것은?

① 위험성평가 활동 체계 구축 ② 위험성평가 교육
③ 안전보건 관련예산 ④ 위험성평가 실행수준
⑤ 재발방지노력

41. 위험성평가 인정심사 항목에서 위험성평가 실행수준과 관련된 심사항목이 아닌 것은?

① 위험성평가 계획 (Plan)
② 위험성평가 이행 (Do)
③ 안전보건경영 점검 및 시정조치(Check)
④ 지속적 개선 (Action)
⑤ 위험성평가 내용 및 결과 기록

42. 위험성평가 인정심사 항목에서 구성원의 참여 및 이해수준과 관련된 심사 항목내용과 관련이 없는 것은?

① 사업주/임원(현장소장)
② 관리자층(관리감독자)
③ 근로자(파견근로자 포함)
④ 안전보건경영
⑤ 이해관계자

정답 38. ③ 39. ④ 40. ④ 41. ③ 42. ④

43. 위험성평가 인정심사 항목에서 사업장 재해발생 수준과 관련된 심사항목 내용과 관련이 없는 것은?

① 규모별 같은 업종의 재해율 대비 사업장 재해율
② 건설업의 경우 10단계 공사금액별 평균재해율 반영
③ 규모별 같은 업종의 근로자 파견대비 근로자 출근율
④ 규모별 같은 업종의 사망만인율 대비 사업장 사망만인율
⑤ 규모별 같은 업종의 업무상 질병만인율 대비 사업장 업무상 질병만인율

44. 위험성평가 인정심사 항목 및 세부심사 기준의 정성적 채점방식과 관련이 없는 것은?

① 미실시 및 미이행 (0점)
② 2점 척도 (보통미만 1점, 보통이상 2점)
③ 3점 척도 (미흡: 1점, 보통: 2점, 우수: 3점)
④ 5점 척도 (매우 미흡: 1점, 미흡: 2점, 보통: 3점, 우수: 4점, 매우우수: 5점)
⑤ 심사자의 양심과 재량에 의해서 실시

45. 다음 중 화학물질 위험성평가 기법(CHARM)에서 사용하는 용어의 정의가 올바르지 않은 것은?

① "위험성"이란 근로자가 화학물질에 노출됨으로써 건강장해가 발생할 가능성(노출수준)과 건강에 영향을 주는 정도(유해성)의 조합을 말한다.
② "노출수준"이란 화학물질이 근로자에게 노출되는 정도를 말하며, 작업환경측정결과, 하루 취급량, 비산성/휘발성 등의 정보를 활용하여 분류한다.
③ "유해성"이란 인체에 영향을 미치는 화학물질의 고유한 성질을 말하여, 작업환경측정 결과, 노출기준, 위험문구, 유해·위험문구 등의 정보를 활용하여 분류한다.
④ "위험문구(R-phrase)"란 유럽연합(EU)의 Dangerous SubstancesDirective (67/548/EEC) 규정에 따라 화학물질 고유의 유해성을 나타내는 문구를 말한다.
⑤ "유해·위험문구(H-code)"란 GHS 기준의 유해성·위험성 분류 및 구분에 따라 정해진 문구로 적절한 유해 정도를 포함하여 화학물질의 고유한 유해성을 나타내는 문구를 말한다.

정답 43. ③ 44. ⑤ 45. ③

46. 다음 중 화학물질 위험성평가 기법(CHARM) 적용 시 필요한 사전정보가 아닌 것은?

① 물질안전보건자료(MSDS)　　② 작업환경측정결과표
③ 특수건강진단결과표　　　　　④ 작업표준, 작업절차 등에 관한 정보
⑤ 기계·기구, 설비 등의 사양서

47. 다음 중 화학물질의 노출수준(가능성) 등급을 결정하는데 필요한 정보가 아닌 것은?

① 유해화학물질의 작업환경측정결과 및 노출기준(TWA)
② 유해화학물질의 위험문구(R-phrase)또는 유해·위험문구(H-code)
③ 유해화학물질을 하루 동안 취급하는 양의 단위
④ 유해화학물질의 발생형태가 분진,흄인 경우 비산되는 정도(비산성)
⑤ 유해화학물질의 발생형태가 가스,증기, 미스트인 경우 휘발되는 정도(휘발성)

48. 작업환경측정결과가 없는 경우 위험성을 추정하기 위하여 유해화학물질의 하루 취급량과 비산성/휘발성을 조합하여 노출수준 등급을 결정하고, 노출기준이나 위험문구(R-phrase)/유해·위험문구(H-code)를 활용하여 유해성 등급을 결정한다. 이때 각각의 분류 등급이 올바르지 않은 것은?

① 하루 취급량 : 1~4등급　　② 비산성 : 1~3등급
③ 휘발성 : 1~3등급　　　　　④ 노출수준 : 1~4등급
⑤ 유해성 : 1~4등급

49. 작업환경측정결과가 있는 경우 노출수준(가능성)에 다른 등급 분류가 잘못된 것은?

① 화학물질의 노출수준이 10% =1등급
② 화학물질의 노출수준이 30% =2등급
③ 화학물질의 노출수준이 50% =3등급
④ 화학물질의 노출수준이 100%= 3등급
⑤ 화학물질의 노출수준이 110%= 4등급

50. 다음 중 화학물질의 유해성(중대성) 등급을 결정하는데 필요한 정보가 아닌 것은?

① 유해화학물질의 CMR 정도　　② 유해화학물질의 작업환경측정결과
③ 유해화학물질의 노출기준(TWA)
④ 유해화학물질의 위험문구(R-phrase)
⑤ 유해화학물질의 유해·위험문구(H-code)

정답 46. ⑤　47. ②　48. ⑤　49. ③　50. ②

51. 화학물질의 유해성(중대성) 등급을 위험문구(R-phrase)나 유해·위험문구(H-code)를 활용하여 결정하는 경우에 해당하지 <u>않는</u> 것은?

① 노출기준이 설정되어 있는 경우
② 단시간노출기준(STEL)만 설정되어 있는 경우
③ 최고노출기준(C)만 설정되어 있는 경우
④ 노출기준이 10mg/m2(분진)을 초과하는 경우
⑤ 노출기준이 500ppm을 초과하는 경우

52. 화학물질 위험성평가 기법(CHARM)에서 위험성 추정 방법은?

① 노출수준과 유해성을 행렬을 이용하여 조합하는 방법
② 노출수준과 유해성을 곱하는 방법
③ 노출수준과 유해성을 나누는 방법
④ 노출수준과 유해성을 더하는 방법
⑤ 노출수준과 유해성을 빼는 방법

53. 유해화학물질에 대한 위험성 추정 결과에 따라 위험성을 결정하여 관리하는 방법이 올바르지 <u>않은</u> 것은?

① 위험성 추정 결과(1~2) 경미한 위험은 근로자에게 유해성 정보 및 주기적인 안전보건교육을 제공한다.
② 위험성 추정 결과(3~4) 상당한 위험은 현재 설치되어 있는 환기장치의 효율성 검토 및 성능 개선을 실시한다.
③ 위험성 추정 결과(6~9) 중대한 위험은 현재 조치되어 있는 작업환경개선 내용이 적절한지 평가를 실시한다.
④ 위험성 추정 결과(10~11) 매우 중대한 위험은 즉시 작업환경재선을 실시한다.
⑤ 위험성 추정 결과(12~16) 허용불가 위험은 즉시 종합적인 작업환경관리 수준 평가를 실시한다.

54. 유해화학물질에 대한 위험성 감소대책 수립 시 가장 우선적으로 고려해야 하는 조치방법은?

① 유해화학물질 제거
② 저독성 화학물질로 대체
③ 습식 등의 방법으로 공정변경
⑤ 환기장치 설치 또는 개선
④ 차단, 밀폐 등의 방법으로 유해화학물질 격리

정답 51. ①　52. ②　53. ④　54. ①

55. 위험성평가 대상 화학물질로 인한 직업병 유소견자가 발생되었을 경우 노출 수준 또는 유해성 분류 등급은?

① 노출수준 = 4등급　　② 노출수준 = 3등급
③ 노출수준 = 2등급　　④ 유해성 = 4등급
⑤ 유해성 = 3등급

56. 위험성평가 대상 화학물질이 "시험동물에서 발암성 증거가 충분히 있거나, 시험동물과 사람 모두에서 제한된 발암성 증거가 있는 물질"로서 발암성 1B에 해당하는 물질일 경우 노출수준 또는 유해성 분류 등급은?

① 노출수준 = 4등급　　② 노출수준 = 3등급
③ 노출수준 = 2등급　　④ 유해성 = 4등급
⑤ 유해성 = 3등급

57. 다음 중 위험성평가의 심사목적이 아닌 것은?

① 위험성평가의 적절한 실행과 유지의 감독
② 사업장이 위험성평가를 수행하고 우수사업장으로 인정받기 위해
③ 사업장에 적합한 위험성평가인지 적합성 여부 확인
④ 잠재적 유해위험요인 파악 및 지속적 개선
⑤ 사업장 위험성평가 수행에 대한 객관적 심사를 통해 사업장 인정

58. 다음 중 위험성평가의 심사방법 중 가장 적합한 것은?

① 순방향 심사　　② 특별 심사
③ 부서별 심사　　④ 케이스별 심사
⑤ 역추적 심사

59. 다음 중 심사원의 역할과 준수사항이 아닌 것은?

① 지적사항 및 결론의 신뢰성　　② 심사의 일관성 및 신뢰성
③ 심사의 공정성 및 주관적 수행　　④ 심사의 독립성 및 능력
⑤ 직업윤리 준수

정답　55. ①　56. ④　57. ②　58. ①　59. ③

60. 다음 중 심사원이 갖춰야할 자질이 <u>아닌</u> 것은?
　① 편견　② 호기심　③ 집요함　④ 인내심　⑤ 판단력

61. 다음 중 심사원이 갖지 말아야 할 소양이 <u>아닌</u> 것은?
　① 증거확인 소홀　　　　② 융통성이 있음
　③ 쉽게 감화됨　　　　　④ 원칙이 없음
　⑤ 논쟁을 잘 일으킴

62. 다음 중 정성적 위험성평가가 <u>아닌</u> 것은?
　① 체크리스트 평가 (CheckList)　② 위험과 운전분석 (HAZOP)
　③ 사고예상질문분석(What-If)　　④ 원인-결과분석(CCA)
　⑤ 이상과 위험도 분석

63. 유해위험요인(Hazard)은 위험요인과 유해요인으로 구분할 수 있는데 이중에서 위험요인이 <u>아닌</u> 것은?
　① 폭발성물질, 부식성물질 등에 의한 요인
　② 작업방법으로부터 발생하는 요인
　③ 방사선, 초음파에 의한 요인
　④ 작업장소에 관계된 요인
　⑤ 열 등 에너지에 의한 요인

64. 위험성평가는 5단계로 실시되는데 이중에서 3단계에 해당하는 것은?
　① 위험성 감소대책 수립 및 실행　② 위험성 추정
　③ 유해위험요인 파악　　　　　　④ 위험성 결정
　⑤ 사전준비

65. 위험성평가 심사원의 역할과 책임이 <u>아닌</u> 것은?
　① 업무의 계획 및 실행　　② 심사목적에 필요한 관련정보 수집
　③ 증거수집 및 분석　　　　④ 심사관련 문서는 제3자에게 제공
　⑤ 심사보고서 작성

 정답 60. ①　61. ②　62. ⑤　63. ③　64. ②　65. ④

66. 다음 중 위험성평가 법령근거 조항이 맞는 것은?

① 산업안전보건법 제4조   ② 산업안전보건법 시행령 제3조의2
③ 산업안전보건법 제5조   ④ 산업안전보건법 시행령 제8조의4
⑤ 산업안전보건법 제41조의2

67. 사업부는 위험성평가를 효과적으로 실시하기 위하여 실시계획서를 작성하여야 한다. 다음중 포함될 사항이 <u>아닌</u> 것은?

① 실시의 주지방법
② 실시 재해사례, 재해통계에 관한 정보
③ 실시상의 유의사항
④ 실시 담당자의 역할
⑤ 실시의 방법

68. 다음 중 "사업장 위험성평가에 관한 지침" 제2장의 사업장 위험성평가 조항에 해당되지 <u>않는</u> 것은?

① 검토 및 수정   ② 사전준비
③ 기록   ④ 위험성평가의 실시 시기
⑤ 위험성평가의 절차

69. 다음 중 위험성평가 제1단계인 "사전준비"에 해당되지 <u>않는</u> 것은?

① 위험성평가 실시 연간계획 및 시기
② 작업환경측정결과에 관한 정보
③ 공정흐름과 주변환경에 관한 내용
④ 유해위험요인에 관한 정보
⑤ 감소대책의 수립 및 실행

70. 다음 중 "사업장 위험성평가에 관한 지침" 제3장의 위험성평가 인정 조항에 해당되지 <u>않는</u> 것은?

① 인정심사위원회의 구성·운영   ② 사후관리
③ 위험성평가의 인정   ④ 위험성평가 교육지원
⑤ 인정의 신청

정답 66. ③ 67. ② 68. ① 69. ⑤ 70. ④

71. 다음 중 위험성평가 감소대책 수립 및 실행 내용이 아닌 것은?
① 공학적 대책
② 위험성의 크기를 고려한 사후 설정 및 허용 가능한 위험성 범위
③ 허용 가능한 위험성 수준으로 내려오지 않는 경우에는 추가로 감소대책 수립
④ 시간이 필요하면 즉시 잠정적인 조치 강구
⑤ 개인보호구 사용

72. 위험성평가를 실시한 경우에는 실시내용 및 결과를 기록하여야 한다. 다음 중 아닌 것은?
① 구체적인 작업내용 ② 위험성평가 검토 및 수정
③ 평가대상 공정의 명칭 ④ 사전조사 한 안전보건정보
⑤ 사업장에서 필요하다고 정한 사항

73. 다음 중 위험성평가를 각 단계별 내용이 아닌 것은?
① [1단계] 안전보건정보를 사전에 조사하여 준비한다.
② [2단계] 사업장 실정에 따라 업종, 규모 등을 고려하여 유해위험요인을 파악한다.
③ [3단계] 사업장 특정에 따라 부상 또는 질병으로 이어질 수 있는 가능성과 중대성을 크기를 추정한다.
④ [4단계] 유해위험요인별 위험성의 크기가 허용가능한지 여부를 판단한다
⑤ [5단계] 위험성평가를 실시한 내용 및 결과를 기록한다.

정답 **71.** ② **72.** ② **73.** ⑤

CHAPTER 7
산업재해조사 및 원인분석

1. 재해조사
2. 재해통계 분류방법
3. 재해 기본원인 (4M) / 대책 (3E)
4. 산업재해의 직·간접원인과 재해 예방의 4원칙
5. 작업환경 4요인 / 개선대책
6. 재해율 평가방법
7. 재해손실비용

CHAPTER 7 산업재해조사 및 원인분석

1 재해조사

1. 목적
사고가 발생하면 동일·유사 유형의 사고가 재발하지 않도록 정확하게 원인을 추적하여 대책을 수립하여 동종재해 및 유사재해가 재발되지 않도록 예방하고 미연에 방지하는데 목적이 있다(사실확인 → 동종 유사재해).
  ① 재해 발생원인 및 결함 규명
  ② 재해 예방 자료 수집
  ③ 동종 재해 및 유사재해 재발 방지

2. 순서(4단계)
  ① 1 단계: 사실의 발견 - 재해 발생까지의 경과 확인한다.
  ② 2 단계: 문제점 확인 - 인적. 물적인 면에서 재해요인 파악한다.
  ③ 3 단계: 기본원인 결정 - 기본원인을 4M의 생각에 따라 분석·결정 한다.
  ④ 4 단계: 대책 수립 - 동종 및 유사재해 예방한다.

3. 재해조사 방법
  ① 안전사고 현장은 변경. 은폐되기 쉬우므로 현장을 그대로 보존하여 사고 직후부터 재해조사를 진행한다.
  ② 현장의 물적 증거를 되도록 많이 수집한다. 물적 증거들은 목격자가 없더라도 전문지식을 활용하여 과학적으로 해결해 가면 원인이 밝혀 질 경우도 있다.
  ③ 현장 상황은 사진촬영 등으로 기록을 남겨둔다.

④ 재해 발생 시점에서의 목격자를 찾아내도록 노력하여야 한다. 그 순간의 목격자가 반드시 있다고는 할 수 없으므로 작업 관계자 또는 제3자로부터 작업 내용과 방법 등에 대하여 자료를 많이 수집해야 한다.

⑤ 피해자 본인으로부터 재해 발생의 전.후 과정, 작업 방법, 당시의 작업 동작이나 행동, 외적인 조건 등에 대하여 청취. 기록한다.

⑥ 피해자 조사는 책임추궁을 해서는 안 되며, 위로하면서 친절하게 사실을 알아내도록 하여야 한다. 재발 방지를 위해서 본인으로 하여금 진실을 설명할 수 있도록 하여야 한다.

⑦ 정확한 사실을 파악해서 재발 방지 대책을 수립하기 위해서는 재해사자도 숙달된 전문가이어야 한다. 이와 같이 객관적인 재해조사를 위해서는 조사보고서의 양식과 재해조사 실시요령을 정하여 두는 것이 최소한의 요건이다. 과학적인 조사와 대책을 제대로 제시하기 위해서는 4M의 원칙에 근거하여 조사하도록 한다. 재해조사는 사실을 파악하고 유사 사고의 재발을 방지하는데 목적이 있으므로 빠짐없는 조사와 진실성 있고 정확한 대책이 마련될 수 있도록 하여야 한다.

4. 재해조사 시 유의사항

재해조사는 관련자들의 책임을 물어 처벌을 위한 원인분석이 되어서는 안된다. 재해조사는 재해 발생 상황과 원인을 알고 사후에 활용하기 위한 근거자료로 동종. 유사재해를 방지하고자 하므로 다음 사항에 유의하여야 한다.

① 사실을 수집한다.
② 목격자 등이 증언하는 사실 이외의 말, 추측의 말은 참고만 한다.
③ 조사는 신속하게 행하고 긴급 조치하여 2차 재해방지 도모한다.
④ 사람, 기계설비 양면의 재해요인을 모두 도출한다.
⑤ 객관적인 입장에서 공정하게 2인 이상이 조사한다.
⑥ 책임추궁보다 재발 방지를 우선으로 한다.
⑦ 피해자에 대한 구급 조치를 우선으로 한다.

5. 재해 발생 시 조치 순서

(1) 긴급 처리
① 피재 기계의 정지 ② 피재자 응급조치

③ 관계자 통보(직·반장 또는 안전관리자)

④ 2차 재해방지 ⑤ 현장 보존(조사 시까지)

(2) 재해조사: 재해요인의 적출
* 재해조사 4단계

사실조사: 문제점파악 – 기본원인 결정(4M) – 대책수립(3E)

(3) 원인강구: 직접. 간접원인 분석

(4) 대책 수립: 동종재해. 유사재해의 예방대책 수립

(5) 대책실시계획: 5W1H

(6) 실시: PDCA

(7) 평가: Feed Back

2 재해통계 분류 방법

1. ILO의 근로불능 상해의 구분

국제적으로 재해 발생상황, 또 그 원인 경향을 파악하려면 재해 원인 에 대해서 국제적으로 통일할 필요가 있어서 1923년 ILO에 의해 국제노동통계 회의가 소집되어 재해 원인을 분류한 것이다. 특히 세분할 필요가 있다고 생각되는 것 이외는 가급적 이 분류방식으로 하도록 권고되어 있다. 이 재해원인 분류는 가해물에 의한 방식이다.

(1) **사망**

(2) **영구 전 노동불능:** 신체 전체의 노동기능 완전상실(1~3급)

(3) **영구 일부 노동불능:** 신체 일부의 노동기능 상실(4~14급)

(4) **일시 전 노동불능:** 일정기간 노동 종사 불가(휴업상해)

(5) **일시 일부 노동불능:** 일정기간 일부노동에 종사 불가(통원상해)

(6) **구급조치 상해**

2. 재해통계 방법

(1) 파레토도(Pareto Diagram)

파레토도 또는 파레토 차트는 자료들이 어떤 범주에 속하는가를 나타내는 계수형 자료일 때 각 범주에 대한 빈도를 막대의 높이로 나타낸 그림이다.

따라서 기본적으로 파레토도는 계수형 자료에 대한 히스토그램이라고 할 수 있다. 재해통계에서도 사고유형, 기인물, 불안전한 상태, 불안전한 행동 등의 데이터를 분류하여 그 항목 값이 큰 순서대로 정리하여 막대그래프로 나타낸다.

① 가로축에 재해 원인을, 세로축에 그 영향도를 표시한다.

② 특징
- 재해의 중점 원인을 파악하기 쉽다.
- 중점관리대상 선정이 유리하다.
- 재해 원인의 비중 확인이 가능하다.

(2) 특성요인도(Causes and Effects Diagram)

재해와 그 요인과의 인과관계를 어골상의 화살표로 결부시켜 세분화하는 방법으로 특별한 전문지식이 없이도 재해요인들의 연관성을 간략하게 시각적으로 표현할 수 있는 장점이 있다.

① 특징
- 재해의 특성과 원인의 관계를 정리한 것이다(생선 뼈 형태).
- 어느 하나의 문제를 요인의 연쇄라는 형태로 간결하게 표현한다.
- 원인과 결과의 관계를 쉽게 파악하고, 원인분석에 효과적이다.

(3) 크로스(Cross Diagram)

① 2개 항목 이상의 요인이 상호관계를 유지할 때 문제를 분석하는데 사용한다.
② 상호관계를 분석하여 정확한 재해 원인 파악이 가능하다.
③ 재해 발생 위험도가 큰 조합을 발견하는 것이 가능하다.

(4) 관리도(Control Chart)

① 시간 경과에 따른 재해 발생 건수나 불안전한 행동 등의 변화 추이를 대략적으로 파악하여 목표 관리를 하는데 이용한다.
② 특정치에 대해 그려진 그래프로 관리상태 판단이 용이하다.
③ 상한 관리선과 하한 관리선 내에서 목표관리가 가능하다.

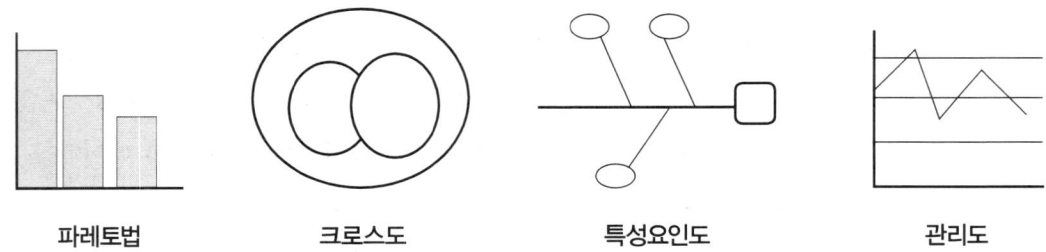

파레토법   크로스도   특성요인도   관리도

3 재해 기본 원인·분석방법(4M) / 대책(3E)

1. 4M

(1) **Man(인간적요인)**: 과오를 일으키는 망각, 무의식 행동·착오·착 각·오조작·부주의·습관 등의 심리적 요인과, 피로·수면부족·질병 등 생리적 요인, 의사소통·통솔력·직장의 인간관계 등의 근로자 상호간의 관계 요인이 있다. 대책으로는 근로자의 욕구충족, 인간관계 개선, 감독자의 강력한 리더쉽의 발휘, 팀웍의 활성화 등을 들 수 있다.

(2) **Machin(설비적 요인)**: 기계 설비의 설계상의 결함, 위험 방호장치의 불량, 점검·정비의 불량 등의 요인에 해당된다. 대책으로는 위험 방호설비의 개선, 기계 작업의 표준화, 통로의 안전유지, 인간-기계 체계의 인간공학적설계 등이 있다.

(3) **Media(작업적 요인)**: 작업정보의 부적절, 작업 방법의 부적절, 작업 자세나 작업 동작의 결함, 작업공간의 불량, 작업환경 조건의 불량 등의 요인이 있으며, 이에 대한 대책으로는 작업 자세와 작업 방법, 작업 환경과 작업순서의 개선 등이 있다.

(4) **Management(관리적 요인)**: 안전관리 조직의 결함, 안전관리 규정의 불비, 안전관리계획의 미비, 안전교육·훈련의 부족, 적성배치의 부적절, 건강관리의 불량 등의 요인이 있다. 대책으로는 관리조직의 확립, 규칙 기준의 작성 및 개정, 교육 훈련의 반복적 실시, 관리감독의 강화 등이 있다.

2. 3E + 심리적, 생리적 (재해예방 대책)   * 순서대로 진행이 중요하다.

(1) **Engineering(기술적, 10%)**: 설비·방호조치, 작업환경·방법 개선

(2) **Education(교육적, 70%)**: 교육, 훈련, 지식·기능·태도

(3) **Enforcement(관리적, 20%)**: 안전조직, 안전수칙, 안전 활동

(4) 심리적, 생리적 대책

3. TOP 이론(콤패스)

(1) **T(Technology)**: 기술적 사항으로 불안전한 상태를 지칭

(2) **O(Organization)**: 조직적 사항으로 불안전한 조직

(3) **P(Person)**: 인적 사항으로 불안전한 행동을 지칭

4 산업재해의 직·간접원인과 재해 예방의 4원칙

1. 산업재해 직·간접원인

(1) 직접원인

1) 인적원인(불안전한 행동): 근로자의 행동유형

2) 물적원인(불안전한 상태): 설비, 시설 등 불량한 환경설비

인적원인(불안전한 행동)	물적원인(불안전한 상태)
· 위험장소 접근 · 안전장치의 기능 제거 · 복장, 보호구의 잘못 사용 · 기계기구 잘못 사용 · 운전 중인 기계장치의 손질 · 불안전한 속도 조작 · 위험물 취급 부주의 · 불안전한 상태 방치 · 불안전한 자세, 동작 · 감독 및 연락 불충분	· 물 자체의 결함 · 안전방호 장치의 결함 · 복장, 보호구의 결함 · 물의 배치 및 작업 장소 불량 · 작업환경의 결함 · 생산 공정의 결함 · 경계표시, 설비의 결함

(2) 간접원인

1) 기술적 원인

① 건물 기계장치 설계 불량

② 구조재료의 부적합

③ 생산방법의 부적당

④ 점검 정비 보존 불량

2) 교육적 원인

① 안전지식의 부족

② 안전수칙의 오해

③ 경험 훈련의 부족

④ 작업 방법의 교육 불충분

⑤ 유해 위험 작업의 교육 불충분

3) 신체적 원인

4) 정신적 원인

5) 작업관리상 원인

① 안전관리 조직의 결함

② 안전수칙의 미제정

③ 작업준비 불충분

④ 인원배치 부적당

⑤ 작업지시 부적당

2. 산업재해 예방대책

(1) 불안전한 행동의 예방

① 지식교육의 실시: 제대로 된 안전교육의 실시와 교육 참가한다.

② 기능교육의 실시: 교육받은 대로 이행할 수 있도록 숙련교육을 실시한다.

③ 태도교육의 실시: 올바른 교육, 올바른 방법을 행할 수 있는 태도교육 실시한다.

④ 적성에 따른 배치로 안전 동기를 유발하고 안전 분위기를 조성하여 주의력을 집중시킬 수 있도록 하는 등 심리적 대책 수립. 시행한다.

⑤ 인간공학적 작업설계, 작업결과에 대한 feed back, 정보 활용등 인간공학적 대책을 수립한다.

⑥ 피로예방, 적정한 작업부하 및 속도, 적정휴식 등 생리학적 대책을 수립한다.

⑦ 소집단활동, TBM, 위험예지 훈련 등 관리적 대책을 수립한다.

(2) 불안전한 상태의 예방

① 기술적 대책: 기계. 설비의 설계 시부터 모든 시스템이 지니는 위험성을 예측하여 해서재해방지 대책을 강구하고, 작업 방법 변경, Layout변경 등 사고방지를 위한 안전성 검토를 실시한다.

② 교육적 대책: 안전에 대한 태도 변화를 위한 실천 운동이 되도록 OJT, 위험예지 훈련, 교육지원 활동 등을 통하여 지식 전달 교육을 실시한다.

③ 관리적 대책: 안전관리조직 정비, 안전관련 규정 및 수칙을 준수하도록 안전에 관한 기준과 규칙을 명확히 설정하고 준수토록 조치한다.

5. 작업환경 4요인 / 개선대책

1. 개요
작업환경의 악요인은 불안전한 행동 및 상태를 유발하며, 작업환경요인은 화학적, 물리적, 생물적, 사회적 요인으로 분류된다.

2. 작업환경 4요인
1) **화학적 요인**: 유해물질이 근로자의 건강에 영향 준다.
2) **물리적 요인**: 유해 에너지(이상온습도, 기압등)가 근로자의 건강에 영향 준다.
3) **생물적 요인**: 병원균이 근로자의 건강에 영향 준다.
4) **사회적 요인**: 주위환경이 근로자의 건강에 영향 준다.

3. 작업환경 4요인 과 건강장해 유형, 개선대책

작업환경 4요인	건강장해 유형	개선대책
1) 화학적요인 : 화학물질, 산소결핍, 유해가스	진폐증, 중독, 암	MSDS교육·게시, 작업환경 측정
2) 물리적요인 : 이상기온, 조명, 조도, 기압	백내장, 근시, 난청, 잠수병 등	소음, 진동, 조도기준 준수
3) 생물적요인 : 세균, 식중독(보건관리)	감염증, 식중독, 알레르기	건강진단
4) 사회적요인 : 근로환경, 인간관계, 피로	정신피로, 정서불안정	적정배치, 동기부여

4. 작업환경개선 실시항목
1) **작업장 정리, 정돈, 청소**
2) **채광:** 자연광선, 유리창의 크기는 바닥면적의 1/5 이상
3) **조명:** 초정밀작업 750 LUX, 정밀작업 300 LUX, 보통작업 150 LUX, 기타작업 75 LUX
4) **소음:** 소음원제거, 방음보호구 착용
5) **통풍:** 자연환기
6) **환기:** 배기장치
7) **색채조절**
8) **온열조건:** 냉방, 난방 등 온습도 조절
9) **행동장해 요인 제거**

6. 재해율 평가방법

1. 연 천인율

근로자 1,000인당 1년간 발생하는 재해 발생자수의 비율

$$연\ 천인율 = \frac{재해자\ 수}{상시\ 근로자수} \times 1,000$$

연 천인율 = 도수율(빈도율) × 2.4

* 1000명 × 연간 작업시간 2400시간 = 10^6 × 2.4

2. 도수율(빈도율, F.R)

근로자 1명이 100만 시간 작업 시 발생하는 재해 발생건수

* 기준(1년: 300일, 2,400시간, 1월: 25일, 200시간, 1일: 8시간)

$$도수율 = \frac{재해발생\ 건수}{연\ 근로시간수} \times 1,000,000$$

3. 강도율(S.R)

연 근로시간 1,000시간당 재해로 잃어버린 근로손실일수

$$강도율 = \frac{근로손실일수}{연\ 근로시간수} \times 1,000$$

* 근로손실일수

(1) 사망 및 영구 전노동 불능(장애등급 1~3)

7,500일 = 25년 × 300일

근로손실 연수 25년

중대재해 발생의 평균 근무연수 = 근무 15년차에 가장 많이 발생

평생 근로연수 = 40년, 근로손실 연수 = 40년-15년 = 25년

(2) 영구 일부노동 불능(장애등급 4~14등급)

등급	4	5	6	7	8	9	10	11	12	13	14
일수	5500	4000	3000	2200	1500	1000	600	400	200	100	50

(3) 일시 전노동 불능 (의사의 진단에 따라 일정기간 노동에 종사할 수 없는 상태)

$$휴직일수 \times \frac{300}{365} \quad \text{* 300은 실제 근로일수}$$

4. 평균 강도율

재해 1건당 평균 근로손실일수

$$평균\ 강도율 = \frac{강도율}{도수율} \times 1{,}000$$

5. 환산 강도율

근로자가 입사하여 퇴직할 때까지 잃을 수 있는 근로손실일수를 말한다.

환산강도율 = 강도율 × 100

$$환산\ 강도율(S) = \frac{근로\ 손실일수}{(연간)\ 총\ 근로시간\ 수} \times 100{,}000\ (평생\ 근로시간\ 수)$$

6. 환산 도수율

근로자가 입사하여 퇴직할 때까지(40년=10만 시간) 당할 수 있는 재해 건수를 말한다.

$$환산\ 도수율 = \frac{도수율}{10}$$

$$환산\ 도수율(F) = \frac{재해건\ 수}{(연간)\ 총\ 근로시간\ 수} \times 100{,}000\ (평생\ 근로시간\ 수)$$

7. 종합재해 지수(FSI)

재해빈도의 다수와 상해 정도의 강약을 종합

종합재해지수 = $\sqrt{도수율(FR) \times 강도율(SR)}$

8. Safe. T. Score

(1) 정의: 과거와 현재의 안전성적을 비교·평가하는 방법으로 단위가 없으며 결과가 (+)이면 나쁜 기록이고, (−)이면 과거에 비해 좋은 기록으로 본다.

(2) 계산식

$$\text{Safe. T. Score} = \frac{도수율(현재) - 도수율(과거)}{\sqrt{\frac{도수율(과거)}{총 근로시간수} \times 1,000,000}}$$

(3) 판정

① 계산값이 −2이하: 과거보다 안전이 좋아졌다.
② 계산값이 −2 ~ +2 사이: 과거와 차이 없다.
③ 계산값이 +2이상: 과거보다 안전이 심각하게 나빠졌다.

9. 사망 만인율

근로자 10,000명당 발생하는 사망자 수의 비율

$$사망 만인율 = \frac{사망자수}{상시 근로시간수} \times 10,000$$

10. 재해율 평가 지수의 문제점

사업장의 안전의 정도를 파악하는데 천인율, 도구율, 강도율을 사용해오고 있는데, 정량화하기에 간단하고 다른 사업장과의 안전성을 비교하는데 용이하다는 점 때문에 지금까지 활용되고 있다. 그러나, 사업장 내부의 관리 측면에서는 무엇보다 재해가 발생한 후 계상되어 진다는 단점을 가지고 있다.

안전보건관리 업무에 종사하는 사람들의 업무활동의 효과를 재해사고 건수를 기준으로, 사후에 집계한다는 것은 안전 교육 등을 통한 작업자들의 근로의욕이나 사기, 안전 동기 유발의 변화를 감지할 수 없다. 종래의 재해평가 기준은 오로지 재해에 근거하고 있으므로 외형적으로 집계되지 않는 심리적이거나 행동과학적인 변화는 반영할 방법이 없다.

7 재해손실비용

1. 재해손실비용

재해손실비용이란 업무상의 재해로 인적상해를 수반하는 재해로 생기는 손실비용을 말하며, 만약 재해가 발생하지 않았다면 당연히 지출하지 않을 직간접으로 생기는 손실비용을 말한다.

2. 재해손실비용의 추정

(1) 하인리히 방식

① 총 재해 Cost = 직접비 + 간접비 (직접비의 4배) = 직접비 × 5

② 직접비: 간접비 = 1 : 4

③ 직접비: 재해로 인해 받게 되는 산재보상금

④ 간접비: 직접비를 제외한 모든 비용

(2) 시몬스 방식

① 총 재해 Cost = 보험Cost + 비보험Cost

② 보험 Cost = 산재보험료(반드시 사업장에서 지출)

    사망, 영구 전 노동불능 상태(7,500일)

③ 비보험 Cost = 휴업상해건수×A + 통원상해건수×B + 응급조치건수×C + 무상해건수×D

- 휴업상해(영구 부분 노동불능, 일시 전노동 불능)
- 통원상해(일시 부분 노동불능, 의사의 조치를 필요로 하는 통원 상태)
- 응급조치(8시간 미만 휴업)
- 무상해사고(인명손실과는 무관)

④ 산재보험 Cost = 산업재해보상보험법에 의해 보상된 금액

⑤ 비보험 Cost = 산재보험 Cost를 제외한 금액(하인리히의 간접비 와 동일)

- 제3자가 작업을 중지한 시간에 대한 임금손실(지불한 임금손실)
- 재료, 설비, 정비, 교체, 철거 등의 손실비

- 부상자의 임금 지불 Cost
- 재해에 따른 특별급여 등

(3) 버드의 방식

① 간접비의 빙산원리를 주장

② 보험비 : 비보험 재산손실비용 : 비보험 기타손실비용
 = 1:5~50:1~3

③ 보험비
- 상해사고와 관련되는 의료비 또는 보상비

④ 비보험 재산손실비용
- 쉽게 측정가능 (보험 미가입)
- 건물손실, 기구 및 장비손실, 제품 및 재료손실, 조업중단 및 지연

⑤ 비보험 기타손실비용
- 양 측정 곤란(보험 미가입)
- 시간조사, 교육, 임대 등

(4) 콤페스 방식

① 직접비용과 간접비용 외에 기업의 활동능력이 상실되는 손실도 감안

② 전체 재해손실 = 공동비용(불변) + 개별비용(변수)

③ 공동비용: 보험료, 안전보건팀 유지비용, 기업의명예, 안전성 등

④ 개별비용: 작업중단으로 인한 손실비용, 수리대책에 필요한 비용
  치료에 소요되는 비용, 사고조사에 필요한 비용 등

3. 하인리히와 시몬스 이론의 비교

① 하인리히는 직접비와 간접비, 시몬스는 보험 Cost와 비보험 Cost로 구분

② 시몬스는 보험Cost에 산재보험료와 보상금의 차이를 가산, 하인리히는 미 가산

③ 시몬스는 하인리히 1:4 방식을 전면부정, 평균치법 채택

산업재해조사 및 원인분석 예상문제

01. 1년간 연 근로시간이 120,000시간인 어느 공장에서 3건의 휴업재해가 발생하여 200일의 휴업일수를 초래했는데, 강도율은 얼마인가?

① 1.4   ② 2   ③ 2.4   ④ 3   ⑤ 3.4

해설 • 근로손실일수 = 200×(300/365)=164일 • 강도율 = (164/120,000)×1,000=1.4

02. 의사의 진단으로 일정 기간 정규노동에 종사할 수 없는 상태 또는 신체 장해가 남지 않는 일반적 휴업재해에 해당하는 것은?

① 구급처치상해   ② 영구 전노동 불능상태
③ 영구 일부노동 불능상태   ④ 일시 전노동 불능상태
⑤ 일시 일부노동 불능상태

해설 • 산업재해 통상적 분류(ILO): ① 사망: 업무상으로 목숨을 잃게 되는 경우(7,500일) ② **영구 전노동불능상태**: 부상 결과 근로 기능을 완전히 잃은 부상 장애등급 1~3급 해당) ③ **영구 일부노동불능상태**: 부상 결과 신체 일부가 영구히 근로 기능을 상실한 부상 ④ **일시 전노동불능상태**: 의사의 진단으로 일정 기간 정규노동에 종사 할 수 없는 상태 (신체 장해가 남지 않는 일반적 휴업 재해) ⑤ **일시 일부노동불능상태**: 의사의 의견에 따라 부상 다음 날 또는 그후에 정규노동에 종사할 수 없는 휴업 재해 이외의 것으로 일시 취업일간 중에 업무를 떠나 치료를 받는 정도의 상해. (ㅂ) **구급처치 상태**: 응급처치 또는 의료계통 받아 부상당한 다음날 정상으로 작업을 할 수 있는 정도의 상태

03. 재해조사 절차의 3단계에 해당하는 것은?

① 직접원인과 문제점확인   ② 사실의 확인
③ 재해조사의 완료   ④ 대책의 수립
⑤ 기본원인과 근본적 문제의 결정

해설 • **재해조사 절차**: 1단계 사실의 확인, 2단계 직접원인과 문제점확인, 3단계 기본원인과 근본적 문제의 결정, 4단계 대책의 수립, 5단계 재해조사의 완료.

04. S기업의 근로자수는 100명이며 일일 8시간 30분 작업하고 연간 300일 근무 중 사망 재해건수 2건, 휴업일수 27일, 잔업시간 10,000시간, 조퇴시간으로 인한 손실시간이 500시간이다. 이 기업의 강도율을 계산하시오.

① 61.39   ② 57.01   ③ 58.30   ④ 59.30   ⑤ 61.89

해설 • 강도율 = $\dfrac{(7500 \times 2) + 50 + (27 \times \dfrac{300}{365})}{(100 \times 8.5 \times 300) + (10000 - 500)}$

정답 1. ⑤   2. ④   3. ⑤   4. ①

05. 재해조사 시 유의사항으로 올바르게 설명한 것은?

① 목격자 등이 증언하는 사실 이외에 추측의 말도 진실로 받아들인다.
② 주관적인 입장에서 공정하게 조사하며, 조사는 2인 이상이 실시한다.
③ 재발방지보다 책임추궁을 우선하는 기본 태도를 갖는다.
④ 피해자에 대한 구급조치를 우선할 필요 없다.
⑤ 조사는 신속하게 행하고 긴급 조치하여, 2차 재해를 방지한다.

해설 ① 목격자 등이 증언하는 사실 이외에 추측의 말은 참고로만 한다. ② 객관적인 입장에서 공정하게 조사하며, 조사는 2인 이상이 실시한다. ③ 책임추궁보다 재발방지를 우선하는 기본 태도를 갖는다. ④ 피해자에 대한구급조치를 우선한다.

06. 재해원인중 기술적 원인이 <u>아닌</u> 것은?

① 건물, 기계장치 설계 불량
② 구조, 재료의 부적합
③ 점검, 정비, 보존 불량
④ 경험 및 훈련의 미숙
⑤ 생산 방법의 부적합

해설 1. 기술적 원인: ① 건물, 기계장치 설계 불량 ② 구조, 재료의 부적합 ③ 점검, 정비, 보존 불량 ④ 생산 방법의 부적합 2. 교육적 원인: ① 안전 지식의 부족 ② 안전 수칙의 오해 ③ 경험 및 훈련의 미숙 ④ 유해·위험작업의 교육 불충분 ⑤ 작업 방법의 교육 불충분

07. 근로자수 400명, 연 근로시간수 48×50 주 이고, 연 재해건수는 210건(근로 손실일수는 800일로 함)일 때, 이 사업장의 강도율은?(단, 출근율은 95%이다)

① 0.42   ② 0.52   ③ 0.77   ④ 0.88   ⑤ 0.98

해설 • 강도율= 근로손실일수 연근로총시간수 ×1000= 800 400×48×50×0.95×1000=0.88

08. 재해 코스트 계산방식 중에서 시몬즈(R.H.Simonds)법을 사용할 경우에 비 보험 코스트 항목으로 틀린 사항은? (단, A, B, C, D는 장해 정도별 비보험 코스트의 평균치임)

① A×사망재해 건수
② B×통원상해 건수
③ C×응급처치 건수
④ D×무상해 사고 건수
⑤ A×휴업재해 건수

해설 • **시몬즈 방식**: 총 재해 코스트(cost) = 산재보험 코스트(cost) + 비보험 코스트(cost)
비보험 코스트 = (휴업 상해 건수×A) + (통원 상해 건수×B) + (응급 조치 건수×C) + (무상해 사고 건수×D) (여기서 A, B, C, D는 장해 정도별 비보험 코스트의 평균치이다.)

 정답 5. ⑤   6. ④   7. ④   8. ①

09. 재해를 사고의 형, 불안전 상태, 불안전 행동, 기인물, 가해물을 하나의 단 면으로 잡고 그것을 구성하고 있는 몇 개의 분류 항목을 큰 순으로 나열하여 상호를 비교하기 쉽도록 도시한 통계에 의한 원인분석 방법은?

① 파렛트도　② 특성요인도　③ 크로즈도
④ 관리도　⑤ 분석도

해설 • **파렛트도**: 재해를 사고의 형, 불안전 상태, 불안전 행동, 기인물, 가해물을 하나의 단면으로 잡고 그것을 구성하고 있는 몇 개의 분류항목을 큰 순으로 나열하여 상호를 비교하기 쉽도록 도시한 것이다.

10. 400명이 있는 사업장에서 4개월간 안전부서에 불안전행동 발견 조치 건수가 24건 안전PR 12건, 불안전상태 지적 48건 안전회의가 4건 있었을 때 안전활동률은 얼마인가? (단, 1일 8시간, 월 25일 근무했다)

① 175　② 225　③ 250
④ 275　⑤ 290

해설 • 안전활동건수 = 24+12+48+4 = 88건　• 안전활동률 = (88 / 400×8×25×4) ×1,000,000 = 275

11. 재해 발생 시 재해 조사자가 될 수 없는 사람은?

① 안전관리자　　　② 현장 감독자
③ 노동조합의 간부　④ 근로자
⑤ 학식경험자

해설 • **재해 조사자**: ① 안전관리자 ② 현장 감독자 ③ 학식 경험자 ④ 노동조합의 간부 ⑤ 안전보건위원회 위원

정답 9. ①　10. ④　11. ④

CHAPTER 8

산업안전일반 기출문제

- 과년도 산업안전지도사 1차시험 (산업안전일반)
- 사업장 위험성 평가에 관한 지침
- 건설공사 안전보건대장 작성

2012년 산업안전지도사 1차시험

01. 평균수명이 10,000시간이 지수분포를 따르는 요소 10개가 직렬계로 구성되어 있는 경우 계의 기대 수명은 몇 시간인가?

① 1,000 시간 ② 5,000 시간 ③ 10,000 시간
④ 100,000 시간 ⑤ 100시간

해설 직렬계 수명 $MTTFs = \dfrac{MTTF}{n}$ 병렬계 수명 $MTTFs = MTTF \left(1 + \dfrac{1}{2} + \dfrac{1}{3} + \cdots + \dfrac{1}{n}\right)$

풀이) $MTTFs = \dfrac{MTTF}{n} = \dfrac{10000}{10} = 1,000$시간

02. 생산산업현장에 존재하는 유해 위험요인의 제거 또는 감소를 위한 대응 전략으로 옳은 것은?

① 최소화: 위험물지리을 상대적으로 위험이 낮은 물질로 교체한다.
② 위험완화: 위험물질의 유해성을 제거하기 위해 유기용제로 희석한다.
③ 위험완화: 불필요한 복잡성을 최소화하거나 제거하여 설계한다.
④ 단순화: 위험이 낮은 조건을 사용한다.
⑤ 단순화: 오류 발생 가능성이 낮은 조업시스템을 설계한다.

해설 위험성평가 용어의 뜻: ① "위험성평가"란 유해·위험요인을 파악하고 해당 유해·위험요인에 의한 부상 또는 질병의 발생 가능성(빈도)과 중대성(강도)을 추정·결정하고 감소대책을 수립하여 실행하는 일련의 과정을 말한다. ② "유해·위험요인"이란 유해·위험을 일으킬 잠재적 가능성이 있는 것의 고유한 특징이나 속성을 말한다. ③ "유해·위험요인 파악"이란 유해요인과 위험요인을 찾아내는 과정을 말한다. ④ "위험성"이란 유해·위험요인이 부상 또는 질병으로 이어질 수 있는 가능성(빈도)과 중대성(강도)을 조합한 것을 의미한다. ⑤ "위험성 추정"이란 유해·위험요인별로 부상 또는 질병으로 이어질 수 있는 가능성과 중대성의 크기를 각각 추정하여 위험성의 크기를 산출하는 것을 말한다. ⑥ "위험성 결정"이란 유해·위험요인별로 추정한 위험성의 크기가 허용 가능한 범위인지 여부를 판단하는 것을 말한다. ⑦ "위험성 감소대책 수립 및 실행"이란 위험성 결정 결과 허용 불가능한 위험성을 합리적으로 실천 가능한 범위에서 가능한 한 낮은 수준으로 감소시키기 위한 대책을 수립하고 실행하는 것을 말한다. ⑧ "기록"이란 사업장에서 위험성평가 활동을 수행한 근거와 그 결과를 문서로 작성하여 보존하는 것을 말한다.

03. 부주의 특징이 아닌 것은?

① 의식의 우회 ② 의식의 유도
③ 의식수준의 저하 ④ 의식의 과잉
⑤ 의식의 단절

해설 부주의 특징: ① 의식의 단절: 의식흐름의 단절 (의식수준이 Phase 0 인 상태) ② 의식의 우회: 걱정, 고뇌 등으로 의식이 빗나가는 상태 ③ 의식 수준 저하: 피로, 단조로운 작업의 연속으로 의식수준이 저하되는상태 ④ 의식의 과잉: 긴급상황시 일점집중 현상을 일으키는 상태 ⑤ 의식 혼란: 외부 자극의 강·약에 의해 위험 요인에 대응할 수 없을 때 발생.

04. 20KG의 물건을 컨베이터 (V =75 CM)에서 작업대 (V = 100 CM) 높이로 들어 올리는 작업을 수행하고 있다, 물체까지의 수평거리는 컨베이어, 작업대 모두 동일하다 (H = 25 CM), 비틀림 각도는 시점, 종점 모두 0도이다. 다음 NIOSH 들기 작업공식 분석결과 중 옳지 않은 것은? (단, 거리계수(DM) = 0.82 + 4.5/D)

구분	LC	HM	VM	DM	AM	FM	CM	RWL
시점	23	1	1	1	1	1	1	23
종점	23	1	0.925	㉠	1	1	1	㉡

① 시점에서의 들기 작업조건은 최적 작업조건범위 안에 있다.
② 이 작업은 위험성이 있는 것으로 판단되며, 개선의 필요성이 있다.
③ 종점에서의 거리계수(DM)인 ㉠ 값은 1이다.
④ 권장무게한계값 RWL ㉡ 은 21.275 KG 이다.
⑤ 시점에서의 들기지수(LI)는 약 0.87이다.

해설 거리계수(DM) = 0.82 + 4.5/D = 0.82 + $\frac{4.5}{100-75}$ = 1

(D = V_d 100 cm - V_0 75 cm)

종점부 RWL = LC * HM * VM * DM * AM * FM * CM
= 23 * 1 * 0.925 * 1 * 1 * 1 * 1 = 21.275 kg

시점부 들기지수 L I = $\frac{작업물무게}{RWL}$ = $\frac{20\,kg}{23}$ = 0.87 : LI < 1 : 안전하다

종점부 들기지수 L I = $\frac{작업물무게}{RWL}$ = $\frac{20\,kg}{21.275}$ = 0.94 : LI < 1 : 안전하다

05. 다음중 근골격계 부담작업 평가방법에 대한 설명으로 옳은 것은?
① 용접작업은 전신작업이므로 RULA를 이용한 작업분석이 적당하다.
② REBA는 VDT 작업과 같이 정적자세의 상지중심작업 평가에 적합하다.
③ JSI는 반복성이 빈번한 수작업 평가에 적합하다.
④ NLE는 들기, 내리기, 나르기, 밀기, 끌기 등 수동 물자취급작업에 적합하다.
⑤ ANSI - Z -365 평가방법은 근골격계 증상 설문조사 기법이다.

해설

1. NLE (NIOSH)	들기작업지침 신체 : 허리
2. OWAS	신체 : 몸통(허리) 다리, 팔, 목 중공업, 조선업, 철강업
3. RULA (Rapid Upper Limb Assessment)	A - 윗팔, 손목, 아래팔, B - 목, 몸통, 다리, 팔꿈치, 어깨,
4. REBA (Rapid Entire Body Assessment)	손목, 아래팔, 팔꿈치, 어깨, 목, 몸통, 허리, 다리, 무릎, 발(X) 간호사, 서비스업
5. JSI	반복성 있는 수작업 평가
6. ANSI - Z - 365	상지에서 발생하는 CTD 예방을 위한 지침

06. 연평균 근로자가 500명인 세화공장에서 1년 동안 5건의 재해가 발생했다. 이로 인해 재해를 입은 근로자들의 총 요양기간은 730일이다, 이 공장의 강도율은 ? (단, 1일 8시간, 1년 300일 근무)

① 0.50   ② 0.61   ③ 1.00   ④ 2.00   ⑤ 4.20

[해설] 근로손실일수 $730일 * \frac{300}{365} = 600$ 일

연근로시간 = 500명 * 300일*8시간 = 1,200,000 시간

강도율 $= \frac{근로손실일수}{연근로시간수} *1000 = \frac{600}{1,200,000} *1000 = 0.5$

07. A= (1,000 Hz, 40 dB). B= (2,000 Hz, 20 dB) C= (500 Hz, 80 dB) D= (1,000 Hz, 60 dB)인 4개의 단순음에 대한 설명으로 옳지 않은 것은?

① 가장 높은 음은 B이다.
② 가장 강도가 센 음은 C이다.
③ D음은 C음보다 2옥타브 높은 음이다.
④ A음은 40 phon, D음은 60 phon 이다.
⑤ D음의 음량(loudness)은 A음보다 4배 크다.

[해설] ① 가장 높은 음은 B = 2,000 Hz ② 가장 강도가 센 음은 C = 80 dB ③ 1,000 Hz 는 500 Hz 보다 2옥타브 높다. ④ 1,000 Hz에서 1 SONE = 40 PHON = 40 dB : 60 dB = 60 PHON (예) 10 phon이면 1 ㎑에서 10 dB인 소리와 같은 크기로 들리는 소리 ⑤ 10^{-10} , 10^{-12} 즉 100배 크다.

08. 다음과 같은 구조에서 전체 시스템의 신뢰도는 약 얼마인가 ? (단, 각 부품의 신뢰도는 0.9로 동일하다)

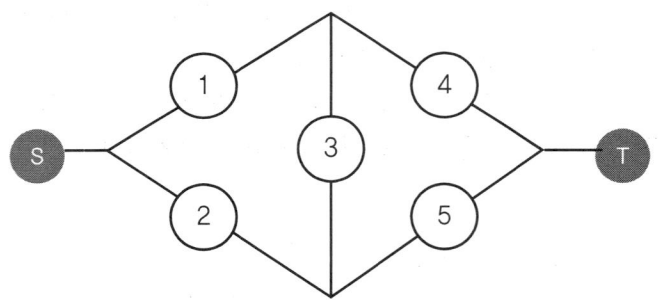

① 0.882   ② 0.902   ③ 0.964   ④ 0.978   ⑤ 0.988

[해설] 1, 2 단계   1−(1−0.9) (1−0.9) = 0.99
4, 5 단계   1−(1−0.9) (1−0.9) = 0.99
3 단계   1− 0.9 = 0.1

계산 1− (0.99 * 0.99 * 0.1) = 0.90199

09. 다음 FT에서 정상사건 T의 발생확률은? (단, P(a) =0.1, P(b) =0.3, P(c) =0.2 이다)

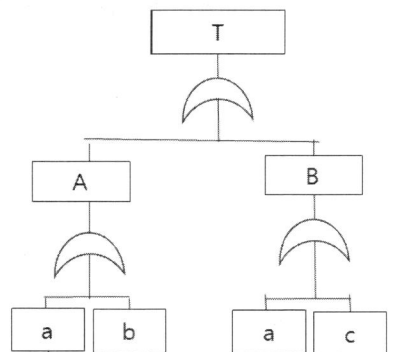

① 0.046
② 0.154
③ 0.846
④ 0.896
⑤ 0.954

해설 A = 1− (1−a) (1−b) = 1− (1−0.1)(1−0.3) = 1− 0.9*0.7 =0.37,
B = 1− (1−a) (1−c) = 1− (1−0.1)(1−0.2) = 1− 0.9*0.8 =0.28, T = 1− (A) * (B) = 1− (0.37*0.28) = 0.896

10. 부품 10,000개를 10,000시간 가동 중에 5개의 불량품이 발생하였다. 고장률과 MTBF를 구하시오?

	고장률	MTBF
①	5×10^{-8} / h	2×10^7 h
②	4×10^{-8} / h	3×10^7 h
③	3×10^{-8} / h	4×10^7 h
④	2×10^{-8} / h	5×10^7 h
⑤	1×10^{-8} / h	6×10^7 h

해설 고장율 $\lambda = \dfrac{1}{MTBF}$ 고장율은 $\dfrac{5}{10000*10000} = \dfrac{5}{10^8} = 5 \times 10^{-8}$ / h

MTBF = $\dfrac{1}{고장율} = \dfrac{1}{5*10^{-8}} = 2*10^7$

11. 1970년대 중반 핀란드의 철강회사인 Ovoko사와 FIOH (Finnish Institute of Occupational Health)가 근력을 발휘하기에 부적절한 작업자세를 구별해 낼 목적으로 공동 개발한 OWAS 평가항목과 거리가 먼 것은?

① 몸통의 자세
② 다리의 자세
③ 팔의 자세
④ 손목의 자세
⑤ 무게/힘

해설 • OWAS: 몸통(허리) , 다리, 팔, 목 (중공업, 조선업, 철강업) • RULA: 위팔, 아래팔, 손목, 목, 몸통, 다리

12. 유사한 두 개의 버튼중 부주의로 버튼을 잘못 선택하여 조작이 이루어졌다면 라스무센의 인간행동모델에 기반한 Reason의 휴먼에러 분류방법에서 이 에러는 무엇을 분류되는가?

① 작위오류 (commission error)　　② 누락오류 (omission error)
③ 실수 (slip)　　④ 규칙기반착오
⑤ 지식기반착오

> **해설** (1) 휴먼에러의 심리적 분류: ① 생략적 과오 (omission error, 누설오류, 부작위오류): 필요한 직무 또는 절차를 수행하지 않은데 기인한 과오 ② 수행적 과오 (commission error, 작위오류): 필요한 직무 또는 절차의 불확실한 수행으로 인한 과오 ③ 시간적 과오 (time error): 필요한 직무 또는 절차의 수행 지연으로 인한 과오 ④ 순서적 과오 (sequential error): 필요한 직무 또는 절차의 순서 착오로 인한 과오 ⑤ 불필요 과오 (extraneous error, 과잉행동오류): 불필요한 직무 또는 절차를 수행함으로써 기인한 과오
> (2) 휴먼에러의 레벨적 분류: ① 1차 에러 (Primary Error): 작업자 자신으로부터 발생한 에러 ② 2차 에러 (Secondary Error): 작업형태, 작업조건 중 문제가 생겨 필요한 사항을 실행할 수 없어 발생한 에러 ③ Command Error: 실행하고자 하여도 필요한 물품, 정보, 에너지 등이 공급되지 않아서 작업자가 움직일 수 없는 상태에서 발생한 에러

13. 인체측정과 작업공간 설계에 관한 설명으로 옳은 것은?

① 정밀 조립을 위한 작업대는 무게가 나가는 부품 취급 작업대 보다 높아야 한다.
② 출구, 통로 등을 설계할 때는 평균치를 이용한다.
③ 선반의 높이나 조종장치까지의 거리는 최대치를 이용한다.
④ 작업자가 허리를 굽히거나 이동하지 않고 작업할 수 있는 최대영역을 정상 작업영역이라 한다.
⑤ 표준자세로 고정된 자세에서 측정한 인체치수를 기능적 치수라 한다.

14. 학습이론에 관한 설명으로 옳지 않은 것은?

① S-R 이론은 학습을 자극에 의한 반응으로 보는 이론이다.
② 시행착오설에 의한 학습법착에는 효과의 법칙, 준비성의 법칙, 연습의 법칙이 있다.
③ 조건반사설에 의한 학습이론의 원리에는 강도의 원리, 일관성의 원리, 시간의 원리, 계속성의 원리가 있다.
④ 형태설은 형태심리학자들이 주장하는 인지 학습이론으로, 학습을 요소로 분해해서 파악할 것이 아니라, 전체로서 파악하여야 한다는 설이다.
⑤ 전이란 어떤 내용을 학습한 결과가 다른 학습이나 반응에 영향을 주는 현상을 의미하며 동찰설, 시각화설, 기호 형태설이 있다.

해설 1. **S-R 학습이론 (자극-반응 이론)**: 어떤 자극(S)에 대하여 특정반응(R)의 결합으로 이루어진다는 학습이론. (1) **조건 반사설 (Pavlov, 자극과 반응 이론 : S-R이론)**: ① 강도의 원리: 최초의 반응보다 후속되는 반응을 점차 더 강화 ② 시간의 원리: 일정한 시간에 벨소리를 들려줌 ③ 계속성의 원리: 조건화가 성립될 때까지 꾸준하게 벨소리를 들려줌 ④ 일관성의 원리: 5~30초 간격으로 40~60회 반복
(2) **시행 착오설 (Thorndike의 학습법칙)**: ① 준비성의 법칙: 기초능력을 갖춘뒤에 학습을 하면 효과가 크다. (예습) ② 효과의 법칙: 학습자에게 쾌감을 주면 줄수록 학습의 결과가 크다.(즐겁게) ③ **연습 또는 반복의 원칙**: 많은 연습과 반복을 할수록 망각이 방지된다.(복습)
2. **전이현상**: (1) **의의 및 종류**학습결과가 다른 학습에 도움이 될수 있고, 방해가 될수도 있는 현상: ① 정적전이: 선행학습의 결과가 후행 학습에 촉진적 역할수행 ② **부적전이**: 선행학습 결과가 후행학습에 방해역할
(2) **학습전이의 조건**: ① 과거의 경험 ② 학습방법 ③ 학습의 정도 ④ 학습의 태도 ⑤ 학습자료의 유사성 ⑥ 학습자료의 제시방법 ⑦ 학습자의 지능요인 ⑧ 시간적 요인

15. 시스템 위험 분석기법에 대한 설명으로 옳지 않은 것은?

① THERP는 행위의 성공 또는 실패확률을 결합함으로써 작업의 성공확률을 추정하는 인간실수확률에 기반한 정량적 분석기법이다.
② FMEA는 고장을 유형별로 분석하여 영향을 검토하는 정성적, 연역적 분석법이다.
③ ETA는 의사결정나무를 작성하여 사고를 귀납적으로 분석하는 방법이다.
④ FTA는 결함나무를 작성하여 하향식으로 전개하는 연역적인 접근방법이다.
⑤ FTA에서 절단집합(cut set)은 정상사상을 발생시키는 기본사상들의 모임이다.

해설
THERP	정량적		FTA	정량적	연역적
FMEA	정성적	귀납적	DT	정량적	귀납적
ETA	정량적	귀납적	PHA	정성적	

16. 신뢰성 시험 설명으로 옳지 않은 것은?

① 소비자 위험은 불합격 신뢰수준에 있는 제품들이 합격될 확률로 표현된다.
② 정시중단자료는 계획된 시점에서 수명시험을 중단하고 얻은 고장시간 자료이다.
③ 종결형 축차시험은 합격, 불합격 판정영역과 고장발생 수에 따라 시험 종료 시점이 달라진다.
④ 신뢰성은 어떤 시스템이 정해진 사용조건 하에서 의도하는 기간 동안 만족스럽게 작동하는 시간적 안전성을 의미한다.
⑤ 스트레스 스크리닝 시험은 사용조건보다 높은 스트레스수준에서 시간별 제품의 성능을 관측하여 고장시간을 추정하는 방법이다.

17. 욕조고장률 곡선에 대한 설명으로 옳지 않은 것은?

① 초기에는 짧은 기간동안 고장률 감소현상을 나타낸다.
② 우발고장 동안은 일정한 고장률을 가진다.
③ 초기고장의 대책으로는 충분한 디버깅이나 번인(burn in)기간이 필요하다.
④ 우발고장은 노화에 의해 발생한다.
⑤ 마모고장은 예방보전이나 사후보전을 통해 고장률을 감소시킬 수 있다.

[해설] 기계 고장률(욕조곡선) 고장률

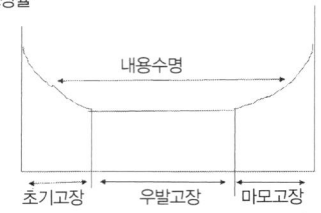

18. 표시장치로 나타낼 수 있는 정보의 설명으로 옳지 않은 것은?

① 정량적 정보는 온도나 속도와 같은 변수의 정량적인 값
② 정성적 정보는 변수의 대략적인 값, 경향, 변화율, 변화방향 등의 가변적 표시
③ 식별 정보는 사물, 지역, 구성 등을 사진, 그림, 도표, 그래프, 기호 등으로 표시
④ 시차적 정보는 펄스나 신호의 지속 시간, 간격 및 이들의 조합에 의해 결정되는 신호
⑤ 상태 정보는 시스템의 조건이나 상태 등을 표시

[해설] 1. **정량적 표시장치 (시각적 표시장치)**: 온도나 속도와 같은 변수의 정량적인 값 2. **정성적 표시장치**: 변수의 대략적인 값, 경향, 변화율, 변화방향 등의 가변적 표시 예) 게이지, 고도계 3. **묘사적 표시장치**: 위치나 구조가 변하는 항공기표시장치 같이 배경 변화되는 상황을 중첩하여 나타내는 표시장치 4. **추적 표시장치** 5. **시각적 암호**: 숫자, 영자, 기하학적 형상, 구성, 색의 비교실험 6. **상태 표시기**: on off , 멈춤–진행–주의 (신호등)시스템의 조건이나 상태 등을 표시

디지털	계수형	판독오차 적고, 판독시간 짧다
아날로그	정목동침형 (지침이동형)	눈금이 정성적 표시 원하는 값으로부터 대략적편차, 고도를 읽을때
	정침동목형 (지침고정형)	값 범위가 클 때 비교적 작은 눈금판에 모두 나타내고자 할때

19. 25℃ 1기압 상태에서 노말헥산(C_6H_{14})의 노출기준농도 (TLV – TWA)가 50 ppm 인 경우 이를 mg/m³ 단위로 환산하면 얼마인가?

① 175.86
② 178.52
③ 185.86
④ 188.52
⑤ 351.73

해설 $A = \dfrac{\mu}{\lambda + \mu} = \dfrac{0.1}{0.01 + 0.1} = 0.909 ≒ 0.91$

$\hat{\theta} = \dfrac{\Sigma t_i + (n - \gamma)t_0}{\gamma} = \dfrac{(2{,}000 + 3{,}000 + 5{,}000 + 10{,}000) + (100 - 4)10{,}000}{4} = 245{,}000$

20. 안전보건표지의 설계 및 설치와 관련해 옳지 않은 것은?

① 표지에 사용되는 문구는 주의–경고–위험 순으로 위험의 크기는 증가한다
② 안내 표지는 파랑 바탕에 흰색 그림으로 제작한다
③ 경고의 형태는 삼각형 혹은 마름모형으로 제작한다.
④ 안전보건표지의 시인성은 휘도대비에 영향을 받는다
⑤ 안전 보건표지의 시인성은 조도에 영향을 받는다

해설 •**금지**: 바탕은 흰색, 기본모형은 빨간색, 관련 부호 및 그림은 검은색 •**경고**: 바탕은 노란색, 기본모형, 관련 부호 및 그림은 검은색 •**지시**: 바탕은 파란색, 관련 그림은 흰색 •**안내**: 바탕은 흰색, 기본모형 및 관련 부호는 녹색, 바탕은 녹색, 관련 부호 및 그림은 흰색

21. 학습지도이론에 속하는 원리를 모두 나열한 것은?

| ㄱ. 직관의 원리 | ㄴ. 일관성의 원리 | ㄷ. 개별화의 원리 |
| ㄹ. 사회화의 원리 | ㅁ. 자발성의 원리 | ㅂ. 계속성의 원리 |

① ㄱ, ㄴ
② ㄱ, ㄷ, ㅂ
③ ㄴ, ㄹ, ㅂ
④ ㄱ, ㄷ, ㄹ, ㅁ
⑤ ㄴ, ㄷ, ㅂ, ㅁ, ㅂ

해설 •**학습지도의 원리**: 1) **개별화의 원리**: 학습자가 가지고 있는 능력에 맞게 학습활동의 기회 제공해야 한다는 원리 2) **자발성의 원리**: 학습자가 자발적으로 참여 하는데 중점을 두는 원리 3) **직관의 원리**: 구체적인 사물을 직접 제시하거나 경험하게 함으로서 큰 효과를 거둘 수 있다는 원리 4) **사회화의 원리**: 사회에서 경험한 것을 교류시켜 우호적인 학습을 진행하는 원리 5) **통합의 원리**: 학습을 종합적으로 지도하여 통합을 이루는 원리

22. A 사업장의 과거와 현재의 안전성적을 비교 평가하는 지표로 이용되는 세이프티 스코어(STS)의 설명으로 옳은 것은?

① STS값 계산시 과거와 현재의 강도율을 기준으로 한다.
② STS값이 0이면 과거와 현재의 안전성적의 차이가 크다.
③ STS값의 계산식에는 연평균근로자수가 포함되어 있다.
④ STS값이 +4 이면 현재의 안전성적이 과거에 비해 심각하게 나쁘다.
⑤ STS값이 -1 이면 현재와 과거의 안전성적이 차이가 없거나 과거가 좋다.

해설 •STS 결과: + : 나쁜 기록, - : 과거에 비해 좋은 기록

23. 지수분포를 따르는 B제품의 평균수명은 5,000시간이다. 이 제품을 연속적으로 6,000시간 동안 사용할 경우 고장없이 작동할 확률은?

① 0.3011   ② 0.4346   ③ 0.5654   ④ 0.6989   ⑤ 0.42139

해설 •[고장확률 밀도함수 / 고장률함수] MTBF 5,000시간, t = 6,000시간

$R(t=MTBF) = e^{-\lambda t} = e^{-\frac{1}{MTBF}t} = e^{-\frac{1}{5000}6000} = 0.3011$

24. 발생 확률이 동일한 64가지의 대안이 있을 때 얻을 수 있는 총 정보량은 몇 bit 인가?

① 6   ② 16   ③ 32   ④ 64   ⑤ 39

해설 •bit란: 실현가능성이 같은 2개의 대안중 하나가 명시되었을 때 얻을수 있는 정보량
•정보량: 실현가능성이 같은 64개의 대안이 있을 경우 총 정보량 $\log_2 64 = \log_2 2^6 = 6$ bit

25. 어느 부품 10,000개를 10,000시간동안 가동 중에 5개의 불량품이 발생하였을 때 평균 동작시간 MTTF 는?

① 1×10^6h   ② 2×10^7h   ③ 1×10^7h   ④ 2×10^6h   ⑤ 3×10^6h

해설 고장율 $\lambda = \frac{1}{MTBF}$ 고장율은 $\frac{5}{10000*10000} = \frac{5}{10^8} = 5\times10^{-8}$ / h

$MTTF_S = \frac{1}{고장율(\lambda_S)} = \frac{1}{5*10^{-8}} = 2*10^7$

01. ① 02. ② 03. ② 04. ② 05. ③ 06. ① 07. ⑤ 08. ② 09. ④ 10. ① 11. ④
12. ① 13. ① 14. ⑤ 15. ② 16. ⑤ 17. ④ 18. ③ 19. ① 20. ④ 21. ④ 22. ④
23. ① 24. ① 25. ②

2013년 산업안전지도사 1차시험

26. 인간-기계시스템은 수동시스템, 기계화시스템 및 자동화시스템으로 분류할수 있다. 다음 설명 중 옳지 않은 것은?

① 자동화시스템에서는 기계가 의사결정을 한다.
② 수동시스템에서는 인간의 통제를 받아 제품을 생산하는 것이 기계의 기능이다.
③ 기계화시스템에서는 인간의 통제를 받아 제품을 생산하는 것이 기계의기능이다.
④ 기계화시스템에서 표시장치로부터 정보를 얻어 조종장치를 통해 기계를 통제하는 것은 인간의 기능이다.
⑤ 빨래를 하는 경우 수동시스템은 사람이 직접 하는 것이고, 자동화시스템은 사람이 물과 세제를 세탁기에 넣어 주면 자동으로 세탁하고 탈수하는 것이다.

> **해설** 기계화시스템은 사람이 물과 세제를 세탁기에 넣어 주면 자동으로 세탁하고 탈수하는 것이다. 1) **수동체계**: 수공구나 작업 보조물을 사용하는 인간이 자신의 힘을 동력원으로 사용하여 작업을 진행하는 것으로 가장 다양성이 높은 체계이다. 예) 장인과 공구 2) **기계화 체계(반자동 체계)**: 통상적인 동력 기계에서 보는 바와 같이 고도로 통합된 부품들로 구성되어 기능을 하며 동력을 제공하고, 인간은 조종 장치를 이용하여 운전(제어기능)을 담당하고 통제하며, 운전자의 조종에 의해 운용되며 융통성이 없는 시스템이다. 예) 자동차, 공작기계 3) **자동화 체계**: 기계가 감지, 정보처리 및 의사결정, 행동기능 및 정보보관 등 모든 임무를 미리 설계된 프로그램대로 모든 기능을 기계가 수행한다. 인간은 단지 사전에 기계에 입력해야 할 프로그램을 담당하거나 감시,감독, 보전 및 정비 업무를 담당한다.

27. 국제노동기구(ILO)의 산업재해 정도에 따른 분류에 관한 설명으로 옳지 않은 것은?

① "영구 전노동 불능"은 부상의 결과로 근로의 기능을 완전히 영구적으로 잃는 상해를 말하며, 신체장애 등급은 1~3등급에 해당된다.
② "일시 일부노동 불능"은 의사의 진단으로 일정 기간 정규 노동에는 종사할 수 없으나 휴무 상태가 아닌 일시 가벼운 노동에 종사할 수 있는 상해를 말한다.
③ "일시 전노동 불능"은 의사의 진단으로 일정 기간 정규 노동에 종사할 수 없는 상해를 말한다.
④ "영구 일부노동 불능"은 부상의 결과로 신체의 일부가 영구적으로 노동 기능을 상실한 상해를 말하며, 신체장애 등급은 4~16등급에 해당된다.
⑤ "구급(응급)조치"는 응급처치 또는 1일 미만의 자가 치료를 받고, 그 후부터 정상 작업에 임할 수 있는 상해를 말한다.

> **해설** • ILO의 근로불능 상해의 구분: 1) 사망 2) 영구 전 노동불능: 신체 전체의 노동기능 완전상실 (1~3급) 3) 영구 일부 노동불능: 신체 일부의 노동기능 상실 (4~14급) 4) 일시 전 노동불능: 일정기간 노동 종사 불가 (휴업상해) 5) 일시 일부 노동불능: 일정기간 일부노동에 종사 불가 (통원상해) 6) 구급조치상해

28. 신뢰성시험에 있어 가속수명시험에 관한 설명으로 옳은 것은?

① 가속수명시험시간이 와이블(Weibull) 분포를 따르는 경우, 가속계수의 값만 알면 가속시험 데이터에서 구한 평균고장률로부터 정상조건에서의 평균고장률을 구할 수 있다.
② 가속시험 데이터가 대수정규분포를 따른다면, 가속시험 때와 정상시험때의 형상 모수는 다르게 되므로 형상모수에 가속계수를 곱하여야 한다.
③ 주기적으로 스트레스를 증가시키면서 가급적 모든 샘플이 고장이 날 때 까지 행 하는 가속수명시험을 계단형 스트레스(step stress) 시험이라 한다.
④ 온도 외에 전압 또는 습도 등 다른 스트레스까지 포함시킨 모델로는 아레니우스 (Arrhenius) 모델이 있다.
⑤ 스트레스로서 온도만을 고려하는 대표적인 모델로는 아이링(Eyring) 모델이 있다.

해설 가속수명 시험방법 – 스트레스 부과방법: 1) 일정형 스트레스시험 2) 점진형 스트레스시험: 간접형 (X)
3) 계단형 스트레스시험: 주기적 스트레스 증가시키면서 모든 샘플이 고장 날때까지 행하는 시험   4) 주기형 스트레스시험

29. A 회사의 검사자는 이산적 직무인 부품의 내경검사 작업을 하루에 300개씩 실시 하고 있다. 이 중에서 불량품을 10개 발견하여 290개를 원청회사에 납품하였고, 원청회사에서의 입고검사에서 30개가 더 발견되었다고 통보가 왔다. 원청회사에서의 검사가 완벽하다고 가정할 경우 이 검사자의 인간신뢰도(human reliability)는 얼마인가?(단, 소수점 셋째 자리에서 반올림한다.)

① 0.10   ② 0.13   ③ 0.87   ④ 0.90   ⑤ 0.93

해설 • 원청회사 입고 290개, 불량품 30개 따라서, 합격품수 260개
$$인간신뢰도 = \frac{290-30}{290} = \frac{260}{290} = 0.89655 = 0.90$$

30. A 회사에서 생산하는 전자부품의 전자회로는 시스템의 안전을 위하여 그림과 같이 5개의 부품 중 3개만 작동하면 시스템이 정상적으로 가동되는 구 조를 갖추고 있다. 동일하고 상호독립적인 각 부품의 고장률을 λ라고 할 때, 다음 중 신뢰도를 구하는 모델로 옳은 것은?

① $R(t) = \sum_{3}^{5} \binom{5}{3} [e^{-\lambda t}]^3 [1-e^{-\lambda t}]^2$

② $R(t) = \sum_{3}^{4} \binom{4}{3} [e^{-\lambda t}]^4 [1-e^{-\lambda t}]^3$

③ $R(t) = \sum_{5}^{3} \binom{3}{5} [e^{-\lambda t}]^3 [1-e^{-\lambda t}]^5$

④ $R(t) = \sum_{3}^{5} \binom{5}{3} [e^{-\lambda t}]^5 [1-e^{-\lambda t}]^3$

⑤ $R(t) = \sum_{3}^{5} \binom{5}{3} [e^{-\lambda t}]^5 [1-e^{-\lambda t}]^2$

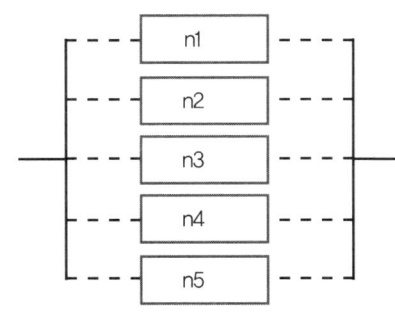

해설 • 신뢰도
① 5개중 3개만 작동하면 정상가동 $[e^{-\lambda t}]^3$ ② 5개중 2개 작동 또는 고장, 즉 병렬구조 $[1-e^{-\lambda t}]^2$

31. 다음은 결함수분석(FTA)법에 의한 재해 사례 연구에 관한 내용이다. 연구 절차를 올바른 순서대로 나열한 것은?

> ㄱ. 문제점의 중요도 및 우선순위를 결정한다.
> ㄴ. 톱(top)사상의 재해원인을 결정한다.
> ㄷ. 전체의 결함수(FT)도를 완성한다.
> ㄹ. 안전성이 있는 개선안을 검토하고 결정한다.

① ㄱ → ㄴ → ㄷ → ㄹ
② ㄱ → ㄷ → ㄴ → ㄹ
③ ㄴ → ㄱ → ㄷ → ㄹ
④ ㄴ → ㄱ → ㄹ → ㄷ
⑤ ㄷ → ㄱ → ㄹ → ㄴ

해설 · FTA에 의한 재해사례 연구 순서

1 단계	2 단계	3 단계	4 단계
톱 사상의 설정	재해 원인 규명	FT도의 작성	개선계획의 작성
① 시스템의 안전보건 문제점 파악 ② 사고,재해의 모델화 ③ 문제점의 중요도 우선 순위의 결정 ④ 해석할 톱사상의 결정	① 톱사상의 재해 원인의 결정 ② 중간사상의 재해 원인의 결정 ③ 말단사상까지 전개	① 부분적 FT도를 다시 봄 ② 중간사상의 발생 조건의 재검토 ③ 전체의 FT도의 완성	① 안전성이 있는 개선안의 검토 ② 제약의 검토와 타협 ③ 개선안의 결정 ④ 개선안의 실시 계획

32. C/R비(Control-Response Ratio)에 관한 설명으로 옳지 않은 것은?

① C/R비의 값은 화면상의 이동거리와는 반비례한다.
② C/R비의 값이 크다는 것은 조종장치가 민감하다는 의미이다.
③ 인간-기계시스템을 설계할 때에는 조종장치의 이동시간과 조종시간을 고려해야 한다.
④ C/R비의 값이 작으면 조종장치의 조종시간이 많이 소요되고 이동시간은 적게 소요된다.
⑤ C/R비는 모니터를 보면서 조종장치를 사용하는 작업에 적용한다.

해설 · C/R비 (Control / Response Ratio): ① C/R비는 모니터를 보면서 조종 장치를 사용하는 작업에 적용한다. ② C/R비의 값은 화면상의 이동 거리와 반비례 한다. ③ C/R비 값이 작으면 조종장치의 조종 시간이 많이 소요되고 이동시간은 적게 소요된다. ④ C/R비가 작다는 것은 조종 장치가 민감하다는 것이다.

33. 파레토(Pareto)도에 대한 설명으로 옳은 것만을 모두 고른 것은?

> ㄱ. 가로축에는 항목별 막대그래프를 왼쪽부터 큰 순서로 기입하고, 세로 축에는 그 비율을 나타내는 도표이다.
> ㄴ. 데이터를 재해 원인별 혹은 현상별로 분류하여 막대그래프와 누적 꺾은선 그래프를 함께 표시한 도표이다.
> ㄷ. 여러 가지 원인 및 대책에 있어서 집중적으로 관리하여야 하는 대상을 선정하기에 편리하다.

① ㄱ ② ㄱ, ㄴ ③ ㄱ, ㄷ ④ ㄴ, ㄷ ⑤ ㄱ, ㄴ, ㄷ

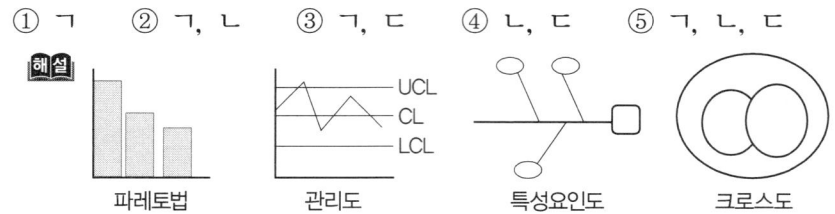

파레토법 / 관리도 / 특성요인도 / 크로스도

・**파레토법:** ① 재해중점원인파악 ② 중점관리대상 ③ 재해원인크기 비중확인 ・**관리도:** ① UCL LCL내에서 목표관리 ②월별재해건수 ・**특성요인도:** ① 생선뼈형태 ②원인과 결과 관계 ・**크로스도:** ① 2개이상 문제관계 분석 ②상호관계분석 –›재해원인 파악 ③재해발생위험도 큰조합발견가능

34. 안전교육의 3단계 중에서 2단계에 해당되는 교육과 그 특성을 올바르게 나타낸 것은?

① 안전기능교육: 습관과 형성 ② 안전기능교육: 경험과 적응
③ 안전지식교육: 습득과 전달 ④ 안전지식교육: 경험과 적응
⑤ 안전태도교육: 습관과 형성

35. 안전과 위험에 대한 개념 설명으로 옳지 않은 것은?

① 안전이란 재해와 위험이 없는 바람직한 상태에 도달하는 것을 말한다.
② 재해가 발생하는 것은 위험에 의한 결과적인 현상을 말한다.
③ 위험이란 근로자가 작업장소에서 접촉하는 물건 또는 환경과의 상호관계를 나타 내는 것으로 그 결과로 부상이 발생하는 것이다.
④ 안전에 대응하는 반대 개념은 재해가 발생하는 것이다.
⑤ 안전은 상해, 손실, 위해 또는 위험에 노출되는 것으로부터의 자유를 말한다.

・**안전의 반대개념은 사고:** ① **사건:** 위험요인으로 사고로 발전되었거나 사고로 이어질뻔한 이벤트로 인적, 물적손질과 손실이 없는 앗차사고를 포함한 것 ② **사고:** 고의성이 없는 위험요인에 의한 사망, 상해 질병 및 물적손실을 발생한 이벤트 ③ **재해:** 사고의 결과로 일어난 인명, 재산 손실 ④ **안전 :** 사망, 상해, 설비 재산 손실이 전혀 없는 상태지만 현실적으로 사업장에선 불가능하다. 현실적 정의로는 위험요인의 위험성을 허용가능한 위험수준으로 관리하는 것으로 정의한다.

36. 안전교육방법에 관한 설명으로 옳은 것은?

① ATT(American Telephone & Telegram Co.)는 대상 계층이 한정되어 있고, 먼저 훈련을 받은 자는 직급에 관계없이 훈련을 받지 않은 자에 대하여 지도자가 될 수 있다.
② OJT(On the Job Training)는 외부 전문가를 강사로 초빙하여 직장의 설정에 맞게 실제적 훈련이 가능하다.
③ Off JT(Off the Job Training)는 훈련에만 전념하게 하고 교육훈련목표에 대해 집단적 노력을 모을 수 있다.
④ TWI(Training Within Industry)는 주로 제일선 감독자를 교육대상자로하며 교육내용은 작업방법훈련, 작업지도훈련, 인간관계훈련, 작업안전훈련이 있다.
⑤ MTP(Management Training Program)는 TWI 보다 약간 낮은 계층을 목표로 하고, TWI와는 달리 관리문제에 보다 더 치중하고 있다.

해설 •T.W.I-일선 감독자: ① 작업안전훈련(JST) ② 작업지도훈련(JIT) ③ 작업방법훈련(JMT) ④ 인간관계훈련(JRT)

37. 조명에 관한 용어의 설명으로 옳지 않은 것은?

① 광도(luminous intensity)는 단위 입체각당 광원에서 방출되는 광속으로 측정한다.
② 휘도(luminance)는 단위 면적당 표면에 반사 또는 방출되는 빛의 양을 말한다.
③ 조도(illuminance)는 어떤 물체의 표면에서 내는 빛의 양을 말한다.
④ 반사율(reflectance)은 휘도와 조도의 비를 말한다.
⑤ 대비(luminance contrast)는 과녁의 휘도와 배경의 휘도 차를 말한다.

해설 •교재 작업환경관리 참조: 조도 = $\frac{광도}{거리^2}$, 단위면적당 주어지는 빛의 양

38. 재해 발생 관련 이론에 관한 설명으로 옳은 것은?

① 자베타키스(Zabetakis)의 사고연쇄성이론 5단계 중에서 2단계는 '작전적 에러'이고, 3단계는 '전술적 에러'이다.
② 웨버(Weaver)의 사고연쇄성이론 5단계 중에서 2단계는 '인간의 결함'을 정의하고, '무엇이 재해를 일으켰는지'를 찾으려고 하는 것이다.
③ 아담스(Adams)의 사고연쇄성이론 5단계 중에서 3단계는 '에너지 및 위험물의 예기치 못한 폭주'이다.
④ 버드(Bird)의 사고연쇄성이론 5단계 중에서 1단계는 '사회적 환경과 유전적 요소' 이다.
⑤ 하인리히(Heinrich)의 재해발생이론에서 1단계는 '제어의 부족'이다.

39. 어떤 설비의 평균고장률이 0.0125회/시간이고, 이 설비에 고장이 발생하면 수리 하는데 소요되는 평균시간은 40시간이라고 한다. 다음 설명 중 옳은 것은? (단, 사후보전만 실시 한다.)

① 이 설비의 평균수리율은 0.025회/시간이다.
② 이 설비의 가동성은 0.5 이다.
③ 이 설비의 수명은 지수분포를 따르지 않는다.
④ 이 설비를 평균수명만큼 사용한다면 고장이 발생하지 않을 확률은 약63 % 이다.
⑤ 이 설비를 1,000시간 동안 사용한다면 평균 15회의 고장이 발생하며, 사후수리를 받게 된다.

해설 가용도 = $\frac{MTBF}{MTBF+MTTR}$ ① $\lambda = \frac{1}{MTBF} = 0.0125$ 따라서 MTBF = 80

② MTTR = $\frac{1}{평균수리율}$ = 40 따라서 평균수리율은 0.025회/시간

따라서, 가용도 = $\frac{MTBF}{MTBF+MTTR} = \frac{80}{80+40} = 0.66666$

40. 다음 중 감성공학에 관한 설명으로 옳지 않은 것은?

① 사람의 느낌(이미지)을 고객이 요구하는 제품의 품질특성으로 변환시키고, 이를 물리적 설계요소로 번역시키는 기술이다.
② 일본의 스포츠카인 '미야타'는 최초의 감성공학 설계가 반영된 제품이다.
③ 인간-기계시스템에서 인간과 기계 사이에 정보를 주고받는 휴먼인터페이스 설계가 주요 문제로 대두되고 있다.
④ 소비자의 감성에 호소하는 제품을 설계하기 위해서 소비자의 감성적 특성을 반영하는 것이지 신체적 특성을 반영하는 것은 아니다.
⑤ 감성공학 기법으로는 기능전개형, 다변량해석형, 가상현실형이 있다.

41. NIOSH 들기지침에 관한 설명으로 옳지 않은 것은?

① OWAS, RULA, REBA 등이 평가기법으로 사용된다.
② 초기에는 양손 대칭 작업에만 적용할 수 있었으나, 그 이후에는 비대칭작업, 커플링(coupling) 효과가 추가되었다.
③ 이 가이드는 역학적(epidemiological), 생체역학적(biomechanical), 생리학적(physiological), 심물리학적(psychophysical) 기준에 근거하여 개발되었다.
④ 권장무게한계(Recommended Weight of Limit)를 계산하여 제시하여 준다.

⑤ 들기작업지수(Lifting Index)를 계산하는데 LI는 실제 작업물의 무게와 권장무게 한계의 비율이며, LI값이 1.0보다 작아야 안전하다.

해설 ① $LI = \frac{작업물무게}{RWL}$ LI < 1 : 안전, LI > 1 : 요통발생위험 높다. ② RWL = LC * HM * VM * DM * AM * FM * CM OWAS, RULA, REBA 은 근골격계 평가방법이다.

42. 어떤 근로자가 빈 드럼통 위에 서서 구조물에 용접작업을 하던 중 용접불똥이 비산되어 열려있는 드럼통 속으로 들어가 잔류 가스가 폭발하였고, 이로 인하여 근로자가 3 m 아래로 떨어져 척추를 다쳤다. 다음 중 불안전한 행동에 해당하는 것은?

① 작업 중에 드럼통 속으로 용접불똥이 튀어 들어갔다.
② 드럼통의 마개가 열려있는 채로 방치해 놓았다.
③ 드럼통 속에 잔류 가스가 남아 있었다.
④ 근로자가 3 m 아래로 떨어져 척추를 다쳤다.
⑤ 드럼통 속의 내용물을 확인하지 않고 빈 드럼통 위에 서서 용접작업을 하였다.

43. 사상나무분석(ETA)에 대한 의사결정나무(decision tree)가 다음과 같을 때 A, B, C, D, E에 해당하는 값으로 옳지 않은 것은?

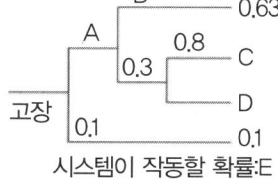
시스템이 작동할 확률:E

① A = 0.9 ② B = 0.7
③ C = 0.216 ④ D = 0.054
⑤ E = 0.9

해설 ① A = 0.9 ☞ A+0.1 = 1 ② B = 0.7☞ B+0.3 = 1③ C = 0.216 ☞ A *0.3*0.8 = 0.9*0.3*0.8 = 0.216④ D = 0.054 ☞ A *0.3*(1-0.8) = 0.9*0.3*0.2 =0.054 ⑤ E = 0.63+0.216 - 0.054-0.1 = 0.692

44. 고용노동부 고시「사업장 위험성평가에 관한 지침」에서의 위험성평가 방법으로 옳지 않는 것은?

① 안전보건관리책임자는 위험성평가의 실시를 총괄 관리한다.
② 안전관리자, 보건관리자는 위험성평가의 실시를 관리한다.
③ 안전관리자, 보건관리자는 유해·위험요인의 파악, 위험성의 추정, 결정, 위험성 감소대책의 수립·실행을 한다.
④ 해당 작업에 종사하는 근로자는 특별한 사정이 없는 한 해당 작업에 대한 유해· 위험 요인을 파악하거나 감소대책을 수립하는데 참여한다.
⑤ 기계·기구, 설비 등과 관련된 위험성평가에는 해당 기계·기구, 설비 등에 전문 지식을 갖춘 사람을 참여시킨다.

해설 •관리감독자: 유해·위험요인의 파악, 위험성의 추정, 결정, 위험성감소대책의 수립·실행

45. 고용노동부 고시 「사업장 위험성평가에 관한 지침」에서의 위험성평가 인정 신청에 대한 설명으로 옳은 것은?

① 1년 중 사업수행 기간이 6개월 미만인 일시적인 사업 또는 계절사업을 하는 사업장은 인정신청을 할 수 있다.
② 건설업 중 잔여 공사기간이 6개월 미만인 건설공사는 인정신청을 할 수 있다.
③ 수급사업장이 산업안전보건법상 안전관리자 또는 보건관리자 선임대상인 경우에는 인정신청에서 수급사업장을 제외할 수 있다.
④ 사업의 일부 또는 전부를 도급에 의하여 행하는 사업장은 도급사업장의 사업주가 수급 사업장을 일괄하여 인정을 신청할 수 없다.
⑤ 중대재해 등으로 인정이 취소된 날부터 1년이 경과하지 아니한 사업장이라도 인정신청을 할 수 있다.

해설 • 인정신청을 할 수 없는 사업장: ① 1년 중 사업수행 기간이 6개월 미만인 일시적인 사업 또는 계절사업을 하는 사업장 ② 건설업 중 잔여공사기간이 6개월 미만 건설공사 ③ 제20조에 따라 인정이 취소된 날부터 1년이 경과하지 아니한 사업장 ④ 최근 1년 이내에 제20조제1항 각 호(제1호 및 제5호를 제외한다)의 어느 하나에 해당하는 사유가 있는 사업장

46. 연평균근로자수가 250명인 A 사업장의 연간재해발생건수는 75건, 이로 인한 재해자수가 90명이고, 총휴업일수는 3,345일이 발생하였다. 이 사업장의 재해 통계에 대한 설명으로 옳은 것은?(단, 근로자는 1일 8시간씩 연간 280일을 근무하였다.)

① 강도율은 5.97이다.
② 도수율은 160.71이다.
③ 연천인율은 360이다.
④ 종합재해지수는 29.92이다.
⑤ 이 사업장에서 연천인율과 도수율과의 관계에는 2.4의 상수값이 적용된다.

해설 근로손실일수 $3345일 * \frac{300}{365} = 2749.315068$ 일

연근로시간 = 250명 * 280일 * 8시간 = 560,000 시간

① 강도율 = $\frac{근로손실일수}{연근로시간수} * 1000 = \frac{2749.315068}{560000} * 1000 = 4.91$

② 도수율 = $\frac{재해건수}{연근로시간수} * 1,000,000 = \frac{75}{560000} * 1,000,000 = 133.928$

③ 연천인율 = $\frac{연간재해자수}{연평균근로자수} = \frac{90}{250} * 1000 = 360$

④ 종합재해지수 = $\sqrt{도수율 * 강도율} = \sqrt{4.91 * 133.928} = 25.64$

47. 교육심리학의 기본이론 중 학습지도의 원리에 해당하지 않는 것은?

① 학습자 스스로 학습에 자발적으로 참여하여야 한다는 원리
② 학습은 계속 이루어져야 한다는 원리
③ 학습자가 지니고 있는 각자의 요구와 능력 등에 알맞게 학습활동의 기회를 마련해 주어야 한다는 원리
④ 학습을 총합적인 전체로 지도하자는 원리
⑤ 구체적인 사물을 직접 제시하거나 경험을 통해 학습효과를 거둘 수 있다는 원리

해설 • **학습지도의 원리:** 1) **개별화의 원리:** 학습자가 가지고 있는 능력에 맞게 학습활동의 기회 제공해야 한다는 원리 2) **자발성의 원리:** 학습자가 자발적으로 참여 하는데 중점을 두는 원리 3) **직관의 원리:** 구체적인 사물을 직접 제시하거나 경험하게 함으로서 큰 효과를 거둘 수 있다는 원리 4) **사회화의 원리:** 사회에서 경험한 것을 교류시켜 우호적인 학습을 진행하는 원리 5) **통합의 원리:** 학습을 종합적으로 지도하여 통합을 이루는 원리

48. 근로자 40명이 근무하는 사출성형제품 생산 공장에 가장 적합한 안전 조직은?

① 안전관리의 계획부터 실시까지 모든 안전업무가 생산라인을 통해 직접적으로 적용 되는 조직
② 안전업무를 관장하는 참모를 두고, 안전관리 계획·조사·검토 등의 업무와 현장에 기술지원을 담당하도록 편성된 조직
③ 안전업무 전담 참모를 두고, 생산라인에서도 부서장으로 하여금 안전업무를 수행 하게 하는 조직
④ 산업안전보건위원회를 활성화한 조직
⑤ 정보수집과 사업장 특성에 적합한 안전기술 연구개발을 할 수 있는 조직

해설 1. **라인형(Line) or 직계형:** 안전관리에 관한 계획, 실시, 평가에 이르기까지 안전관리의 모든 것을 생산조직(Line)을 통하여 행하는 관리방식 ① 소규모 사업장에 적합 (근로자수 100명이하) ② 명령 및 지시가 신속하고 정확하게 전달 ③ 생산조직 전체에 안전관리 기능부여 (생산과 안전을 동시에 지시) ④ 안전을 전담하는 조직이 없어 안전정보가 충분하지 않다 ⑤ 라인에 과도한 책임 부여
2. **스태프형(Sraff) 조직(참모형):** 안전관리를 전담하는 스태프(안전관리자)를 통하여 안전관리에 대한 계획, 조사, 검토, 권고, 보고 등을 행하는 관리방식 ① 중규모 사업장에 적합 (근로자수 100명이상 1,000명미만) ② 안전정보 수집이 용이한 반면에 안전과 생산을 분리된 개념으로 취급 ③ 안전전문가 (스태프 : 안전관리자)가 문제해결 방안을 모색한다 ④ 스태프의 성격상 계획, 조사, 점검 결과에 따른 조언과 보고수준에 머물수 있다. ⑤ 스태프는 경영자의 조언, 자문역할을 하고, 생산부문은 안전에 대한 책임, 권한이 없다.
3. **라인 스태프형(직계. 참모식 조직):** 라인형과 스태프형의 장점을 취한 조직형태로 안전업무를 담당하는 스태프를 두고, 기획은 스태프에서, 라인은 실무를 담당하도록 관리하는 방식 ① 대규모 사업장에 적용 (근로자수 1,000명이상) ② 안전관리의 계획 수립 및 추진이 용이하고, 안전전문가에 의해 입안된 것을 경영자가 명령하므로 명령이 신속. 정확하게 전달된다. ③ 스태프의 월권 행위가 우려되며, 지나치게 스태프에 의존할수 있다.

49. 교육훈련기법에 관한 설명으로 옳지 않는 것은?

① 강의법은 안전지식의 전달방법으로 초보적인 단계에서 효과가 큰 방법이며, 단 시간에 많은 내용을 교육하는 경우에 적합하다.
② 시범은 어떤 기능이나 작업과정을 학습시키기 위해 필요로 하는 분명한 동작을 제시하는 방법이다.
③ 반복법은 이미 학습한 내용이나 기능을 반복해서 이야기하거나 실연하도록 하는 방법이다.
④ 토의법은 쌍방적 의사전달방식에 의한 교육으로 적극성·협동성을 기르는데 유효하다.
⑤ 실연법은 실제의 장면이나 상태와 극히 유사한 상태를 인위적으로 만들어 그 속에서 학습하도록 하는 방법이다.

해설 •**모의법**: 실제의 장면이나 상태와 극히 유사한 상태를 인위적으로 만들어 그 속에서 학습하도록 하는 방법 •**실연법**: 학습자가 교사의 지휘난 감독 아래 연습에 적용을 해보게 하는 교육방법

50. 재해사례 연구방법의 각 단계를 올바르게 설명한 것은?

① "사실의 확인"은 파악된 사실로부터 기준에서 벗어난 문제점을 적출하고 그것이 문제로 된 이유를 분명히 한다.
② "문제점의 발견"은 문제점이 된 사실을 재해요인으로 분석, 검토하고 재해와 관계 되는 영향의 정도를 평가한다.
③ "근본적 문제점의 결정"은 관리자, 감독자 및 작업자의 권한, 책임 및 직무로 보아 누가 할 것인가, 기준대로 하였는가를 평가하고 판단하여 결정한다.
④ "대책의 수립"은 문제점 가운데 재해의 중심이 된 사항과 재해원인을 결정하고 보고한다.
⑤ "대책의 수립"은 사례연구의 전제조건과 재해 상황의 주된 항목에 관하여 파악한다.

해설 •**재해사례 연구방법**: ① 1 단계: 사실의 발견 – 재해 발생까지의 경과 확인 ② 2 단계: 문제점 확인 – 인적. 물적인 면에서 재해요인 파악 ③ 3 단계: 기본원인 결정 – 기본원인을 4M의 생각에 따라 분석·결정 ④ 4 단계: 대책 수립 – 동종 및 유사재해 예방

26. ⑤ 27. ④ 28. ③ 29. ④ 30. ① 31. ① 32. ② 33. ⑤ 34. ② 35. ④ 36. ④
37. ③ 38. ② 39. ① 40. ④ 41. ① 42. ⑤ 43. ⑤ 44. ③ 45. ③ 46. ③ 47. ②
48. ① 49. ⑤ 50. ②

2014년 산업안전지도사 1차시험

26. 안전교육에 관한 설명으로 옳지 않은 것은?

① 안전교육은 안전사고를 사전에 방지하기 위한 필수요소 중의 하나이다.
② 안전교육의 3요소는 강사, 수강자, 교재이다.
③ 단계별 안전교육은 '지식교육 – 기능교육 – 태도교육' 순이다.
④ 강의식 교육은 많은 인원의 수강자를 동시에 교육시킬 수 있는 장점이 있다.
⑤ 하버드학파의 5단계 교수법은 preparation(준비)-presentation(발표)-generalization(보편화)-association(조합)-application(응용)의 순서로 한다.

해설 • 하버드 학파 5단계 교수법: 준비– 교시–연합– 총괄–응용

27. 산업안전보건법령상 규정하고 있는 유해·위험방지계획서에 관한 설명 중 ㄱ, ㄴ의 내용이 옳게 연결된 것은?

> 건설업 중 터널건설 등의 공사를 착공하려는 사업주는 관련 절차를 준수 하여 작성한 유 해·위험방지계획서에 해당 서류를 첨부하여 해당 공사의 착공 (ㄱ)까지 (ㄴ)에 제출 하여야 한다.

① ㄱ : 전날,   ㄴ : 한국산업안전보건공단
② ㄱ : 전날,   ㄴ : 관할 지방고용노동관서
③ ㄱ : 3일전, ㄴ : 한국산업안전보건공단
④ ㄱ : 3일전, ㄴ : 관할 지방고용노동관서
⑤ ㄱ : 7일전, ㄴ : 한국산업안전보건공단

28. 인간공학적 설계를 위하여 고려하여야 하는 작업환경 영향요소의 설명으로 옳지 않은 것은?

① 조명은 작업대의 조도기준 상 보통작업은 150 럭스 이상으로 한다.
② 온도는 작업의 경중에 따라 그 기준치를 달리하며, 일반적으로 최적온도는 18~21℃ 이다.
③ 우리나라의 소음 노출기준은 90dB(A)에 8시간 노출을 기준으로 정하고 있으며, '5dB(A) 법칙'을 적용하지 않는다.

④ 고열, 냉습, 온도, 기류 및 환기가 적절하지 않은 경우 작업자의 건강과 정신적 스트레스 및 육체적 피로에 영향을 미친다.
⑤ 표시·조종장치는 작업정보가 정확하게 표시되고, 인간의 실수 또는 오조종으로 위험이 발생하지 않도록 보호장치 및 비상조종장치를 설치한다.

> **해설** 1. "**소음작업**"이란 1일 8시간 작업을 기준으로 85데시벨 이상의 소음이 발생하는 작업을 말한다. 2. "**강렬한 소음작업**"이란 다음 각목의 어느 하나에 해당하는 작업을 말한다. ① 90데시벨 이상의 소음이 1일 8시간 이상 발생하는 작업 ② 95데시벨 이상의 소음이 1일 4시간 이상 발생하는 작업 ③ 100데시벨 이상의 소음이 1일 2시간 이상 발생하는 작업 ④ 105데시벨 이상의 소음이 1일 1시간 이상 발생하는 작업 ⑤ 110데시벨 이상의 소음이 1일 30분 이상 발생하는 작업 ⑥ 115데시벨 이상의 소음이 1일 15분 이상 발생하는 작업 3. "**충격소음작업**"이란 소음이 1초 이상의 간격으로 발생하는 작업으로서 다음 각 목의 어느 하나에 해당하는 작업을 말한다. ① 120데시벨을 초과하는 소음이 1일 1만회 이상 발생하는 작업 ② 130데시벨을 초과하는 소음이 1일 1천회 이상 발생하는 작업 ③ 140데시벨을 초과하는 소음이 1일 1백회 이상 발생하는 작업
> 4. 조도기준
>
> | 구분 | 조도 | 구분 | 조도 |
> | --- | --- | --- | --- |
> | 초정밀작업 | 750 lux | 보통작업 | 150 lux |
> | 정밀작업 | 300 lux | 기타작업 | 75 lux |

29. 시스템에 관한 설명으로 옳지 않은 것은?

① 시스템의 정의는 '다수의 독립된 목적 또는 개념적 요소의 집합체가 어떤 공동의 목적을 달성하도록 상호 유기적으로 결합해 활동하도록 된 것'이다.
② 시스템은 여러 요소의 집합체로서 각 요소는 같은 기능을 수행하면서 상호 유기적인관계를 유지하고, 공동의 목표를 지향하며 활동하는 것이다.
③ 요소의 결합이 자연적으로 된 것을 '생태시스템'이라 한다.
④ 공학시스템에는 수송 시스템, 송배전 시스템, 생산 시스템 등이 있다.
⑤ 공학시스템에서의 수송 시스템은 버스 시스템, 기차 시스템, 항공기 시스템 등으로 구성된다.

> **해설** • **시스템 이란?** 요소의 집합에 의해 구성되고, 시스템 상호간에 관계를 유지하면서, 정해진 조건 아래에서, 어떤 목적을 위하여 작용하는 집합체라 할수 있다.

30. 안전 용어에 관한 설명으로 옳지 않은 것은?

① 재해는 시스템의 전부 또는 일부의 손실, 작업자의 상해, 관련설비 또는 하드웨어의 재산적 피해와 무상해, 무손실 사고를 모두 포함한다.
② 안전은 사망, 부상, 직업성 질병, 장비 또는 재산의 파손이나 유실, 환경의 파손등을 가져올 수 있는 조건으로부터 벗어난 상태이다.
③ 시스템안전공학은 시스템의 위험요소를 확인하고, 이를 제거하기 위해 관련 지식, 기술 및 기능을 이용하여 과학적 및 기술적 기준을 기업 등에 적용하기 위한 시스템공학의 한 분야이다.
④ 리스크는 사고발생의 가능성 또는 불확실성이라는 의미로도 사용할 수 있다.

⑤ J. Stephenson(스테픈슨)은 리스크를 위험의 심각도와 확률을 모두 고려해 평가되는 위험의 크기라고 정의하였다.

> **해설** ① 사건: 위험요인으로 사고로 발전되었거나 사고로 이어질뻔한 이벤트로 인적, 물적손질과 손실이 없는 아차사고를 포함한 것 ② 사고: 고의성이 없는 위험요인에 의한 사망, 상해 질병 및 물적손실이 발생한 것을 포함 ③ 재해: 사고의 결과로 일어난 인명, 재산 손실 ④ 안전: 사망, 상해, 설비 재산 손실이 전혀 없는 상태지만 현실적으로 사업장에선 불가능하다. ⑤ 현실적 정의: 위험요인의 위험성을 허용가능한 위험수준으로 관리하는 것으로 정의한다.

31. 제조물책임법에 관한 설명으로 옳은 것은?

① 제조물 결함은 소비자가 입증해야 한다.
② 제조물에는 배, 무 같은 농작물도 포함된다.
③ 제조물 책임은 제조업자와 제조물을 공급한 자, 소비자가 공동으로 져야 한다.
④ 제조자가 경고의 의무를 소홀히 한 경우라도 소비자의 과실로 인한 손실은 소비자가 책임을 져야한다.
⑤ 제조업자가 해당 제조물을 공급한 때의 과학·기술수준으로는 결함의 존재를 발견할 수 없었다는 사실을 입증하면 책임은 면제된다.

> **해설**
> • **제조물책임법**: 제4조(면책사유) ① 제3조에 따라 손해배상책임을 지는 자가 다음 각 호의 어느 하나에 해당하는 사실을 입증한 경우에는 이 법에 따른 손해배상책임을 면(免)한다.
> 1. 제조업자가 해당 제조물을 공급하지 아니하였다는 사실
> 2. 제조업자가 해당 제조물을 공급한 당시의 과학·기술 수준으로는 결함의 존재를 발견할 수 없었다는 사실
> 3. 제조물의 결함이 제조업자가 해당 제조물을 공급한 당시의 법령에서 정하는 기준을 준수함으로써 발생하였다는 사실
> 4. 원재료나 부품의 경우에는 그 원재료나 부품을 사용한 제조물 제조업자의 설계 또는 제작에 관한 지시로 인하여 결함이 발생하였다는 사실

32. S기업의 상시근로자수는 100명이며, 연간 300일 근무 중 사망 재해건수 2건, 휴업일수 27일, 잔업시간 10,000시간, 조퇴시간으로 인한 손실시간이 500시간이 발생하였다. 이 기업의 재해통계로 옳은 것은? (단, 근로자의 1일 평균 근로시간은 8시간 30분이다.)

① 도수율은 290 이다.
② 연천인율은 18.75 이다.
③ 강도율은 56.79이다.
④ 평균강도율은 0.196 이다.
⑤ 종합재해지수는 128.33이다.

> **해설**
> • 근로손실일수 (사망 2인*7500일) + 27일 * $\frac{300}{365}$ = 15,022.19178일 [사망자 재해손실일 : 7500일]
> • 연근로시간 = 100명 * 300일*8.5시간 + (10,000시간 − 500시간 = 264,500 시간
> 1. 강도율 = $\frac{근로손실일수}{연근로시간수}$*1000 = $\frac{15022.19178}{264500}$*1000 = 56.794698
> 2. 도수율 = $\frac{재해건수}{연근로시간수}$*1,000,000 = $\frac{2}{264,500}$*1,000,000 = 7.56

33. 안전보건경영시스템에서 안전보건활동추진계획을 수립함에 있어 옳지 않은 것은?

① 사업장은 안전보건상의 목표를 달성하기 위한 활동 추진계획을 해당 업무별, 단위별(팀별, 부·과별)로 수립해야 한다.
② 안전보건활동추진계획의 문서화 여부는 사업주가 결정한다.
③ 조직의 전체 목표 및 부서별 세부목표와 이를 추진하고자 하는 책임자를 지정해야 한다.
④ 목표달성을 위한 안전보건활동계획의 수단·방법·일정을 결정해야 한다.
⑤ 안전보건활동추진계획은 정기적으로 검토되고, 조직의 운영변경 또는 새로운 계획의 추가사유가 발생할 때에는 수정하여야 한다.

해설 안전보건경영시스템에서 문서화는 필수사항이다. • 안전보건경영시스템: 산업재해를 예방하고 최적의 작업환경을 조성·유지할 수 있도록 모든 직원과 이해관계자가 참여하여 기업 내 물적, 인적 자원을 효율적으로 배분하여 조직적으로 관리하는 경영시스템을 말한다. 세계 유수의 표준화 기구 및 인 증기관이 참여해 공동 제정한 단체 규격 성격의 국제인증이다.

34. 고용노동부고시 사업장 위험성평가에 관한 지침의 내용으로 옳지 않은 것은?

① 안전보건관리책임자 등 해당 사업장에서 사업의 실시를 총괄 관리하는 사람에게 위험성평가의 실시를 총괄 관리하게 한다.
② 사업주는 안전보건정보를 사전에 조사하여 위험성평가에 활용하여야 한다.
③ 유해위험요인을 파악할 때 업종, 규모 등 사업장 실정에 따라 청취조사에 의한 방법 등을 사용하여야 한다.
④ 해당 작업에 종사하고 있는 근로자에게 유해·위험요인의 파악, 위험성의 추정, 위험성의 결정, 위험성 감소대책 수립 및 실행을 하게 한다.
⑤ 허용가능한 위험성이 아니라고 판단되는 경우 위험성의 크기 등을 고려하여 감소대책을 수립하고 실행하여야 한다.

해설 • 제1조(목적) 이 고시는 「산업안전보건법」 제41조의2제3항에 따라 사업주가 스스로 사업장의 유해·위험요인에 대한 실태를 파악하고 이를 평가하 여 관리·개선하는 등 필요한 조치를 할 수 있도록 지원하기 위하여 위험성 평가 방법, 절차, 시기 등에 대한 기준을 제시하고, 위험성평가 활성화를 위한 시책의 운영 및 지원사업 등 그 밖에 필요한 사항을 규정함을 목적으로 한다.

35. 애드워드 아담스(Edward Adams)의 사고연쇄반응 이론을 설명한 것으로 옳은 것은?

① 연쇄이론은 기본 에러, 관리부족, 전술적 에러, 사고, 상해의 순으로 진행된다.
② 작전적 에러는 관리자의 의사결정이 그릇되거나 잘못된 행동으로 인한 것이다.
③ 기본 에러는 불안전한 행동 및 불안전한 상태를 말한다.
④ 사고의 바로 직전에는 관리구조의 부재가 존재한다.
⑤ 사고와 상해는 필연적 관계로 존재한다. 의한 방법 등을 사용하여야 한다.

해설 • 아담스이론: 재해의 직접원인은 불안전행동, 상태에서 유발하거나 방치한 전술적 에러에서 비롯 ① 작적전에러: ceo 의지부족, 의사결정오류 ② 전술적에러: 관리감독자 실수.태만, 불안전행동.상태 방치.

36. 신뢰도함수는 평균 고장률이 0.01/시간인 지수분포에 따르고, 보전도함수는 평균수리율이 0.1/시간인 지수분포에 따르는 기계가 있다. 이 기계의 가용도 (availability)는 얼마인가? (단, 소숫점 아래 셋째자리에서 반올림한다.)

① 0.91 ② 0.95 ③ 0.96 ④ 0.98 ⑤ 0.99

해설 가용도 = $\frac{MTBF}{MTBF+MTTR}$ ① $\lambda = \frac{1}{MTBF} = 0.01$ 따라서 MTBF = 100

② MTTR = $\frac{1}{평균수리율} = \frac{1}{0.1} = 10$ 따라서, 가용도 = $\frac{MTBF}{MTBF+MTTR} = \frac{100}{100+10} = 0.909 = 0.91$

37. 시스템의 설계 단계 중 '인터페이스 설계'에 해당하는 것은?

① 시스템의 목표와 성능에 대해 결정된 요구사항의 규격에 맞추어 시스템이 실행해야 할 기능을 정의하는 단계이다.
② 시스템이 형태를 갖추기 시작하는 단계로서 주요 인간공학적 활동은 기능할당, 직무분석, 작업설계가 있다.
③ 인간-기계 시스템의 계면의 특성에 초점을 두고 인간의 능력과 한계에 부합되도록 고려한다.
④ 수용 가능한 인간성능을 도울 수 있는 자료 또는 보조물들에 대한 계획을 하게 된다.
⑤ 개발절차가 진행됨에 따라 각 단계에 따르는 평가가 수행된다.

해설 • 인간-기계시스템: 인터페이스(계면)설계 ① 인간-기계 시스템 계면의 특성에 초점을 두고 인간의 능력과 한계에 부합 되도록 설계 ② 인간-기계시스템에서 인간과 기계는 공통의 목표를 갖고 있다. ③ 기계에서 경보음을 위한 스피커는 인간-기계시스템의 청각적 표시장치에 해당. ④ 인간-기계 인터페이스(interface)를 설계할 때는 인간의 신체적 특성, 인지특성, 감성 특성 등을 고려 ⑤ 인간-기계시스템은 사용 환경을 고려하여 설계

38. 안전교육방법에 관한 설명으로 옳지 않은 것은?

① 시범법은 어떤 기능이나 작업과정을 학습시키기 위해 필요로 하는 분명한 동작을 제시하는 교육방법이다.
② 토의법은 쌍방적 의사전달 방식에 의한 교육으로 적극성·지도성·협동성을 기르는 데 유효하다.
③ 강의법은 많은 인원의 수강자를 단기간의 교육시간에 비교적 많은 교육 내용을 전수하기 위한 방법이다.
④ 사례연구법은 먼저 사례를 제시하고 문제가 되는 사실들과 그의 상호관계에 대해서 검토하며, 대책을 토의하는 방식이다.
⑤ 반복법은 학습자가 이미 학습된 지식이나 기능을 교사의 지휘나 감독 아래 직접연습하는 교육방법이다.

해설 • **반복법:** 이미 학습한 내용이나 기능을 반복해서 이야기 하거나 실연하는 방법.

39. FTA의 실시 과정에서 minimal cut set을 3개 구하였다. top 사건이 일어날 확률은 얼마인가? (단, 각 부품의 고장날 확률은 0.1 이고, minimal cut set은 {1, 4}, {1, 3, 5}, {2, 5} 이다.)

① 0.01879 ② 0.01969 ③ 0.02063 ④ 0.02071 ⑤ 0.02137

해설 • minimal cut set이 3개이므로 병렬구조이다. {1, 4} = 0.1*0.1 = 0.01 {1, 3, 5} = 0.1*0.1*0.1 = 0.001 {2, 5} = 0.1*0.1 = 0.01 top 사건이 일어날 확률 = 1− (1−0.01)(1−0.001)(1−0.01) = 1− (0.99* 0.999 * 0.99)= 1− 0.979119 = 0.020881

40. 청각적 표시장치가 시각적 표시장치보다 유리한 경우를 모두 고른 것은?

> ㄱ. 화재 발생 등의 정보를 긴급히 알리고자 하는 경우
> ㄴ. 움직이면서 작업하는 근로자에게 정보를 전달하는 경우
> ㄷ. 주위가 밝은 장소에서 작업자에게 필요한 정보를 전달하고자 하는 경우
> ㄹ. 많고, 다양한 정보를 한 번에 작업자에게 전달하는 경우

① ㄱ, ㄴ   ② ㄱ, ㄷ   ③ ㄱ, ㄴ, ㄷ   ④ ㄱ, ㄷ, ㄹ   ⑤ ㄱ, ㄴ, ㄷ, ㄹ

해설 • **청각적 표시장치가 시각적 장치보다 유리한 경우:** ① 신호음 자체가 음일 때 ② 무선거리 신호, 항로 정보 등과 같이 연속적으로 변하는 정보를 제시할 때 ③ 음성통신 경로가 전부 사용되고 있을 때 ④ 화재발생 등 정보를 긴급하게 알릴 경우 ⑤ 움직이면서 작업하는 근로자에게 정보를 전달할 경우

41. 인간공학에 대한 설명 중 옳은 것을 모두 고른 것은?

> ㄱ. 일반적으로 공학이 기술·기능적 교육에 중점을 두고 있다면 인간공학은 시스템의 설계에 있어 인간요소를 고려한다.
> ㄴ. 인간공학의 목표는 기능적 효과와 효율, 인간가치를 향상시키는 것이다.
> ㄷ. 인간공학의 접근방법은 제품, 기구, 환경을 설계하는 과정에서 인간의 능력·한계, 특성, 행동에 관한 정보 등을 시스템 설계에 체계적으로 적용하는 것이다.
> ㄹ. 적절한 선발과정과 훈련을 통해 사람을 작업에 맞추는 개념에서 시스템을 인간에게 적합하게 설계하는 개념으로 발전하였다.

① ㄱ, ㄴ   ② ㄱ, ㄷ   ③ ㄱ, ㄴ, ㄹ   ④ ㄱ, ㄷ, ㄹ   ⑤ ㄱ, ㄴ, ㄷ, ㄹ

42. 안전보건교육에 관한 설명으로 옳지 않은 것은?

① 지식교육의 내용은 안전의식의 향상, 안전책임감 주입, 기초지식 주입, 전문적 기술기능 등이다.
② 안전교육에는 사고 사례 중심의 안전교육, 표준안전작업을 위한 안전교육 등이 있다.
③ 안전보건교육계획을 수립할 때에는 필요한 정보의 수집, 현장 의견의 반영,

법규정에 의한 교육 등을 고려하여야 한다.
④ 안전보건교육계획에 포함해야 할 사항은 교육목표, 교육의 종류 및 교육대상 등이 있다.
⑤ 교육실시 계획에 포함해야 할 사항은 교육대상자의 범위 결정, 교육과정의 결정, 교육방법 및 형태의 결정 등이 있다.

해설 • 교재 "안전교육의 목적 및 일반개념" 참조

43. ㉮ ~ ㉱에 해당하는 용어가 올바르게 짝지어진 것은?

㉮ : 허용범위를 벗어난 일련의 인간 동작 중 하나
㉯ : 계획된 목적 수행에 필요한 행동의 실행에 오류가 발생하는 것
㉰ : 부적정한 계획 결과로 인해 원래의 목적수행에 실패하는 것
㉱ : 작업자가 절차서의 지시를 고의로 따르지 않고, 다른 방향을 선택한 경우

	㉮	㉯	㉰	㉱
ㄱ	위반 (violation)	실패 (mistake)	가벼운 실수 (slips)	휴먼 에러 (human error)
ㄴ	실패 (mistake)	가벼운 실수 (slips)	휴먼 에러 (human error)	위반 (violation)
ㄷ	휴먼 에러 (human error)	위반 (violation)	가벼운 실수 (slips)	실패 (mistake)
ㄹ	실패 (mistake)	위반 (violation)	가벼운 실수 (slips)	휴먼 에러 (human error)
ㅁ	휴먼 에러 (human error)	가벼운 실수 (slips)	실패 (mistake)	위반 (violation)

① ㄱ ② ㄴ ③ ㄷ ④ ㄹ ⑤ ㅁ

44. 시스템 1, 2 에 관한 설명으로 옳은 것은? (단, 화살표는 부품의 경로이며, 각 부품의 신뢰도는 0.9 로 동일하다.)

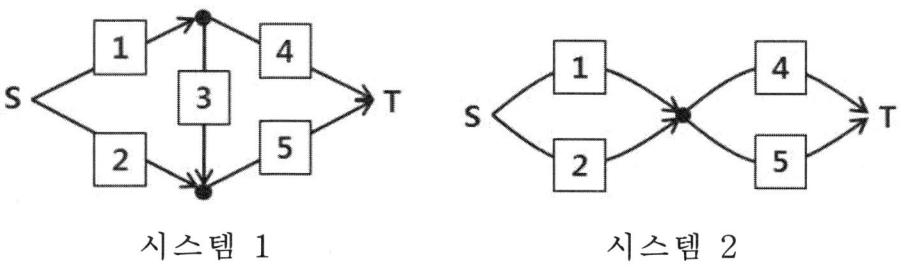

시스템 1   시스템 2

① minimal path의 수는 두 시스템 모두 4개이다.
② 3번 부품의 신뢰도가 1 이라면 두 시스템의 신뢰도는 같다.
③ 시스템 2의 신뢰도가 시스템 1보다 더 작다.
④ 시스템 2의 신뢰도는 0.99 보다 작다.
⑤ 시스템 1의 신뢰도는 '0.9 × (3번이 고장난 시스템의 신뢰도) + 0.1 × (시스템 2의 신뢰도)' 이다.

해설 ※ 시스템 2의 신뢰도 계산: • 1, 2 단계 1−(1−0.9)(1−0.9) = 0.99 • 4, 5 단계 1−(1−0.9)(1−0.9) = 0.99 따라서, 신뢰도는 0.99 * 0.99 = 0.9801 ※ 시스템 1의 신뢰도 계산: • 1, 2 단계 1−(1−0.9) (1−0.9) = 0.994. • 4, 5 단계 1−(1−0.9) (1−0.9) = 0.99 • 3 단계 1− 0.9 = 0.1 따라서, 1− (0.99 * 0.99 * 0.1) = 0.90

45. 학습지도의 원리를 설명한 것으로 옳지 않은 것은?

① 학습자가 스스로 학습에 참여하는 것이 '자기활동의 원리'이다.
② 학습자의 요구와 능력에 적합한 학습활동의 기회를 제공하는 '개별화의 원리'가 있다.
③ 현실사회의 문제와 사상을 기반으로 한 학습내용을 공동 학습으로 하는 '사회화의 원리'가 있다.
④ 전문적인 지적·정의적·기능적 분야를 기술적으로 지도하는 '전문화의 원리'가 있다.
⑤ 어떤 사물의 개념을 설명함에 있어 구체적인 사물을 직접 제시·경험시키는 '직관의 원리'가 있다.

해설 전문화원리 (x) • **학습지도의 원리:** 1) **개별화의 원리:** 학습자가 가지고 있는 능력에 맞게 학습활동의 기회 제공해야 한다는 원리 2) **자발성의 원리:** 학습자가 자발적으로 참여 하는데 중점을 두는 원리 3) **직관의 원리:** 구체적인 사물을 직접 제시하거나 경험하게 함으로서 큰 효과를 거둘 수 있다는 원리 4) **사회화의 원리:** 사회에서 경험한 것을 교류시켜 우호적인 학습을 진행하는 원리 5) **통합의 원리:** 학습을 종합적으로 지도하여 통합을 이루는 원리

46. 다음은 유해요인평가에서 근골격계 부담작업을 평가하는 기법들에 대한 설명 이다. 옳은 것을 모두 고른 것은?

> ㄱ. OWAS 기법은 몸통(허리), 팔, 다리, 무게, 목의 자세에 대하여 평가한다.
> ㄴ. RULA 기법은 몸통(허리), 상완(윗팔), 전완(아래팔), 손목, 손목비틀림, 목, 다리의 자세에 대하여 평가하며, 근육사용 및 힘을 고려한다.
> ㄷ. REBA 기법은 몸통(허리), 상완(윗팔), 전완(아래팔), 손목, 목, 다리의 자세에 대하여 평가하며, 힘 및 발의 사용을 고려한다.

① ㄱ   ② ㄱ, ㄴ   ③ ㄱ, ㄷ   ④ ㄴ, ㄷ   ⑤ ㄱ, ㄴ, ㄷ

해설 1. **NLE (NIOSH):** 들기작업지침, 신체 : 허리 2. **OWAS:** 신체 : 몸통(허리) 다리 팔 목, 중공업, 조선업, 철강업 3. **RULA:** A−윗팔, 손목, 아래팔, B−목, 몸통, 다리, 팔꿈치, 어깨 4. **REBA:** 손목, 아래팔, 팔꿈치, 어깨, 목, 몸통, 허리, 다리, 무릎, 간호사, 서비스업

47. 재해조사에 관한 설명으로 옳지 않는 것은?

① 재해조사는 5W1H의 원칙에 입각하여 실시한다.
② FTA나 ETA 기법 등으로 재해분석을 할 수도 있다.
③ 재해조사의 근본적인 취지는 재해 발생 책임자의 규명과 적절한 처벌을 하기 위함이다.
④ 재해조사시 기본 원인을 4M에서 파악한다.
⑤ 재해조사는 '사실의 확인-직접원인과 문제점 확인-기본원인과 근본적 문제결정- 대책수립' 순으로 한다.

[해설] • **재해조사:** **1) 목적:** ① 재해 발생원인 및 결함 규명 ② 재해 예방 자료 수집 ③ 동종 재해 및 유사재해 재발 방지 **2) 재해조사시 유의사항:** 재해조사는 관련자들의 책임을 물어 처벌을 위한 원인분석이 되어서는 안 된다. 재해조사는 재해 발생 상황과 원인을 알고 그것을 사후에 활용하기 위한 근거자료로서 동종, 유사재해를 방지하고자 하는 것이므로 다음 사항에 유의하여야 한다. ① 사실을 수집한다. ② 목격자 등이 증언하는 사실 이외의 말, 추측의 말은 참고만 한다. ③ 조사는 신속하게 행하고 긴급 조치하여 2차 재해방지 도모 ④ 사람, 기계설비 양면의 재해요인을 모두 도출한다. ⑤ 객관적인 입장에서 공정하게 조사하며 2인 이상이 한다 ⑥ 책임추궁보다 재발 방지를 우선으로 한다. ⑦ 피해자에 대한 구급 조치를 우선으로 한다.

48. 위험성 평가기법에 관한 설명으로 옳은 것은?

① FMEA는 정성적, 연역적 평가기법으로 시스템 요소의 고장을 형태별로 분석하는 기법이다.
② HAZOP기법은 가이드워드(guide word)와 공정의 파라메터(parameter)를 결합하여 위험요소와 운전상의 문제점을 도출한다.
③ ETA는 에너지의 흐름이 사람이나 설비에 도달하여 재해가 발생되지 않도록 장벽을 도입하는 기법이다.
④ FTA는 기본 사상에서 top 사상으로 진행되어 간다.
⑤ Decision Tree기법은 연역적이고, 정량적인 분석 기법이다.

[해설]

THERP	정량적		인간의 실수
FMEA	정성적	귀납적	CA와 병행하는 일 많다. 동시에 2가지 이상 고정시 분석이 곤란
ETA	정량적	귀납적	설비 설계단계에서부터 사용단계까지 각 단계에서 위험을 분석
FTA	정량적	연역적	예측기법 활용으로 예방적가치 높은 기법
DT	정량적	귀납적	
HAZOP			guide word와 공정의 파라미터를 결합 ⟶ 위험요소 문제점을 도출
MORT			관리 설계 생산 보전등 넓은 범위의 안전성을 검토하는 기법 / FTA 동일 논리적 방법
PHA	정성적		최초 단계의 분석으로 시스템 내의 위험 요소가 얼마나 위험한 상태에 있는가
CA			직접 시스템의 손실과 인명의 사상에 연결되는 높은 위험도를 가진 요소나 고장의 형태에 따른 분석

49. 사고조사 원인분석 방법 가운데 통계적 재해원인 분석방법의 하나인 '클로즈(close) 분석도'에 해당하는 것은?

① 사고의 유형이나 기인물 등의 분류 항목이 큰 것부터 작은 순서대로 도표화한 것이다.
② 특성과 그 요인의 관계를 도표화하여 분석하는 방법이다.
③ 재해발생 추이를 파악하여 목표관리를 행하는데 관리선을 설정하여 분석한다.
④ 2개 이상의 문제관계를 분석하는데 이용되며, 요인별 결과내역을 교차한 그림을 사용하여 분석한다.
⑤ 관리선은 상·하방관리한계 및 중심선(CL)으로 표시한다.

해설 •**파레토법**: ① 재해중점원인파악 ② 중점관리대상 ③ 재해원인크기 비중확인 •**관리도**: ① UCL LCL내에서 목표관리 ② 월별재해건수 •**특성요인도**: ① 생선뼈형태 ②원인과 결과 관계 •**크로스도**: ① 2개이상 문제관계 분석 ②상호관계분석 →재해원인 파악 ③재해발생위험도 큰조합발견가능

50. 안전조직의 형태는 라인, 스탭, 라인스탭으로 크게 분류된다. 각 조직에 대한 설명으로 옳은 것은?

① 스탭 조직에서 생산부문은 안전에 대한 책임과 권한이 약하다.
② 라인 조직은 대기업에서 많이 사용된다.
③ 라인스탭 조직에서는 안전활동이 생산과 유리될 우려가 크다.
④ 라인 조직은 안전과 생산을 별개로 취급하기 쉽다.
⑤ 라인 조직은 외부의 전문적 안전정보가 빠르게 습득된다.

해설 1. **라인형(Line) or 직계형**: 안전관리에 관한 계획, 실시, 평가에 이르기까지 안전관리의 모든 것을 생산조직(Line)을 통하여 행하는 관리방식 ① 소규모 사업장에 적합 (근로자수 100명이하) ② 명령 및 지시가 신속하고 정확하게 전달 ③ 생산조직 전체에 안전관리 기능부여 (생산과 안전을 동시에 지시) ④ 안전을 전담하는 조직이 없어 안전정보가 충분하지 않다. ⑤ 라인에 과도한 책임 부여 2. **스태프형(Sraff) 조직 (참모형)**: 안전관리를 전담하는 스태프(안전관리자)를 통하여 안전관리에 대한 계획, 조사, 검토, 권고, 보고 등을 행하는 관리방식 ① 중규모 사업장에 적합 (근로자수 100명이상 1,000명미만) ② 안전정보 수집이 용이한 반면에 안전과 생산을 분리된 개념으로 취급 ③ 안전전문가 (스태프 : 안전관리자)가 문제해결 방안을 모색한다. ④ 스태프의 성격상 계획, 조사, 점검 결과에 따른 조언과 보고수준에 머물수 있다. ⑤ 스태프는 경영자의 조언, 자문역할을 하고, 생산부문은 안전에 대한 책임, 권한이 없다. 3. **라인 스태프형 (직계. 참모식 조직)**: 라인형과 스태프형의 장점을 취한 조직형태로 안전업무를 담당하는 스태프를 두고, 기획은 스태프에서, 라인은 실무를 담당하도록 관리하는 방식 ① 대규모 사업장에 적용 (근로자수 1,000명이상) ② 안전관리의 계획 수립 및 추진이 용이하고, 안전전문가에 의해 입안된 것을 경영자가 명령하므로 명령이 신속. 정확하게 전달된다. ③ 스태프의 월권 행위가 우려되며, 지나치게 스태프에 의존할수 있다.

26. ⑤ **27.** ① **28.** ③ **29.** ② **30.** ① **31.** ⑤ **32.** ③ **33.** ② **34.** ④ **35.** ② **36.** ①
37. ③ **38.** ⑤ **39.** ④ **40.** ① **41.** ⑤ **42.** ① **43.** ⑤ **44.** ④ **45.** ④ **46.** ② **47.** ③
48. ② **49.** ④ **50.** ①

2015년 산업안전지도사 1차시험

26. 다음은 일반적인 공장설비에 적용한 안전성 평가단계에 관한 내용이다. 올바른 순서대로 나열한 것은?

ㄱ. 관계자료와 정보의 확보 및 검토	ㄴ. 정성적 평가
ㄷ. FTA 실시	ㄹ. 안전대책 수립
ㅁ. 정량적 평가	ㅂ. 재해 자료를 통한 재평가

① ㄱ → ㄴ → ㄷ → ㄹ → ㅁ → ㅂ
② ㄱ → ㄴ → ㅁ → ㄹ → ㅂ → ㄷ
③ ㄱ → ㄷ → ㄹ → ㅂ → ㅁ → ㄴ
④ ㄱ → ㄷ → ㅁ → ㄴ → ㄹ → ㅂ
⑤ ㄱ → ㄹ → ㄴ → ㅁ → ㅂ → ㄷ

해설
- 안전성평가는 새로운 시스템, 설비, 공정도입시 사고의 발생으로 미연에 방지하기 위해 설계, 계획단계에서 안전에 관한 평가를 실시하여 대책을 강구하기 위해 실시하는 평가입니다. • 5단계는 기본자료수집– 정성적평가 – 정량적평가– 안전대책수립– 재해사례 의한평가 – FTA 재평가
- **안전성 평가의 실시 순서:** (1) **제1단계:** 관련 자료의 정비·검토: 평가대상 범위를 명확히 하고, 새로운 입지 설비의 건설 또는 변경·증설 등을 실시할 경우, 계획단계 및 운전개시 단계의 사이에서 안전에 관한 자료를 정리해서 충분한 조사 검토를 행한다. (2) **제2단계: 정성적 평가:** 작성 준비된 관련 자료를 기초로 필요한 진단항목을 설정하고 정성적 평가를 실시한다. (3) **제3단계: 정량적 평가:** 설비의 취급물질, 용량, 특성 및 조작방법 등의 항목에 대해 몇 개의 등급으로 분류하여 고장률이나 사고발생 확률, 위험성 등을 근거로 가중치를 곱하고 합산하여 정량적 수치로 환산한다. (4) **제4단계: 안전대책:** ① 위험등급과 기기의 특성 등을 감안 하여 필요한 대책을 강구 한다. ② 설비에 대한 대책은 설비의 안전화, 장치의 안전화 등에 있어서 대책을 강구 ③ 관리적인 대책은 안전보건관리책임자, 안전관리자, 관리감독자 등의 활동을 충실히 함으로써 안전관리 활동을 강화 한다. 또한 안전을 확보하기 위해서 교육 훈련을 일정 기간마다 반복하여 실시하여야 한다. (5) **제5단계: 재해정보에 의한 재평가:** 안전대책을 강구한 후 그 내용에 동종 장치에서 파악한 정보를 적용시켜 재 평가 한다. 지금까지 발생한 동종 장치의 재해정보를 감안하여 개선해야 할 곳의 유무에 대해서 검토 한다. 이때 신뢰성이 낮은 기기, 취급물질의 위험성, 유해성, 조작 중 착각등을 일으키기 쉬운 기기의 배치, 오조작하기 쉬운 작업기준 등을 다시 고려하여 위험성이 완벽하게 제거되도록 한다. (6) **제6단계: FTA에 의한 재평가:** 특히 위험한 사항에 대해서 FTA에 의한 재평가를 실시하고 개선해야 할 부분이 발견되면 설계내용

27. A사의 세탁기의 고장밀도함수 $f(t) = \dfrac{1}{10} e^{-\dfrac{t}{10}}$ 이다. 다음 설명 중 옳지 않은 것은? (단, 수명단위는 년(year)이다.)

① 평균고장시간(MTTF)은 10년이다.
② 고장률(h(t))은 0.1/년의 비율로 증가한다.
③ 누적고장률 $F(t) = \int_0^t \dfrac{1}{10} e^{-\dfrac{t}{10}} dt$ 이다.

④ 누적고장률(F(t))와 신뢰도(R(t))의 합은 1이다.
⑤ 세탁기의 수명은 지수분포를 따른다.

해설 1. $e^{-\lambda t} = e^{-\frac{1}{MTBF}t}$ 따라서 $\lambda = \frac{1}{MTBF}$ 즉, $e^{-\frac{t}{10}}$ 에서 MTBF = 10년

2. $h(t) = \frac{f(t)}{R(t)}$ 따라서 $f(t) = h(t)*R(t) = \frac{1}{10}e^{-\frac{t}{10}}$ t=1, $h(1)*R(1) = \frac{1}{10}e^{-\frac{1}{10}} = 0.09048$ t=2, $h(2)*R(2) = \frac{1}{10}e^{-\frac{2}{10}} = 0.08187$

즉, t 값이 증가할수록 h(t) 값은 감소한다. 3. $f(t) = \frac{d}{dt}F(t)$ 따라서 $F(t) = \int_0^1 f(t)dt$ 즉, $F(t) = \int_0^1 \frac{1}{10}e^{-\frac{t}{10}}dt$

4. R(t) = 1 - F(t)에서 R(t) + F(t) = 1

28. 다음 중 점광원에 관한 조도를 나타내는 식으로 옳은 것은?

① $\frac{광도}{거리}$ ② $\frac{광도^2}{거리}$ ③ $\frac{광도}{거리^2}$ ④ $(\frac{거리}{광도})^2$ ⑤ $\frac{거리}{광도^2}$

29. 다음 중 시스템 위험분석기법의 설명으로 옳지 않은 것은?

① PHA는 최초 단계의 분석으로 시스템 내의 위험 요소가 얼마나 위험한 상태에 있는가를 정성적으로 평가한다.
② FMEA는 전형적인 정성적, 귀납적 분석방법으로 전체요소의 고장을 유형별로 분석하여 그 영향을 검토한다.
③ THERP는 인간의 실수를 정량적으로 평가한다.
④ FTA는 정상사상인 재해현상으로부터 기본사상인 재해원인을 귀납적인 분석을 통하여 재해현상과 재해원인의 상호관련을 정확하게 해석하여 안전대책을 검토 할 수 있다.
⑤ CA는 직접 시스템의 손실과 인명의 사상에 연결되는 높은 위험도를 가진 요소나 고장의 형태에 따른 분석을 말한다.

해설

THERP	정량적		인간의 실수
FMEA	정성적	귀납적	CA와 병행하는 일 많다. 동시에 2가지 이상 고정시 분석이 곤란
ETA	정량적	귀납적	설비 설계단계에서부터 사용단계까지 각 단계에서 위험을 분석
FTA	정량적	연역적	예측기법 활용으로 예방적가치 높은 기법
DT	정량적	귀납적	
HAZOP			guide word와 공정의 파라미터를 결합 → 위험요소 문제점을 도출
MORT			관리 설계 생산 보전등 넓은 범위의 안전성을 검토하는 기법 / FTA 동일 논리적 방법
PHA	정성적		최초 단계의 분석으로 시스템 내의 위험 요소가 얼마나 위험한 상태에 있는가
CA			직접 시스템의 손실과 인명의 사상에 연결되는 높은 위험도를 가진 요소나 고장의 형태에 따른 분석

30. 휴먼에러(Human Error)중 작업에 의한 것이 아닌 것은?

① 조작에러   ② 규칙에러   ③ 보존에러   ④ 검사에러   ⑤ 설치에러

> **해설** • HUMAN ERROR 심리적 분류: ① 생략에러(omission error 부작위실수): 직무 또는 절차를 수행하지 않은데 기인한 오류 ② 실행에러(commission error 작위실수): 직무 불확실한 수행 ③ 과잉행동에러(extraneous error 불필요한과오): 수행되지 않아야 할 직무수행 ④ 순서에러(sequential error): 직무 또는 절차의 순서 착오로 인한 과오 ⑤ 시간에러(지연오류): 계획시간내에 직무수행 실패, 늦거나 일찍 수행 • HUMAN ERROR 작업별: ①조작에러 ②설치 ③보존 ④검사 ⑤제조

31. 다음 중 물질안전보건자료(MSDS) 작성 시 포함되어야 할 항목을 모두 고른 것은?

ㄱ. 화학제품과 회사에 관한 정보	ㄴ. 유해성 및 위험성
ㄷ. 취급 및 저장방법	ㄹ. 구성성분의 명칭 및 함유량

① ㄱ, ㄴ   ② ㄴ, ㄷ   ③ ㄱ, ㄴ, ㄷ   ④ ㄴ, ㄷ, ㄹ   ⑤ ㄱ, ㄴ, ㄷ, ㄹ

> **해설** • 물질안전보건자료(MSDS) 구성항목: ① 화학제품과 회사에 관한 정보 ② 유해성·위험성 ③ 구성성분의 명칭 및 함유량 ④ 응급조치 요령 ⑤ 폭발·화재 시 대처방법 ⑥ 누출사고 시 대처방법 ⑦ 취급 및 저장방법 ⑧ 노출방지 및 개인 보호구 ⑨ 물리·화학적 특성 ⑩ 안정성 및 반응성 ⑪ 독성에 관한 정보 ⑫ 환경에 미치는 영향 ⑬ 폐기 시 주의사항 ⑭ 운송에 필요한 정보 ⑮ 법적 규제 현황

32. 유해·위험방지계획서 제출 대상 사업장에 해당하지 않는 것은? (단, 아래 답지항의 사업장은 전기 계약용량 300 kW 이상이다.)

① 금속가공제품 중 기계 및 가구 제조업   ② 비금속 광물제품 제조업
③ 자동차 및 트레일러 제조업   ④ 식료품 제조업
⑤ 반도체 제조업

> **해설** 산안법 • 유해·위험방지계획서 제출 대상 사업장 다음 어느 하나에 해당하는 사업으로서 전기 계약용량이 300킬로와트 이상인 사업: ① 금속가공제품(기계 및 가구는 제외한다) 제조업 ② 비금속 광물제품 제조업 ③ 기타 기계 및 장비 제조업 ④ 자동차 및 트레일러 제조업 ⑤ 식료품 제조업 ⑥ 고무제품 및 플라스틱제품 제조업 ⑦ 목재 및 나무제품 제조업 ⑧ 기타 제품 제조업 ⑨ 1차 금속 제조업 ⑩ 가구 제조업 ⑪ 화학물질 및 화학제품 제조업 ⑫ 반도체 제조업 ⑬ 전자부품 제조업

33. 공간의 이용 및 배치에서 부품배치의 원칙으로 옳지 않은 것은?

① 중요성의 원칙   ② 기능별 배치의 원칙
③ 사용방법의 원칙   ④ 사용순서의 원칙
⑤ 사용빈도의 원칙

> **해설** • 부품배치의 원칙: (1) 중요성의 원칙: 목표달성에 긴요한 정도에 따른 우선순위 ⇒ 부품의 위치결정 (2) 사용빈도의 원칙: 사용되는 빈도에 따른 우선순위 ⇒ 부품의 위치 결정 (3) 기능별 배치의 원칙: 기능적으로 관련된 부품들을 모아서 배치 ⇒ 부품의 배치결정 (4) 사용 순서의 원칙: 순서적으로 사용되는 장치들을 순서에 맞게 배치 ⇒ 부품의 배치결정

34. A 공장의 프레스 장비는 평균고장간격(MTBF)이 5년이고, 평균수리시간(MTTR)이 0.5년이다. 프레스 장비의 가용도(Availability)는 약 얼마인가? (단, 프레스 장비의 고장수명은 지수분포를 따르며, 소숫점 아래 셋째자리에서 반올림한다.)

① 0.10 ② 0.91 ③ 1.10 ④ 5.00 ⑤ 20.00

해설 • 가용도 = $\frac{MTBF}{MTBF+MTTR}$ • MTTR = $\frac{전체고장시간}{고장건수}$ (시간/회) • 가용도 = $\frac{5}{5+0.5}$ = 0.9090 = 0.91

35. 인간공학에 관한 내용으로 시스템 설계 과정을 올바른 순서로 나열한 것은?

ㄱ. 기본설계	ㄴ. 계면(Interface)설계
ㄷ. 시험 및 평가	ㄹ. 목표 및 성능 명세 결정
ㅁ. 보조물(편의수단)설계	ㅂ. 체계의 정의

① ㄱ → ㄴ → ㅂ → ㄹ → ㅁ → ㄷ
② ㄱ → ㄹ → ㄴ → ㅂ → ㅁ → ㄷ
③ ㄴ → ㄱ → ㅂ → ㄹ → ㅁ → ㄷ
④ ㄹ → ㅂ → ㄱ → ㄴ → ㅁ → ㄷ
⑤ ㅂ → ㄱ → ㄴ → ㄹ → ㅁ → ㄷ

해설 • 목표 및 성능 명세 결정 – 체계의 정의 – 기본설계 – 계면(Interface)설계 – 보조물(편의수단) 설계 – 시험 및 평가

36. 근골격계 질환발생의 원인 중 직접원인이 아닌 것은?

① 숙련도
② 부적절한 자세
③ 반복성
④ 과도한 힘
⑤ 접촉스트레스(신체적 압박)

해설 • 근골격계 질환의 원인: (1) 작업 요인: 반복적 동작, 무리한 힘의 사용, 부자연스러운 자세, 정적인 자세, 날카로운 면과의 접촉, 작업 환경(진동, 추운 날씨) (2) 작업자 요인: 과거 병력, 성별 (여성), 나이, 작업경력, 작업습관, 흡연, 비만, 피로, 운동 및 취미활동 (3) 사회 심리적 요인: 직업만족도, 근무조건 만족도, 직장 내 인간관계, 업무적 스트레스, 기타 정신심리상태

37. 안전교육의 학습지도이론에 관한 내용으로 옳지 않은 것은?

① 자발성의 원리: 학습자 자신이 스스로 자발적으로 학습에 참여하는데 중점을 둔 원리
② 개별화의 원리: 학습자가 지니고 있는 각자의 요구와 능력 등에 알맞은 학습활동의 기회를 마련해 주어야 한다는 원리
③ 직관의 원리: 이론을 통해 학습효과를 거둘 수 있다는 원리
④ 사회화의 원리: 학습내용을 현실사회의 사상과 문제를 기반으로 하여 학교에서 경험한 것과 사회에서 경험한 것을 교류시키고 공동학습을 통해서 협

력적이고 우호적인 학습을 진행하는 원리
⑤ 통합의 원리: '학습을 총합적인 전체로서 지도하자' 원리로, 동시학습(Concomitant Learning)의 원리와 같음

해설 • **학습지도의 원리:** 1) **개별화의 원리:** 학습자가 가지고 있는 능력에 맞게 학습활동의 기회 제공해야 한다는 원리 2) **자발성의 원리:** 학습자가 자발적으로 참여 하는데 중점을 두는 원리 3) **직관의 원리:** 구체적인 사물을 직접 제시하거나 경험하게 함으로서 큰 효과를 거둘 수 있다는 원리 4) **사회화의 원리:** 사회에서 경험한 것을 교류시켜 우호적인 학습을 진행하는 원리 5) **통합의 원리:** 학습을 종합적으로 지도하여 통합을 이루는 원리

38. 산업안전보건법령상 사업주가 건설 일용근로자가 아닌 근로자를 채용할 때 해당업무와 관계되는 안전·보건에 관한 교육내용이 아닌 것은?

① 작업 개시 전 점검에 관한 사항
② 사고 발생 시 긴급조치에 관한 사항
③ 작업공정의 유해·위험과 재해 예방에 관한 사항
④ 물질안전보건자료에 관한 사항
⑤ 기계·기구의 위험성과 작업의 순서 및 동선에 관한 사항

해설 • **나. 관리감독자 정기안전·보건교육:** ① 작업공정의 유해·위험과 재해 예방대책에 관한 사항 ② 표준안전작업방법 및 지도 요령에 관한 사항 ③ 관리감독자의 역할과 임무에 관한 사항 ④ 산업보건 및 직업병 예방에 관한 사항 ⑤ 유해·위험 작업환경 관리에 관한 사항 ⑥ 「산업안전보건법」 및 일반관리에 관한 사항
• **다. 채용 시의 교육 및 작업내용 변경 시의 교육:** ① 기계·기구의 위험성과 작업의 순서 및 동선에 관한 사항 ② 작업 개시 전 점검에 관한 사항 ③ 정리정돈 및 청소에 관한 사항 ④ 사고 발생 시 긴급조치에 관한 사항 ⑤ 산업보건 및 직업병 예방에 관한 사항 ⑥ 물질안전보건자료에 관한 사항 ⑦ 「산업안전보건법」 및 일반관리에 관한 사항

39. 안전교육의 방법으로 옳지 않은 것은?

① 동기부여를 하는 방향으로 교육한다.
② 어려운 것에서 시작하여 쉬운 것으로 교육한다.
③ 오감(五感)을 활용해 교육한다.
④ 한 번에 하나씩 교육한다.
⑤ 반복하여 교육한다.

해설 • **안전교육의 지도원칙(8원칙):** (1) 상대방의 입장에서 교육 (피교육자 중심의 교육) (2) 동기유발 (학습의욕 고취) (3) 쉬운 부분에서 어려운 부분으로 진행 (4) 반복교육 실시 (무의식 행동까지 반복) (5) 한 번에 하나씩 교육 (순서대로) (6) 인상의 강화: ① 사진제시, 견학, 보조자료 활용, 사고사례 ② 중점 재강조, 그룹토의, 의견청취, 속담, 격언연결 (7) 오감의 활용 (8) 기능적 이해: 효과 – 강한기억, 자기중심, 자기만족 억제, 일에 적극성, 응급능력

구분	시각	청각	촉각	미각	후각
활용도	60%	20%	15%	3%	2%

40. 산업안전보건기준에 관한 규칙상 소음에 관한 설명으로 옳은 것은?

① "소음작업"이란 1일 8시간 작업을 기준으로 80데시벨의 소음이 발생하는 작업을 말한다.
② 100데시벨 이상의 소음이 1일 1시간 발생한 작업은 "강렬한 소음작업"이다.
③ "충격소음작업"이란 소음이 1초 이상의 간격으로 발생하는 작업으로서 120데시벨을 초과하는 소음이 1일 1천회 이상 발생하는 작업을 말한다.
④ 소음의 작업환경 측정 결과 소음수준이 85데시벨인 사업장에서는 청력보존 프로그램을 실시하여야 한다.
⑤ 115데시벨 이상의 소음이 1일 15분 이상 발생하는 작업은 "강렬한 소음작업"이다.

> **해설** 1. **"소음작업"**이란 1일 8시간 작업을 기준으로 85데시벨 이상의 소음이 발생하는 작업을 말한다. 2. **"강렬한 소음작업"**이란 다음 각목의 어느 하나에 해당하는 작업을 말한다. ① 90데시벨 이상의 소음이 1일 8시간 이상 발생하는 작업 ② 95데시벨 이상의 소음이 1일 4시간 이상 발생하는 작업 ③ 100데시벨 이상의 소음이 1일 2시간 이상 발생하는 작업 ④ 105데시벨 이상의 소음이 1일 1시간 이상 발생하는 작업 ⑤ 110데시벨 이상의 소음이 1일 30분 이상 발생하는 작업 ⑥ 115데시벨 이상의 소음이 1일 15분 이상 발생하는 작업 3. **"충격소음작업"**이란 소음이 1초 이상의 간격으로 발생하는 작업으로서 다음 각 목의 어느 하나에 해당하는 작업을 말한다. ① 120데시벨을 초과하는 소음이 1일 1만회 이상 발생하는 작업 ② 130데시벨을 초과하는 소음이 1일 1천회 이상 발생하는 작업 ③ 140데시벨을 초과하는 소음이 1일 1백회 이상 발생하는 작업
> **제517조(청력보존 프로그램 시행 등)** 1. 법 제42조에 따른 소음의 작업환경 측정 결과 소음수준이 90데시벨을 초과하는 사업장

41. 산업안전보건법령상 산업안전보건위원회를 설치·운영해야 할 사업의 종류 및 규모가 아닌 것은?

① 상시 근로자 350명인 농업
② 상시 근로자 60명인 1차 금속 제조업
③ 상시 근로자 400명인 정보서비스업
④ 상시 근로자 250명인 소프트웨어 개발 및 공급업
⑤ 상시 근로자 400명인 사업지원 서비스업

> **해설** ·산안법

사업의 종류	규모
1. 토사석 광업 2. 목재 및 나무제품 제조업;가구제외 3. 화학물질 및 화학제품 제조업;의약품 제외(세제, 화장품 및 광 택제 제조업과 화학섬유 제조업은 제외한다) 4. 비금속 광물제품 제조업	상시 근로자 50명 이상

사업의 종류	규모
5. 1차 금속 제조업 6. 금속가공제품 제조업;기계 및 가구 제외 7. 자동차 및 트레일러 제조업 8. 기타 기계 및 장비 제조업(사무용 기계 및 장비 제조업은 제외한다) 9. 기타 운송장비 제조업(전투용 차량 제조업은 제외한다)	상시 근로자 50명 이상
10. 농업 11. 어업 12. 소프트웨어 개발 및 공급업 13. 컴퓨터 프로그래밍, 시스템 통합 및 관리업 14. 정보서비스업 15. 금융 및 보험업 16. 임대업;부동산 제외 17. 전문, 과학 및 기술 서비스업(연구개발업은 제외한다) 18. 사업지원 서비스업 19. 사회복지 서비스업	상시 근로자 300명 이상
20. 건설업	공사금액 120억원 이상 (토목공사의 경우 150억원이상)
21. 제1호부터 제20호까지의 사업을 제외한 사업	상시 근로자 100명 이상

42. 산업안전보건법령상 안전·보건진단을 받아 안전보건개선계획을 수립·제출하도록명할 수 있는 사업장이 아닌 것은?

① 산업재해율이 같은 업종 평균 산업재해율의 2배 이상인 사업장
② 작업환경 불량, 화재·폭발 또는 누출사고 등으로 사회적 물의를 일으킨 사업장
③ 사업주가 안전·보건조치의무를 이행하지 아니하여 사망자가 2명이 발생한 사업장
④ 사업주가 안전·보건조치의무를 이행하지 아니하여 3개월 이상의 요양이 필요한 부상자가 동시에 3명이 발생한 사업장
⑤ 직업병에 걸린 사람이 연간 1명 발생한 사업장

해설 • 안전·보건진단을 받아 안전보건개선계획을 수립·제출하도록 명할 수 있는 사업장은 다음 각 호의 어느 하나에 해당하는 사업장으로 한다. 1. 법 제50조제1항제1호에 해당하는 사업장 중 중대재해(사업주가 안전·보건조치의무를 이행하지 아니하여 발생한 중대재해만 해당한다) 발생 사업장 2. 산업재해율이 같은 업종 평균 산업재해율의 2배 이상인 사업장 3. 직업병에 걸린 사람이 연간 2명 이상(상시 근로자 1천명 이상 사업장의 경우 3명 이상) 발생한 사업장 4. 작업환경 불량, 화재·폭발 또는 누출사고 등으로 사회적 물의를 일으킨 사업장

43. 사업장 위험성 평가에 관한 지침에 관한 설명으로 옳지 않은 것은?

① "유해·위험요인"이란 유해·위험을 일으킬 잠재적 가능성이 있는 것의 고유한 특징이나 속성을 말한다.
② "위험성"이란 유해·위험요인이 부상 또는 질병으로 이어질 수 있는 가능성(빈도)과 중대성(강도)을 조합한 것을 의미한다.
③ "위험성 감소대책 수립 및 실행"이란 위험성 결정 결과 허용 불가능한 위험성을 합리적으로 실천 가능한 범위에서 가능한 한 낮은 수준으로 감소시키기 위한 대책을 수립하고 실행하는 것을 말한다.
④ "위험성 추정"이란 유해·위험요인별로 추정한 위험성의 크기가 허용 가능한 범위인지 여부를 판단하는 것을 말한다.
⑤ "기록"이란 사업장에서 위험성평가 활동을 수행한 근거와 그 결과를 문서로 작성하여 보존하는 것을 말한다.

해설 1. "위험성평가"란 유해·위험요인을 파악하고 해당 유해·위험요인에 의한 부상 또는 질병의 발생 가능성(빈도)과 중대성(강도)을 추정·결정하고 감소대책을 수립하여 실행하는 일련의 과정을 말한다. 2. "유해·위험요인"이란 유해·위험을 일으킬 잠재적 가능성이 있는 것의 고유한 특징이나 속성을 말한다. 3. "유해·위험요인 파악"이란 유해요인과 위험요인을 찾아내는 과정을 말한다. 4. "위험성"이란 유해·위험요인이 부상 또는 질병으로 이어질 수 있는 가능성(빈도)과 중대성(강도)을 조합한 것을 의미한다. 5. "위험성 추정"이란 유해·위험요인별로 부상 또는 질병으로 이어질 수 있는 가능성과 중대성의 크기를 각각 추정하여 위험성의 크기를 산출하는 것을 말한다. 6. "위험성 결정"이란 유해·위험요인별로 추정한 위험성의 크기가 허용 가능한 범위인지 여부를 판단하는 것을 말한다.

44. 재해구성 비율에 관한 설명으로 옳지 않은 것은?

① 버드이론에서 인적상해 비율은 41/641이다.
② 버드의 재해발생비율 항목은 물적손실 무상해 항목이 있다.
③ 하인리히의 잠재된 위험이 버드의 잠재된 위험보다 낮다.
④ 버드이론에서 무상해 비율은 630/641이다.
⑤ 하인리히 이론에서 잠재위험 비율은 300/330이다.

해설 1. **하인리히의 재해구성 비율** · 하인리히의 법칙 (1 : 29 : 300 의 법칙): 한 사람의 중상자가 발생하면 동일한 원인으로 29명의 경상자가 생기고 부상을 입지 않은 무상해 사고가 300번 발생한다는 것으로 이론의 핵심은 사고발생 자체(무상해 사고)를 근원적으로 예방해야 한다는 원리를 강조하는 것임. 즉, 330번의 사고가 발생된다면 그 중에 중상이 1건, 경상이 29건, 무상해사고가 300건 발생한다는 뜻임. (I.L.O 통계분석은 1 : 20 : 200의 법칙) 재해의 발생 = 물적 불안전 상태 + 인적 불안전 상태 + α = 설비적 결함 + 관리적 결함 + α 따라서, α(잠재된 위험의 상태, 재해) = $\frac{300}{1 + 29 + 300}$ 하인리히법칙

2. **버드의 재해구성 비율 (1 : 10 : 30 : 600):** 641회 사고 가운데 사망 또는 중상 1회, 경상 (인적, 물적상해) 10회, 무상해 사고 (물적손실발생) 30회, 무상해(무사고) 600회의 비율로 발생한다는 이론으로 재해의 배후에는 상해를 수반하지 않는 방대한 수(630건/98.28%)의 사고가 발생하고 있으며, 630건의 사고, 즉 아차사고의 인과가 사업장 안전대책의 중요한 요소가 된다.

45. 다음과 같은 재해사례의 조사·분석 내용이 바르게 연결된 것은?

> 철근을 운반하던 천장 크레인의 손상된 로프가 끊어져 철근이 떨어졌다.
> 마침 그 밑에 작업모를 착용하고 지나가던 근로자의 머리 위로 철근이 떨어져
> 3개월 이상의 요양이 필요한 부상을 당하였다.

① 발생형태 – 부딪힘 ② 기인물–철근
③ 가해물 – 크레인 ④ 불안전한 상태 –적절한 안전모 미착용
⑤ 불안전한 행동 – 위험구역 접근

해설 ① 발생형태 – 낙하물 ② 기인물 –손상된 로프 ③ 가해물 – 철근 ④ 불안전한 상태 – 손상된 로프 사용

46. 재해조사를 수행할 때 유의사항으로 옳지 않은 것은?

① 책임 추궁보다 재발방지를 우선한다.
② 조사는 신속하게 행하고 긴급 조치하여 2차 재해를 방지한다.
③ 목격자 등이 증언하는 추측을 바탕으로 재해조사를 진행한다.
④ 객관적인 입장에서 공정하게 2인 이상이 조사한다.
⑤ 사람과 기계설비 양면의 재해 요인을 모두 도출한다.

해설 • **재해조사 시 유의사항:** 재해조사는 관련자들의 책임을 물어 처벌을 위한 원인분석이 되어서는 안 된다. 재해조사는 재해 발생 상황과 원인을 알고 그것을 사후에 활용하기 위한 근거자료로서 동종. 유사재해를 방지하고자 하는 것이므로 다음 사항에 유의하여야 한다. ① 사실을 수집한다. ② 목격자 등이 증언하는 사실 이외의 말, 추측의 말은 참고만 한다. ③ 조사는 신속하게 행하고 긴급 조치하여 2차 재해방지 도모 ④ 사람, 기계설비 양면의 재해요인을 모두 도출한다. ⑤ 객관적인 입장에서 공정하게 조사하며 2인 이상이 한다. ⑥ 책임추궁보다 재발 방지를 우선으로 한다. ⑦ 피해자에 대한 구급 조치를 우선으로 한다.

47. 다음 설명을 보고 A기업의 근로자 1인이 입사부터 정년까지 경험하는 재해건수는?
(단, 소숫점 아래 셋째자리에서 반올림한다.)

> ○ A 기업에서 상시 1,200명의 근로자가 근무하고 있으나 질병·기타사유로 인하여 4%
>   의 결근율이라고 보았을 때, 이 회사에서 연간 50건의 재해가 발생하였다.
> ○ 근로자가 1주일에 48시간 연간 50주를 근무한다.
> ○ 근로자 1인의 입사부터 정년까지의 근로시간은 총 100,000 시간이다.

① 1.81   ② 4.34   ③ 17.36   ④ 18.08   ⑤ 43.40

해설 1. 연근로시간수 = 1,200명* 0.96 (4%결근율) * 48시간 * 50주 = 2,764,800

2. 도수율 = $\frac{재해건수}{연근로시간수}$ *1,000,000 = $\frac{50}{2764800}$ *1,000,000 = 18.084

3. 환산도수율 (입사부터 정년까지 경험하는 재해건수) = 도수율 *0.1 = 18.084 * 0.1 = 1.8084 = 1.81건

따라서, α (잠재된 위험의 상태. 재해) = $\frac{300}{1 + 29 + 300}$ 하인리히법칙

48. 안전보건관리조직에 관한 설명으로 옳은 것은?

① 공사금액 100억원인 건설업의 사업장은 산업안전보건위원회를 설치해야한다.
② 산업안전보건위원회의 위원 중 산업보건의는 노사합의에 의해서만 선정된다.
③ 안전보건관리조직 중 라인 조직형은 권한이 직선식으로 행사되므로 200명 ~300명 정도의 중견 기업에 적합하다.
④ 안전보건관리조직 중 라인-스텝 복합형은 1,000명 이상의 대기업에 적합하다.
⑤ 상시근로자 100명인 자동차 및 트레일러 제조업을 하는 사업장의 산업안전보건위원회는 안전관리자나 보건관리자 중에 1명만 있으면 된다.

49. 무재해 시간의 계산방식으로 옳지 않은 것은?

① 무재해 시간의 산정은 실근로자의 수와 실근무시간을 곱한다.
② 3일미만의 경미한 부상은 무재해로 간주한다.
③ 사무직은 하루 통산 8시간을 근무시간으로 산정한다.
④ 무재해 개시 후 재해가 발생하면 처음(0시간)부터 다시 시작한다.
⑤ 업무시간 외에 발생한 재해 중 작업 개시전의 작업준비 및 작업종료 후의 정리정돈 과정에서 발생한 재해도 포함한다.

[해설] 무재해 시간 제도 폐지됨 (안전보건공단)

50. 제조물 책임법상 '결함'에 해당하는 것을 모두 고른 것은?

| ㄱ. 제조상의 결함 | ㄴ. 표시상의 결함 | ㄷ. 설계상의 결함 |

① ㄱ   ② ㄷ   ③ ㄱ, ㄷ   ④ ㄴ, ㄷ   ⑤ ㄱ, ㄴ, ㄷ

[해설] ① "제조상의 결함"이란: 제조업자가 제조물에 대하여 제조상·가공상의 주의의무를 이행하였는지에 관계없이 제조물이 원래 의도한 설계와 다르게 제조·가공됨 으로써 안전하지 못하게 된 경우를 말한다. ② "설계상의 결함"이란: 제조업자가 합리적인 대체설계(代替設計)를 채용하였더라면 피해나 위험을 줄이거나 피할 수 있었음에도 대체설계를 채용하지 아니하여 해당 제조물이 안전하지 못하게 된 경우를 말한다. ③ "표시상의 결함"이란: 제조업자가 합리적인 설명·지시·경고 또는 그 밖의 표시를 하였더라면 해당 제조물에 의하여 발생할 수 있는 피해나 위험을 줄이거나 피할 수 있었음에도 이를 하지 아니한 경우를 말한다.

정답
26. ② 27. ② 28. ③ 29. ④ 30. ② 31. ⑤ 32. ① 33. ③ 34. ② 35. ④ 36. ①
37. ③ 38. ③ 39. ② 40. ⑤ 41. ④ 42. ⑤ 43. ④ 44. ① 45. ⑤ 46. ③ 47. ①
48. ④ 49. ⑤ 50. ⑤

2016년 산업안전지도사 1차시험

26. 신뢰성 척도에 관한 설명으로 옳지 않은 것은?

① 특정시점에서의 신뢰도는 시스템 혹은 부품이 작동을 시작하여 어느 시점에서 작동하고 있지 않을 확률로 정의된다.
② 고장률(failure rate)은 특정시점까지 고장 나지 않고 작동하던 시스템 혹은 부품이 이 시점으로부터 단위 기간 내에 고장을 일으키는 비율을 나타낸 것이다.
③ 평균수명(MTTF)은 수리가 불가능한 시스템 혹은 부품인 경우의 평균수명을 뜻한다.
④ 평균잔여수명(MRL)은 현장에서 사용되고 있는 기존 설비의 교체 여부를 결정하는데에 의미있는 정보를 제공하는 척도가 된다.
⑤ 백분위수명은 전체 부품 가운데 100%가 고장 나는 시점을 나타낸다.

해설 • **신뢰도**: 시스템 제품부품이 규정된 사용 조건하에서 의도하는 기간동안 만족하게 제기능을 발휘

27. 정보입력표시방법으로서 시각적 표시장치로 옳지 않은 것은?

① 연속적으로 변하는 변수의 대략적인 값을 표시하는 것과 같은 자동차 계기판의 연료계
② 화재 등 비상 상황이 발생하였을 때 울리는 경보기
③ 지나가는 차량의 댓수 같은 정보를 제공하는 데 사용되는 계수기
④ 진행과 정지 그리고 방향전환 및 주의 등을 색상이 있는 등화로 표시하는 교통 신호기
⑤ 항해 중인 선박에게 항운 정보를 제공하는 야간의 등대 불빛

해설 • **정량적 표시장치**: 온도나 속도와 같이 동적으로 변화하는 변수나 자로 재는 길이와 같은 정적변수의 계량값에 관한 정보를 제공 하는데 사용
• **정성적 표시장치**: ① 온도, 압력, 속도와 같이 연속적으로 변하는 변수의 대략적인 값이나 변화추세, 비율 등을

표시장치	용도	형태	구분
정목동침형	원하는 값으로 부터의 대략적인 편차나 고도를 읽어 그 변화 방향과 비율 등을 알고자 할 때 사용	지침이 움직이고 눈금이 고정된 상태(차량 속도계)	아날로그
정침동목형	사용하고자 하는 값의 범위가 커서 비교적 작은 눈금판에 모두 나타내고자 할 때 사용	눈금이 움직이고 지침이 고정된 상태(몸무게 계량기)	아날로그
계수형	수치를 정확히 읽어야 할 때 사용하고, 원형표시장치보다 판독 시간이 짧고 판독오차가 작다.	전자적으로 숫자가 표시되는 형태	디지털

알고자 할 때 주로 사용한다. ② 정량적 자료를 정성적 판독의 근거로 사용할 경우가. 변수의 상태나 조건이 미리 정해 놓은 몇 개의 범위 중 어디에 속하는가를 판정할 때 (휴대용 라디오 전지상태)나. 적정한 어떤 범위의 값을 일정하게 유지하고자 할 때 (자동차속력)다. 변화 추세나 율을 관찰하고자 할 때 (비행고도의 변화율)

28. 위험성평가(risk assessment)의 순서가 올바르게 나열한 것은?

> ㄱ. 위험요인의 결정
> ㄴ. 유해위험 요인별 위험성 조사·분석
> ㄷ. 기록 및 검토
> ㄹ. 위험성 감소조치의 실시
> ㅁ. 유해 위험요인 파악

① ㄱ → ㄴ → ㄷ → ㄹ → ㅁ
② ㄱ → ㄴ → ㄹ → ㄷ → ㅁ
③ ㄴ → ㅁ → ㄱ → ㄹ → ㄷ
④ ㅁ → ㄴ → ㄱ → ㄹ → ㄷ
⑤ ㅁ → ㄹ → ㄷ → ㄱ → ㄴ

해설 1. 평가대상의 선정 등 사전준비 2. 근로자의 작업과 관계되는 유해·위험요인의 파악 3. 파악된 유해·위험요인별 위험성의 추정 4. 추정한 위험성이 허용 가능한 위험성인지 여부의 결정 5. 위험성 감소대책의 수립 및 실행 6. 위험성평가 실시내용 및 결과에 관한 기록

29. 고장분포함수가 $F(t)$ $(t = time)$일 때, 함수간의 관계가 잘못 표시된 것은? (단, $f(t)$는 고장밀도함수이고, $R(t)$는 신뢰도함수이며, $h(t)$는 고장률함수이다.)

① $f(t) = \dfrac{d}{dt} F(t)$
② $R(t) = 1 - F(t)$
③ $h(t) = \dfrac{f(t)}{1 - F(t)}$
④ $f(t) = \dfrac{h(t)}{1 - R(t)}$
⑤ $h(t) = \dfrac{f(t)}{R(t)}$

해설 ① $f(t) = \dfrac{d}{dt} F(t)$ f(t) 고장밀도함수: 시간당 어떤 비율로 고장발생 ② R(t) = 1 − F(t) R(t) 신뢰도 함수
③ $h(t) = \dfrac{f(t)}{R(t)} = \dfrac{f(t)}{1 - F(t)}$ h(t) 고장율 함수: 현재 고장 발생하지 않은 제품중 단위시간동안 고장이 발생한 제품비율

30. A 시스템은 그림과 같이 3가지의 부품을 직렬로 연결한 체계를 체계중복으로 하여 구성되어 있으며, 그림의 수치들은 각각 부품들의 신뢰도를 표기한 것이다. A 시스템의 신뢰도는? (단, 소수점 넷째자리에서 반올림하여 소수점 셋째자리까지 구하시오.)

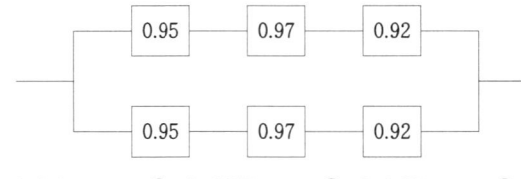

① 0.957　② 0.967　③ 0.977　④ 0.987　⑤ 0.997

해설 ·상부 직렬구조 계산 = 0.95 * 0.97 * 0.92 = 0.84778 ·하부 직렬구조 계산 = 0.95 * 0.97 * 0.92 = 0.84778 상하부는 병렬구조이므로 1− (1−0.84778)(1−0.84778) = 1− (0.15222 * 0.15222) = 1− 0.02317 = 0.97683 = 0.977 (4째자리 반올림)

31. 인간공학에 관한 설명으로 옳지 않은 것은?

① 인간공학은 인간이 사용할 수 있도록 설계하는 과정을 말하는 것으로 인간의 복지를 향상 시키는 데 목적이 있다.
② 인간공학의 핵심 포인트는 인간이 사용하는 물건 또는 환경을 설계할 시 건강, 안정, 만족 등과 같은 특정한 인간 본위의 가치기준 보다는 실용적 기능을 높이는데 있다.
③ 인간공학은 인간이 사용하는 물건 또는 환경을 설계할 시 인간의 행동에 관한 적절한 정보를 체계적으로 적용하는 것이다.
④ 인간공학은 기계와 그 기계조작 및 환경조건을 인간의 특성, 능력과 한계에 잘 조화되도록 설계하기 위한 공학이다.
⑤ 인간공학은 안전성의 향상과 사고예방, 생산성의 향상, 쾌적성 등을 추구한다.

[해설] • **인간공학:** ① 인간공학은 인간이 만들어 생활의 여러면에서 사용되는 물질, 기구 도는 환경을 만들어가는 과정에서 인간을 배려하는데 있다. ② 인간이 만든 물건, 기구 또는 환경의 형성과정에서 사람이 잘 사용할수 있도록 실용적 효능을 향상하고 건강, 안정, 만족과 같은 특정 인간의 복지와 가치 기준을 유지하거나 높이는데 있다. ③ 인간공학의 접근방법은 인간이 만들어 사용하는물질, 기구 또는 환경을 조성하는데 인간의 특성이나 행동에 관한 적절한 정보를 체계적으로 적용하는 것이다.

32. 시스템의 특성에 관한 설명으로 옳지 않은 것은?

① 시스템은 환경에 적응하거나 극복하면서 유지시켜야 한다.
② 각각의 하위시스템들은 상호 간의 연관관계에 의해 시스템의 목표가 달 성될 수 있도록 하여야 한다.
③ 시스템은 하나 이상의 하위시스템으로 구성된다.
④ 시스템은 단순히 구성요소들의 합이 아니며, 시스템 그 자체는 별개의 존재로서 하나의 단일체이다.
⑤ 시스템은 복잡한 환경 속에서 목표를 달성하기 위하여, 각각의 하위시스템이 독립적인 목표를 가지고 작동되도록 하여야 한다.

[해설] • **시스템이란?** 전체를 구성하는 구성요소의 집합체 또는 특정한 목적 달성을 위하여 관련성을 지닌 여러 요소가 유기체적으로 결합된 집합체로 정의되며 집합성, 관련성, 목적추구성, 환경적응성 등의 공통적 특성을 가진다.

33. 휴먼에러(human error)의 심리적 분류에 포함되지 않는 것은?

① 정보처리오류(information processing error)
② 시간오류(time error)
③ 작위오류(commission error)
④ 순서오류(sequential error)
⑤ 누락오류(omission error)

> **해설** • HUMAN ERROR 심리적 분류: ① 생략에러(omission erro 부작위실수): 직무 또는 절차를 수행하지 않은데 기인한 오류 ② 실행에러(commission error 작위실수): 직무 불확실한 수행 ③ 과잉행동에러(extraneous error 불필요한과오): 수행되지 않아야 할 직무수행 ④ 순서에러 (sequential error): 직무 또는 절차의 순서 착오로 인한 과오 ⑤ 시간에러 (지연오류): 계획시간내에 직무수행 실패, 늦거나 일찍 수행 • HUMAN ERROR 작업별: ① 조작에러 ② 설치 ③ 보존 ④ 검사 ⑤ 제조

34. 산업안전보건기준에 관한 규칙상 근골격계부담작업과 근골격계질환에 관한 설명으로 옳지 않은 것은?

① "근골격계부담작업"이란 단순반복작업 또는 인체에 과도한 부담을 주는 작업에 의한 건강장해에 따른 작업으로서 작업량·작업속도·작업강도 및 작업장 구조 등에 따라 고용노동부장관이 정하여 고시하는 작업을 말한다.
② "근골격계질환"이란 반복적인 동작, 부적절한 작업자세, 무리한 힘의 사용, 날카로운 면과의 신체접촉, 진동 및 온도 등의 요인에 의하여 발생하는 건강장해로서 목, 어깨, 허리, 팔·다리의 신경·근육 및 그 주변 신체조직 등에 나타나는 질환을 말한다.
③ "근골격계질환 예방관리 프로그램"이란 유해요인 조사, 작업환경 개선 의학적 관리, 교육·훈련, 평가에 관한 사항 등이 포함된 근골격계질환을 예방 관리하기 위한 종합적인 계획을 말한다.
④ 사업주는 유해요인 조사 결과 근골격계질환이 발생할 우려가 있는 경우에 인간 공학적으로 설계된 인력작업 보조설비 및 편의설비를 설치하는등 작업환경 개선에 필요한 조치를 하여야 한다.
⑤ 근로자는 근골격계 부담작업으로 인하여 운동범위의 축소, 쥐는 힘의 저하, 기능의 손실 등의 징후가 나타나는 경우 즉시 관할 지방노동청에 신고하여야 한다.

> **해설** • 산업안전보건기준에 관한 규칙: 제660조(통지 및 사후조치) ① 근로자는 근골격계부담작업으로 인하여 운동범위의 축소, 쥐는 힘의 저하, 기능의 손실 등의 징후가 나타나는 경우 그 사실을 사업주에게 통지할 수 있다. ② 사업주는 근골격계부담작업으로 인하여 제1항에 따른 징후가 나타난 근로자에 대하여 의학적 조치를 하고 필요한 경우에는 제659조에 따른 작업환경 개선 등 적절한 조치를 하여야 한다.

35. 토의식 교육 시 유의사항이 아닌 것은?

① 교육생이 토의될 주제를 충분히 파악해야 한다.
② 진행자는 토의될 구체적인 문제나 이유에 대하여 말로 설명하지 않고 서면으로 하여야 한다.
③ 진행자는 교육생들이 토의결과에 대하여 명료화 내지 요약을 하도록 요구해야 한다.
④ 진행자는 진행에 충실하고 강의나 설명을 가급적 하지 않는다.
⑤ 진행자는 주제를 이해하지 못하는 교육생을 배려하여야 한다.

> **해설** • **토의법**: 상대방에 대한 의사전달 방식에 의한 교육방법으로 지도성, 협동성, 적극성을 기르는데 유효한 방법 1) **장점**: ① 특정 분야 교육에 효과적 ② 다양한 접근방법, 해석을 요구하는 경우에 가능 ③ 수업의 중간이나 마지막 단계에 적용 시 유용 ④ 팀워크가 필요한 경우 유용 2) **단점**: ① 수강자 인원수에 제약을 받는다. ② 시간 소비량이 너무 많다. 3) **종류**: ① **심포지엄(Symposium)**: 몇 사람의 전문가에 의해 견해를 발표하도록 하고 참가자로 하여금 의견이나 질문을 하게 하는 토의 방식 ② **포럼(Forum)**: 새로운 자료나 교재를 제시하고 그에 따른 문제점을 피 교육자로 하여금 제기하여서 의견을 여러 가지 방법으로 발표하게 하여 다시 깊이 파고들어 토의하는 방법 ③ **버즈세션(Buzz Session)**: 6.6회의라고도 하며, 참가자가 다수인 경우에 전원을 토의에 참가시키기 위한 방법으로 소집단을 구성하여 회의를 진행시 키는 것 ④ **패널 디스커션(Panel Discussion)**: 패널 4~5명이 피교육자 앞에서 자유로이 토의를 한 후 피교육자 전원이 참가하여 사회자의 사회에 따라 토의하는 방법 ⑤ **사례연구 (Case Study)**: 먼저 사례를 제시하고 제시한 내용에 대한 문제점을 피교육자로부터 제기하게 하거나 의견을 여러 가지 방법으로 발표하게 하며 대책을 토의하는 방법 4) **토의식 교육시 유의사항**: ① 교육생이 토의될 주제를 충분히 파악해야 한다. ② 진행자는 토의될 구체적인 문제나 이유를 말로 설명한다. ③ 진행자는 교육생들이 토의 결과에 대하여 명료화, 요약 하도록요구 ④ 진행자는 주제를 이해하지 못하는 교육생을 배려해야 한다. ⑤ 진행자는 진행에 충실하고 강의나 설명을 가급적 하지 않는다.

36. 다음은 안전보건관리 이론 중 재해발생 메커니즘(모델, 구조)을 도식화한 것이다. ( )의 내용이 올바르게 연결된 것은?

① ㄱ: 간접요인, ㄴ: 추락물
② ㄱ: 직접원인, ㄴ: 낙하물
③ ㄱ: 간접요인, ㄴ: 기인물
④ ㄱ: 직접원인, ㄴ: 기인물
⑤ ㄱ: 간접요인, ㄴ: 낙하물

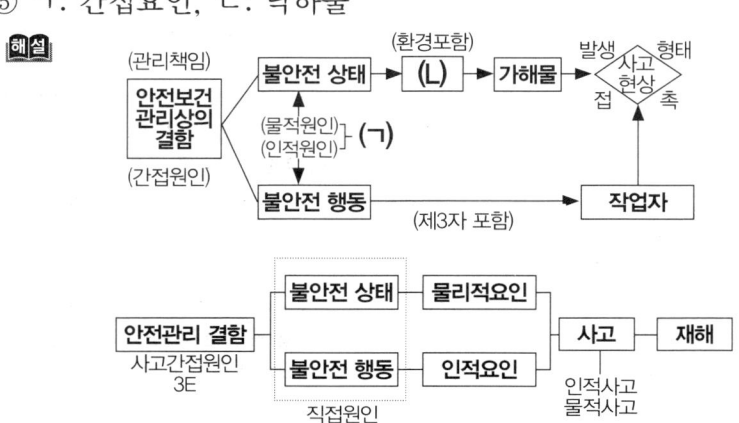

37. OJT(on the job training)에 비하여 Off JT(off the job training)의 장점으로 옳은 것은?

① 많은 근로자들을 집중적으로 단시간에 훈련하기에 적합하다.
② 직장 및 직무의 실정에 맞는 실제적 훈련에 적합하다.
③ 훈련에 필요한 업무의 계속성이 끊어지지 않는다.
④ 개개인에게 적절한 지도 훈련이 가능하다.
⑤ 실무지식의 함양에 대한 직원들의 만족도가 상대적으로 높다.

해설 • **OJT:** ① 개개인에게 적절한 훈련 가능 ② 직장의 실정에 맞는 훈련 가능 ③ 효과가 즉시 업무에 연결 ④ 업무의 계속성 유지 ⑤ 신뢰 이해도 높다. ⑥ 동기부여가 쉽다. ⑦ 교육에 의한 업무중단. 손실방 지 ⑧ 교육 경비 절감 • **OFF JT:** ① 다수의 근로자들에게 일괄적, 조직적 훈련 가능 ② 훈련에만 전념 ③ 특별 설비기구 이용 가능 ④ 많은 지식이나 경험을 교류 ⑤ 집단적 노력이 흐트러질 수 있다. ⑥ 우수한 전문가 활용

38. 산업안전보건법령상 안전보건관리책임자 등에 대한 교육내용 중 안전보건 관리 책임자의 '보수과정'에 해당하는 것은?

① 안전관리계획 및 안전보건개선계획의 수립·평가·실무에 관한 사항
② 사업장 안전개선기법에 관한 사항
③ 자율안전·보건관리에 관한 사항
④ 분야별 재해 및 개선사례연구실무에 관한 사항
⑤ 산업안전보건관리비 사용기준 및 사용방법에 관한 사항

해설 • **신규과정:** 1) 관리책임자의 책임과 직무에 관한 사항 2) 산업안전보건법령 및 안전·보건조치에 관한 사항 • **보수과정:** 1) 산업안전·보건정책에 관한 사항 2) 자율안전·보건관리에 관한 사항

39. 안전·보건교육 중 기능교육의 특징이 아닌 것은?

① 작업능력 및 기술능력 부여
② 광범위한 지식의 전달
③ 교육기간의 장기화
④ 작업동작의 표준화
⑤ 대규모인원에 대한 교육 곤란

해설 • **안전교육의 3단계 (지식, 기능, 태도): (1) 1단계: 지식교육 1) 지식교육의 목표:** ① 안전의식 제고 ② 안전의 감수성 향상 ③ 기능지식의 주입 **2) 지식교육의 내용:** ① 재해발생의 원리 이해 ② 법규, 규정, 기준, 수칙의 습득 ③ 잠재 위험요소의 이해 ④ 강의, 시청각 교육을 통한 지식의 전달과 이해 ⑤ 안전의식 고취 및 안전규정 숙지, 안전책임감 부여 **3) 지식교육 (강의식)의 특징:** ① 단편적 교육 치중 우려 ② 이해도 측정 곤란 다. 교사 학습방법에 따라 차이가 나타남 **(2) 2단계: 기능교육 1) 기능교육의 목표:** ① 안전작업 기능부여 ② 위험예측 및 응급처치 기능부여 ③ 표준작업 기능부여 **2) 기능교육의 내용:** ① 작업방법, 취급 및 조작행위를 몸으로 숙달시킨다. ② 시범, 현장실습교육, 견학을 통한 경험과 적응 ③ 안전기술기능 및 전문적 기술 교육 ④ 점검, 검사 정비기능 및 방호장치관리 기능 **(3) 3단계: 태도교육: 1) 태도교육의 목표:** ① 점검태도의 정확화 ② 언어태도의 안전화 ③ 작업동작의 정확화 ④ 공구보호구 취급 태도의 안전화 **2) 태도교육의 내용:** ① 표준작업방법의 이해 ② 안전수칙 및 규칙의 실행 ③ 동기부여 라. 생활지도, 작업동작지도 등을 통한 안전의 습관화 ④ 안전작업지시 전달확인 등 언어태도 습관화 및 정확화 ⑤ 작업 전·후의 점검, 검사요령의 정확화. 습관화 ⑥ 공구 보호구 취급과 관리자세의 확립

40. 결함수분석(FTA)에 관한 설명으로 옳지 않은 것은?

① 기계, 설비 또는 인간-기계 시스템의 고장이나 재해의 발생요인을 FT도표에 의하여 분석하는 방법이다.
② 해석하고자 하는 재해의 발생확률을 계산한다.
③ 재해발생 이전에 예측기법으로 활용함으로써 예방적 가치가 높은 기법이다.
④ 재해현상과 재해원인의 상호관련을 정량적으로 해석하여 안전대책을 검토할 수 있다.
⑤ 각 요소의 고장유형과 그 고장이 미치는 영향을 분석하는 연역적이면서 정성적인 방법을 사용한다.

해설

THERP	정량적		인간의 실수
FMEA	정성적	귀납적	CA와 병행하는 일 많다. 동시에 2가지 이상 고정시 분석이 곤란
ETA	정량적	귀납적	설비 설계단계에서부터 사용단계까지 각 단계에서 위험을 분석
FTA	정량적	연역적	예측기법 활용으로 예방적가치 높은 기법
DT	정량적	귀납적	
HAZOP			guide word와 공정의 파라미터를 결합 ⟶ 위험요소 문제점을 도출
MORT			관리 설계 생산 보전등 넓은 범위의 안전성을 검토하는 기법 / FTA 동일 논리적 방법
PHA	정성적		최초 단계의 분석으로 시스템 내의 위험 요소가 얼마나 위험한 상태에 있는가
CA			직접 시스템의 손실과 인명의 사상에 연결되는 높은 위험도를 가진 요소나 고장의 형태에 따른 분석

41. 하인리히(Heinrich)의 재해발생 5단계에 관한 설명으로 옳지 않은 것은?

① 제1단계: 사회적 환경과 유전적 요소(social environment and inherit)
② 제2단계: 개인적 결함(personal faults)
③ 제3단계: 조직의 결함(organization faults)
④ 제4단계: 사고(accident)
⑤ 제5단계: 재해(disaster)

해설

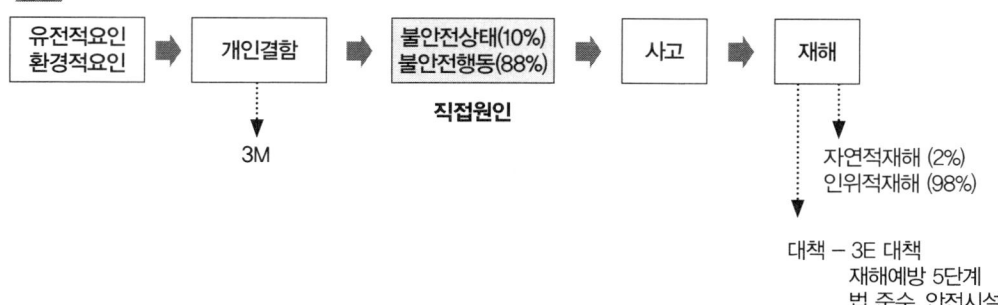

42. 다음이 설명하는 기법은?

> 기계설비 또는 장치의 일부가 고장났을 때, 기능의 저하가 되더라도 전체로서는 기능을 정지시키지 않는 기법

① Fail safe ② Back up ③ Fail soft ④ Fool proof ⑤ Fail passive

해설 1. fail safe: 1) 구조적 fail safe: 안전성유지 / 항공기 엔진고장시 다른 엔진가동, 두꺼비집 회로 2) 회로적 fail safe: 기능유지 / 철도신호 고장시 적색, 지하철 역 진행 표시등 3) 기능적 fail safe: ① fail passive(자동감지): 고장시 정지하는 방향으로 이동 ② fail active(자동제어): 고장시 경보음 작동 ③ fail operational (차단및조정): 고장시 조치될때까지 안전하게 기능유지 2. fool proof: ① guard: 가드 오픈되면 작동 안한다. ② 조작기구: 가드 닫으면 작동 ③ 록 기구: 전체 열쇠가 열려야 기계 조작가능 ④ 트립 기구: 신체 일부가 들어가면 기계 작동 않는다 ⑤ over run 기구: 완전히 정지해야 가드 열린다 ⑥ 밀어내기 기구 ⑦ 기동방지 기구

43. 재해조사 시의 유의사항으로 옳지 않은 것은?

① 피해자에 대한 구급 조치를 최우선으로 한다.
② 사람과 기계설비 양면의 재해요인을 모두 도출한다.
③ 2차 재해의 예방을 위하여 보호구를 착용한다.
④ 주관적인 입장에서 공정하게 조사하며, 조사는 3인 이상이 한다.
⑤ 조사는 신속하게 행하고 긴급 조치 후, 2차 재해방지에 주력한다.

해설 • **재해조사 시 유의사항:** 재해조사는 관련자들의 책임을 물어 처벌을 위한 원인분석이 되어서는 안된다. 재해조사는 재해 발생 상황과 원인을 알고 그것을 사후에 활용하기 위한 근거자료로서 동종. 유사재해를 방지하고자 하는 것이므로 다음 사항에 유의하여야 한다. : ① 사실을 수집한다. ② 목격자 등이 증언하는 사실 이외의 말, 추측의 말은 참고만 한다. ③ 조사는 신속하게 행하고 긴급 조치하여 2차 재해방지 도모. ④ 사람, 기계설비 양면의 재해요인을 모두 도출한다. ⑤ 객관적인 입장에서 공정하게 조사하며 2인 이상이 한다. ⑥ 책임추궁보다 재발 방지를 우선으로 한다. ⑦ 피해자에 대한 구급 조치를 우선으로 한다.

44. 600명이 근무하는 A기업에서 2015년에 9건의 재해발생으로 휴업일수는 150일을 기록하였다. A기업의 재해통계로 옳은 것은? (단, A기업의 작업 시간 8hr/일, 잔업 시간 2hr/일, 월25일 근무이며, 소수점 셋째자리에서 반올림하여 소수점 둘째자리까지 구하시오.)

① 도수율: 5,   강도율: 0.07
② 도수율: 5,   강도율: 0.78
③ 도수율: 10, 강도율: 0.78
④ 도수율: 15, 강도율: 0.08
⑤ 도수율: 15, 강도율: 9

해설 근로손실일수 150일 * $\frac{300}{365}$ = 123.2876712 일

연근로시간 = 600명 * [(8시간 + 2시간) * 25일 *12개월] = 1,800,000 시간

1. 강도율 = $\frac{근로손실일수}{연근로시간수}$ *1000 = $\frac{123.2876712}{1,800,000}$ *1000 = 0.0684 = 0.07 (둘째자리 반올림)

2. 도수율 = $\frac{재해건수}{연근로시간수}$ *1,000,000 = $\frac{9}{1,800,000}$ *1,000,000 = 5

45. 하인리히(Heinrich)의 재해손실비(accident cost)에 관한 설명으로 옳지 않은 것은?

① 직접비와 간접비의 비율은 1 : 4이다.
② 직접비는 법령으로 정한 피해자에게 지급되는 산재보상비이다.
③ 간접비는 재산손실 및 생산중단으로 기업이 입은 손실이다.
④ 간접비의 정확한 산출이 어려울 때는 직접비의 2배를 간접비로 산정한다.
⑤ 총 재해손실비는 직접비와 간접비를 더한 값으로 계산한다.

해설 • 총재해비용 = 직접비 + 간접비 = 1:4 (·직접비: 산재보상비 (유족보상, 장제비, 요양보상, 휴업보상)
· 간접비: 재산손실, 생산중단, 인적손실, 물적손해)

46. 안전점검표(checklist) 작성 시 유의사항이 아닌 것은?

① 사업장에 적합한 독자적인 내용일 것
② 중점도가 낮은 것부터 순서대로 작성할 것
③ 재해방지에 실효성 있게 개조된 내용일 것
④ 일정양식을 정하여 점검대상을 정할 것
⑤ 점검표의 내용은 이해하기 쉽도록 표현하고 구체적일 것

해설 중점도가 큰 것부터 순서대로 작성한다.

47. 산업안전보건법령상 안전보건개선계획서의 포함내용이 아닌 것은?

① 시설　　② 안전·보건관리체제　　③ 문제해결 방향에서의 계획
④ 산업재해 예방 및 작업환경 개선을 위하여 필요한 사항
⑤ 안전·보건교육

해설 안전보건개선계획서에는 시설, 안전·보건관리체제, 안전·보건교육, 산업재해예방 및 작업환경의 개선을 위하여 필요한 사항이 포함되어야 한다.

48. 재해사례 연구의 진행단계별 설명으로 옳지 않은 것은?

① 전제조건: 재해상황을 파악한다.
② 사실의 확인: 재해와 관계가 있는 사실 및 재해요인으로 알려진 사실을 주관적으로 확인한다.
③ 문제점의 발견: 각종 기준과의 차이에서 문제점을 발견한다.
④ 근본적 문제점의 결정: 재해의 중심이 된 근본적인 문제점을 결정한 후 재해 원인을 결정한다.
⑤ 대책의 수립: 동종재해와 유사재해의 방지 및 실시계획을 수립한다.

해설 ① 1단계: 사실의 발견 – 재해 발생까지의 경과 확인 ② 2단계: 문제점 확인 – 인적, 물적인 면에서 재해요인 파악 ③ 3단계: 기본원인 결정 – 기본원인을 4M의 생각에 따라 분석·결정 ④ 4단계: 대책 수립 – 동종 및 유사재해 예방

49. 산업재해 발생시 처리순서를 올바르게 나열한 것은?

| ㄱ. 긴급처리 | ㄴ. 원인분석 | ㄷ. 대책실시계획 |
| ㄹ. 재해조사 | ㅁ. 대책수립 | ㅂ. 평가 |

① ㄱ→ㄹ→ㄴ→ㅁ→ㄷ→ㅂ ② ㄱ→ㄹ→ㅁ→ㄷ→ㄴ→ㅂ
③ ㄹ→ㄱ→ㄴ→ㄷ→ㅁ→ㅂ ④ ㄹ→ㄱ→ㄷ→ㄴ→ㅁ→ㅂ
⑤ ㄹ→ㄴ→ㄱ→ㅁ→ㄷ→ㅂ

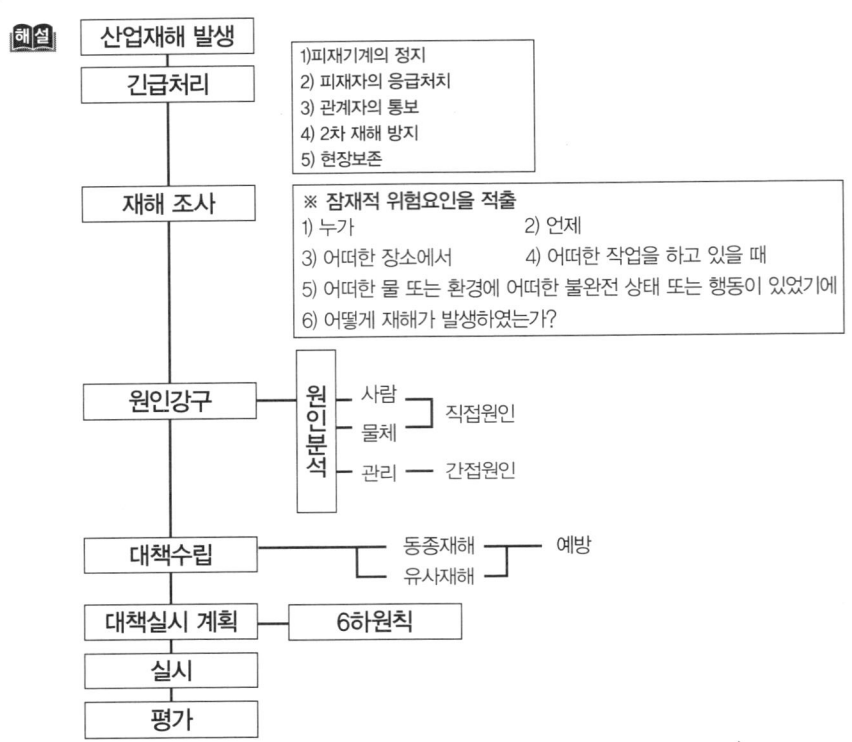

50. 사고예방대책 기본원리 5단계 중 2단계인 '사실의 발견'에 해당하지 않는 것은?

① 근로자의 의견수렴 및 여론조사   ② 작업분석
③ 점검 및 검사   ④ 과거의 사고에 관한 조사
⑤ 기술적 개선

해설 ① 1단계: 사실의 발견 – 재해 발생까지의 경과 확인 ② 2단계: 문제점 확인– 인적, 물적인 면에서 재해요인 파악
③ 3단계: 기본원인 결정– 기본원인을 4M의 생각에 따라 분석·결정 ④ 4단계: 대책 수립– 동종 및 유사재해 예방

26. ① 27. ② 28. ④ 29. ④ 30. ③ 31. ② 32. ⑤ 33. ① 34. ⑤ 35. ② 36. ④
37. ① 38. ③ 39. ② 40. ⑤ 41. ② 42. ③ 43. ④ 44. ① 45. ④ 46. ② 47. ③
48. ② 49. ① 50. ⑤

2017년 산업안전지도사 1차시험

26. 제조물책임법상 용어의 정의로 옳지 않은 것은?

① 제조물이란 제조되거나 가공된 동산(다른 동산이나 부동산의 일부를 구성하는 경우를 포함한다)을 말한다.
② 제조업자란 제조물의 제조·가공 또는 수입을 업으로 하는 자를 말한다.
③ 제조물의 결함에는 제조상의 결함, 설계상의 결함, 유통상의 결함이 있다.
④ 설계상의 결함이란 제조업자가 합리적인 대체설계를 채용하였더라면 피해나 위험을 줄이거나 피할 수 있었음에도 대체설계를 채용하지 아니하여 해당 제조물이 안전하지 못하게 된 경우를 말한다.
⑤ 통상적으로 기대할 수 있는 안전성이 결여되어 있는 것도 결함이라 할 수 있다.

해설 1) 설계상책임 2) 제조상책임 3) 경고 표시상 결함

27. 파블로프(Pavlov) 조건반사설의 학습원리에 해당하지 않는 것은?

① 강도의 원리: 자극이 강할수록 학습이 보다 더 잘된다.
② 시간의 원리: 조건자극을 무조건자극보다 조금 앞서거나 동시에 주어야 강화가 잘된다.
③ 계속성의 원리: 자극과 반응의 관계는 횟수가 거듭될수록 강화가 잘된다.
④ 일관성의 원리: 일관된 자극을 사용하여야 한다.
⑤ 불확실성의 원리: 학습의 목표가 반드시 달성된다고 확신 할 수 없다.

해설 · **파블로프 조건반사설 학습원리 4가지:** 1. **강도의 원리:** 자극이 강할수록 학습이 잘된다 (최초의 반응보다 후속되는 반응을 점차 더 강화) 2. **시간의 원리:** 조건자극을 무조건자극보다 조금 앞서거나 동시에 주어야 강화 잘된다 (일정한 시간에 벨소리를 들려 준다) 3. **계속성 원리:** 자극 반응 관계는 횟수가 거듭될수록 강화 잘 된다 (조건화가 성립될 때까지 꾸준하게 벨소리를 들려 준다) 4. **일관성 원리:** 일관된 자극 사용 (5~30초 간격으로 40~60회 반복)

28. 관리감독자를 대상으로 하는 TWI(Training Within Industry)의 교육훈련 내용이 아닌 것은?

① 작업준비훈련(JPT) ② 작업지도훈련(JIT) ③ 작업방법훈련(JMT)
④ 인간관계훈련(JRT) ⑤ 작업안전훈련(JST)

해설 ① JIT (job instruction, **작업지도훈련**): 부하에게 작업을 가르치는 방법 ② JMT (job method, **작업방법훈련**): 작업의 개선방법 ③ JRT (job relation, **인간관계훈련**): 작업에서의 대인관계 ④ JST (job safety, **작업안전훈련**)

29. 산업안전보건법령상 고용노동부장관이 필요하다고 인정할 때에 해당 사업주에게 안전·보건진단을 받아 안전보건개선계획을 수립·제출할 것을 명할 수 있는 사업장이 아닌 것은?

① 사업주가 안전·보건조치의무를 이행하였으나, 2개월의 요양이 필요한 부상자가 동시에 8명이 발생한 재해발생사업장
② 산업재해율이 같은 업종 평균 산업재해율의 2.5배인 사업장
③ 상시 근로자가 1,000명이고 직업병에 걸린 사람이 연간 3명이 발생한 사업장
④ 상시 근로자가 1,500명이고 직업병에 걸린 사람이 연간 4명이 발생한 사업장
⑤ 작업환경 불량, 화재·폭발 또는 누출사고 등으로 사회적 물의를 일으킨 사업장

해설 •**안전보건개선계획의 수립·시행:** 1. 산업재해율이 같은 업종의 규모별 평균 산업재해율보다 높은 사업장 2. 사업주가 안전보건조치의무를 이행하지 아니하여 중대재해가 발생한 사업장 3. 유해인자의 노출기준을 초과한 사업장 •**안전보건개선계획을 수립·제출:** 1. 산업재해율이 같은 업종의 규모별 평균 산업재해율보다 높은 사업장중 중대재해(사업주가 안전·보건조치의무를 이행하지 아니하여 발생한 중대재해만 해당한다) 발생 사업장 2. 산업재해율이 같은 업종 평균 산업재해율의 2배 이상인 사업장 3. 직업병에 걸린 사람이 연간 2명 이상(상시 근로자 1천명 이상 사업장의 경우 3명 이상) 발생한 사업장 4. 작업환경 불량, 화재·폭발 또는 누출사고 등으로 사회적 물의를 일으킨 사업장

30. 산업안전보건법령상 사업주가 해당 사업장의 근로자에 대하여 정기적으로 하여야 하는 안전·보건에 관한 교육내용이 아닌 것은?

① 산업재해보상보험 제도에 관한 사항
② 유해·위험 작업환경 관리에 관한 사항
③ 사고 발생 시 긴급조치에 관한 사항
④ 건강증진 및 질병 예방에 관한 사항
⑤ 산업보건 및 직업병 예방에 관한 사항

해설 •**근로자 정기 안전보건교육:** ① 산업안전 및 사고 예방에 관한 사항 ② 산업보건 및 직업병 예방에 관한 사항 ③ 건강증진 및 질병 예방에 관한 사항 ④ 유해·위험 작업환경 관리에 관한 사항 ⑤「산업안전보건법」및 일반관리에 관한 사항 ⑥ 산업재해보상보험 제도에 관한 사항

31. 산업안전보건법령상 산업안전보건위원회를 설치·운영해야 할 사업의 종류 및 규모가 아닌 것은?

① 어업- 상시 근로자 400명
② 토사석 광업 - 상시 근로자 200명
③ 1차 금속 제조업 - 상시 근로자 400명
④ 금융 및 보험업- 상시 근로자 200명
⑤ 비금속 광물제품 제조업- 상시 근로자 400명

해설 "산업안전보건위원회를 설치·운영해야 할 사업의 종류 및 규모"참조

32. 교육지도의 원칙에 관한 내용으로 옳지 않은 것은?

① 교육내용을 충분히 이해할 수 있도록 상대방의 입장을 고려하여 교육한다.
② 학습의욕을 고취하기 위하여 어려운 내용에서부터 쉬운 내용의 순서로 교육한다.
③ 교육의 성과는 양보다 질을 중시한다는 점에서 순서에 따라 한 번에 한가지씩 교육한다.
④ 지식, 기술, 기능 및 태도가 몸에 익혀지도록 반복교육을 실시한다.
⑤ 인간의 5가지 감각기관을 복합적으로 활용하여 교육한다.

해설 • **안전교육의 지도원칙(8원칙):** (1) 상대방의 입장에서 교육 (피교육자 중심의 교육) (2) 동기유발 (학습의욕 고취) (3) 쉬운 부분에서 어려운 부분으로 진행 (4) 반복교육 실시 (무의식 행동까지 반복) (5) 한 번에 하나씩 교육 (순서대로) (6) 인상의 강화: ① 사진제시, 견학, 보조자료 활용, 사고사례 ② 중점 재강조, 그룹토의, 의견청취, 속담, 격언연결
(7) 오감의 활용

구분	시각	청각	촉각	미각	후각
활용도	60%	20%	15%	3%	2%

(8) 기능적 이해: 효과 – 강한기억, 자기중심, 자기만족 억제, 일에 적극성, 응급능력

33. 학습지도원리의 내용에 해당하지 않는 것은?

① 자발성의 원리: 학습자 스스로 학습에 참여해야 한다는 원리
② 집단화의 원리: 학습자의 공통된 요구 및 능력 위주로 지도해야 한다는 원리
③ 사회화의 원리: 공동학습을 통해서 협력적이고 우호적인 학습을 진행한다는 원리
④ 통합의 원리: 학습을 통합적인 전체로서 지도해야 한다는 원리
⑤ 직관의 원리: 구체적인 사물을 직접 제시하거나 경험시킴으로써 큰 효과를 거둘 수 있다는 원리

해설 • **학습지도의 원리:** (1) **개별화의 원리:** 학습자가 가지고 있는 능력에 맞게 학습활동의 기회 제공해야 한다는 원리 (2) **자발성의 원리:** 학습자가 자발적으로 참여 하는데 중점을 두는 원리 (3) **직관의 원리:** 구체적인 사물을 직접 제시하거나 경험하게 함으로서 큰 효과를 거둘 수 있다는 원리 (4) **사회화의 원리:** 사회에서 경험한 것을 교류시켜 우호적인 학습을 진행하는 원리 (5) **통합의 원리:** 학습을 종합적으로 지도하여 통합을 이루는 원리

34. 입식 작업대에 관한 설명으로 옳지 않은 것은?

① 작업대의 높이가 팔꿈치의 높이보다 낮은 것이 중(重)작업에 적합하다.
② 작업대의 높이가 팔꿈치의 높이보다 약간 높은 것이 정밀작업에 적합하다.
③ 일반적으로 고정높이 작업면은 가장 키가 작은 사용자에게 맞추어 설계 한다.
④ 중량물을 다루는 경우에는 입식 작업대가 적합하다.

⑤ 포장작업에서와 같이 아랫방향으로 힘을 발휘해야 하는 경우에는 입식작업대가 적합하다.

해설 ● **입식 작업대 높이:** •경 조립 또는 이와 유사한 조작작업: 팔꿈치 높이보다 5~10cm 낮게 •섬세한 작업일수록 높아야 하며, 거친작업은 약간 낮게 설치 ㄷ고정높이 작업 면은 가장 큰 사용자에게 맞도록 설계(발판, 발받침대 등 사용) •높이 설계 시 고려사항: ㉠ 근전도(EMG) ㉡ 인체계측(신장 등) ㉢ 무게중심 결정 (물체의 무게 및 크기 등) ● **작업대 높이:** •경작업 = 팔꿈치 높이보다 5~10CM 낮게 •중작업 = 팔꿈치 높이보다 15~20CM 낮게 •정밀작업 = 팔꿈치 높이보다 약간 높게 (5~ 20CM) •정밀작업, 장기간 수행시 → 좌식 작업대

35. 공기 중 연소범위가 가장 넓은 것은?
① 암모니아   ② 메탄   ③ 프로판   ④ 에탄   ⑤ 아세틸렌

36. 시각적 표시장치에 관한 설명으로 옳은 것을 모두 고른 것은?

> ㄱ. 디지털 표시장치는 정량적 표시장치이다.
> ㄴ. 이동지침을 가진 고정눈금 방식은 수치정보를 잘 표시하지 못하는 단점이 있다.
> ㄷ. 디지털 표시장치는 수치를 정확히 읽어야 할 때 적합하다.
> ㄹ. 정성적 표시장치는 대략적인 상태나 변화의 추세를 판정하는 용도로 쓰인다.

① ㄱ, ㄹ   ② ㄴ, ㄷ   ③ ㄴ, ㄹ   ④ ㄱ, ㄴ, ㄷ   ⑤ ㄱ, ㄷ, ㄹ

해설 1. **디지털, 계수형:** 판독오차 적고, 판독시간 짧다. 2. **아날로그:** ① **정목동침형(지침이동형)** – 눈금이 정성적 표시, 원하는 값으로부터 대략적 편차, 고도를 읽을때 ② **정침동목형(지침고정형)** – 값 범위가 클 때, 비교적 작은 눈금판에 모두 나타 내고자 할때

37. 23 kg의 부재를 제자리에서 들어 올리는 들기작업을 수행할 때 시작점에서 NIOSH 의 들기작업 공식에 의한 들기지수(LI)는?

> • 중량물과 몸통과의 수평거리(H)는 50 cm이다.
> • 중량물을 들기 시작하는 손의 수직높이(V)는 75 cm이다.
> • 중량물을 들어올리는 수직이동거리(D)는 25 cm이다.
> • 회전(A)은 발생하지 않는다.
> • 물체의 모양은 손으로 쉽게 잡을 수 있는 경우이다.(CM = 1.0)
> • 1시간 이내의 작업 이후 회복시간이 작업시간의 1.2배 정도 되는 짧은 수준의 작업으로서 빈도변수(FM)는 0.8이다.

① 1.25   ② 1.50   ③ 2.00   ④ 2.50   ⑤ 3.00

해설 $LI = \dfrac{작업물무게}{RWL}$ RWL = LC * HM * VM * DM * AM * FM * CM

- LC : 작업물 무게 (23KG)
- VM 수직계수 = 1− [0.003 * (V − 75)]
- AM 비대칭계수 = 1− (0.0032 * A)
- (V)는 75 cm 이므로, VM = 1− [0.003 * (V − 75)] = 1
- (D)는 25 cm 이므로, DM = 0.82 + $\frac{4.5}{D}$ = 0.82 + $\frac{4.5}{25}$ = 1
- (A)은 발생하지 않으므로, AM 비대칭계수 = 1− (0.0032 * A) = 1 CM = 1.0 FM = 0.8
- HM 수평계수 = $\frac{25}{H}$
- DM 거리계수 = 0.82 + $\frac{4.5}{D}$
- (H)는 50 cm 이므로, HM = $\frac{25}{H}$ = $\frac{25}{50}$ = 0.5

따라서, RWL = LC * HM * VM * DM * AM * FM * CM = 23 * 0.5 * 1 * 1 * 1 * 0.8 * 1 = 9.2

- 들기지수 L I = $\frac{작업물무게}{RWL}$ = $\frac{23}{9.2}$ = 2.5

38. 산업안전보건법령상 안전인증 대상 기계·기구 등에 해당하지 않는 것은?

① 산업용 로봇   ② 프레스   ③ 크레인   ④ 압력용기   ⑤ 곤돌라

39. 하인리히(Heinrich)가 주장한 재해발생과 재해예방에 관한 이론으로 옳은 것을 모두 고른 것은?

> ㄱ. 재해는 원인만 제거하면 예방이 가능하다.
> ㄴ. 사고의 발생과 그 원인은 우연적인 관계가 있다.
> ㄷ. 재해예방을 위한 가능한 안전대책은 존재한다.
> ㄹ. 재해는 연쇄작용으로 발생되며 사회적 환경과 개인적 결함, 불안전한 상태 및 개인의 불안전한 행동에 의해 순차적으로 사고가 유발된다.

① ㄱ, ㄴ   ② ㄴ, ㄷ   ③ ㄷ, ㄹ   ④ ㄱ, ㄴ, ㄹ   ⑤ ㄱ, ㄷ, ㄹ

해설 •재해예방 4원칙: (1) 손실우연의 원칙: 사고의 결과로 생긴 재해손실의 크기는 우연히 결정된다. 작은 사고요인도 조심하여야 한다는 원칙으로 이번에는 재수가 좋아 경상이지만 다음에는 사망사고가 될수 있다는 것이다. (2) 원인계기의 원칙: 재해는 반드시 원인이 있다. (직접, 간접원인) (3) 예방가능의 원칙: 재해는 원칙적으로 원인만 제거하면 예방이 가능하다. (4) 대책선정의 원칙: 재해 예방을 위한 가능한 안전대책은 반드시 존재한다. (3E대책)

40. 극한강도가 60 MPa, 허용응력이 40 MPa일 경우 안전계수(S)는?

① 0.7   ② 1.0   ③ 1.5   ④ 2.4   ⑤ 2,400

해설 안전계수 = $\frac{극한강도}{허용응력}$ = $\frac{60}{40}$ = 1.5

41. 2,000명이 근무하는 기업의 작년 1년간 산업재해자가 48명 발생하여 근로 손실일수가 2,400일이었다면 이 회사에 근무하는 근로자가 입사하여 정년까지 평균적으로 경험하는 재해의 건수와 근로손실일수는? (단, 근로자 1인당 연 간총근로시간은 2,400시간, 근로자 1인이 입사하여 정년까지 근무하는 총근 로시간은 100,000 시간으로 가정한다.)

① 재해건수: 1건,   근로손실일수: 50일
② 재해건수: 0.5건, 근로손실일수: 100일
③ 재해건수: 2건,   근로손실일수: 200일
④ 재해건수: 1.5건, 근로손실일수: 150일
⑤ 재해건수: 2.5건, 근로손실일수: 200일

해설 · 근로자가 입사하여 정년까지 평균적으로 경험하는 재해 건수와 근로손실일수 → 환산강도율, 환산도수율.

1. 강도율 $= \frac{근로손실일수}{연근로시간수} *1000 = \frac{2400}{2000*2400}*1000 = 0.5$

   환산강도율 = 강도율 * 100 = 0.5 * 100 = 50 일

2. 도수율 $= \frac{재해건수}{연근로시간수} *1{,}000{,}000 = \frac{48}{2000*2400}*1{,}000{,}000 = 10$

   환산도수율 = 도수율*0.1 = 10 * 0.1 = 1 건

42. 시스템의 구성요소들이 동시에 가동되고 있고, 어느 하나만이라도 작동하면 그 시스템이 가동되는 구조는?

① 직렬구조 ② 병렬구조 ③ 대기결함구조 ④ n중 k구조 ⑤ R구조

43. 기계나 설비를 작업공간에 배치하는 경우에 작업 성능을 향상시키기 위한 배치원칙이 아닌 것은?

① 중요성의 원칙   ② 기능성의 원칙   ③ 사용심리의 원칙
④ 사용빈도의 원칙 ⑤ 사용순서의 원칙

해설 · **부품배치의 원칙**: (1) 중요성의 원칙: 목표달성에 긴요한 정도에 따른 우선순위 ⇒ 부품의 위치결정 (2) 사용빈도의 원칙: 사용되는 빈도에 따른 우선순위 ⇒ 부품의 위치결정 (3) **기능별 배치의 원칙** : 기능적으로 관련된 부품들을 모아서 배치⇒ 부품의 배치결정 (4) 사용 순서의 원칙: 순서적으로 사용되는 장치들을 순서에 맞게 배치 ⇒ 부품의 배치결정

44. 산업안전보건기준에 관한 규칙상 소음 및 진동에 의한 건강장해의 예방에 관한 설명으로 옳지 않은 것은?

① "소음작업"이란 1일 8시간 작업을 기준으로 85데시벨 이상의 소음이 발생하는 작업을 말한다.

② 105데시벨 이상의 소음이 1일 1시간 이상 발생하는 작업은 강렬한 소음작업이다.
③ "청력보존 프로그램"이란 소음노출 평가, 소음노출 기준 초과에 따른 공학적 대책, 청력보호구의 지급과 착용, 소음의 유해성과 예방에 관한 교육, 정기적 청력 검사, 기록·관리 사항 등이 포함된 소음성 난청을 예방·관리하기 위한 종합적 인 계획을 말한다.
④ 체인톱, 동력을 이용한 연삭기를 사용하는 작업은 진동작업에 속한다.
⑤ 1초 이상의 간격으로 130데시벨을 초과하는 소음이 1일 1백회 발생하는 작업은 충격소음 작업이다.

해설 ·"충격소음작업"이란 소음이 1초 이상의 간격으로 발생하는 작업: ① 120데시벨을 초과하는 소음이 1일 1만회 이상 발생하는 작업 ② 130데시벨을 초과하는 소음이 1일 1천회 이상 발생하는 작업 ③ 140데시벨을 초과하는 소음이 1일 1백회 이상 발생하는 작업

45. 다음의 FT도에서 G1 의 발생확률은?

① 0.4884 ② 0.5884
③ 0.6884 ④ 0.7884
⑤ 0.8884

해설 · G2 = 0.2 * 0.1 = 0.02 · G3 = 1− (1−0.4)(1−0.3) = 1−0.6*0.7 = 1− 0.42 = 0.58
· G1 = 1−(1−G2)(1−G3) = 1−(1−0.02)(1−0.58) = 1− (0.98)(0.42) = 1−0.4116 = 0.5884

46. 다음에서 설명하고 있는 것은?

- 취급, 조작자의 부주의와 잘못에 의해 사고가 발생하는 것을 방지하기 위한 방법으로 인간의 실수가 직접적으로 고장 또는 사고로 이어지지 않도록 하는 것
- 세탁기 구동 시에 사람이 부주의나 실수로 상단뚜껑을 열면 동작이 자동으로 멈추고 경고음이 발생하는 것
- 위험성을 모르는 아이들이 실수로 먹는 것을 방지하기 위해 약병의 안전마개를 열기 위해서 힘을 아래 방향으로 가해 돌려야 하는 것

① fail safe ② fail soft ③ fool proof ④ failure rate ⑤ back up

해설 ① **프레스**: 손이 금형안으로 들어가면 자동정지 ② **승강기**: 과부하되면 경보음작동 ③ **세탁기**: 열려있으면 작동 안 한다. ④ **안전마개**: 약병 열기위해 눌러서 돌린다. ⑤ 110. 220v: 규격이 맞지 않아 사용 못한다.

47. 가속수명 시험방법에서 스트레스 부과방법이 아닌 것은?

① 일정형 스트레스시험
② 점진형 스트레스시험
③ 계단형 스트레스시험
④ 간접형 스트레스시험
⑤ 주기형 스트레스시험

해설 (1) 일정형 스트레스시험 (2) 점진형 스트레스시험 (3) 계단형 스트레스시험: 주기적 스트레스 증가시키면서 모든 샘플이 고장 날 때까지 행하는 시험 (4) 주기형 스트레스시험

48. 무재해운동의 3원칙 중 다음에 해당하는 것은?

> 단순히 사망재해나 휴업재해만 없으면 된다는 소극적인 사고가 아닌, 사업 장 내의 잠재위험요인을 적극적으로 사전에 발견하고 파악·해결함으로써 산업재해의 근원적인 요소들을 없앤다는 것을 의미함

① 무의 원칙
② 보장의 원칙
③ 참여의 원칙
④ 조사의 원칙
⑤ 안전제일의 원칙

해설 •무재해운동의 3대 원칙: (1) 무의 원칙 (ZERO의 원칙): 산업재해의 근원적인 요소들을 없앤다는 원칙 (2) 안전제일의 원칙 (선취의 원칙): 행동하기 전에 잠재 위험 요인을 발견하고 파악, 해결하여 재해를 예방 (3) 참여의 원칙 (참가의 원칙): 전원이 일치 협력하여 각자의 위치에서 적극적으로 문제해결을 하겠다는 의미 •무재해 운동의 3요소: (1) 최고 경영자의 경영자세: 안전보건은 최고 경영자의 무재해에 대한 확고한 경영자세로부터 시작 (2) 라인 관리자에 의한 안전보건 추진: 관리감독자들이 생산활동 속에서 안전보건을 함께 실천하는 것 (3) 직장의 자주 안전활동 활성화: 직장의 팀 구성원과의 협동 노력으로 자주적인 안전활동 추진이 필요

49. FMEA에서 '실제의 손실'의 발생확률(β)을 나타내는 것은?

① $\beta = 1.00$
② $0.10 \leq \beta < 2.00$
③ $0.30 < \beta \leq 0.50$
④ $0 < \beta < 0.20$
⑤ $0.20 < \beta < 0.30$

해설 •FMEA 위험성 분류: 발생확률 (β)에 따른 분류: •실제 손실 $\beta = 1.00$ •예상되는 손실 $0.1 < \beta < 1.0$ •가능한 손실 $0 < \beta \leq 0.1$ •영향 없음 $\beta = 0$ •위험성 분류 표시: •category 1: 생명 또는 가옥의 상실 •category 2: 임무 수행의 실패 •category 3: 활동의 지연 •category 4: 손실과 영향 없음

50. 고용노동부에서 고시로 정한 사업장 위험성평가에 관한 지침에서 사용하는 용어에 관한 설명으로 옳지 않은 것은?

① "위험성평가"란 유해·위험요인을 파악하고 해당 유해·위험요인에 의한 부상 또는 질병의 발생 가능성(빈도)과 중대성(강도)을 추정·결정하고 감소대책을 수립하여 실행하는 일련의 과정을 말한다.

② "유해·위험요인 파악"이란 유해요인과 위험요인을 찾아내는 과정을 말한다.

③ "위험성"이란 유해·위험요인이 부상 또는 질병으로 이어질 수 있는 가능성(빈도)과 중대성(강도)을 조합한 것을 의미한다.

④ "위험성 추정"이란 유해·위험요인별로 추정한 위험성의 크기가 허용 가능한 범위인지 여부를 판단하는 것을 말한다.

⑤ "위험성 감소대책 수립 및 실행"이란 위험성 결정 결과 허용 불가능한 위험성을 합리적으로 실천 가능한 범위에서 가능한 한 낮은 수준으로 감소시키기 위한 대책을 수립하고 실행하는 것을 말한다.

해설 1. **"위험성평가"**란 유해·위험요인을 파악하고 해당 유해·위험요인에 의한 부상 또는 질병의 발생 가능성(빈도)과 중대성(강도)을 추정·결정하고 감소대책을 수립하여 실행하는 일련의 과정을 말한다. 2. **"유해·위험요인"**이란 유해·위험을 일으킬 잠재적 가능성이 있는 것의 고유한 특징이나 속성을 말한다. 3. **"유해·위험요인 파악"**이란 유해요인과 위험요인을 찾아내는 과정을 말한다. 4. **"위험성"**이란 유해·위험요인이 부상 또는 질병으로 이어질 수 있는 가능성(빈도)과 중대성(강도)을 조합한 것을 의미한다. 5. **"위험성 추정"**이란 유해·위험요인별로 부상 또는 질병으로 이어질 수 있는 가능성과 중대성의 크기를 각각 추정하여 위험성의 크기를 산출하는 것을 말한다. 6. **"위험성 결정"**이란 유해·위험요인별로 추정한 위험성의 크기가 허용 가능한 범위인지 여부를 판단하는 것을 말한다.

26. ③ 27. ⑤ 28. ① 29. ① 30. ③ 31. ④ 32. ② 33. ② 34. ③ 35. ⑤ 36. ⑤
37. ④ 38. ① 39. ⑤ 40. ③ 41. ① 42. ② 43. ③ 44. ⑤ 45. ② 46. ③ 47. ④
48. ① 49. ① 50. ④

2018년 산업안전지도사 1차시험

26. 산업안전보건법령상 관리감독자를 대상으로 실시하는 정기 안전·보건 교육 내용으로 옳지 않은 것은?

① 작업공정의 유해·위험과 재해 예방대책에 관한 사항
② 표준 안전 작업방법 및 지도요령에 관한 사항
③ 산업보건 및 직업병 예방에 관한 사항
④ 산업재해보상보험 제도에 관한 사항
⑤ 산업안전보건법 및 일반관리에 관한 사항

> **해설** • 관리감독자 정기안전보건교육: ① 작업공정의 유해·위험과 재해 예방대책에 관한 사항 ② 표준안전작업방법 및 지도 요령에 관한 사항 ③ 관리감독자의 역할과 임무에 관한 사항 ④ 산업보건 및 직업병 예방에 관한 사항 ⑤ 유해·위험 작업환경 관리에 관한 사항 ⑥ 「산업안전보건법」 및 일반관리에 관한 사항

27. 교육의 3요소에는 주체, 객체, 매개체가 있다. 이 중 교육의 객체(object of education)에 해당하는 것은?

① 교육생 ② 강사 ③ 교재 ④ 설문지 ⑤ 교육기관

> **해설** • 교육의 주체 : 강사 • 교육의 객체 : 교육생 • 교육의 매개체 : 교재

28. A기업은 학습지도 방법의 형태 중 '교재에 의한 피교육자의 자율적 학습' 방법을 선택하여 근로자에게 안전·보건교육을 실시하고 있다. A 기업의 학습지도 방식에 해당하는 것은?

① 강의식 ② 필기식 ③ 독서식 ④ 시범식 ⑤ 계도식

29. 사업장 위험성평가에 관한 지침 중 용어의 정의로 옳지 않은 것은?

① 유해·위험요인은 유해·위험을 일으킬 잠재적 가능성이 있는 것의 고유한 특징이나 속성을 뜻한다.
② 위험성추정은 유해·위험요인이 부상 또는 질병으로 이어질 수 있는 가능성과 중대성을 조합한 것이다.
③ 위험성결정은 유해·위험요인별로 추정한 위험성의 크기가 허용가능한 범위인지를 판단하는 것을 말한다.

④ 기록은 사업장에서 위험성평가 활동을 수행한 근거와 그 결과를 문서로 작성하여 보존하는 것이다.
⑤ 유해·위험요인 파악은 유해요인과 위험요인을 찾아내는 과정을 말한다.

해설 1. **"위험성평가"란** 유해·위험요인을 파악하고 해당 유해·위험요인에 의한 부상 또는 질병의 발생 가능성(빈도)과 중대성(강도)을 추정·결정하고 감소대책을 수립하여 실행하는 일련의 과정을 말한다. 2. **"유해·위험요인"이란** 유해·위험을 일으킬 잠재적 가능성이 있는 것의 고유한 특징이나 속성을 말한다. 3. **"유해·위험요인 파악"이란** 유해요인과 위험요인을 찾아내는 과정을 말한다. 4. **"위험성"이란** 유해·위험요인이 부상 또는 질병으로 이어질 수 있는 가능성(빈도)과 중대성(강도)을 조합한 것을 의미한다. 5. **"위험성 추정"이란** 유해·위험요인별로 부상 또는 질병으로 이어질 수 있는 가능성과 중대성의 크기를 각각 추정하여 위험성의 크기를 산출하는 것을 말한다. 6. **"위험성 결정"이란** 유해·위험요인별로 추정한 위험성의 크기가 허용 가능한 범위인지 여부를 판단하는 것을 말한다.

30. 안전관리계획의 운영방법에서 안전보건평가 항목의 주요 평가척도의 종류에 해당되지 않는 것은?

① 절대척도
② 상대척도
③ 평정척도
④ 기능척도
⑤ 도수척도

해설 • **절대척도:** 재해건수 등 • **상대척도:** 도수율, 강도율 • **평정척도:** 양호, 보통, 불가 등 • **도수척도:** 중앙값, % 등

31. 사업장 위험성평가에 관한 지침에 관한 설명 중 ( )에 들어갈 내용으로 옳은 것은?

사업주가 스스로 사업장의 유해·위험요인에 대한 실태를 파악하고 이를 평가하여 관리·개선하는 등 필요한 조치를 할 수 있도록 지원 하기 위하여 위험성 평가 ( ), ( ), ( ) 등에 관한 기준을 제시하고, 위험성평가 활성화를 위한 시책의 운영 및 지원사업 등 그 밖에 필요한 사항을 규정함을 목적으로 한다.

① 계획, 실시, 결과조치
② 방법, 절차, 시기
③ 목표, 계획, 시기
④ 규정, 계획, 방법
⑤ 계획, 절차, 결과

해설 • 제1조(목적) 이 고시는 「산업안전보건법」 제41조의2제3항에 따라 사업주가 스스로 사업장의 유해·위험요인에 대한 실태를 파악하고 이를 평가하여 관리·개선하는 등 필요한 조치를 할 수 있도록 지원하기 위하여 위험성평가 방법, 절차, 시기 등에 대한 기준을 제시하고, 위험성평가 활성화를 위한 시책의 운영 및 지원사업 등 그 밖에 필요한 사항을 규정함을 목적으로 한다.

32. 교육훈련평가의 4단계에서 각 단계별로 내용이 올바르게 연결된 것은?

① 제 1단계 – 반응단계
② 제 2단계 – 행동단계
③ 제 3단계 – 결과단계
④ 제 4단계 – 학습단계
⑤ 제 4단계 – 행동단계

> [해설] • **교육훈련 평가 4단계:** 1. 반응단계 2. 학습단계 3. 행동단계 4. 결과단계

33. B기업은 근로자들에게 안전지식을 높이고 의식을 함양하기 위해서 안전교육을 다음과 같은 방식으로 실시하였다. B기업에서 채택하고 있는 교육의 진행 방식으로 옳은 것은? 새로운 자료나 교재를 제시하고 거기에서 나온 문제점을 피교육자로 하여금 제기하게 하거나, 의견을 여러 가지 방법으로 발표하게 하고, 다시 깊이 파고들어서 토의를 진행하는 방법이다.

① Forum
② On the Job Training (OJT)
③ Panel Discussion
④ Buzz Session
⑤ Case Study

> [해설] • **토의법 종류:** ① 심포지엄(Symposium): 몇 사람의 전문가에 의해 견해를 발표하도록 하고 참가자로 하여금 의견이나 질문을 하게 하는 토의 방식 ② 포럼(Forum): 새로운 자료나 교재를 제시하고 그에 따른 문제점을 피 교육자로 하여금 제기하여서 의견을 여러 가지 방법으로 발표하게 하여 다시 깊이 파고들어 토의하는 방법 ③ 버즈세션(Buzz Session): 6.6회의라고도 하며, 참가자가 다수인 경우에 전원을 토의에 참가시키기 위한 방법으로 소집단을 구성하여 회의를 진행시키는 것 ④ 패널 디스커션(Panel Discussion): 패널 4~5명이 피교육자 앞에서 자유로이 토의를 한 후 피교육자 전원이 참가하여 사회자의 사회에 따라 토의하는 방법 ⑤ 사례연구(Case Study): 먼저 사례를 제시하고 제시한 내용에 대한 문제점을 피교육자로부터 제기하게 하거나 의견을 여러 가지 방법으로 발표하게 하며 대책을 토의하는 방법

34. 재해손실에 따른 평가 산정방식에서 재해코스트 이론을 주장한 인물과 평가 산정방식의 내용이 옳지 않은 것은?

① 하인리히(H. Heinrich) : 총 재해코스트는 직접비와 간접비의 합이다.
② 시몬즈(R. Simonds): 총 재해코스트는 산재보험코스트와 비보험코스트의 합이다.
③ 콤페스(P. Compes): 총 재해손실비용은 공동비용(불변)과 개별비용(변수)의 합이다.
④ 버드(F. Bird) : 간접비의 빙산원리를 주장하였으며, 총 재해손실비용은 보험비, 비보험 재산비용, 비보험 제반비용을 포함한다고 하였다.
⑤ 노구찌(野口三郎) : 하인리히의 평균치법을 근거로 일본의 상황에 맞는 손실 방법을 제시하였다.

해설		
1. 하인리히	● 총재해비용 = 직접비 + 간접비 = 1:4	
	• 직접비: 산재보상비(유족보상, 장제비, 요양보상, 휴업보상) • 간접비: 재산손실, 생산중단, 인적손실, 물적손해	
2. 버드	● 총재해비용 = 직접비 + 간접비 = 1:5	
	• 직접비 : 보험료(의료비, 보상금) • 간접비 : 비보험료(건물손실비, 조업중단, 제품 재료손실)	
3. 시몬스	● 총재해비용 = 산재보험비용 +비보험비용	
	• 비보험비용 = (A*휴업상해건수) + (B*통원상해건수) + (C*응급조치건수) + (D*무상해건수)	
4. 콤파스	● 총재해비용 = 개별비용비 + 공동비용비	
	• 개별비용비: 작업중단, 수리비용, 자료조사 • 공동비용비: 보험료, 기업명예비, 안전팀 유지비	

35. ( )에 들어갈 내용으로 옳은 것은?

산업안전보건법령상 산업안전보건위원회의 회의는 정기회의와 임시 회의로 구분하되, 정기회의는 ( )마다 위원장이 소집하며, 임시회 의는 위원장이 필요하다고 인정할 때에 소집한다.

① 1개월　　② 분기　　③ 반기　　④ 1년　　⑤ 격년

해설 산업안전보건위원회의 회의는 정기회의와 임시회의로 구분하되, 정기회의는 분기마다 위원장이 소집하며, 임시회의는 위원장이 필요하다고 인정할 때에 소집한다.

36. 신뢰성의 개념에 관한 설명으로 옳지 않은 것은? (단, t는 시간이다.)

① 신뢰도는 시스템, 기기 및 부품 등이 정해진 사용조건에서 의도하는 기간에 정해진 기능을 수행할 확률이다.
② 누적고장률함수 F(t)는 처음부터 임의의 시점까지 고장이 발생할 확률을 나타내는 함수이다.
③ 고장밀도함수 f(t)는 시간당 어떤 비율로 고장이 발생하고 있는가를 나타내는 함수이다.
④ 고장률 h(t)는 현재 고장이 발생하지 않은 제품 중 단위시간 동안 고장이 발생할 제품의 비율이다.
⑤ 신뢰도함수 R(t)는 임의의 시점에서 고장을 일으키지 않고 남아 있는 제품의 비율로, 1− f(t)로 정의된다.(단, f(t)는 고장밀도함수이다.)

해설 F(t) t=time 일시 함수관계 ① $f(t) = \frac{d}{dt}F(t)$　f(t) 고장밀도함수 : 시간당 어떤 비율로 고장발생
② R(t) = 1− F(t)　R(t) 신뢰도 함수　③ $h(t) = \frac{f(t)}{R(t)} = \frac{f(t)}{1-F(t)}$　h(t)고장율 함수: 현재 고장 발생하지않은 제품 중 단위시간동안 고장이 발생한 제품 비율

37. C회사에서 생산되는 가변저항의 수명이 지수분포를 따르고 고장밀도함수 $f(t)=\frac{1}{200}e^{-t/200}$ 이라면, t=200 주(week)일 때 누적고장률 F(200)은 얼마인가? (단, 소숫점 넷째자리에서 반올림한다.)

① 0.018   ② 0.268   ③ 0.368   ④ 0.632   ⑤ 0.732

해설 $f(t)=\frac{1}{200}e^{-t/200}$ 일 때 $f(200)=\frac{1}{200}e^{-200/200}=\frac{1}{200}e^{-1}=1.83939$

$R(t)=e^{-\lambda t}=e^{-\frac{1}{MTBF}t}=1-F(t)$ 즉, $F(200)=1-e^{-t/200}=1-e^{-1}=0.632$

38. 시스템의 수명주기 5단계를 순서대로 나열한 것은?

ㄱ. 생산   ㄴ. 구상   ㄷ. 개발   ㄹ. 운전   ㅁ. 정의

① ㄱ - ㄴ - ㄷ - ㄹ - ㅁ   ② ㄴ - ㄷ - ㄱ - ㅁ - ㄹ
③ ㄴ - ㅁ - ㄷ - ㄱ - ㄹ   ④ ㄹ - ㄷ - ㄱ - ㅁ - ㄴ
⑤ ㅁ - ㄴ - ㄱ - ㄷ - ㄹ

해설 구상 - 정의 - 개발 - 생산 - 운전

39. D부품회사는 최근 개발한 신규 볼 베어링의 수명을 예측하기 위하여 가속 시험을 수행하였다. 통상적으로 볼 베어링에 작용하는 하중은 20 kN이다. 이 볼 베어링에 80 kN의 하중을 가해 가속시험을 하였을때 가속계수는 얼마인가? (단, 가속모델은 n승 법칙 모델을 따르고, n=2.5이다.)

① 4   ② 16   ③ 32   ④ 64   ⑤ 128

해설 가속계수 = $(\frac{하중}{적용하중})^n$ 에서 $(\frac{하중}{적용하중})^n = (\frac{80}{20})^{2.5} = 32$

40. FTA(Fault Tree Analysis) 분석기법을 이용하여, 다음의 정상사상 (top event) T의 미니멀 컷셋(minimal cut set)을 구하면?

T= A1·A2
A1= X1·X2,
A2= X1+X3

① (X1, X2)   ② (X1, X3)
③ (X2, X3)   ④ (X1, X2, X3)
⑤ (X1, X2), (X2, X3)

해설 X1, X2 (X1+X3) = X1X2X1 + X1X2X3 = X1X2+X1X2X3 = X1X2(1+X3) 따라서 미니멀 컷셋은 X1 , X2

41. 광원으로부터 2 m 떨어진 곳의 조도가 2,000 lux 이면, 같은 광원으로 부터 4 m 거리에서의 조도(lux)는? (단, 동일한 조명 환경이 유지되는 것으로 가정한다.)

① 100 ② 200 ③ 250 ④ 500 ⑤ 1,000

해설 조도 = $\frac{광도}{거리^2}$ 2m에서 2000 = $\frac{광도}{2^2}$ 광도값= 8,000 4m에서 조도 = $\frac{8000}{4^2}$ = 500 lux

42. E사의 안전관리자는 최근 설치된 수입 기계의 긴급 정지 버튼이 파란색으로 표시되어 있는 것을 발견하고, 이를 빨간색으로 교체하도록 시정조치 하 였다. 안전관리자의 이러한 조치와 직접적으로 관련된 양립성은?

① 운동 양립성
② 위치 양립성
③ 공간 양립성
④ 개념 양립성
⑤ 양식 양립성

해설 ① **공간양립성**: 표시장치나 조정장치에서 물리적 형태 및 공간적 배치를 통하여 표시장치와 이에 대응하는 조종장치의 위치가 인간의 기대에 모순되지 않는 것 오른쪽 : 오른쪽 조절장치 ② **운동양립성** : 표시장치의 움직이는 방향과 조정장치의 방향이 사용자의 기대와 일치하여 조종장치의 조작방향에 따라서 기계장치나 자동차등의 움직이는 것: 표시장치, 조종장치, 체계반응 ③ **개념양립성**: 이미 사람들이 학습을 통하여 알고 있는 개념적 연상으로 인간이 가지는 개념과 일치하게 하는 것 적색수도(온수), 청색수도(냉수) ④ **양식양립성** : 직무에 알맞은 자극과 응답의 존재에 대한 양립성

43. 인간-기계 시스템에서 인간 기준(human criteria) 평가 척도의 유형이 나머지와 다른 것은?

① 운동 양립성
② 위치 양립성
③ 공간 양립성
④ 개념 양립성
⑤ 양식 양립성

해설 •인간 기준(human criteria) 평가 척도: ① 인간성능 척도 ② 생리학적 척도: 근전도, 피부온도, 심박수, 뇌파 ③ 주관의 반응 ④ 사고빈도

44. 500 명이 근무하는 (주)안전의 작년 재해 통계를 기준으로 하였을 때, ㈜안전의 근로자가 입사하여 정년까지 평균적으로 경험하는 재해 건 수와 근로 손실일수가 각각 0.5 건과 10 일인 것으로 나타났다. (주)안전의 작년 재해자수와 근로손실일수는? (단, 근로자 1인당 연간 총근로 시간은 2,400시간, 근로자 1인이 입사하여 정년까지 근무하는 총근로시간은 100,000 시간으로 가정한다.)

① 재해자수: 5 명, 근로손실일수: 60 일
② 재해자수: 5 명, 근로손실일수: 120 일
③ 재해자수: 6 명, 근로손실일수: 60 일

④ 재해자수: 6 명, 근로손실일수: 120 일
⑤ 재해자수: 10 명, 근로손실일수: 100 일

해설 • 근로자가 입사하여 정년까지 평균적으로 경험하는 재해 건수와 근로손실일수 ⇒ 환산강도율, 환산도수율 · 환산강도율 10일, 환산도수율 0.5 1) 환산강도율 = 강도율 * 100 10 = 강도율 *100 따라서 강도율 0.1 강도율 = $\frac{근로손실일수}{연근로시간수}$ *1000 = $\frac{근로손실일수}{500*2400}$*1000 = 0.1 따라서 근로손실일수 = 120일
2) 환산도수율 = 도수율*0.1 0.5 = 도수율 *0.1 따라서 도수율 =5
도수율 = $\frac{재해건수}{연근로시간수}$ *1,000,000 = $\frac{재해건수}{500*2400}$*1,000,000 = 5 따라서 재해건수 = 6건

45. 스웨인(Swain)의 인적오류 분류 방법에 따를 때, 제품에 라벨을 부착 하는 작업 중 잘못된 위치에 라벨을 부착한 경우에 해당되는 오류는?

① 작위 오류
② 누락 오류
③ 시간 오류
④ 순서 오류
⑤ 불필요한 수행 오류

해설 • 휴먼에러의 심리적 분류: ① 생략적 과오(omission error, 누설오류, 부작위오류): 필요한 직무 또는 절차를 수행하지 않는데 기인한 과오 ② 수행적 과 (commission error, 작위오류, 실행오류): 필요한 직무 또는 절차의 불확실한 수행으로 인한 과오 ③ 시간적 과오(time error): 필요한 직무 또는 절차의 수행 지연으로 인한 과오 ④ 순서적 과오(sequential error): 필요한 직무 또는 절차의 순서 착오로 인한 과오 ⑤ 불필요 과오(extraneous error, 과잉행동오류): 불필요한 직무 또는 절차를 수행함으로써 기인한 과오 • 휴먼에러의 레벨적 분류: ① 1차 에러 (Primary Error): 작업자 자신으로부터 발생한 에러 ② 2차 에러 (Secondary Error): 작업형태, 작업조건 중 문제가 생겨 필요한 사항을 실행할 수 없어 발생한 에러 ③ Command Error: 실행하고자 하여도 필요한 물품, 정보, 에너지등이 공급 되지 않아서 작업자가 움직일 수 없는 상태에서 발생한 에러

46. 스웨인(Swain)의 인적오류 분류 방법에 따를 때, 제품에 라벨을 부착 하는 작업 중 잘못된 위치에 라벨을 부착한 경우에 해당되는 오류는?

① 개인보호구는 근로자의 몸에 맞출 수 있도록 조절될 수 있어야 한다.
② ABE형 안전모는 규정된 시험 절차에 따라 내전압성 성능시험을 통과해야 한다.
③ 금속 흄 등과 같이 열적으로 생기는 분진 발생 장소에서는 1급 방진 마스크를 사용하는 것이 적절하다.
④ 차음해야 할 소음이 저음부터 고음까지 고른 경우에는 2종 귀마개(EP-2)를 사용해야 한다.
⑤ 청력보호구는 보호구 착용으로 8시간 시간가중평균 90 dB(A) 이하의 소음 노출수준이 되도록 차음효과가 있어야 한다.

해설 • 1종 귀마개 (EP-1): 저음에서 고음 • 2종 귀마개(EP-2): 고음

47. 인간-기계시스템에 관한 설명으로 옳지 않은 것은?

① 인간-기계시스템에서 인간과 기계는 공통의 목표를 갖고 있다.
② 기계에서 경보음을 위한 스피커는 인간-기계시스템의 청각적 표시장치에 해당된다.
③ 인간-기계 인터페이스(interface)를 설계할 때는 인간의 신체적 특성, 인지 특성, 감성특성 등을 고려해야 한다.
④ 인간-기계시스템은 정보 표시 방식에 따라 개회로(open-loop) 시스템과 폐회로(closed-loop) 시스템으로 구분된다.
⑤ 인간-기계시스템은 사용 환경을 고려하여 설계하여야 한다.

48. NIOSH 들기작업 공식을 이용한 중량물취급 작업의 평가에 관한 설명으로 옳은 것을 모두 고른 것은?

> ㄱ. 들기지수(LI)가 1보다 작으면 안전한 작업이다.
> ㄴ. 작업지속시간과 작업의 횟수를 조사해야 한다.
> ㄷ. 가장 좋은 조건에서 들기작업의 최대 권장 하중은 25kg이다.

① ㄱ   ② ㄷ   ③ ㄱ, ㄴ   ④ ㄴ, ㄷ   ⑤ ㄱ, ㄴ, ㄷ

해설 • LI = $\frac{작업물무게}{RWL}$ LI < 1 : 안전   LI > 1 : 요통발생위험 높다

• RWL = LC * HM * VM * DM * AM * FM * CM • LC : 작업물 무게 (23KG) • HM 수평계수 = $\frac{25}{H}$

• VM 수직계수 = 1- [0.003 * (V - 75)]   • DM 거리계수 = 0.82 + $\frac{4.5}{D}$

• AM 비대칭계수 = 1- (0.0032 * A)

49. 재해원인을 파악하고 분석하는데 쓰이는 기법에 관한 설명으로 옳은 것을 모두 고른 것은?

> ㄱ. 파레토 분석은 여러 관련 요인 중 재해의 주요 원인을 파악하는 데 적합하다.
> ㄴ. 관리도는 재해 관련 요인의 특성 변화 추이를 파악하여 목표를 관리하는데 적합하다.
> ㄷ. 특성요인도는 재해 발생 과정을 포괄적으로 파악하여 특성별 수준에 따라 재해 발생 원인을 분석하는데 적합하다.

① ㄱ   ② ㄴ   ③ ㄱ, ㄷ   ④ ㄴ, ㄷ   ⑤ ㄱ, ㄴ, ㄷ

해설 • **재해통계 방법:** 1) **파레토도(Pareto Diagram):** 파레토도 또는 파레토 차트는 자료들이 어떤 범주에 속하는가를 나타내는 계수형 자료일 때 각 범주에 대한 빈도를 막대의 높이로 나타낸 그림이다. 따라서

기본적으로 파레토도는 계수형 자료에 대한 히스토그램이라고 할 수 있다. 재해통계에서도 사고유형, 기인물, 불안전한 상태, 불안전한 행동 등의 데이터를 분류하여 그 항목 값이 큰 순서대로 정리하여 막대그래프로 나타낸다. ① 가로축에 재해 원인을, 세로축에 그 영향도를 표시 ② **특징**: • 재해의 중점 원인을 파악하기 쉽다. • 중점관리대상 선정 유리 • 재해 원인의 비중 확인 가능 **2) 특성요인도 (Causes and Effects Diagram)**: 재해와 그 요인과의 인과관계를 어골상의 화살표로 결부시켜 세분화 하는 방법으로 특별한 전문지식이 없이도 재해요인들의 연관성을 간략하게 시각적으로 표현 할 수 있는 장점이 있다. ① **특징**: • 재해의 특성과 원인의 관계를 정리한 것 (생선 뼈 형태) • 어느 하나의 문제를 요인의 연쇄라는 형태로 간결하게 표현 • 원인과 결과의 관계를 쉽게 파악 : 원인분석에 효과적 **3) 크로스 (Cross Diagram)**: ① 2개 항목 이상의 요인이 상호관계를 유지할 때 문제를 분석하는데 사용 ② 상호관계를 분석하여 재해 원인 정확히 파악 가능 ③ 재해 발생 위험도가 큰 조합을 발견하는 것이 가능 **4) 관리도 (Control Chart)**: ① 시간 경과에 따른 재해 발생 건수나 불안전한 행동 등의 변화추이를 대략적으로 파악하여 목표관리를 하는데 이용한다. ② 특정치에 관해 그려진 그래프로 관리상태 판단 용이 ③ 상한 관리선과 하한 관리선 내에서 목표관리가 가능

50. F사 안전보건팀은 작년에 이 회사에서 발생한 재해와 관련하여 다음과 같은 업무를 수행 하였다. 재해사례 연구의 진행단계에 따라 각 업무 활동을 순서대로 나열한 것은?

> ㄱ. 재해와 관련된 사실 및 재해요인으로 알려진 사실을 확인하였다.
> ㄴ. 유사 재해가 발생하는 것을 방지하기 위한 대책을 수립하였다.
> ㄷ. 인적, 물적, 관리적 측면에서 문제점을 파악하고 분석하였다.
> ㄹ. 재해 발생의 근본적 문제점을 결정하였다.

① ㄱ - ㄴ - ㄷ - ㄹ
② ㄱ - ㄷ - ㄹ - ㄴ
③ ㄱ - ㄹ - ㄷ - ㄴ
④ ㄹ - ㄱ - ㄷ - ㄴ
⑤ ㄹ - ㄷ - ㄱ - ㄴ

해설 • 재해조사순서(4단계): ① 1 단계: 사실의 발견: 재해 발생까지의 경과 확인 ② 2 단계: 문제점 확인: 인적, 물적인 면에서 재해요인 파악 ③ 3 단계: 기본원인 결정: 기본원인을 4M의 생각에 따라 분석·결정 ④ 4 단계: 대책 수립: 동종 및 유사재해 예방

26. ④ 27. ① 28. ③ 29. ② 30. ④ 31. ② 32. ① 33. ① 34. ⑤ 35. ② 36. ⑤
37. ④ 38. ③ 39. ③ 40. ① 41. ④ 42. ④ 43. ⑤ 44. ④ 45. ① 46. ④ 47. ④
48. ③ 49. ⑤ 50. ②

2019년 산업안전지도사 1차시험

26. TWI(Training Within Industry) 교육훈련내용 중 사람을 다루는 방법(인간관계 관리기법)에 대한 훈련인 것은?

① JIT(Job Instruction Training)
② JMT(Job Method Training)
③ JRT(Job Relation Training)
④ CCS(Civil Communication Section)
⑤ MTP(Management Training Program)

해설 • TWI(Training Within Industry): 산업내훈련의 약칭이다. • TWI (관리감독자 교육훈련)의 내용: ① JST(Job Safety, 작업안전 훈련) ② JMT(Job Method, 작업방법 훈련): 작업의 개선방법 ③ JRT(Job Relation, 인간관계 훈련): 작업에서의 대인관계 ④ JIT (Job Instruction, 작업지도 훈련): 부하에게 작업을 가르치는 방법

27. 산업안전보건법령상 사업주가 근로자에 대하여 실시하여야 하는 교육 중 채용 시 및 작업내용 변경 시의 교육내용으로 명시되어 있는 것이 아닌 것은?

① 기계·기구의 위험성과 작업의 순서 및 동선에 관한 사항
② 작업 개시 전 점검에 관한 사항
③ 정리정돈 및 청소에 관한 사항
④ 사고 발생 시 재해조사 및 방지계획에 관한 사항
⑤ 산업보건 및 직업병 예방에 관한 사항

해설 •채용 시의 교육 및 작업내용 변경 시의 교육: ① 기계·기구의 위험성과 작업의 순서 및 동선에 관한 사항 ② 작업 개시 전 점검에 관한 사항 ③ 정리정돈 및 청소에 관한 사항 ④ 사고 발생 시 긴급조치에 관한 사항 ⑤ 산업보건 및 직업병 예방에 관한 사항 ⑥ 물질안전보건자료에 관한 사항 ⑦ 「산업안전보건법」 및 일반관리에 관한 사항

28. 하인리히(H.W.Heinrich)의 재해코스트 산정 시 간접비에 해당하는 것을 모두 고른 것은?

| ㄱ. 휴업보상비 | ㄴ. 장해보상비 | ㄷ. 재산손실 |
| ㄹ. 유족보상비 | ㅁ. 생산감소 | |

① ㄱ, ㄴ　② ㄱ, ㅁ　③ ㄴ, ㄹ　④ ㄷ, ㄹ　⑤ ㄷ, ㅁ

해설 •총재해비용 = 직접비 : 간접비 = 1 : 4 •직접비: 산재보상비 (유족보상, 장제비, 요양보상, 휴업보상)
•간접비: 재산손실, 생산중단, 인적손실, 물적손해

29. 산업안전보건기준에 관한 규칙상 지게차에 관한 내용으로 옳지 않은 것은?

① 사업주는 화물의 낙하에 의하여 지게차의 운전자에게 위험을 미칠 우려가 있는 경우에는 지게차 최대하중의 1.5배 값(3톤을 넘는 값에 대해서는 3톤으로 한다)의 등분포정하중에 견딜 수 있는 헤드가드를 갖추어야 한다.
② 사업주는 백레스트(backrest)를 갖추지 아니한 지게차를 사용해서는 아니 된다. 다만, 마스트의 후방에서 화물이 낙하함으로써 근로자가 위험해질 우려가 없는 경우에는 그러하지 아니하다.
③ 사업주는 전조등과 후미등을 갖추지 아니한 지게차를 사용해서는 아니 된다. 다만, 작업을 안전하게 수행하기 위하여 필요한 조명이 확보되어 있는 장소에서 사용하는 경우에는 그러하지 아니하다.
④ 사업주는 앉아서 조작하는 방식의 지게차를 운전하는 근로자에게 좌석 안전띠를 착용하도록 하여야 한다.
⑤ 사업주는 지게차에 의한 하역운반작업에 사용하는 팔레트(pallet)는 적재하는 화물의 중량에 따른 충분한 강도를 가지고 심한 손상·변형 또는 부식이 없는 것을 사용하여야 한다.

해설 • 산업안전보건기준에 관한 규칙: •제179조(전조등 및 후미등) 사업주는 전조등과 후미등을 갖추지 아니한 지게차를 사용해서는 아니 된다. 다만, 작업을 안전하게 수행하기 위하여 필요한 조명이 확보되어 있는 장소에서 사용하는 경우에는 그러하지 아니하다. •제180조(헤드가드) 사업주는 다음 각 호에 따른 적합한 헤드가드(head guard)를 갖추지 아니한 지게차를 사용해서는 아니 된다. 다만, 화물의 낙하에 의하여 지게차의 운전자에게 위험을 미칠 우려가 없는 경우에는 그러하지 아니하다. 1. 강도는 지게차의 최대하중의 2배 값(4톤을 넘는 값에 대해서는 4톤으로 한다)의 등분포정하중(等分布靜荷重)에 견딜 수 있을 것 2. 상부틀의 각 개구의 폭 또는 길이가 16센티미터 미만일 것 3. 운전자가 앉아서 조작하거나 서서 조작하는 지게차의 헤드가드는 「산업표준화법」 제12조에 따른 한국산업표준에서 정하는 높이 기준 이상일것 •제181조(백레스트) 사업주는 백레스트(backrest)를 갖추지 아니한 지게차를 사용해서는 아니 된다. 다만, 마스트의 후방에서 화물이 낙하함으로써 근로자가 위험해질 우려가 없는 경우에는 그러하지 아니하다. •제182조(팔레트 등) 사업주는 지게차에 의한 하역운반작업에 사용하는 팔레트(pallet) 또는 스키드(skid)는 다음 각 호에 해당하는 것을 사용하여야 한다. 1. 적재하는 화물의 중량에 따른 충분한 강도를 가질 것 2. 심한 손상·변형 또는 부식이 없을 것 제183조(좌석 안전띠의 착용 등) ① 사업주는 앉아서 조작하는 방식의 지게차를 운전하는 근로자에게 좌석 안전띠를 착용하도록 하여야 한다. ② 제1항에 따른 지게차를 운전하는 근로자는 좌석 안전띠를 착용하여야 한다.

30. 사업장 위험성평가에 관한 지침에서 위험성 추정 시 유의사항으로 옳지 않은 것은?

① 예상되는 부상 또는 질병의 대상자 및 내용을 명확하게 예측할 것
② 최악의 상황에서 가장 큰 부상 또는 질병의 중대성을 추정할 것
③ 부상 또는 질병의 중대성은 부상이나 질병 등의 종류에 따라 각각 별도의 척도를 사용하는 것이 바람직하며, 기본적으로 부상 또는 질병에 의한 요양기간 또는 근로손실 일수 등을 척도로 사용하지 아니 할 것

④ 기계·기구, 설비, 작업 등의 특성과 부상 또는 질병의 유형을 고려할 것
⑤ 유해성이 입증되어 있지 않은 경우에도 일정한 근거가 있는 경우에는 그 근거를 기초로 하여 유해성이 존재하는 것으로 추정할 것

[해설] •사업장 위험성평가 지침 제9조(위험성추정) ② 제1항에 따라 위험성을 추정할 경우에는 다음에서 정하는 사항을 유의하여야 한다. 1. 예상되는 부상 또는 질병의 대상자 및 내용을 명확하게 예측할 것 2. 최악의 상황에서 가장 큰 부상 또는 질병의 중대성을 추정할 것 3. 부상 또는 질병의 중대성은 부상이나 질병 등의 종류에 관계없이 공통의 척도를 사용하는 것이 바람직하며, 기본적으로 부상 또는 질병에 의한 요양기간 또는 근로손실 일수 등을 척도로 사용할 것 4. 유해성이 입증되어 있지 않은 경우에도 일정한 근거가 있는 경우에는 그 근거를 기초로 하여 유해성이 존재하는 것으로 추정할 것 5. 기계·기구, 설비, 작업 등의 특성과 부상 또는 질병의 유형을 고려할 것

31. 다음에서 설명하는 논리기호의 명칭은?

- 더 이상 해석이나 분석할 필요가 없는 사상
- 결함수 분석법(FTA)의 도표에 사용되는 논리기호 중 '원'기호로 표시됨

① 결함사상   ② 기본사상   ③ 이하 생략의 결함사상
④ 통상사상   ⑤ 전이기호

[해설]

생략 사상 결함 사상 기본 사상 통합 사상 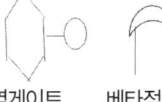역게이트 베타적 QR 게이트 우선적 AND 게이트

32. 산업안전보건기준에 관한 규칙상 통로에 관한 내용으로 옳지 않은 것은?

① 가설통로를 설치하는 경우 경사가 15도를 초과하는 경우에는 미끄러지지 아니하는 구조로 설치하여야 한다.
② 사다리식 통로를 설치하는 경우 사다리의 상단은 걸쳐놓은 지점으로부터 60센티미터 이상 올라가도록 설치하여야 한다.
③ 계단 및 계단참을 설치하는 경우 매제곱미터당 400킬로그램 이상의 하중에 견딜 수 있는 강도를 가진 구조로 설치하여야 한다.
④ 높이가 3미터를 초과하는 계단에 높이 3미터 이내마다 너비 1.2미터 이상의 계단참을 설치하여야 한다.
⑤ 높이 1미터 이상인 계단의 개방된 측면에 안전난간을 설치하여야 한다.

[해설] • 산업안전보건기준에 관한 제23조(가설통로의 구조) 사업주는 가설통로를 설치하는 경우 다음 각 호의 사항을 준수하여야 한다. 1. 견고한 구조로 할 것 2. 경사는 30도 이하로 할 것. 다만, 계단을 설치하거나 높이 2미터 미만의가설통로로서 튼튼한 손잡이를 설치한 경우에는 그러하지 아니한다. 3. 경사가 15도를 초과하는 경우에는 미끄러지지 아니하는 구조로 할 것 4. 추락할 위험이 있는 장소에는 안전난간을 설치할 것. 다만, 작업상 부득이한 경우에는 필요한 부분만 임시로 해체할 수 있다. 5. 수직갱에 가설된 통로의 길이가 15미터

이상인 경우에는 10미터 이내마다 계단참을 설치할 것 6. 건설공사에 사용하는 높이 8미터 이상인 비계다리에는 7미터 이내마다 계단참을 설치할 것 •**제24조(사다리식 통로 등의 구조)** ① 사업주는 사다리식 통로 등을 설치하는 경우 다음 각 호의 사항을 준수하여야 한다. 1. 견고한 구조로 할 것 2. 심한 손상·부식 등이 없는 재료를 사용할 것 3. 발판의 간격은 일정하게 할 것 4. 발판과 벽과의 사이는 15센티미터 이상의 간격을 유지할 것 5. 폭은 30센티미터 이상으로 할 것 6. 사다리가 넘어지거나 미끄러지는 것을 방지하기 위한 조치를 할 것 7. 사다리의 상단은 걸쳐놓은 지점으로부터 60센티미터 이상 올라가도록할 것 8. 사다리식 통로의 길이가 10미터 이상인 경우에는 5미터 이내마다 계단참을 설치할 것 9. 사다리식 통로의 기울기는 75도 이하로 할 것. 다만, 고정식 사다리식통로의 기울기는 90도 이하로 하고, 그 높이가 7미터 이상인 경우에는 바닥으로부터 높이가 2.5미터 되는 지점부터 등받이울을 설치할 것 10. 접이식 사다리 기둥은 사용 시 접혀지거나 펼쳐지지 않도록 철물 등을 사용하여 견고하게 조치할 것 •**제26조(계단의 강도)** ① 사업주는 계단 및 계단참을 설치하는 경우 매제곱미터당 500킬로그램 이상의 하중에 견딜 수 있는 강도를 가진 구조로 설치하여야 하며, 안전율[안전의 정도를 표시하는 것으로서 재료의 파괴응력도(破壞應力度)와 허용응력도(許容應力度)의 비율을 말한다)]은 4 이상으로 하여야 한다. •**제28조(계단참의 높이)** 사업주는 높이가 3미터를 초과하는 계단에 높이 3미터 이내마다 너비 1.2미터 이상의 계단참을 설치하여야 한다. •**제30조(계단의 난간)** 사업주는 높이 1미터 이상인 계단의 개방된 측면에 안전난간을 설치하여야 한다.

33. 인간공학에서는 인간의 신체적 특성과 인지적 특성을 고려하여 제품을 설계한다. 인간특성과 설계사례의 연결로 옳지 않은 것은?

① 신체적 특성 – 사용자의 손 크기를 고려한 박스의 손잡이 설계
② 인지적 특성 – 전자레인지가 작동 중에 문을 열면 작동을 멈추도록 하는 인터락 설계
③ 신체적 특성 – 오금 높이를 기준으로 책상용 의자의 높이를 설계
④ 인지적 특성 – 작업자의 팔 행동반경을 고려하여 조종 장치를 배치
⑤ 인지적 특성 – 전화기 버튼을 누르면, 눌릴 때 마다 청각적 피드백을 제공하는 설계

해설 • 산업안전보건기준에 관한 제23조(가설통로의 구조) 사업주는 가설통로를 설치하는 경우 다음 각 호의 사항을 준수하여야 한다. 1. 견고한 구조로 할 것

34. 인간이 느끼는 음량크기에 관한 내용으로 옳지 않은 것은?

① phon은 특정 음과 같은 크기로 들리는 1,000Hz 순음의 음압수준(dB) 값으로 정의된다.
② 40 phon은 20 phon 보다 2배 큰 음이다.
③ 2 sone은 1 sone의 2배 크기의 음이다.
④ 등음량 곡선은 주파수를 변화시켜 가면서 같은 크기로 들리는 음압수준(dB)들 을 연결한 곡선이다.
⑤ 1 sone은 1,000 Hz, 40 dB인 음의 크기이다.

해설 •**PHON**: 1000HZ에서 순음의 음압수준(dB) 해당 즉, 음압수준이 120dB 경우 1000HZ에서 PHON 값은 120 음의 강도를 나타내는 단위. 1폰(phon)은 1 킬로헤르츠(kHz)의 음압 레벨(SPL : Sound Pressure Level)이 1 dB SPL일 때의 값이다. (예) 10 폰이면 1 ㎑에서 10 dB인 소리와 같은 크기로 들리는 소리를 말한다 •**SONE(1 SONE = 40 PHON = 40 db)**: 음의 감각적인 크기를 나타내는 척도를 말한다. 주파수가 1000Hz로 음압 레벨이 40dB 세기의 음과 감각적으로 같은 크기로 들리는 음을 1손이라고 한다. 음의 세기 레벨이 10폰 증가할 때마다 손수가 2배가 되는 척도, 즉 40폰을 1손으로 하고 50폰을 2손, 60폰을 4손이 되도록 한 음의 단위이다.

35. 근골격계 질환 예방을 위한 유해요인 평가방법 중 안전하게 작업할 수 있는 중량물의 허용중량 한계(RWL)를 계산할수 있는 평가방법은?

① OWAS   ② REBA
③ RULA   ④ NIOSH Lifting Guidelines
⑤ Strain Index

해설 •NIOSH 들기지수 (L I)

$$LI = \frac{작업물무게}{RWL}$$

36. 1 칸델라(cd)의 점광원으로부터 2 m 떨어진 곳의 조도는 얼마인가?

① 0.25 lux ② 0.5 lux ③ 1 lux ④ 2 lux ⑤ 3 lux

해설 •조도 = $\frac{광도}{거리^2}$ 광도 : 단위 입체각당 광원에서 방출되는 광속 •조도 = $\frac{1}{2^2}$ = $\frac{1}{4}$ = 0.25 lux

37. 고장률(failure rate)에 관한 내용으로 옳은 것을 모두 고른 것은?

ㄱ. 고장률은 특정시점까지 고장나지 않고 작동하던 부품이 다음 순간에 고장나게 될 가능성을 나타내는 척도다.
ㄴ. 고장률(h(t)), 신뢰도 함수(R(t))와 고장밀도함수(f(t)) 사이의 관계는 h(t) = f(t)/R(t)다.
ㄷ. 고장률은 시간의 흐름에 따라 감소형, 증가형, 유지형으로 구분할 수 있다.
ㄹ. 제품 혹은 부품의 전체 수명기간에 걸친 고장률의 변화는 욕조곡선(bathtub curve)의 형태로 나타난다.

① ㄱ, ㄴ   ② ㄴ, ㄷ   ③ ㄱ, ㄴ, ㄹ   ④ ㄴ, ㄷ, ㄹ   ⑤ ㄱ, ㄴ, ㄷ, ㄹ

해설 •F(t) t=time 일시 함수관계 ① f(t) = $\frac{d}{dt}$F(t) f(t) 고장밀도함수 : 시간당 어떤 비율로 고장발생 ② R(t) = 1− F(t) R(t) 신뢰도 함수 ③ h(t) = $\frac{f(t)}{R(t)}$ = $\frac{f(t)}{1-F(t)}$ h(t) 고장율 함수 : 현재 고장 발생하지 않은 제품중 단위시간동안 고장이 발생한 제품 비율 고장율 λ = $\frac{1}{MTBF}$ (MTBF : 평균수명)

38. 다음의 시각적 표지장치 중 정성적 표시장치는?

① 횡단보도의 삼색신호등　② 지침이 움직이는 중량계
③ 디지털 시계　　　　　　④ 눈금이 움직이는 체중계
⑤ 지침이 움직이는 시계

해설 (1) **정량적 표시장치**: 온도나 속도와 같이 동적으로 변화하는 변수나 자로 재는 길이와 같은 정적 변수의 계량값에 관한 정보를 제공 하는데 사용

표시장치	용도	형태	구분
정목 동침형	원하는 값으로 부터의 대략적인 편차나 고도를 읽어 그 변화 방향과 비율 등을 알고자 할 때 사용	지침이 움직이고 눈금이 고정된 상태(차량 속도계)	아날로그
정침 동목형	사용하고자 하는 값의 범위가 커서 비교적 작은 눈금판에 모두 나타내고자 할 때 사용	눈금이 움직이고지침이 도정된 상태(몸무게 계량기)	아날로그
계수형	수치를 정확히 읽어야 할 때 사용하고, 원형표시장치 보다 판독 시간이 짧고 판독오차가 작다.	전자적으로 숫자가 표시되는 형태	디지털

(2) **정성적 표시장치**: ① 온도, 압력, 속도와 같이 연속적으로 변하는 변수의 대략적인 값이나 변화추세, 비율 등을 알고자 할 때 주로 사용한다. ② 정량적 자료를 정성적 판독의 근거로 사용할 경우 가. 변수의 상태나 조건이 미리 정해 놓은 몇 개의 범위 중 어디에 속하는가를 판정할 때 (휴대용 라디오 전지상태) 나. 적정한 어떤 범위의 값을 일정하게 유지하고자 할 때 (자동차속력) 다. 변화 추세나 율을 관찰하고자 할 때 (비행고도의 변화율)

39. 다음에서 설명하고 있는 인간실수 유형은?

- 상황이나 목표의 해석은 제대로 하였으나 의도와는 다른 행동을 하는 경우에 발생하는 오류이다.
- 행동 결과에 대한 피드백이 있으면, 목표와 결과의 불일치가 쉽게 발견된다.
- 주의산만, 주의결핍에 의해 발생할 수 있으며, 잘못된 디자인이 원인 이기도 하다.

① 작위오류(commission error)　② 착오(mistake)
③ 실수(slip)　　　　　　　　　　④ 시간오류(timing error)
⑤ 위반(violation)

해설 •**인간과오의 분류**: (1) 휴먼에러의 심리적 분류: ① **생략적 과오**(omission error, 누설오류, 부작위오류): 필요한 직무 또는 절차를 수행하지 않은데 기인한 과오 ② **수행적 과오**(commission error, 작위오류): 필요한 직무 또는 절차의 불확실한 수행으로 인한 과오 ③ **시간적 과오**(time error): 필요한 직무 또는 절차의 수행 지연으로 인한 과오 ④ **순서적 과오**(sequential error): 필요한 직무 또는 절차의 순서 착오로 인한 과오 ⑤ **불필요 과오**(extraneous error, 과잉행동오류): 불필요한 직무 또는 절차를 수행함으로써 기인한 과오 (2) 인간의 정보처리 과정에서 발생 되는 에러: ① Mistake (**착오, 착각**): 인지 과정과 의사결정 과정에서 발생하는 에러로 상황 해석을 잘못하거나 틀린 목표를 착각하여 행하는 경우 ② Lapse(**건망증**): 저장 단계에서 발생하는 에러로 어떤 행동을 잊어버리고 안하는 경우 ③ Slip(**실수, 미끄러짐**): 실행단계에서 발생하는 에러로 상황해석은 제대로 하였으나 의도와는 다른 행동을 하는 경우

40. 다음 중 올바른 작업방법 설계 시 고려해야 할 사항으로 옳지 않은 것은?

① 동작을 천천히 하여 최대 근력을 얻도록 한다.
② 동작의 중간범위에서 최대한의 근력을 얻도록 한다.
③ 가능하다면 중력의 방향으로 작업을 수행하도록 한다.
④ 최대한 발휘할 수 있는 힘의 50 % 이상을 유지한다.
⑤ 눈동자의 움직임을 최소화한다.

해설 (1) **정량적 표시장치**: 온도나 속도와 같이 동적으로 변화하는 변수나 자로 재는 길이와 같은 정적 변수의 계량값에 관한 정보를 제공 하는데 사용

41. 작업장에서 근로자가 1일 8시간 작업하는 동안 90 dB(A)에서 4시간, 95dB(A)에서 4시간 소음에 노출되었다. 아래 허용노출시간표를 활용한 소음노출지수는 얼마인가?

1일 노출시간	소음강도
8 시간	90 dB(A)
4 시간	95 dB(A)
2 시간	100 dB(A)
1 시간	105 dB(A)
0.5 시간	110 dB(A)

① 0.8 ② 0.9 ③ 1.0 ④ 1.2 ⑤ 1.5

해설 소음노출지수 = $\frac{노출시간}{90dB\,1일\,노출시간} + \frac{노출시간}{95dB\,1일\,노출시간} = \frac{4}{8} + \frac{4}{4} = 0.5+1 = 1.5$

42. 사업장 위험성평가에 관한 지침에 명시하고 있는 "유해·위험요인이 부상 또는 질병으로 이어질 수 있는 가능성(빈도)과 중대성(강도)을 조합한 것"을 정의하는 용어는?

① 유해·위험요인 ② 위험성 결정
③ 위험성   ④ 위험성 추정
⑤ 위험성 감소대책 수립 및 실행

해설 1. "**위험성평가**"란 유해·위험요인을 파악하고 해당 유해·위험요인에 의한 부상 또는 질병의 발생 가능성(빈도)과 중대성(강도)을 추정·결정하고 감소대책을 수립하여 실행하는 일련의 과정을 말한다. 2. "**유해·위험요인**"이란 유해·위험을 일으킬 잠재적 가능성이 있는 것의 고유한 특징이나 속성을 말한다. 3. "**유해·위험요인 파악**"이란 유해요인과 위험요인을 찾아내는 과정을 말한다. 4. "**위험성**"이란 유해·위험요인이 부상 또는 질병으로 이어질 수 있는 가능성(빈도)과 중대성(강도)을 조합한 것을 의미한다. 5. "**위험성 추정**"이란 유해·위험요인별로 부상 또는 질병으로 이어질 수 있는 가능성과 중대성의 크기를 각각 추정하여 위험성의 크기를 산출 하는 것을 말한다. 6. "**위험성 결정**"이란 유해·위험요인별로 추정한 위험성의 크기가 허용 가능한 범위인지 여부를 판단하는 것을 말한다.

43. 제조물 책임법에 관한 내용으로 옳지 않은 것은?

① 제조업자는 제조물의 결함으로 생명·신체 또는 재산에 손해를 입은 자에게 그 손해를 배상하여야 한다.
② 제조물이란 제조되거나 가공된 동산을 말한다.
③ 제조상의 결함이란 제조업자가 제조물에 대하여 제조상·가공상의 주의 의무를 이행하였는지에 관계없이 제조물이 원래 의도한 설계와 다르게 제조·가공됨 으로써 안전하지 못하게 된 경우를 말한다.
④ 설계상의 결함이란 제조업자가 합리적인 설명·지시·경고 또는 그 밖의 표시를 하였더라면 해당 제조물에 의하여 발생할 수 있는 피해나 위험을 줄이거나 피할 수 있었음에도 이를 하지 아니한 경우를 말한다.
⑤ 제조물의 제조·가공 또는 수입을 업으로 하는 자는 제조업자에 해당한다.

해설 "설계상의 결함"이란 제조업자가 합리적인 대체설계(代替設計)를 채용하였더라면 피해나 위험을 줄이거나 피할 수 있었음에도 대체설계를 채용하지 아니하여 해당 제조물이 안전하지 못하게 된 경우를 말한다.

44. 위험성평가(risk assessment)를 실시하는 절차를 순서대로 옳게 나열한 것은?

ㄱ. 위험성 감소대책의 수립 및 실행
ㄴ. 파악된 유해·위험요인별 위험성의 추정
ㄷ. 근로자의 작업과 관계되는 유해·위험요인의 파악
ㄹ. 추정한 위험성이 허용 가능한 위험성인지 여부의 결정
ㅁ. 평가대상의 선정 등 사전준비

① ㄷ → ㄴ → ㄹ → ㅁ → ㄱ
② ㄷ → ㅁ → ㄴ → ㄱ → ㄹ
③ ㄷ → ㅁ → ㄴ → ㄹ → ㄱ
④ ㅁ → ㄴ → ㄷ → ㄹ → ㄱ
⑤ ㅁ → ㄷ → ㄴ → ㄹ → ㄱ

해설 •사업장 위험성평가 지침: 제6조 (위험성평가의 절차) 사업주는 위험성평가를 다음의 절차에 따라 실시하여야 한다. 1. 평가대상의 선정 등 사전준비 2. 근로자의 작업과 관계되는 유해·위험요인의 파악 3. 파악된 유해·위험요인별 위험성의 추정 4. 추정한 위험성이 허용 가능한 위험성인지 여부의 결정 5. 위험성 감소대책의 수립 및 실행 6. 위험성평가 실시내용 및 결과에 관한 기록

45. 위험성 평가 시 유해위험요인의 발굴을 위해 4M기법을 활용한다. 다음 중 인적(Man) 항목이 아닌 것은?

① 작업자세
② 개인 보호구 미착용
③ 휴먼에러
④ 관리조직의 결함 및 건강관리의 불량
⑤ 미숙련자의 불안전한 행동

해설 ① Man(인간적요인): 과오를 일으키는 망각, 무의식 행동·착오·착각·오조작·부주의·습관 등의 심리적

요인과, 피로·수면부족·질병 등 생리적요인, 의사소통·통솔력·직장의 인간관계 등의 근로자 상호간의 관계 요인이 있다. 이에 대한 대책으로는 근로자의 욕구충족, 인간관계 개선, 감독자의 강력한 리더쉽의 발휘, 팀 웍의 활성화 등을 들 수 있다. ② Machin(설비적요인): 기계 설비의 설계상의 결함, 위험 방호장치의 불량, 점검·정비의 불량 등의 요인에 해당 된다. 이에 대한 대책으로는 위험 방호설비의 개선, 기계 작업의 표준화, 통로의 안전유지, 인간-기계 체계의 인간공학적설계 등이 있다. ③ Media(작업적요인): 작업정보의 부적절, 작업방법의 부적절, 작업 자세나 작업 동작의 결함, 작업공간의 불량, 작업환경 조건의 불량 등의 요인이 있으며, 이에 대한 대책으로는 작업 자세와 작업방법, 작업환경과 작업순서의 개선 등이 있다. ④ Management(관리적요인): 안전관리조직의 결함, 안전관리 규정의 불비, 안전관리계획의 미비, 안전교육·훈련의 부족, 적성배치의 부적절, 건강관리의불량 등의 요인이 있으며, 대책으로는 관리조직의 확립, 규칙 기준의 작성 및 개정, 교육 훈련의 반복적 실시, 관리감독의 강화 등이 있다.

46. 국내 어느 사업장의 전년도 도수율은 3, 강도율은 27이었다. 이 사업장의 종합재해지수 (FSI)는 얼마인가?

① 5 ② 6 ③ 7 ④ 8 ⑤ 9

해설 종합재해지수(FSI) = $\sqrt{도수율 * 강도율}$ = $\sqrt{3 * 27}$ = $\sqrt{81}$ = 9

47. 다음 FT도에서 정상사상 X의 값은 얼마인가?

① 0.0084
② 0.3826
③ 0.42
④ 0.55
⑤ 0.61

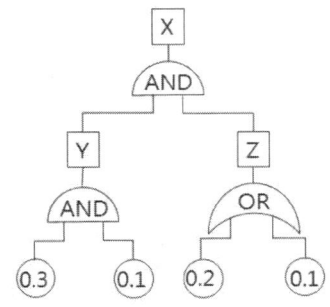

해설 Y = 0.3 * 0.1 = 0.03
Z = 1- (1-0.2)(1-0.1) = 1-0.8*0.9 = 1- 0.72 = 0.28
X = Y*Z = 0.03*0.28 = 0.0084

48. 안전관리 조직에 관한 설명으로 옳지 않은 것은?

① 안전관리 조직 형태는 라인형(Line type), 스태프형(Staff type), 라인스태프형 (Line-staff type) 으로 구분할 수 있다.
② 라인형은 회사내에 별도의 안전전담부서가 있으며 안전계획에서 실시까지 담당한다.
③ 스태프형은 안전에 관한 전문지식축적과 기술개발이 용이한 장점이 있다.
④ 라인스태프형은 명령 계통과 조언·권고적 참여가 혼돈되기 쉬운 단점이 있다.
⑤ 소규모 사업장일수록 라인형이 적합하며, 규모가 큰 사업장일수록 라인스태프형이 적합하다.

49. 다음과 같은 특징을 가지고 있는 위험성평가 기법은?

> • 재해나 사고가 일어나는 것을 확률적인 수치로 평가하는 것이 가능하다.
> • 어떤 기능이 고장 또는 실패할 경우 그 이후 다른 부분에 어떤 결과를 초래 하는 지를 분석하는 귀납적 방법이다.

① 위험과 운전분석(HAZOP) ② 사건수분석(ETA)
③ 예비위험분석(PHA) ④ 체크리스트(Checklist)
⑤ 고장 형태에 따른 영향분석(FMEA)

해설 "위험성 예측 평가기법" 참조: 1. **예비 위험성 분석 (PHA)** (1) 정의: 모든 시스템 안전 프로그램에서 최초단계의 해석으로 시스템의 개발 단 계에서 시스템 내의 위험한 요소가 어디에 존재하는가, 어떤 위험 상태에 있는가, 안전기준 및 시설의 수준은 어떠한가 등의 시스템 고유의 위험상태를 판정해 내고 예상되는 재해의 위험 수준을 결정하는 정성적 인 평가방법이다. (2) **PHA의 목적**: 시스템 개발단계에서 시스템 고유의 위험 영역을 식별하고, 예상되는 재해의 위험 수준을 평가하는 데 있다. 2. **고장 모드 및 영향 분석 (FMEA)** (1) 정의: 전형적인 귀납적이고 정성적 분석방법으로 하나의 부품이 고장 나는 경우 전체 시스템이나 사용 작업자 혹은 임무완수에 어떠한 영향을 미치는가를 도표화 하여 분석하는 것이다. (2) FMEA 장·단점: ① 장점: •FTA에 비해 서식이 간단하다. •적은 노력으로 특별한 훈련 없이 분석이 가능하다. ② 단점: •동시에 둘 이상의 요소가 고장 나면 해석이 곤란하다. •요소가 물체에 한정되어 있어 인적 원인 해석이 곤란하다. •논리적으로 빈약하다. 3. **사상수목 분석(ETA)**: (1) 정의: 재해요인의 발생 사상의 확률을 이용하여 시스템의 안전도를 평가하는 귀납적이고 정량적인 시스템 분석법으로 재해 발생의 발단 사상으로 부터 재해까지 논리적 전개를 나무 형태로 표현하는 것이다. 원래 수목 분석은 의사결정 이론에서 빌려온 것으로 상호 배반 적인 상황의 전개와 그 발생확률을 가시적으로 확인할 수 있다는 장점이 있다. 4. **위험 및 운전성 검토(HAZOP)**: 각각의 장비에 대해 잠재된 위험이나 기능저하 등 시설에 결과적으로 미칠 수 있는 영향을 평가하기 위하여 공정이나 설계도 등에 체계적인 검토를 행하는 것을 말한다.

50. 하인리히(H.W.Heinrich)의 사고방지를 위한 기본 원리 5단계를 순서대로 옳게 나열한 것은?

> ㄱ. 안전관리조직   ㄴ. 시정책의 실행   ㄷ. 사실의 발견
> ㄹ. 시정방법의 선정   ㅁ. 분석평가

① ㄱ → ㄷ → ㅁ → ㄹ → ㄴ   ② ㄱ → ㅁ → ㄷ → ㄹ → ㄴ
③ ㄷ → ㄹ → ㄴ → ㅁ → ㄱ   ④ ㄷ → ㅁ → ㄱ → ㄹ → ㄴ
⑤ ㄷ → ㅁ → ㄹ → ㄴ → ㄱ

정답
26. ③ 27. ④ 28. ⑤ 29. ① 30. ③ 31. ② 32. ③ 33. ④ 34. ② 35. ④ 36. ①
37. ⑤ 38. ① 39. ③ 40. ④ 41. ⑤ 42. ③ 43. ④ 44. ⑤ 45. ④ 46. ⑤ 47. ①
48. ② 49. ② 50. ①

사업장 위험성 평가에 관한 지침

[시행 2017. 7. 1.] [고용노동부고시 제2017-36호, 2017. 7. 1., 일부개정.]

제1장 총칙

제1조(목적) 이 고시는 「산업안전보건법」제36조에 따라 사업주가 스스로 사업장의 유해·위험요인에 대한 실태를 파악하고 이를 평가하여 관리·개선하는 등 필요한 조치를 할 수 있도록 지원하기 위하여 위험성평가 방법, 절차, 시기 등에 대한 기준을 제시하고, 위험성평가 활성화를 위한 시책의 운영 및 지원사업 등 그 밖에 필요한 사항을 규정함을 목적으로 한다.

제2조(적용범위) 이 고시는 위험성평가를 실시하는 모든 사업장에 적용한다.

제3조(정의) ① 이 고시에서 사용하는 용어의 뜻은 다음과 같다.
1. "위험성평가"란 유해·위험요인을 파악하고 해당 유해·위험요인에 의한 부상 또는 질병의 발생 가능성(빈도)과 중대성(강도)을 추정·결정하고 감소대책을 수립하여 실행하는 일련의 과정을 말한다.
2. "유해·위험요인"이란 유해·위험을 일으킬 잠재적 가능성이 있는 것의 고유한 특징이나 속성을 말한다.
3. "유해·위험요인 파악"이란 유해요인과 위험요인을 찾아내는 과정을 말한다.
4. "위험성"이란 유해·위험요인이 부상 또는 질병으로 이어질 수 있는 가능성(빈도)과 중대성(강도)을 조합한 것을 의미한다.
5. "위험성 추정"이란 유해·위험요인별로 부상 또는 질병으로 이어질 수 있는 가능성과 중대성의 크기를 각각 추정하여 위험성의 크기를 산출하는 것을 말한다.
6. "위험성 결정"이란 유해·위험요인별로 추정한 위험성의 크기가 허용 가능한 범위인지 여부를 판단하는 것을 말한다.
7. "위험성 감소대책 수립 및 실행"이란 위험성 결정 결과 허용 불가능한 위험성을 합리적으로 실천 가능한 범위에서 가능한 한 낮은 수준으로 감소시키기 위한 대책을 수립하고 실행하는 것을 말한다.
8. "기록"이란 사업장에서 위험성평가 활동을 수행한 근거와 그 결과를 문서로 작성하여 보존하는 것을 말한다.

② 그 밖에 이 고시에서 사용하는 용어의 뜻은 이 고시에 특별히 정한 것이 없으면 「산업안전보건법」(이하 "법"이라 한다), 같은 법 시행령(이하 "영"이라 한다), 같은 법 시행규칙(이하 "규칙"이라 한다) 및 「산업안전보건기준에 관한 규칙」(이하 "안전보건규칙"이라 한다)에서 정하는 바에 따른다.

제4조(정부의 책무) ① 고용노동부장관(이하 "장관"이라 한다)은 사업장 위험성평가가 효과적으로 추진되도록 하기 위하여 다음 각 호의 사항을 강구하여야 한다.
  1. 정책의 수립·집행·조정·홍보

2. 위험성평가 기법의 연구·개발 및 보급
3. 사업장 위험성평가 활성화 시책의 운영
4. 위험성평가 실시의 지원
5. 조사 및 통계의 유지·관리
6. 그 밖에 위험성평가에 관한 정책의 수립 및 추진

② 장관은 제1항 각 호의 사항 중 필요한 사항을 한국산업안전보건공단(이하 "공단"이라 한다)으로 하여금 수행하게 할 수 있다.

제2장 사업장 위험성평가

제5조(위험성평가 실시주체) ① 사업주는 스스로 사업장의 유해·위험요인을 파악하기 위해 근로자를 참여시켜 실태를 파악하고 이를 평가하여 관리 개선하는 등 위험성평가를 실시하여야 한다.

② 법 제63조에 따른 작업의 일부 또는 전부를 도급에 의하여 행하는 사업의 경우는 도급을 준 도급인(이하 "도급사업주"라 한다)과 도급을 받은 수급인(이하 "수급사업주"라 한다)은 각각 제1항에 따른 위험성평가를 실시하여야 한다.

③ 제2항에 따른 도급사업주는 수급사업주가 실시한 위험성평가 결과를 검토하여 도급사업주가 개선할 사항이 있는 경우 이를 개선하여야 한다.

제6조(근로자 참여) 사업주는 위험성평가를 실시할 때, 다음 각 호의 어느 하나에 해당하는 경우 법 제36조제2항에 따라 해당 작업에 종사하는 근로자를 참여시켜야 한다.

1. 관리감독자가 해당 작업의 유해·위험요인을 파악하는 경우
2. 사업주가 위험성 감소대책을 수립하는 경우
3. 위험성평가 결과 위험성 감소대책 이행여부를 확인하는 경우

제7조(위험성평가의 방법) ① 사업주는 다음과 같은 방법으로 위험성평가를 실시하여야 한다.

1. 안전보건관리책임자 등 해당 사업장에서 사업의 실시를 총괄 관리하는 사람에게 위험성평가의 실시를 총괄 관리하게 할 것
2. 사업장의 안전관리자, 보건관리자 등이 위험성평가의 실시에 관하여 안전보건관리책임자를 보좌하고 지도·조언하게 할 것
3. 관리감독자가 유해·위험요인을 파악하고 그 결과에 따라 개선조치를 시행하게 할 것
4. 기계·기구, 설비 등과 관련된 위험성평가에는 해당 기계·기구, 설비 등에 전문 지식을 갖춘 사람을 참여하게 할 것
5. 안전·보건관리자의 선임의무가 없는 경우에는 제2호에 따른 업무를 수행할 사람을 지정하는 등 그 밖에 위험성평가를 위한 체제를 구축할 것

② 사업주는 제1항에서 정하고 있는 자에 대해 위험성평가를 실시하기 위한 필요한 교육을 실시하여야 한다. 이 경우 위험성평가에 대해 외부에서 교육을 받았거나, 관련학문을 전공하여 관련 지식이 풍부한 경우에는 필요한 부분만 교육을 실시하거나 교육을 생략할 수 있다.

③ 사업주가 위험성평가를 실시하는 경우에는 산업안전·보건 전문가 또는 전문기관의 컨설팅을 받을 수 있다.

④ 사업주가 다음 각 호의 어느 하나에 해당하는 제도를 이행한 경우에는 그 부분에 대하여 이 고시에 따른 위험성평가를 실시한 것으로 본다.

1. 위험성평가 방법을 적용한 안전·보건진단(법 제47조)
2. 공정안전보고서(법 제44조). 다만, 공정안전보고서의 내용 중 공정위험성 평가서가 최대 4년 범위 이내에서 정기적으로 작성된 경우에 한한다.
3. 근골격계부담작업 유해요인조사(안전보건규칙 제657조부터 제662조까지)
4. 그 밖에 법과 이 법에 따른 명령에서 정하는 위험성평가 관련 제도

제8조(위험성평가의 절차) 사업주는 위험성평가를 다음의 절차에 따라 실시하여야 한다. 다만, 상시근로자수 20명 미만 사업장(총 공사금액 20억원 미만의 건설공사)의 경우에는 다음 각 호중 제3호를 생략할 수 있다.

1. 평가대상의 선정 등 사전준비
2. 근로자의 작업과 관계되는 유해·위험요인의 파악
3. 파악된 유해·위험요인별 위험성의 추정
4. 추정한 위험성이 허용 가능한 위험성인지 여부의 결정
5. 위험성 감소대책의 수립 및 실행
6. 위험성평가 실시내용 및 결과에 관한 기록

제9조(사전준비) ① 사업주는 위험성평가를 효과적으로 실시하기 위하여 최초 위험성평가시 다음 각 호의 사항이 포함된 위험성평가 실시규정을 작성하고, 지속적으로 관리하여야 한다.

1. 평가의 목적 및 방법
2. 평가담당자 및 책임자의 역할
3. 평가시기 및 절차
4. 주지방법 및 유의사항
5. 결과의 기록·보존

② 위험성평가는 과거에 산업재해가 발생한 작업, 위험한 일이 발생한 작업 등 근로자의 근로에 관계되는 유해·위험요인에 의한 부상 또는 질병의 발생이 합리적으로 예견 가능한 것은 모두 위험성평가의 대상으로 한다. 다만, 매우 경미한 부상 또는 질병만을 초래할 것으로 명백히 예상되는 것에 대해서는 대상에서 제외할 수 있다.

③ 사업주는 다음 각 호의 사업장 안전보건정보를 사전에 조사하여 위험성평가에 활용하여야 한다.

1. 작업표준, 작업절차 등에 관한 정보
2. 기계·기구, 설비 등의 사양서, 물질안전보건자료(MSDS) 등의 유해·위험요인에 관한 정보
3. 기계·기구, 설비 등의 공정 흐름과 작업 주변의 환경에 관한 정보
4. 법 제63조에 따른 작업을 하는 경우로서 같은 장소에서 사업의 일부 또는 전부를 도급을 주어 행하는 작업이 있는 경우 혼재 작업의 위험성 및 작업 상황 등에 관한 정보
5. 재해사례, 재해통계 등에 관한 정보
6. 작업환경측정결과, 근로자 건강진단결과에 관한 정보
7. 그 밖에 위험성평가에 참고가 되는 자료 등

제10조(유해·위험요인 파악) 사업주는 유해·위험요인을 파악할 때 업종, 규모 등 사업장 실정에 따라 다음 각 호의 방법 중 어느 하나 이상의 방법을 사용하여야 한다. 이 경우 특별한 사정이 없으면 제1호에 의한 방법을 포함하여야 한다.

1. 사업장 순회점검에 의한 방법
2. 청취조사에 의한 방법
3. 안전보건 자료에 의한 방법
4. 안전보건 체크리스트에 의한 방법
5. 그 밖에 사업장의 특성에 적합한 방법

제11조(위험성 추정) ① 사업주는 유해·위험요인을 파악하여 사업장 특성에 따라 부상 또는 질병으로 이어질 수 있는 가능성 및 중대성의 크기를 추정하고 다음 각 호의 어느 하나의 방법으로 위험성을 추정하여야 한다.

1. 가능성과 중대성을 행렬을 이용하여 조합하는 방법
2. 가능성과 중대성을 곱하는 방법
3. 가능성과 중대성을 더하는 방법
4. 그 밖에 사업장의 특성에 적합한 방법

② 제1항에 따라 위험성을 추정할 경우에는 다음에서 정하는 사항을 유의하여야 한다.

1. 예상되는 부상 또는 질병의 대상자 및 내용을 명확하게 예측할 것
2. 최악의 상황에서 가장 큰 부상 또는 질병의 중대성을 추정할 것
3. 부상 또는 질병의 중대성은 부상이나 질병 등의 종류에 관계없이 공통의 척도를 사용하는 것이 바람직하며, 기본적으로 부상 또는 질병에 의한 요양기간 또는 근로손실 일수 등을 척도로 사용할 것
4. 유해성이 입증되어 있지 않은 경우에도 일정한 근거가 있는 경우에는 그 근거를 기초로 하여 유해성이 존재하는 것으로 추정할 것
5. 기계·기구, 설비, 작업 등의 특성과 부상 또는 질병의 유형을 고려할 것

제12조(위험성 결정) ① 사업주는 제11조에 따른 유해·위험요인별 위험성 추정 결과(제8조 단서에 따라 같은 조 제3호를 생략한 경우에는 제10조에 따른 유해·위험요인 파악결과를 말한다)와 사업장 자체적으로 설정한 허용 가능한 위험성 기준(「산업안전보건법」에서 정한 기준 이상으로 정하여야 한다)을 비교하여 해당 유해·위험요인별 위험성의 크기가 허용 가능한지 여부를 판단하여야 한다.

② 제1항에 따른 허용 가능한 위험성의 기준은 위험성 결정을 하기 전에 사업장 자체적으로 설정해 두어야 한다.

제13조(위험성 감소대책 수립 및 실행) ① 사업주는 제12조에 따라 위험성을 결정한 결과 허용 가능한 위험성이 아니라고 판단되는 경우에는 위험성의 크기, 영향을 받는 근로자 수 및 다음 각 호의 순서를 고려하여 위험성 감소를 위한 대책을 수립하여 실행하여야 한다. 이 경우 법령에서 정하는 사항과 그 밖에 근로자의 위험 또는 건강장해를 방지하기 위하여 필요한 조치를 반영하여야 한다.

1. 위험한 작업의 폐지·변경, 유해·위험물질 대체 등의 조치 또는 설계나 계획 단계에서

위험성을 제거 또는 저감하는 조치
2. 연동장치, 환기장치 설치 등의 공학적 대책
3. 사업장 작업절차서 정비 등의 관리적 대책
4. 개인용 보호구의 사용

② 사업주는 위험성 감소대책을 실행한 후 해당 공정 또는 작업의 위험성의 크기가 사전에 자체 설정한 허용 가능한 위험성의 범위인지를 확인하여야 한다.
③ 제2항에 따른 확인 결과, 위험성이 자체 설정한 허용 가능한 위험성 수준으로 내려오지 않는 경우에는 허용 가능한 위험성 수준이 될 때까지 추가의 감소대책을 수립·실행하여야 한다.
④ 사업주는 중대재해, 중대산업사고 또는 심각한 질병이 발생할 우려가 있는 위험성으로서 제1항에 따라 수립한 위험성 감소대책의 실행에 많은 시간이 필요한 경우에는 즉시 잠정적인 조치를 강구하여야 한다.
⑤ 사업주는 위험성평가를 종료한 후 남아 있는 유해·위험요인에 대해서는 게시, 주지 등의 방법으로 근로자에게 알려야 한다.

제14조(기록 및 보존) ① 규칙 제37조제1항제4호에 따른 "그 밖에 위험성평가의 실시내용을 확인하기 위하여 필요한 사항으로서 고용노동부장관이 정하여 고시하는 사항"이란 다음 각 호에 관한 사항을 말한다.

1. 위험성평가를 위해 사전조사 한 안전보건정보
2. 그 밖에 사업장에서 필요하다고 정한 사항

② 시행규칙 제37조제2항의 기록의 최소 보존기한은 제15조에 따른 실시 시기별 위험성평가를 완료한 날부터 기산한다.

제15조(위험성평가의 실시 시기) ① 위험성평가는 최초평가 및 수시평가, 정기평가로 구분하여 실시하여야 한다. 이 경우 최초평가 및 정기평가는 전체 작업을 대상으로 한다.
② 수시평가는 다음 각 호의 어느 하나에 해당하는 계획이 있는 경우에는 해당 계획의 실행을 착수하기 전에 실시하여야 한다. 다만, 제5호에 해당하는 경우에는 재해발생 작업을 대상으로 작업을 재개하기 전에 실시하여야 한다.

1. 사업장 건설물의 설치·이전·변경 또는 해체
2. 기계·기구, 설비, 원재료 등의 신규 도입 또는 변경
3. 건설물, 기계·기구, 설비 등의 정비 또는 보수(주기적·반복적 작업으로서 정기평가를 실시한 경우에는 제외)
4. 작업방법 또는 작업절차의 신규 도입 또는 변경
5. 중대산업사고 또는 산업재해(휴업 이상의 요양을 요하는 경우에 한정한다) 발생
6. 그 밖에 사업주가 필요하다고 판단한 경우

③ 정기평가는 최초평가 후 매년 정기적으로 실시한다. 이 경우 다음의 사항을 고려하여야 한다.

1. 기계·기구, 설비 등의 기간 경과에 의한 성능 저하
2. 근로자의 교체 등에 수반하는 안전·보건과 관련되는 지식 또는 경험의 변화
3. 안전·보건과 관련되는 새로운 지식의 습득
4. 현재 수립되어 있는 위험성 감소대책의 유효성 등

제3장 위험성평가 인정

제16조(인정의 신청) ① 장관은 소규모 사업장의 위험성평가를 활성화하기 위하여 위험성평가 우수 사업장에 대해 인정해 주는 제도를 운영할 수 있다. 이 경우 인정을 신청할 수 있는 사업장은 다음 각 호와 같다.

1. 상시 근로자 수 100명 미만 사업장(건설공사를 제외한다). 이 경우 법 제63조에 따른 작업의 일부 또는 전부를 도급에 의하여 행하는 사업의 경우는 도급사업주의 사업장(이하 "도급사업장"이라 한다)과 수급사업주의 사업장(이하 "수급사업장"이라 한다) 각각의 근로자수를 이 규정에 의한 상시 근로자 수로 본다.
2. 총 공사금액 120억원(토목공사는 150억원) 미만의 건설공사

② 제2장에 따른 위험성평가를 실시한 사업장으로서 해당 사업장을 제1항의 위험성평가 우수사업장으로 인정을 받고자 하는 사업주는 별지 제1호서식의 위험성평가 인정신청서를 해당 사업장을 관할하는 공단 광역본부장·지역본부장·지사장에게 제출하여야 한다.

③ 제2항에 따른 인정신청은 위험성평가 인정을 받고자 하는 단위 사업장(또는 건설공사)으로 한다. 다만, 다음 각 호의 어느 하나에 해당하는 사업장은 인정신청을 할 수 없다.

1. 제22조에 따라 인정이 취소된 날부터 1년이 경과하지 아니한 사업장
2. 최근 1년 이내에 제22조제1항 각 호(제1호 및 제5호를 제외한다)의 어느 하나에 해당하는 사유가 있는 사업장

④ 법 제63조에 따른 작업의 일부 또는 전부를 도급에 의하여 행하는 사업장의 경우에는 도급사업장의 사업주가 수급사업장을 일괄하여 인정을 신청하여야 한다. 이 경우 인정신청에 포함하는 해당 수급사업장 명단을 신청서에 기재(건설공사를 제외한다)하여야 한다.

⑤ 제4항에도 불구하고 수급사업장이 제19조에 따른 인정을 별도로 받았거나, 법 제17조에 따른 안전관리자 또는 같은 법 제18조에 따른 보건관리자 선임대상인 경우에는 제4항에 따른 인정신청에서 해당 수급사업장을 제외할 수 있다.

제17조(인정심사) ① 공단은 위험성평가 인정신청서를 제출한 사업장에 대하여는 다음에서 정하는 항목을 심사(이하 "인정심사"라 한다)하여야 한다.

1. 사업주의 관심도
2. 위험성평가 실행수준
3. 구성원의 참여 및 이해 수준
4. 재해발생 수준

② 공단 광역본부장·지역본부장·지사장은 소속 직원으로 하여금 사업장을 방문하여 제1항의 인정심사(이하 "현장심사"라 한다)를 하도록 하여야 한다. 이 경우 현장심사는 현장심사 전일을 기준으로 최초인정은 최근 1년, 최초인정 후 다시 인정(이하 "재인정"이라 한다)하는 것은 최근 3년 이내에 실시한 위험성평가를 대상으로 한다. 다만, 인정사업장 사후심사를 위하여 제21조제3항에 따른 현장심사를 실시한 것은 제외할 수 있다.

③ 제2항에 따른 현장심사 결과는 제18조에 따른 인정심사위원회에 보고하여야 하며, 인정심사위원회는 현장심사 결과 등으로 인정심사를 하여야 한다.

④ 제16조제4항에 따른 도급사업장의 인정심사는 도급사업장과 인정을 신청한 수급사업장(건설공사의 수급사업장은 제외한다)에 대하여 각각 실시하여야 한다. 이

경우 도급사업장의 인정심사는 사업장 내의 모든 수급사업장을 포함한 사업장 전체를 종합적으로 실시하여야 한다.
⑤ 인정심사의 세부항목 및 배점 등 인정심사에 관하여 필요한 사항은 공단 이사장이 정한다. 이 경우 사업장의 업종별, 규모별 특성 등을 고려하여 심사기준을 달리 정할 수 있다.

제18조(인정심사위원회의 구성·운영) ① 공단은 위험성평가 인정과 관련한 다음 각 호의 사항을 심의·의결하기 위하여 각 광역본부·지역본부·지사에 위험성평가 인정심사위원회를 두어야 한다.

1. 인정 여부의 결정
2. 인정취소 여부의 결정
3. 인정과 관련한 이의신청에 대한 심사 및 결정
4. 심사항목 및 심사기준의 개정 건의
5. 그 밖에 인정 업무와 관련하여 위원장이 회의에 부치는 사항

② 인정심사위원회는 공단 광역본부장·지역본부장·지사장을 위원장으로 하고, 관할 지방고용노동관서 산재예방지도과장(산재예방지도과가 설치되지 않은 관서는 근로개선지도과장)을 당연직 위원으로 하여 10명 이내의 내·외부 위원으로 구성하여야 한다.
③ 그 밖에 인정심사위원회의 구성 및 운영에 관하여 필요한 사항은 공단 이사장이 정한다.

제19조(위험성평가의 인정) ① 공단은 인정신청 사업장에 대한 현장심사를 완료한 날부터 1개월 이내에 인정심사위원회의 심의·의결을 거쳐 인정 여부를 결정하여야 한다. 이 경우 다음의 기준을 충족하는 경우에만 인정을 결정하여야 한다.

1. 제2장에서 정한 방법, 절차 등에 따라 위험성평가 업무를 수행한 사업장
2. 현장심사 결과 제17조제1항 각 호의 평가점수가 100점 만점에 50점을 미달하는 항목이 없고 종합점수가 100점 만점에 70점 이상인 사업장

② 인정심사위원회는 제1항의 인정 기준을 충족하는 사업장의 경우에도 인정심사위원회를 개최하는 날을 기준으로 최근 1년 이내에 제22조제1항 각 호에 해당하는 사유가 있는 사업장에 대하여는 인정하지 아니 한다.
③ 공단은 제1항에 따라 인정을 결정한 사업장에 대해서는 별지 제2호서식의 인정서를 발급하여야 한다. 이 경우 제17조제4항에 따른 인정심사를 한 경우에는 인정심사 기준을 만족하는 도급사업장과 수급사업장에 대해 각각 인정서를 발급하여야 한다.
④ 위험성평가 인정 사업장의 유효기간은 제1항에 따른 인정이 결정된 날부터 3년으로 한다. 다만, 제22조에 따라 인정이 취소된 경우에는 인정취소 사유 발생일 전날까지로 한다.
⑤ 위험성평가 인정을 받은 사업장 중 사업이 법인격을 갖추어 사업장관리번호가 변경되었으나 다음 각 호의 사항을 증명하는 서류를 공단에 제출하여 동일 사업장임을 인정받을 경우 변경 후 사업장을 위험성평가 인정 사업장으로 한다. 이 경우 인정기간의 만료일은 변경 전 사업장의 인정기간 만료일로 한다.

1. 변경 전·후 사업장의 소재지가 동일할 것
2. 변경 전 사업의 사업주가 변경 후 사업의 대표이사가 되었을 것
3. 변경 전 사업과 변경 후 사업간 시설·인력·자금 등에 대한 권리·의무의 전부를 포괄적으로 양도·양수하였을 것

제20조(재인정) ① 사업주는 제19조제4항 본문에 따른 인정 유효기간이 만료되어 재인정을 받으려는 경우에는 제16조제2항에 따른 인정신청서를 제출하여야 한다. 이 경우 인정신청서 제출은 유효기간 만료일 3개월 전부터 할 수 있다.
　② 제1항에 따른 재인정을 신청한 사업장에 대한 심사 등은 제16조부터 제19조까지의 규정에 따라 처리한다.
　③ 재인정 심사의 범위는 직전 인정 또는 사후심사와 관련한 현장심사 다음 날부터 재인정신청에 따른 현장심사 전일까지 실시한 정기평가 및 수시평가를 그 대상으로 한다.
　④ 재인정 사업장의 인정 유효기간은 제19조제4항에 따른다. 이 경우, 재인정 사업장의 인정 유효기간은 이전 위험성평가 인정 유효기간의 만료일 다음날부터 새로 계산한다.

제21조(인정사업장 사후심사) ① 공단은 제19조제3항 및 제20조에 따라 인정을 받은 사업장이 위험성평가를 효과적으로 유지하고 있는지 확인하기 위하여 매년 인정사업장의 20퍼센트 범위에서 사후심사를 할 수 있다.
　② 제1항에 따른 사후심사는 다음 각 호의 어느 하나에 해당하는 사업장으로 인정심사위원회에서 사후심사가 필요하다고 결정한 사업장을 대상으로 한다. 이 경우 제1호에 해당하는 사업장은 특별한 사정이 없는 한 대상에 포함하여야 한다.

1. 공사가 진행 중인 건설공사. 다만, 사후심사일 현재 잔여공사기간이 3개월 미만인 건설공사는 제외할 수 있다.
2. 제19조제1항제2호 및 제20조제2항에 따른 종합점수가 100점 만점에 80점 미만인 사업장으로 사후심사가 필요하다고 판단되는 사업장
3. 그 밖에 무작위 추출 방식에 의하여 선정한 사업장(건설공사를 제외한 연간 사후심사 사업장의 50퍼센트 이상을 선정한다)

　③ 사후심사는 직전 현장심사를 받은 이후에 사업장에서 실시한 위험성평가에 대해 현장심사를 하는 것으로 하며, 해당 사업장이 제19조에 따른 인정 기준을 유지하는지 여부를 심사하여야 한다.

제22조(인정의 취소) ① 위험성평가 인정사업장에서 인정 유효기간 중에 다음 각 호의 어느 하나에 해당하는 사업장은 인정을 취소하여야 한다.

1. 거짓 또는 부정한 방법으로 인정을 받은 사업장
2. 직·간접적인 법령 위반에 기인하여 다음의 중대재해가 발생한 사업장(규칙 제2조)
　가. 사망재해
　나. 3개월 이상 요양을 요하는 부상자가 동시에 2명 이상 발생
　다. 부상자 또는 직업성질병자가 동시에 10명 이상 발생
3. 근로자의 부상(3일 이상의 휴업)을 동반한 중대산업사고 발생사업장
4. 법 제10조에 따른 산업재해 발생건수, 재해율 또는 그 순위 등이 공표된 사업장(영 제10조제1항제1호 및 제5호에 한정한다)
5. 제21조에 따른 사후심사 결과, 제19조에 의한 인정기준을 충족하지 못한 사업장
6. 사업주가 자진하여 인정 취소를 요청한 사업장
7. 그 밖에 인정취소가 필요하다고 공단 광역본부장·지역본부장 또는 지사장이 인정한 사업장

　② 공단은 제1항에 해당하는 사업장에 대해서는 인정심사위원회에 상정하여 인정취소 여부를

결정하여야 한다. 이 경우 해당 사업장에는 소명의 기회를 부여하여야 한다.
③ 제2항에 따라 인정취소 사유가 발생한 날을 인정취소일로 본다.

제23조(위험성평가 지원사업) ① 장관은 사업장의 위험성평가를 지원하기 위하여 공단 이사장으로 하여금 다음 각 호의 위험성평가 사업을 추진하게 할 수 있다.

1. 추진기법 및 모델, 기술자료 등의 개발·보급
2. 우수 사업장 발굴 및 홍보
3. 사업장 관계자에 대한 교육
4. 사업장 컨설팅
5. 전문가 양성
6. 지원시스템 구축·운영
7. 인정제도의 운영
8. 그 밖에 위험성평가 추진에 관한 사항

② 공단 이사장은 제1항에 따른 사업을 추진하는 경우 고용노동부와 협의하여 추진하고 추진결과 및 성과를 분석하여 매년 1회 이상 장관에게 보고하여야 한다.

제24조(위험성평가 교육지원) ① 공단은 제21조제1항에 따라 사업장의 위험성평가를 지원하기 위하여 다음 각 호의 교육과정을 개설하여 운영할 수 있다.

1. 사업주 교육
2. 평가담당자 교육
3. 전문가 양성 교육

② 공단은 제1항에 따른 교육과정을 광역본부·지역본부·지사 또는 산업안전보건교육원(이하 "교육원"이라 한다)에 개설하여 운영하여야 한다.
③ 제1항제2호 및 제3호에 따른 평가담당자 교육을 수료한 근로자에 대해서는 해당 시기에 사업주가 실시해야 하는 관리감독자 교육을 수료한 시간만큼 실시한 것으로 본다.

제25조(위험성평가 컨설팅지원) ① 공단은 근로자 수 50명 미만 소규모 사업장(건설업의 경우 전년도에 공시한 시공능력 평가액 순위가 200위 초과인 종합건설업체 본사 또는 총 공사금액 120억원(토목공사는 150억)미만인 건설공사를 말한다)의 사업주로부터 제5조제3항에 따른 컨설팅지원을 요청 받은 경우에 위험성평가 실시에 대한 컨설팅지원을 할 수 있다.
② 제1항에 따른 공단의 컨설팅지원을 받으려는 사업주는 사업장 관할의 공단 광역본부장·지역본부장·지사장에게 지원 신청을 하여야 한다.
③ 제2항에도 불구하고 공단 광역본부장·지역본부·지사장은 재해예방을 위하여 필요하다고 판단되는 사업장을 직접 선정하여 컨설팅을 지원할 수 있다.

제4장 지원사업의 추진 등

제26조(지원 신청 등) ① 제24조에 따른 교육지원 및 제25조에 따른 컨설팅지원의 신청은 별지 제3호서식에 따른다. 다만, 제24조제1항제3호에 따른 교육의 신청 및 비용 등은 교육원이 정하는 바에 따른다.

② 교육기관의장은 제1항에 따른 교육신청자에 대하여 교육을 실시한 경우에는 별지 제4호서식 또는 별지 제5호서식에 따른 교육확인서를 발급하여야 한다.
③ 공단은 예산이 허용하는 범위에서 사업장이 제24조에 따른 교육지원과 제25조에 따른 컨설팅지원을 민간기관에 위탁하고 그 비용을 지급할 수 있으며, 이에 필요한 지원 대상, 비용지급 방법 및 기관 관리 등 세부적인 사항은 공단 이사장이 정할 수 있다.
④ 공단은 사업주가 위험성평가 감소대책의 실행을 위하여 해당 시설 및 기기 등에 대하여 「산업재해예방시설자금 융자 및 보조업무처리규칙」에 따라 보조금 또는 융자금을 신청한 경우에는 우선하여 지원할 수 있다.
⑤ 공단은 제19조에 따른 위험성평가 인정 또는 제20조에 따른 재인정, 제22조에 따른 인정 취소를 결정한 경우에는 결정일부터 3일 이내에 인정일 또는 재인정일, 인정취소일 및 사업장명, 소재지, 업종, 근로자 수, 인정 유효기간 등의 현황을 지방고용노동관서 산재예방지도과(산재예방지도과가 설치되지 않은 관서는 근로개선지도과)로 보고하여야 한다. 다만, 위험성평가 지원시스템 또는 그 밖의 방법으로 지방고용노동관서에서 인정사업장 현황을 실시간으로 파악할 수 있는 경우에는 그러하지 아니한다.

제27조(인정사업장 등에 대한 혜택) ① 장관은 위험성평가 인정사업장에 대하여는 제19조 및 제20조에 따른 인정 유효기간 동안 사업장 안전보건 감독을 유예할 수 있다.
② 제1항에 따라 유예하는 안전보건 감독은 「근로감독관 집무규정(산업안전보건)」 제10조제2항에 따른 기획감독 대상 중 장관이 별도로 지정한 사업장으로 한정한다.
③ 장관은 위험성평가를 실시하였거나, 위험성평가를 실시하고 인정을 받은 사업장에 대해서는 정부 포상 또는 표창의 우선 추천 및 그 밖의 혜택을 부여할 수 있다.

제28조(재검토기한) 고용노동부장관은 이 고시에 대하여 2020년 1월 1일 기준으로 매3년이 되는 시점(매 3년째의 12월 31일까지를 말한다)마다 그 타당성을 검토하여 개선 등의 조치를 하여야 한다.

건설공사 안전보건대장 작성

제정 2020.1.15 고시 제2020-22호

제1조(목적) 이 고시는「산업안전보건법」제67조 및 같은 법 시행규칙 제86조제4항에 따라 건설공사발주자(이하 "발주자"라 한다)가 건설공사 근로자의 산업재해 예방을 위하여 실시하여야 하는 건설공사의 계획, 설계 및 시공 단계별 조치에 관하여 필요한 사항을 정함을 목적으로 한다.

제2조(정의) 이 고시에서 사용하는 용어의 뜻은 다음과 같으며, 이 고시에 특별한 규정이 없으면「산업안전보건법」(이하 "법"이라 한다),「산업안전보건법 시행령」(이하 "영"이라 한다),「산업안전보건법 시행규칙」(이하 "규칙"이라 한다) 및「산업안전보건기준에 관한 규칙」이 정하는 바에 따른다.

1. "설계자"란 다음 각 목의 어느 하나에 해당하는 자를 말한다.
   가. "건설기술진흥법" 제2조제9호에 따른 건설기술용역사업자 중 설계용역을 영업의 목적으로 하는 자
   나. "전기공사업법" 제2조제10호에 따른 설계를 목적으로 하는 자
   다. "정보통신공사업법" 제2조제8호에 따른 설계를 목적으로 하는 자
   라. "소방시설공사업법" 제2조제1항제1호가목에 따른 소방시설설계업을 목적으로 하는 자
   마. "문화재수리 등에 관한 법률" 제2조제7호에 따른 문화재실측설계업자
2. "수급인"이란 발주자로부터 해당 건설공사를 최초로 수급받은 자를 말한다
3. "전문가"란 발주자의 산업재해 예방 조치를 지도·조언하기 위해 발주자가 지정 또는 선임한 자를 말한다.

제3조(적용범위) 이 고시는 영 제55조에 따른 총 공사금액 50억원 이상인 건설공사에 적용한다. 이 경우 총 공사금액이란 발주자가 하나의 건설공사를 완성하기 위하여 발주한 공사금액의 합을 말하며, 시간적·장소적으로 분리된 건설공사를 일정기간 총액으로 계약한 공사는 개별 공사금액이 50억원 이상인 경우에 한하여 적용한다.

제4조(전문가의 지정 등) ① 발주자는 소속 임직원을 지정하여 법 제67조제1항 각 호에 따른 안전보건대장의 작성 및 확인 등의 업무를 수행하게 하여야 한다. 다만, 발주자의 소속 임직원이 업무를 수행하기 어려운 경우 다음 각 호에 해당하는 전문가를 선임하여 업무를 수행하게 할 수 있다.

1. 법 제143조제1항에 따른 산업안전지도사(건설안전 분야에 한한다) 및「국가기술자격법」에 따른 건설안전기술사
2. 「국가기술자격법」에 따른 건설안전기사 자격을 취득한 후 건설안전 분야에서 3년 이상의 실무경력이 있는 사람
3. 「국가기술자격법」에 따른 건설안전산업기사 자격을 취득한 후 건설안전 분야에서 5년 이상의 실무경력이 있는 사람

② 제1항에도 불구하고 제7조의 규정에 따른 공사안전보건대장 작성 및 확인은 법 제68조의 안전보건조정자에게 수행하도록 하게 할 수 있다.

③ 발주자는 제1항에 따라 소속 임직원을 지정하거나 전문가를 선임한 경우 해당 건설사업의 단계별로 설계자, 수급인, 건설사업관리 또는 공사감리 업무를 수행하는 자에게 알려주어야 한다.

제5조(안전보건대장의 작성방법) 하나의 건설공사를 두 개 이상으로 분리하여 발주하는 경우에는 발주자, 설계자 또는 수급인은 안전보건대장을 각각 작성하여야 한다. 이 경우 건설공사를 분리하여 발주하더라도 설계자 또는 수급인이 같은 때에는 안전보건대장을 통합하여 작성할 수 있다.

제6조(기본안전보건대장의 작성 등) ① 발주자는 건설공사 계획단계에서 규칙 제86조제1항에 따른 사항을 포함한 별지 제1호서식의 기본안전보건대장을 작성하여야 한다.

② 발주자는 기본안전보건대장의 유해·위험요인과 감소대책에 대한 설계조건을 설계자 선정 또는 설계의 입찰 시 미리 고지하여야 한다.

③ 발주자는 설계자와 설계계약을 체결할 경우 기본안전보건대장을 설계자에게 제공하여야 한다.

제7조(설계안전보건대장의 작성 및 확인 등) ① 설계자는 발주자로부터 제공받은 기본안전보건대장을 반영하여 규칙 제86조제2항에 따른 사항을 포함한 별지 제2호서식의 설계안전보건대장을 작성하여야 한다.

② 설계자는 기본설계 시에 설계안전보건대장을 작성하고 발주자의 확인을 받아야 하며, 실시설계 시에는 그 구체적인 내용을 설계서에 반영하여야 한다.

③ 발주자는 제2항에 따른 설계안전보건대장을 확인하고 산업재해 예방을 위한 설계조건이 충분하지 않을 경우 설계자에게 보완을 요청하여야 한다.

④ 발주자는 건설공사 계약 체결 시 설계안전보건대장을 수급인에게 제공하여야 한다.

제8조(공사안전보건대장 작성 및 확인 등) ① 수급인은 발주자로부터 제공받은 설계안전보건대장을 반영하여 규칙 제86조제3항에 따른 사항을 포함한 별지 제3호서식의 공사안전보건대장을 작성하여야 한다.

② 발주자는 수급인이 설계안전보건대장 및 공사안전보건대장에 따라 산업재해 예방조치를 이행하였는지 여부를 공사시작 후 매 3월마다 1회 이상 확인하여야 한다. 다만, 3개월 이내에 공사가 종료되는 경우에는 종료 전에 확인하여야 한다.

③ 수급인이 공사안전보건대장에 따른 안전보건 조치 이행계획을 변경하고자 하는 경우 발주자에게 변경요청을 하여야 하며, 발주자는 변경요청의 적정성을 검토하여 필요한 경우 변경을 승인할 수 있다. 이 경우 수급인은 발주자의 요청사항을 공사안전보건대장에 반영하여야 한다.

④ 발주자는 수급인이 공사안전보건대장에 따른 안전보건 조치 등을 이행하지 아니하여 산업재해가 발생할 급박한 위험이 있을 때에는 수급인에게 작업중단을 요청할 수 있다.

제9조(재검토기한) 고용노동장관은 이 고시에 대하여 2020년 1월 16일 기준으로 매 3년이 되는 시점(매 3년째의 12월 31일까지를 말한다)마다 그 타당성을 검토하여 개선 등의 조치를 하여야 한다.

부칙

이 고시는 2020년 1월 16일 이후 발주자가 건설공사의 설계에 관한 계약을 체결하는 건설공사부터 시행한다.

건설공사 안전보건대장 작성

개정 2020. 1. 14. 고용노동부고시 제2020-53호

1. 안전보건대장 작성대상
- 총 공사금액이 50억 원 이상인 건설공사

2. 안전보건대장의 종류
가. 기본안전보건대장: 건설공사에서 중점적으로 관리하여야 할 유해·위험요인과 이의 감소방안을 포함하여 발주자가 작성

나. 설계안전보건대장: 기본안전보건대장을 설계자에게 제공하고, 설계자가 유해·위험요인의 감소방안을 포함하여 작성

다. 공사안전보건대장: 설계안전보건대장을 시공자에게 제공하고, 시공자는 이를 반영하여 안전한 작업방법 등을 작성

3. 안전보건대장의 내용
가. 기본안전보건대장의 내용

작성사항	내용
1. 사업개요	·공사명, 공사금액(추정), 공사기간(추정), 공사규모(연면적, 연장등), 발주자(기관)
2. 현장 제반 정보	·현장주소, 위치도, 인접 도로 현황, 지하매설물 등 지장물 현황, 기타 특이사항
3. 안전보건 목표와 참여조직	·해당 건설공사의 안전·보건에 대한 목표 ·참여자(발주자, 설계자, 시공자, 안전보건 전문가 등)의 역할과 책임
4. 안전보건계획 수립 시 고려할 주요 사항	·위험성 평가의 방법 및 절차 ·안전보건관리에 필요한 법규 및 내·외부 기준 및 지침 ·설계 및 시공자의 안전보건관리 지원계획
5. 주요 유해·위험 요인과 위험성 감소대책 수립을 위한 설계조건	·발굴한 유해·위험요인 ·위험성 감소대책 수립 조건 (참고한 문헌 및 해당 설계 내용과 관련된 주요 사고 사례 분석 결과를 반영)

작성사항	내 용
6. 과업지시서와 입찰설명서에 반영될 주요 안전보건 조건	·설계 발주 시 과업지시서에 포함되어야 할 안전보건 조건(안전한 작업을 위한 적정 공사기간과 공사금액 산출, 반영할 지침, 매뉴얼 등) ·공사 발주 시 입찰내용(입찰설명서)에 포함되어야 할 안전보건 조건(반영할 지침, 매뉴얼 등)
7. 설계자와 시공자의 안전보건역량 평가방법	·설계자 입찰 및 낙찰시 반영할 설계자의 안전·보건 역량 평가 기준 ·시공자 입찰 및 낙찰시 반영할 시공자의 안전·보건 역량 평가 기준
8. 기본안전보건대장 작성 참여자	·기본안전보건대장 작성에 관여한 조직 또는 개인, 안전보건 전문가
9. 발주자 확인	·발주자 확인일, 발주자 서명

나. 설계안전보건대장의 내용(설계자 작성)

작성사항	내 용
1. 사업개요	·공사명, 공사금액, 공사기간, 공사규모, 발주자(기관), 설계자, 작성일, 작성자, 담당자, 현장 주소, 위치도 등
2. 안전보건 목표와 참여 조직	·해당 건설공사의 안전·보건에 대한 목표 ·참여자(발주자, 설계자, 시공자, 안전보건 전문가 등)의 역할과 책임 ·발주자에게 받은 기본안전보건대장 문서번호와 받은 날짜
3. 산업안전보건관리비 산출내역서	·산업안전보건관리비 구체적인 산출내역
4. 적정 공사기간 산정 요약표	·공사기간 산정 근거(공종별 및 전체 결과)
5. 주요 유해·위험 요인 및 위험성 감소대책에 대한 위험성 평가	·참고한 문헌 및 해당 설계 내용과 관련된 주요 사고사례 분석 결과 ·발주자가 제공한 유해·위험요인과 위험성 감소대책을 포함 하여 설계단계의 위험성 평가 결과(반영한 설계도서 표시) : 공종명, 유해·위험요인, 위험성(물적피해/인적피해/가능성/중대성/위험성), 위험성 감소대책, 감소대책 적용 후 위험성, 작업 중 잔존 유해·위험요인 위험성 감소대책, 잔존 유해·위험요인 관리주체 - DFS(국토교통부)를 시행한 경우, 위험성 평가 결과를 DFS 보고서 첨부로 대신할 수 있으며, 보건에 대한 위험성 평가 추가 제출
6. 안전보건 회의 이력	·발주자가 참여하여 진행한 설계단계의 안전보건 회의 이력 ·회의에 참여한 전문가

작성사항	내용
7. 유해·위험방지계획서 작성 대상 확인 및 재해 예방전문지도기관 기술지도실시 계획	·유해·위험방지계획서 작성 대상 여부 확인 ·재해예방 전문지도기관 기술지도 실시 대상 여부 확인 ·(해당 시) 재해예방 전문지도기관 기술지도 실시 계획
8. 발주자 확인	·발주자 확인일, 발주자 서명, 설계안전보건대장 작성 책임자(설계자), 참여 안전보건 전문가, 발주자 담당자

다. 공사안전보건대장의 내용(시공자 작성)

작성사항	내용
1. 사업개요	· 공사명, 공사금액, 공사기간, 공사규모, 발주자(기관), 설계자, 시공자, 담당자, 현장 주소, 위치도 등
2. 안전보건 목표와 참여 조직	·해당 건설공사의 안전보건에 대한 목표 ·참여자(발주자, 설계자, 시공자, 안전보건 전문가 등)의 역할과 책임 ·반영한 기본안전보건대장 문서번호와 설계자 받은 날짜 ·반영한 설계안전보건대장 문서번호와 설계자 받은 날짜 ·발주자가 제공한 안전보건 지침 문서번호, 명칭 등
3. 산업안전보건관리비 산출내역과 변경 관리	·산업안전보건관리비 산출내역(설계안전보건대장 내용) ·공사 계약부터 준공까지 산업안전보건관리비 변경 주요 내용과 이력
4. 설계변경 및 공사 기간 관리	·적정공사기간 산정표(설계안전보건대장 내용) ·공사 계약~준공까지 공사기간 변경 주요 내용과 이력 ·설계변경 주요 내용과 이력(공법 변경 등 포함)
5. 주요 유해·위험 요소 관리 이행	·설계단계에서 고려한 유해·위험요인 위험성 감소대책과 잔존 위험의 실행 확인 ·시공자가 발굴한 주요 유해·위험요인 및 위험작업 관리계획과 이행 확인(유해·위험방지계획서 작성대상 공사에서는 유해·위험방지계획서 이행 확인, 미대상 공사에서는 시공자가 작성한 유해·위험방지계획의 이행 확인) ·가설구조물의 구조적 안전성 확인 절차 이행 여부 확인
6. 안전보건관리 이행 확인	·산업안전보건관리비 사용 내용 확인 이력 ·발주자가 참여한 현장 점검, 안전보건 회의 참여, 현장 안전보건 프로그램 참여 이력(전문가도 포함) ·선임된 안전보건총괄(관리)책임자, 안전관리자, 보건관리자 이력(기간, 성명, 자격 등) ·위생시설(휴게실, 남녀탈의실, 화장실 등) 설치 확인 ·고용노동부와 안전보건공단의 점검 및 감독 기록 ·산업안전보건위원회(노사협의체) 참여 또는 개최 확인 이력

작 성 사 항	내 용
7. 재해예방전문지도 기관 기술지도	·(해당 시) 재해예방 전문지도기관 기술지도 및 조치결과 확인 이력
8. 안전보건조정자 및 전문가	·안전보건조정자 이력, 조정 내용 이력 ·발주자가 고용한 건설 분야 안전보건 전문가 이력
9. 중대재해 관리	·중대재해 발생 이력
10. 발주자 확인	·공사안전보건대장 작성 관리 및 확인 ·작성 시공자, 준공 후 최종 발주자 확인일, 발주자 서명

❖ **참고자료**
- 산업안전보건법령 (고시, 예규)·고용노동부
- 건설기술진흥법·법제처
- 안전보건 OPL·안전보건공단
- 건설안전교육론·예문사
- 인적오류·세진사
- 산업안전일반·한솔
- 산업안전기사·구민사, 성안당
- 산업안전보건법 (Ⅰ, Ⅱ)·대명출판사
- 건설안전기술사 (Ⅰ, Ⅱ)·예문사
- 건설·품질 안전관리·예문사
- 사업장 위험성 평가지침·안전보건공단
- 산업 및 조직 심리학·시대기획사
- 건설공사 가설시설물 안전점검 편람·가설협회
- 표준안전작업지침·안전공단
- 안전보건공단 자료실
- 세미나 및 안전관계자 보수교육자료
- 기타 NAVER 검색자료 및 노동부 공지 자료

산업안전일반

2020년 1월 28일 초판 인쇄
2020년 2월 15일 초판 발행

저　　자 : 이 상 훈
발 행 인 : 정 옥 자　　임프린트: HJ 골든벨타임
발 행 처 : 도서출판 한진
등　　록 : 제 3-618 호(95. 5. 11) ⓒ 2020 Han Jin
ISBN : 979-11-97398-99-7

이 책을 만든 사람들

표지 및 본문디자인 : 김한일　　　　**국어 교정** : 조혜숙
제작 진행 : 최병석　　　　　　　　　**웹 매니지먼트** : 안재명, 김경희
오프라인 마케팅 : 우병춘, 강승구, 이강연　　**공급 관리** : 오민석, 정복순, 김봉식
회계 관리 : 이승희, 김경아

- 주소 : 140-846 서울특별시 용산구 원효로 245(원효로 1가 53-1)
- TEL : 도서 주문 및 발송 02-713-4135 / 회계 경리 02-713-4137
  해외 오퍼 및 광고 02-713-7453
- FAX : (02)718-5510　● http://www.gbbook.co.kr　● E-mail : 7134135@naver.com

※ 파본은 구입하신 서점에서 교환해 드립니다.

정가 : 35,000원